③ パフォーマンスオプションダイアログが開きました。**データ実行防止**タブで、機能を有効にする範囲を設定して、OKボタンをクリックします。

▼パフォーマンスオプション

④ OKボタンをクリックします。DEP機能は、システムの再起動後に有効になります。

▼システム

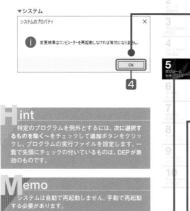

Hint
特定のプログラムを例外とするには、次に選択するものを除く〜をチェックして追加ボタンをクリックし、プログラムの実行ファイルを設定します。一覧で先頭にチェックの付いているものは、DEPが無効のものです。

Memo
システムは自動で再起動しません。手動で再起動する必要があります。

5.8.2 DEPによってプログラムが閉じたら

DEPは、不正なデータやプログラムの保存を防止するものではありません。メモリを使ったある種の攻撃に対して有効な防御手段です。したがって、知らない間にDEPが実行されて、プログラムが閉じていたならば、別の手段によって、不正な侵入やウイルスの感染などの検出と対策を実行することが必要です。

まず、ファイアウォールが有効に作用していることを確認してください。システムが最新になっているかどうかも確認します。これには、**Windows Update**機能を使用します。できれば、定期的に自動で更新できるように設定しておきます。さらに、ウイルス対策用のソフトが動作していることを確認し、〜義ファイルを最新にして再スキャンを行います。

▼DEPが実行された場合の処理

DEPでプログラムが閉じたら
↓
❶ファイアウォールを有効にする
↓
❷Windows Update
↓
❸ウイルスの除去

● **手順解説 (Process)**
操作の手順について、順を追って解説しています。

● **具体的な操作**
どこをどう操作すればよいか、具体的な操作と、その手順を表しています。

● **中見出し**
紹介する機能や内容を表します。

● **本文の太字**
重要語句は太字で表しています。用語索引 (➡ P.542) とも連動しています。

● **理解が深まる囲み解説**
下のアイコンのついた囲み解説には関連する操作や注意事項、ヒント、応用例など、ほかに類のない豊富な内容を網羅しています。

 Onepoint
正しく操作するためのポイントを解説しています。

 Attention
操作上の注意や、犯しやすいミスを解説しています。

 Tips
関連操作やプラスアルファの上級テクニックを解説しています。

 Hint
機能の応用や、実用に役立つヒントを紹介しています。

 Memo
内容の補足や、別の使い方などを紹介しています。

**見やすい手順と
わかりやすい解説で
理解度抜群！**

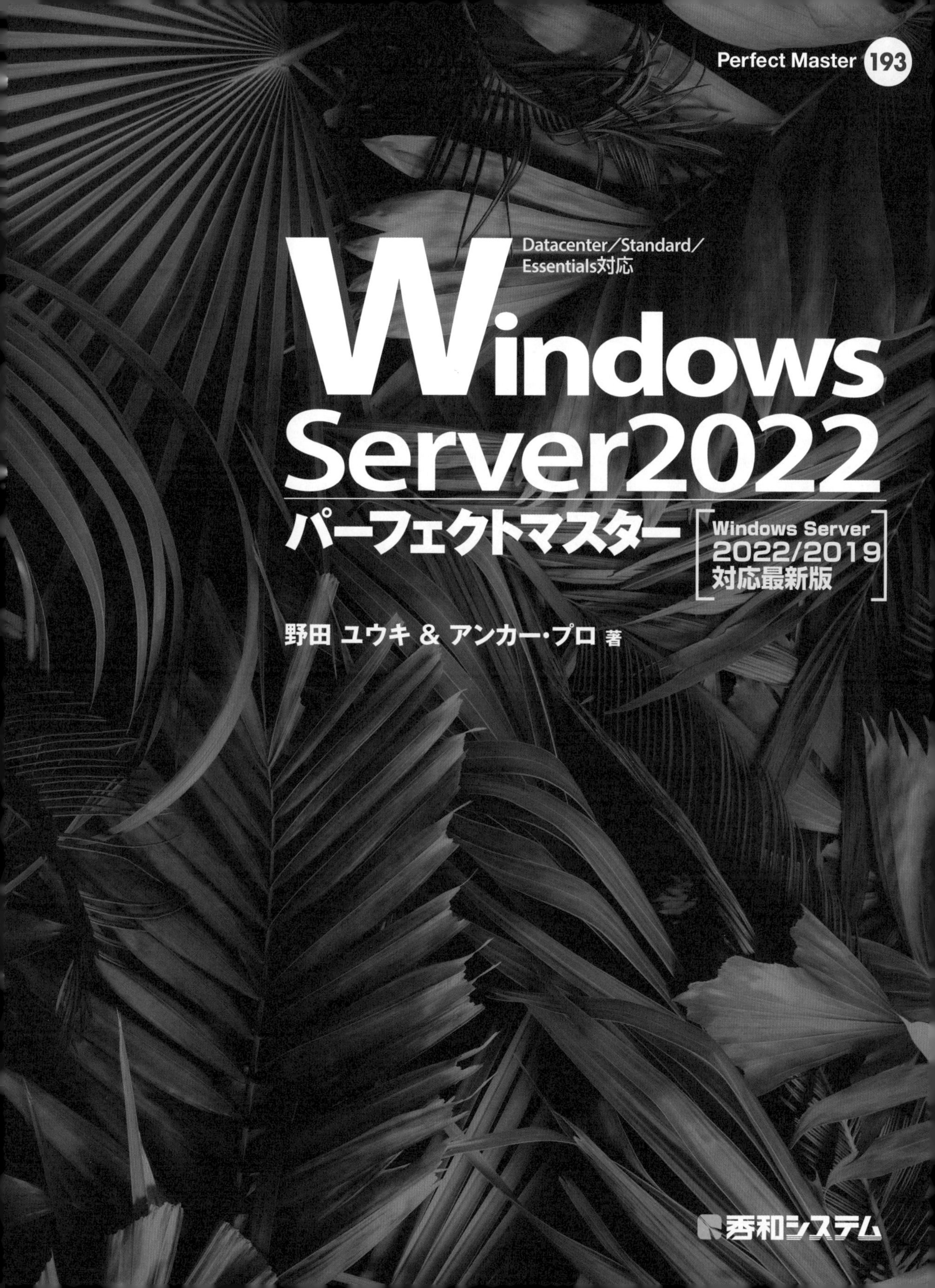

Perfect Master 193

Datacenter／Standard／
Essentials対応

Windows Server2022
パーフェクトマスター

Windows Server
2022／2019
対応最新版

野田 ユウキ ＆ アンカー・プロ 著

秀和システム

はじめに

　現在ではコンピューターをネットワークにつないで仕事をするのは当たり前となっています。また、仕事に使う以外でも、「コンピューター＋ネットワーク」の組み合わせは、当然のように捉えられています。スマートスピーカーなどは、ネットワーク接続なしではまったく役に立ちません。

　ところで、コンピューターがネットワークに接続される理由は何でしょう。インターネットを使うため、というのも理由の1つでしょう。Webで情報検索するため、メールをやり取りするためなどにインターネットを使用するというものです。インターネットは、"蜘蛛の巣"のように世界中に張り巡らされた"ネットワークのネットワーク"です。

　インターネットに接続しているネットワークとは、例えば、社内だけ、学校だけのネットワークで、LAN（ローカルエリアネットワーク）と呼ばれます。さらに、本社のLANと支店のLANを専用回線で接続するWAN（ワイドエリアネットワーク）などもあります。このようなネットワークは、それぞれの組織が、それぞれの持っている資金を使って構築します。ネットワーク機器やケーブル、ハブやルーターなどを購入して、接続し、設定しなければなりません。数台〜数百台ものコンピューターをつなぐ場合は、ネットワークを管理するための専用のコンピューターがあると便利です。そして、そのためのコンピューターがWindows Serverコンピューターなのです。

　ネットワークを管理するためのコンピューターにインストールするのは、Microsoft社のWindows Server以外のネットワークOSであってもかまいませんが、Windows Serverは世界的に圧倒的な支持を得ています。同じような機能を持つネットワークOSに、無料で使用できるものがあるにもかかわらずです。

　本書で説明するWindows Serverのバージョンは、Windows Server 2022とWindows Server 2019です。これらは本書の刊行時点で購入でき、さらにサポート期間が十分に長いもの、つまり組織のネットワーク管理用OSとしての実質的な選択肢です。Windows Server 2019に比べ、もちろん最新のWindows Server 2022のほうが機能的には上ですが、差は小さく、どちらを選んでも不便を感じることはないでしょう。どちらを選択するかは、主にサポート期間を比較して検討するのがよいでしょう。

Windows Serverの最大の機能として挙げられるのは、データや情報の共有のサービスです。これがActive Directoryドメインサービス（AD DS）です。組織内のネットワークに接続されたコンピューターに、定められた自分のユーザーIDとパスワードでログオンすると、自分の操作環境で自分のデータを使うことができる――という機能です。

このほかにも、Windows Serverには様々なサービスがあります。Webサーバーにすることもできます。組織内のセキュリティ管理をまとめて行うことも可能です。組織内で共有するファイルの管理もできます。

Windows Serverでできることは、組織内で閉じたネットワークの管理だけではありません。本書では割愛していますが、インターネットの強力なサービスとなったクラウドサービスのMicrosoft Azure（アジュール）と融合させることも可能です。

高度に複雑化したネットワークを組織内の利用者に簡単・便利に使ってもらうためには、ネットワーク管理者に、ネットワークやセキュリティに関する高度の知識、永続的かつ日常的な管理業務を遂行する強い意志、さらにいかなるときも冷静に的確な対応ができるコンピューター全般の技術力が要求されます。そんなネットワーク管理者を強力にサポートしてくれる頼もしい味方こそが、Windows Server 2022/2019なのです。

本書は、ネットワーク管理者が行うべき、ネットワーク構築や日々のネットワーク管理に必要な操作を、画面例を示しつつ1つずつ丁寧に説明した解説書です。今日では当たり前となったネットワークによる作業であるからこそ、利用者からすると、ネットワークが動かなかったり安心できなかったりするとストレスになります。そうならないように、ネットワーク管理者は日々、メンテナンスに気を遣い、セキュリティに目を光らせます。本書は、そのような"孤独なIT戦士"の方々の一助になりたいという思いで執筆しました。

2024年3月　　野田ユウキ

Contents
目次

Perfect Master Series
Windows Server

Chapter 4　Active Directory の強化と管理　　　　　173

Part 3　Windowsサーバー：
Windows Serverの重要で便利な機能の数々

Chapter 8　サーバーとクライアントの管理　385

Chapter 9　システムのメンテナンス　447

Chapter 10　PowerShellでシステム管理　501

Part 1

セットアップ：
Windows Serverの
基礎知識から構築まで

Part 1では、Windows Serverの紹介から実際に
Active Directoryドメインサービスを構築するために必
要な固定IPの設定やDNSサーバー設定までを中心に解説
します。

すでにWindows Serverがインストールされているコ
ンピューターが目の前にある場合は、インストール関連の
説明は適宜読み飛ばしてもかまいません。

1
Server での
キーワード

2
導入から
運用まで

3
Active Directory
の基本

4
Active Directory
での管理

5
ポリシーと
セキュリティ

6
ファイル
サーバー

7
仮想化と
仮想マシン

8
サーバーと
クライアント

9
システムの
メンテナンス

10
PowerShell
での管理

Perfect Master Series
Windows Server 2022

Chapter 1

Windows Server を知る
キーワード

　Chapter 1では、Windows ServerがどのようなOSなのか、新しく追加された機能は何か、セールスポイントは何か、まずは概観してみます。

　Windows Serverは、Windows NTの時代から今日まで、IT環境を取り巻くネットワークおよびインターネットの中心的な存在であり続けています。すでにそのコア（中心核）の部分は完成されていて、現在の進化の方向性としては、クラウド化、セキュリティの堅牢化、日常的な遠隔管理化を着実に進めているように見えます。

Window Server 2022/2019の アウトライン

Level ★ ★ ★ | **Keyword** 概要 新機能 改良機能 エディション

Windows Server 2022/2019は、完全64ビットOSで、性能面での処理能力アップはもちろんのこと、セキュリティ面においても堅牢無比が目指されています。クライアントとの関係では、特にWindows 10との相性がよく、オフィスでのネットワークシステム構築においてベストな組み合わせといえるでしょう。

ここがポイント!

Windows Serverの 主な機能

Windows Serverは非常に多くのサーバー機能を搭載していますが、主な機能には次のようなものがあります。

1 Active Directory

2 ファイルサーバー

3 Hyper-V

4 インターネット関連の各種サーバー

▼サーバーマネージャー

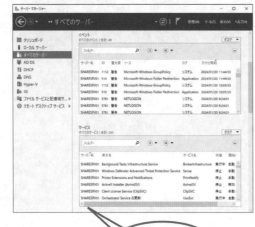

新機能の
管理ツール

Windows Server 2022/2019は、Windows Server 2016およびWindows Server 2012 R2の後継のWindowsサーバーです。WindowsファミリーOSによるネットワークの中心的な役割をするのが、Windows Serverということになります。**Active Directory ドメインサービス**は、まさにこのためのサーバー機能を果たします。ファイルサーバーは、ネットワーク経由でフォルダーやファイルなどを共有するためのサーバー機能です。プリンターなどのデバイス類を共有するためのサーバー機能も提供します。**Hyper-V**は、ソフト的に設定される仮想マシンを管理する仕組みです。1台の物理コンピューター上にいくつもの仮想コンピューターを構成することが可能です。LANやインターネットサーバーを構築することもできます。ルーターの機能やWebサーバー機能などを提供できます。これらの機能は、すでにその前のバージョンが高い完成度で供給していた機能です。Windows Server 2022/2019は、従来の機能をほぼそのまま踏襲すると共に、管理面とセキュリティ面を向上させています。

1
Server での
キーワード

2
導入から
運用まで

3
Active Directory
の基本

4
Active Directory
での管理

5
ポリシーと
セキュリティ

6
ファイル
サーバー

7
仮想化と
仮想マシン

8
サーバーと
クライアント

9
システムの
メンテナンス

10
PowerShell
での管理

1.1.1　Windows サーバー

Windows Server シリーズは、Microsoft 社の開発したサーバー専用の OS です。したがって、一般には Windows Server をユーザーが直接操作してアプリケーションなどを実行したり、プログラム開発を行ったりすることはありません。ユーザーが使用するコンピューター（本書では、**クライアント PC**、あるいは **Windows コンピューター**と表記）をネットワークに接続して活用するときに、様々なサービスを提供することを目的としているのが、Windows Server です（本書では**サーバーコンピューター**、あるいは **Windows サーバー**と表記）。

Windows サーバーの使い方

Windows Server は、専任（組織によっては兼任）の管理者によって管理運用される特殊な Windows OS です。通常は、Windows Server で事務処理をしたり、CAD をしたりはしません。

通常、Windows Server 製品が利用される目的は、「Windows コンピューターとネットワークによって結ばれた環境内での全体の作業効率のアップ」とされます。それと同時に、データや情報の漏えいや改ざん、不正使用に対してのセキュリティを持つこと。Windows Server は、様々な機能を内包した Windows サーバー用 OS です。

Windows Server をインストールした当初は、何ができるということはありませんが、ドラえもんの四次元ポケットのように、必要な機能を取り出して装備することができるのです。例えば、IIS を追加すると Web サーバーになるし、ターミナルサービスを追加してやれば、クライアント PC からリモートでアプリケーションを操作できるようになります。これらの機能は管理者によって、選択的に追加／削除できます。

1.1.2　Windows Server の概要

Windows Server 2022/2019 は、Window 10 をベースとしているため、IIS（Internet Information Services）など、すでに Windows の機能として世に出ている機能も少なくありません。

サーバーとしての機能の多くは、Windows Server 2016 から引き継いだものですが、それらに対しても改良が多く加えられています。Active Directory は「Active Directory ドメインサービス」として役割の 1 つに位置付けられ、再起動などがシステムと切り離されました。

サーバーとしての機能のほとんどは、その前のバージョンからそのまま引き継いでいます。どこかに不具合があれば、それは Windows Upgrade によって日々更新されているはずです。Windows Server 2022 は Windows Server 2019 の後継、さらに、Windows Server 2019 は Windows Server 2016 の後継と位置付けられています。Windows Server シリーズは、Windows Server 2003 以降、3～4 年ごとにメジャーバージョンアップが行われてきました。過去のメジャーバージョンアップでは大きな機能更新、操作変更が行われたこともありましたが、Windows Server 2019 から Windows Server 2022 では大きな変更はありませんでした。

すでに運用している日常の管理業務を効率よく継続するためには、ユーザーインターフェイスの大規模な変更は歓迎されません。サーバー管理をGUIで行う管理者が利用する「サーバーマネージャー」は変わっていません。そのほか、ほとんどの管理機能の操作性に大きな変化はありません。Windows Server 2019、Windows 10で提供された「Windows Admin Center」は、WebベースのリモートでWindows Server 2008 R2以降のサーバーとクラスターを管理することができますが、Windows Server 2022でも引き続き簡単に利用できます。

さらに、「Windows Admin Center」は、Azureとオンプレミスによるハイブリッドな運用においても、一元的な管理ツールとして使用することができます。

管理ツール

Windows Serverを集中管理するには、前バージョンから引き継いだ**サーバーマネージャー**を使用します。GUIによるサーバーの設定や管理業務は、サーバーマネージャーから実行できます。

例えば、サーバーの構成を変更したいときは、サーバーマネージャーの**役割と機能の追加**から専用のウィザードを起動できます。また、追加された役割や機能はサーバーマネージャーのダッシュボードに一覧表示されます。

サーバーマネージャーは、GUIベースでWindows Serverを利用するときには自動で起動しますが、閉じてしまった場合は、ピン留めされたタスクバーのほか、スタートメニューからも起動させることができます。

▼サーバーマネージャー（ダッシュボード）

Server Core

Server Coreは、Windows Serverの必要最小限のサーバー機能だけをインストールするインストール形態です。Server Coreインストールでは、Internet Explorerや.NET Frameworkなどのコンポーネントはインストールされません。

これによって管理者は、作業を単純化することができます。コンピューターのリソース消費の問題も軽減できるでしょう。セキュリティ面でも、攻撃される対象が減る分、安全性が高まります。

Windows PowerShell

1
Serverでの
キーワード

2
導入から
運用まで

3
Active Directory
の基本

4
Active Directory
での管理

5
ポリシーと
セキュリティ

6
ファイル
サーバー

7
仮想化と
仮想マシン

8
サーバーと
クライアント

9
システムの
メンテナンス

10
PowerShell
での管理

▼PowerShell

コマンドラインで
Windowsサーバーを
管理できる。

Windows PowerShell（本書では「PowerShell」と表記することがある）は、これまでのコマンドプロンプトやWindows Script Hostの代わりとなる.NET Frameworkベースの強力なコマンドライン型のツールです。

Windows Serverに同梱されているPowerShellは、追加モジュールのインストールなしで使用可能で、デスクトップ画面のタスクバーにピン留めすることができます。

現在、PowerShellには複数のエディションが存在します。Windows Server 2022に同梱されているPowerShellを起動すると、画面には最新のPowerShellを専用サイトからダウンロードする旨のメッセージが表示されることがあります。コマンドレット（PowerShellのコマンド）の内容や操作性に大きな違いはありません。

詳細はChapter 10「PowerShellでシステム管理」を参照してください。

Memo｜Windows Server 2022で削除された主なアプリや機能

Windows Server 2022では、Windows Server 2019にはあったいくつかのアプリ（機能）が、削除されるか開発が終了して非推奨になっています。

削除された機能	説明
Internet Explorer 11	Edgeの使用が推奨されています。
PowerShell 5.1	PowerShell 7の使用が推奨されています。
Media Player	Media Playerは含まれていません。メディア再生が必要なら、他のアプリケーションをインストールしてください。
Remote Desktop Services 関連（一部）	● インターネット記憶域ネームサービス（iSNS）サーバーサービスは削除されました。 ● TLS 1.0および1.1は非推奨になりました。 ● Windowsインターネットネームサービス（WINS）は削除されたため、DNSを使用しなければなりません。

Hyper-V

Hyper-Vは、Windowsの仮想マシンを管理する機能です。Hyper-Vを使うと、Windows Server上で別のWindowsや、Windows以外のOSを動かすことができます。

例えば、Windows Server上で、並行してWindowsやLinuxを動かすことが可能です。これによって、管理コストや運用コストを下げることが期待できます。

Hyper-Vは、Microsoft Virtual Serverに代わる仮想化技術で、ハードウェアの助けが必要になる場合もあります。Intel VTやAMD Virtualizationといったx64CPUが搭載されたコンピューターでは、Standard、Datacenterなどの各Windows Serverエディションをインストールすると使えるようになります。

Windows ServerのHyper-Vでは、仮想マシンのLive Migrationがサポートされています。Live Migrationとは、仮想マシンの切り替えをスムーズに行う技術です。詳細はChapter 7「仮想化と仮想マシン」を参照してください。

▼Hyper-V

仮想マシンのイメージを別コンピューター上の仮想マシンに移し替えられる。

Active Directoryの改良

Active Directoryドメインサービス（AD DS）は、Windows Serverの中心的な機能です。AD DSでは、ネットワーク上のユーザー、コンピューターなどをオブジェクトとしてデータベース化して、参照と管理を行うものです。

前バージョンでは、AD DSに読み取り専用の**ドメインコントローラー（RODC）**の使用が追加されました。RODCは、管理上ドメインコントローラーが設定できないような出張所レベルの小さな組織に配置することで、トラフィックを軽減するものです。

Active Directoryを導入することで、証明機関（CA）によるデジタル証明書をネットワーク内で管理するなどのサービスを行うActive Directory証明書サービス（AD CS）や、大規模なドメイン構築を不要としたスタンドアロンでの運営ができる**Active Directoryライトウェイトディレクトリサービス（AD LDS）**などを利用できるようになります。

1
Serverでの
キーワード

2
導入から
運用まで

3
Active Directory
の基本

4
Active Directory
での管理

5
ポリシーと
セキュリティ

6
ファイル
サーバー

7
仮想化と
仮想マシン

8
サーバーと
クライアント

9
システムの
メンテナンス

10
PowerShell
での管理

1.1.3　Windows Serverの導入について

Windows Serverを一般的に利用するには、Windows Server 2022/2019を実行するためのライセンス（**サーバーライセンス**）と、そのサーバーにアクセスして利用するためのクライアント用のライセンス（**クライアントアクセスライセンス：CAL**）の両方が必要になります。

Windows Server 2022/2019のサーバーライセンスは、Windows Server 2008までと異なり、サーバーマシンの物理コア数分のライセンスが必要になります。

CALは、Windows Server Standard/Datacenterなどでは、適切な数を購入しなければなりません。CALを割り当てなければならないマシンには、パソコンのほかに携帯端末も含まれます。

サーバーライセンスとCALの数を適切に決めて購入しないと、コストが無駄にかかったり、ライセンスの運用・管理でリスクが生じたりすることになります。クライアントPCの数が20台、もしくはユーザーが20人といったレベル以上での導入に関しては、Microsoft社の認定パートナーや販売店に相談するようにしましょう。なお、これらのサーバーライセンスやCALは、Windows Server 2016などの以前のバージョンのものは流用できません。

ラインナップ（Windows Server 2019）

一般の企業や組織が利用するWindows Server 2019としては、次の3種類が用意されています。**Windows Server 2019 Datacenter**は、大企業向けです。その下の規模には**Windows Server 2019 Standard**、そして小規模なネットワークには**Windows Server 2019 Essentials**があります。Windows Server 2019 DatacenterとWindows Server 2019 StandardにはCALが別途必要です。なお、本書を執筆するにあたっては主にWindows Server 2019 Datacenterの評価版を使用して操作を行っています。

▼Windows Server 2019のエディション

エディション	説明
Windows Server 2019 Datacenter	エディションの中の最高峰です。仮想化権限が無制限にあるほか、データセンターを構築することも可能です。
Windows Server 2019 Standard	Datacenterエディションに比べて、大規模クラウドプラットフォーム向けの機能を一部制限するなどしたものです。Hyper-Vのコンテナーが2つに制限されているため、仮想サーバーをほとんど利用しない場合や、自社内だけの限定利用を想定しています。一般企業や組織での導入が想定されています。
Windows Server 2019 Essentials	ユーザー数が25名以内、使用デバイス50台以内の比較的小規模な環境向けのエディションです。Active Directoryドメインの利用をメインとしている中小企業や小さな組織向けのエディションといえるでしょう。

ラインナップ（Windows Server 2022）

「Windows Server 2022 Datacenter: Azure Edition」を除く各エディションの構成範囲は、Windows Server 2019と同じです。クラウド環境での仮想マシンの大量提供を想定するのが「Windows Server 2022 Datacenter: Azure Edition」および「Windows Server 2022 Datacenter」です。

大規模なシステムであっても、仮想マシン（仮想サーバー）を使用しないのであれば、「Windows Server 2022 Standard」の機能で事足りると思います。

▼Windows Server 2022のエディション

エディション	説明
Windows Server 2022 Datacenter	仮想化権限は無制限（ライセンスごとに1台のHyper-Vホスト）。Windows Serverのすべての機能を使用可能。クラウド利用や大規模なネットワーク共有インフラの構築用です。
Windows Server 2022 Standard	仮想マシンは2台まで（ライセンスごとに1台の Hyper-V ホスト）。大規模なオンプレミス環境には十分に対応できます。
Windows Server 2022 Essentials	コア数に関係なく、1台のサーバーにライセンスされます。25ユーザー、50デバイスまでの小規模企業での利用が想定されます。ユーザーやデバイスごとのCALは必要ありません。
Windows Server 2022 Datacenter: Azure Edition	Windows Server 2022 Datacenterのすべての機能のほかに、「Azure拡張ネットワーク」「SMB over QUIC」「記憶域レプリカの圧縮」「ホットパッチ」をサポート。

Memo | Windows Server 2022の特徴

Windows Server 2022は、Windows Server 2019からのメジャーバージョンアップです。基本的な機能や操作性に関して、大きな変更点はありませんが、セキュリティに関する機能が、追加および強化されています。また、実際の業務形態に応じ、オンプレミスとクラウドという2つの実行形態を選択的に構成・管理しやすくしています。

●マルチレイヤーのセキュリティ強化

ファームウェアレベルの攻撃への対策強化として、**TPM**（Trusted Platform Module）2.0 を必須とし、機密性の高い暗号化キーとハードウェアベースのセキュリティを強化しています。Windows Hello、BitLocker、Windows Defender System Guard、いくつかのセキュリティキーの生成、セキュリティで保護されたストレージ、暗号化、ブート整合性の測定、構成証明、ドライバーの署名などが、TPMに依存しています。

Webなどインターネットによる通信を暗号化して情報を安全にやり取りするための方式（IISにおける通信プロトコル）として、**TLS 1.3**をデフォルトとしました。DNSとの情報やり取りを暗号化する「**DNS over HTTPS**」もサポートされるようになっています。

このほか、SMBの暗号化が強化されていたり、仮想マシン使用時の仮想ベースセキュリティが強化されていたりします。

●Azureとのハイブリッド機能の強化

Windows Server 2022は、Azureのサービス「**Azure Arc**」への接続や利用が簡単にできるインターフェイスを備えています。

Azure Arc を使用すると、物理的または仮想的に分散している各種サーバーをAzureによって一元管理することが可能になります。すなわち、Azure上に作成した仮想マシンとオンプレミスの物理マシンあるいは仮想マシンを区別することなく管理できるようになるわけです。

●Azure Arc Setup

1
Serverでの
キーワード

2
導入から
運用まで

3
Active Directory
の基本

4
Active Directory
での管理

5
ポリシーと
セキュリティ

6
ファイル
サーバー

7
仮想化と
仮想マシン

8
サーバーと
クライアント

9
システムの
メンテナンス

10
PowerShell
での管理

サーバーライセンス

　Windows Server 2022/2019 Datacenter/Standardにおいては、運用に必要なサーバーライセンスの数についてその前のバージョンから変更があります。Windows Server 2016まではサーバーPCに搭載されているプロセッサ数から割り出されていましたが、Windows Server 2022/2019 Datacenter/Standardではプロセッサに内蔵されているコア数によって割り出され*ます。

　ボリュームライセンスでは2コア分のライセンスをパックにして販売*します。このため、必要なライセンス数は、物理プロセッサ数のコア数の合計を2で割って算出できます。

　例えば、12個のコアで構成されている2基のプロセッサが搭載されているサーバーでは、24（12×2）個のライセンスが必要です。このため、購入するボリュームライセンス数は12（24÷2）となります。

　ただし、最低ライセンス数が決まっています。1プロセッサ当たり最低8コア分のライセンス（ボリュームライセンスは4パック）が必要です。また、1サーバー当たり最低16コア分のライセンス（ボリュームライセンスは8パック）が必要です。先の算出法で必要なライセンス数がこの最低ライセンス数より少ない場合でも、最低ライセンス数を購入しなければなりません。

　Windows Server Essentials（2019および2022を含むすべて）は、以前より非推奨となることが予告されていました。Windows Server Essentialsは、ユーザー数が最大で25人、デバイス数が最大で50台といった小規模企業向けのエディションでしだが、この規模ならクラウド接続型がより便利であることから、MicrosoftはMicrosoft 365への移行を推奨しています。

Memo｜エクスターナルコネクタライセンス

　外部ユーザーが、企業や組織の外部からサーバーにアクセスするなら、**エクスターナルコネクタライセンス（EC）** を検討するとよいでしょう。ECを所有するユーザーは、特定の物理サーバー上の仮想環境を含むすべてのインスタンスにアクセス可能です。

　エクスターナルコネクタライセンスを使うと、インターネット上に公開されたWindows ServerによるWebサイトを閲覧したり、ビジネスパートナーや顧客などの外部ユーザーに対して、社内のWindows Serverへのアクセスを許可したりすることができます。

Onepoint｜ライセンスの再割り当て

　サーバーライセンスは、その名のとおりサーバーに対して割り当てられるものです。しかし、サーバーが故障などした場合には、別のサーバーに割り当てることが可能です。

　ただし、最後に割り当ててから90日以内はこれができません。また、プレインストールモデルも別サーバーへのライセンスの移行ができません。

＊…**よって割り出され**　Windows Server 2019 Essentialsではサーバーベース。
＊…**にして販売**　　　　パッケージ製品では1パッケージ16コアライセンスで購入可能。

クライアントアクセスライセンス

　Windows Server Datacenter/Standardを利用する場合、**CAL**（クライアントアクセスライセンス）が必要になります。Windows Server Essentialsの場合、CALは不要です。

　購入するCALにはユーザーCALとデバイスCALの2種類があります。1人のユーザーが複数のデバイスを使用する環境ではユーザーCALを選択します。それに対して、1台のデバイスを複数のユーザーが共有することが多い場合はデバイスCALを検討するとよいでしょう。

　購入したCALを割り当てる段階では、Windows Serverをセットアップしたサーバー*に対しての割り当てを選択することができます。これは、サーバーが1台または2台程度で、それを利用するユーザーあるいはデバイスが少ない場合に有効な方法です。

　一般的には、デバイスごとまたはユーザーごとにCALを用意したほうが便利です。Windows Serverを利用する際に、1回限りの選択肢としてどちらかを選ぶようになっています。

　「CALを購入する際、どのようにCALの種類を選択すれば、コストを最も低く抑えられるか」は運用環境やこれからの拡張計画によって異なります。正規代理店などに相談するのが最もよい方法です。

Memo｜Webサイトを公開する場合のCAL数

　Windows Serverを使用してWebサイトを公開する場合には、原則としてCALは不要です。インターネットに公開されているWebサイトのWebページへのアクセスは、世界中から誰もが簡単にできてしまいます。そのため、CALは原則、不要です。原則というのは、Webサイトにアクセスするユーザーが不特定多数の場合です。会員制のWebサイトでは、アクセスするユーザーが特定できるため、ユーザーCALが必要になります。ただし、大規模なショッピングサイトなどでは、ショッピングサイト外からの利用者に対しては、「エクスターナルコネクタライセンス（ECライセンス）」を割り当てます。ECライセンスはCALの代わりに適用され、外部ユーザー数に上限はありません。ただし、物理サーバー1台ごとに割り当てる必要があります。また、このライセンスはあくまでも外部ユーザー向けなので、企業や組織内では利用不可です。

＊**セットアップしたサーバー**　これを**サーバーインスタンス**と呼ぶ。仮想マシンにWindows Serverをセットアップした場合、それもサーバーインスタンスとしてカウントされる。

1
Serverでの
キーワード

2
導入から
運用まで

3
Active Directory
の基本

4
Active Directory
での管理

5
ポリシーと
セキュリティ

6
ファイル
サーバー

7
仮想化と
仮想マシン

8
サーバーと
クライアント

9
システムの
メンテナンス

10
PowerShell
での管理

必要なシステム

Windows Serverをインストールするためのコンピューターとしての最小限のシステム要件は、一般のコンシューマー用PCと変わらず、それほど高いものではありません。しかし、運用形態によっては非常に高い性能が要求されます。ここに記載するのは、あくまでも最小システム要件として参考にしてください。

なお、最新の64ビット用プロセッサの多くはこの要件を満たしています。具体的にはインテルのXeonシリーズやCoreシリーズ、AMDのOpteronシリーズなどが該当します。ただし、2016以前のバージョンでは、プロセッサについてこういった詳細なシステム要件がなかったため、アップグレードの際には注意が必要です。

▼システム最小要件

プロセッサ	:	1.4 GHz 64ビットプロセッサ x64命令セット対応 NXとDEPのサポート CMPXCHG16b、LAHF/SAHF、およびPrefetchWのサポート 第2レベルのアドレス変換 (EPTまたはNPT) のサポート
メモリ	:	512 MB (デスクトップエクスペリエンスの場合は2GB) ECC型または同様のテクノロジ
ストレージ	:	32GB (Server Coreの場合)
その他	:	キーボード、マウス DVDドライブ (DVDからインストールする場合) ギガビット以上のイーサネットアダプター PCI Expressアーキテクチャの仕様 セキュアブートサポートのUEFI 2.3.1cベースのシステムとファームウェア Super VGA (1024 x 768) インターネットアクセスが可能な環境

Hint | 仮想マシンにWindows Serverをインストールするときの注意点

ハードウェアの最小要件の設定、つまり、1プロセッサコア、512 MB RAMで構成された仮想マシンにWindows Serverをインストールしようとすると、失敗することがあります。

これを回避するには、次のいずれか、または2つともを試行してください。

● 仮想マシンに、800 MBより多いRAMを割り当てる。この場合、セットアップ終了後にRAM割り当ては512 MBに戻すことが可能。

● インストールが始まったら、 Shift + F10 キーを押す。コマンドプロンプトが開いたら、「diskpart.exe」を実行し、インストールパーティションを作成してフォーマットする。

次に、「wpeutil createpagefile/path=C:¥pf.sys」を実行する。コマンドプロンプトを閉じて、インストールを続行する。

1.2 Active Directory

Level ★★★ | Keyword | Active Directoryドメインサービス　ディレクトリサービス

Active Directoryドメインサービスは、Windows Serverのディレクトリサービスです。ディレクトリサービスの主な役割は、ドメインコントローラーにあるディレクトリサービスのデータベースを使って、ネットワーク上のユーザーやハードウェアリソースなどに関する情報を一元管理することです。

Active Directoryドメインサービスの改良点

新しいActive Directoryドメインサービスは、以前のものに比べて次のような点が改良されました。

- サービス単位の再起動
- 読み取り専用ドメインコントローラー（RODC）の追加
- 詳細なログの記録
- チェックポイント機能
- きめ細かなパスワードポリシー

▼Active Directoryユーザーオブジェクトのプロパティ

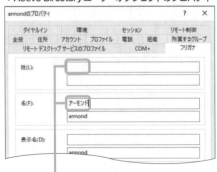

ディレクトリサービスのオブジェクトの情報として「フリガナ」が設定できる

Windows Server 2022/2019のActive Directoryドメインサービス（AD DS）のドメインの機能レベルは、両方ともWindows Server 2016が最高です。

Active Directoryドメインサービスは、その名の変更が表すように、管理者の制御可能なWindowsサービスの1つとして提供されています。

読み取り専用ドメインコントローラー（**RODC**）は、WANで接続された、遠距離にあるドメインコントローラー用に追加されたもので、効率面、セキュリティ面からも有効なものになるでしょう。

Active Directoryドメインサービスのログに記録する項目が増え、それらを監査ポリシーで設定できます。ディレクトリアクセスへの監査機能の強化といえるでしょう。

データマイニングツールによって、管理作業中または任意の時点での、**チェックポイント**と現在のオブジェクトの様子を比較することが、容易にできるようになりました。

また、ユーザーやグループにパスワードやアカウントロックアウトポリシーを設定できるようになり、きめ細かいパスワードポリシーの設定が可能です。

1
Serverでの
キーワード

2
導入から
運用まで

3
Active Directory
の基本

4
Active Directory
での管理

5
ポリシーと
セキュリティ

6
ファイル
サーバー

7
仮想化と
仮想マシン

8
サーバーと
クライアント

9
システムの
メンテナンス

10
PowerShell
での管理

1.2.1 ディレクトリサービスとは

ディレクトリサービスの"ディレクトリ"とは「案内」の意味で、主にネットワークを通した様々な案内を提供するものです。Windowsネットワークにおいて使用される**Active Directoryドメインサービス**は、このサービスを利用するように設定されているWindowsコンピューター（クライアントコンピューター）に、ネットワーク上の様々な情報を提供することができます。

例えば、クライアントコンピューターのユーザーから認証情報の提供依頼があれば、それに応えてユーザーアカウントデータからパスワードの認証情報を検索します。

さらに、Active Directoryドメインサービスでは、個々のコンピューターで情報を管理するよりも、管理が非常に楽になります。クライアントのパスワードの複雑さを設定したり、クライアントが使用できるアプリケーションの機能の範囲を設定したりすることも可能です。

同じようにディレクトリサービスを提供するものとしては、このほかに**DNS**＊や**Open Directory**＊などがあります。

1.2.2 Active Directoryドメインサービス

Active Directoryは、Windows 2000から搭載されたディレクトリサービスで、標準規格のX.500シリーズ＊を簡略化したものです。そのプロトコルには**LDAP**が、そして名前解決にはDNSが利用されます。

Active Directoryドメインサービスは、Windows Server 2016までのActive Directoryと大きな違いはありません。ただし、ドメインコントローラーとしては、Windows Server 2012 R2より前のものは使用できません。なお、Active Directoryドメインサービスのことを単にActive Directoryと呼ぶ場合もあります。

▼機能レベル

ドメインの機能レベルは、ドメインコントローラー（DC）の機能レベルを昇格する操作で設定する

＊ **DNS**　　　　　　ドメインネームシステムの略。ネットワーク上のホストコンピューターの名前と、そのIPアドレスとを対応付けるために利用される。

＊ **Open Directory**　macOS Serverが提供するMacコンピューターネットワーク用のディレクトリサービス。Active Directoryにも対応している。

＊ **X.500シリーズ**　ディレクトリサービスの標準規格で、プロトコルとしてDAP（Directory Access Protocol）が使われる。X.500シリーズは、もともとOSI参照モデルの一部として定義されているが、オーバーヘッドが大きいことや、その構造が複雑であることから普及せず、代わりにActive Directoryのような、実用できるように改良したものが作られている。

LDAP

LDAP（Lightweight Directory Access Protocol）は、ディレクトリサービスに接続するためのプロトコルです。Microsoftの場合には、Windows Serverが供給するActive Directoryがこのディレクトリサービスです。このほかにも、Sun Java Directory Server、OpenLDAPなどがあります。

LDAPでは、ディレクトリ構造を持った識別名（DN）によってオブジェクトを示します。識別名は、「属性＝値」の形式で示されます。Active DirectoryオブジェクトDNを知るには、PowerShellやコマンドプロンプトで**dsquery コマンド**を使います。

```
>dsquery user -name （ユーザー名）
"CN=（ユーザー名）,CN=Users,DC=（ドメイン名）"
```

▼DNの表示

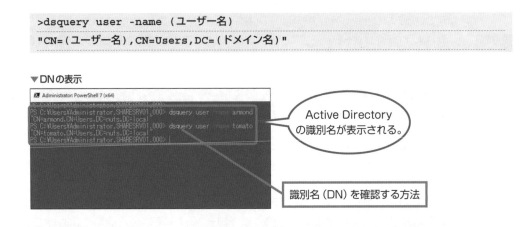

Active Directory
の識別名が表示される。

識別名（DN）を確認する方法

Active Directory管理センター

Active Directory管理センターは、Active Directoryドメインサービスの管理業務を効率よく行うための管理コンソールです。Active Directory管理センターでは、複数のAD DSドメインの管理やユーザーアカウントの管理、グループの管理、組織単位（OU）の管理などを効率よく行うことができます。

▼Active Directory管理センター

1
Server での
キーワード

2
導入から
運用まで

3
Active Directory
の基本

4
Active Directory
での管理

5
ポリシーと
セキュリティ

6
ファイル
サーバー

7
仮想化と
仮想マシン

8
サーバーと
クライアント

9
システムの
メンテナンス

10
PowerShell
での管理

Memo UNC

UNC（Universal Naming Convention）は、ネットワーク上のハードウェアリソース（共有フォルダー、ファイル、プリンターなど）の場所を指定する記述方法です。

形式としては、「¥¥サーバー名¥共有名」と記述します。

例えば、コンピューター名「SV3」のパブリックフォルダー内のドキュメントフォルダー「C:¥users¥public¥documents」は、「¥¥sv3¥c＄¥Users¥Public¥Documents」と表記します。

Memo 評価版から製品版へ変換

Windows Server 2022/2019を使用するにあたっては、これまでのシステムからできるだけスムーズに、そして移行後に不具合が生じないように十分にテストを行うことが重要になります。

Microsoftのダウンロードページからは、Windows Serverの各エディションの評価版を入手できます。これらの評価版は180日間試用することができます。この間にネットワーク環境を構築し、それをテストするとよいでしょう。

さて、テストも終了して本格的に運用するとなると、評価版の試用期間内に製品版に移行する作業が必要になります。

管理者特権のコマンドプロンプトで「slmgr.vbs /dlv」を実行します。

Memo .NET

「.NET」は「ドット・ネット」と読みます。「.NET」は、Microsoftが推進するソフトウェア実行環境や開発環境のことです。Windowsアプリケーションのほか、Webアプリ、さらにはmacOSやLinuxなどのOSを包括しています。

「.NET Framework」は、Windowsに特化したもので、すでにアップデートが終了しています。「.NET Core」はmacOSやLinuxでも動作する、クロスプラットフォーム用です。現在では、「.NET 5」「.NET 6」などと「.NET（番号）」となっています。

アプリを動かすときには、「.NET」の種類やバージョンをアプリと合わせなければならないことがあります。例えば、Windows Server 2022で「.NET Framework 3.5」などの少し古いバージョンの「.NET Framework」を選択して使用する場合には、「役割と機能の選択ウィザード」で機能として「.NET Framework 3.5 Features」をインストールします。

▼ 機能の選択

1.3 IIS

Webサイトの構築や管理、さらにWebアプリケーション開発を担当するサービスが**IIS**です。Windows Server 2022/2019に搭載されているIISはバージョン10で、Windows 11/10のものとほぼ同じ性能を持っています。開発用にはWindows 11/10を使用し、Windows Serverで運用するというように、IISを使い分けることができます。

IISの特徴

Windows Serverに搭載されたIISには、次のような特徴があります。

- Windows搭載のIISと同じバージョン
- Server Core環境でのインストールが可能
- モジュール化された機能
- 機能拡張モジュールの開発が可能

▼IISマネージャー

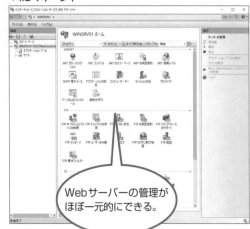

Webサーバーの管理がほぼ一元的にできる。

Windows Serverに搭載されている**IIS**は、Webサーバーとして本格的なWebサイトの運営ができるものです。

Windows Serverのインストール形式であるServer Coreインストールでも、IISは運用できます。この場合、Pkgmgrコマンドでセットアップします。ただし、ASN.NETを使用する場合には、Server Coreインストールは利用できません。

Windows Serverに同梱されているIISは徹底的にモジュール化されていて、必要なものだけをインストールできます。攻撃対象を減らすことで、安全性を高めていると共に、管理面のコストを抑える効果もあります。また、動的キャッシュや圧縮技術により、これまでよりWebサイトが高速化されています。

1
Serverでの
キーワード

2
導入から
運用まで

3
Active Directory
の基本

4
Active Directory
での管理

5
ポリシーと
セキュリティ

6
ファイル
サーバー

7
仮想化と
仮想マシン

8
サーバーと
クライアント

9
システムの
メンテナンス

10
PowerShell
での管理

1.3.1 IIS

▼ IISのホームページ

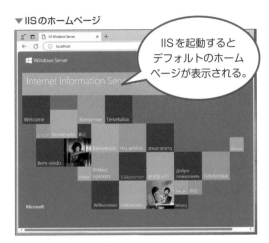

IISを起動すると
デフォルトのホーム
ページが表示される。

Windows ServerのWebサーバーは、最新の**IIS 10**です。これは、Windows 11/10と共通です。実際には、組織内の情報共有基盤として、あるいはWeb用やクラウド用のアプリケーション開発に利用することが多いでしょう。IIS 10はHTTP/2に対応しています。

IISを構成し終えれば、WebブラウザーでWindows ServerのIPアドレスやコンピューター名を指定するだけでWebサーバー (IIS) に接続でき、既定のWebページが開きます。

IISマネージャー

Onepoint

IISの管理用には、専用の**IISマネージャー**が用意されています。IISマネージャーでは、IISのほぼすべての機能が構成できます。さらに、サーバーの動作やリクエスト状況などを監視することもできます。IISマネージャーは、サーバーマネージャーからもコンソールを選択して開くことができますが、個別のコンソールパネルとして、管理ツールフォルダーからショートカットを起動したり、直接「InetMgr.exe」を実行したりして開くことも可能です。なお、IISマネージャーは**役割と機能の追加**で**Webサーバー➡管理ツール➡IISコンソール**を選択してインストールします。

▼ IISマネージャー

IIS 10用の
管理コンソール。

Memo

Windows Server 2019からは、IIS 6管理互換機能は、次のバージョンへの移行が検討されています。いつまで使えるかは現時点でわかっていません。

Onepoint

下位バージョンとの互換を得るには、「IIS 6管理互換」をインストールしてください。

IISをインストールする

▼役割と機能の追加ウィザード

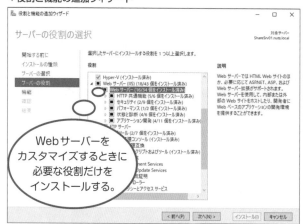

Windowsサーバーで Webだけを運用するという使い方は一般的ではありません。Webサーバーだけを取り上げるなら、Linux系の Apacheが圧倒的なシェアを誇っているためです。

しかし、Windows Serverの管理を Webページで行ったり、電子メールでメッセージを受け取ったりしたい場合には、Windows Serverに IISを構成しておくと便利です。このような理由から、ホームページを公開するという目的でなくても、ほかの機能を構成する過程で IISが自動でインストールされることもあります。

過去には IISを標的としてサーバーのセキュリティへの攻撃が頻発したこともあってか、Windows Server付属の IISをホームページ用の Webサーバーに利用することは敬遠されがちです。イントラネットの共有の Webページとして、または先述した管理用ページとして、といった利用を目的として、単独に IISを構成するには、次のように作業します。

役割と機能の追加ウィザードを開いたら、「役割ベースまたは機能ベースのインストール」➡（サーバーの選択）➡「Webサーバー (IIS)」にチェックを入れて、IIS機能をインストールしてください。

なお、IISの関連機能はほかの機能と比べても非常に多くあります。不必要なものをインストールすると、そこがセキュリティホールになる可能性もあります。必要な機能だけ（例えば、HTTP共有機能、セキュリティ、静的なコンテンツ圧縮（パフォーマンス）程度）をインストールするとよいでしょう。アプリケーション開発などの機能が必要であれば、オプションで追加してください。

H int | IIS

IISは Internet Information Servicesのことです。これは Microsoft製の Webサーバーであり、Windows Serverに標準で搭載されています。Windows Server 2022/2019の IISはバージョン10となっています。IIS 10の前バージョンは、IIS 9ではなく IIS 8.5と名付けられていました。

Windows Server上に IISを構成する操作は、ほかのサーバーを構成するときと同じで、サーバーマネージャーのダッシュボードから**役割と機能の追加**を実行して、役割の選択ページで**Webサーバー (IIS)**を追加します。

IISを特別にインストールしなくても、ほかの役割が IISを利用する場合には、自動で IISが追加されていることもあります。ダッシュボードに「IIS」が表示されているなら、すでに構成が完了しているはずです。Windows Server上で Webブラウザーを開き、「localhost」にアクセスしたときに IIS用のホームページが表示されれば、IISは正常に動いています。

Windows Server 2022/2019に同梱されている **IIS 10**は、HTTP/2をサポートしています。**HTTP/2**は十数年ぶりにバージョンアップされた Web用のプロトコルです。Nano Server上でも IISの動作がサポートされました。これによって、非常に小さな Webサーバーを構築できます。

Server Core

Level ★★★　　Keyword　Server Core　インストール

Server Coreは、Windows Serverのインストールの一形態です。最小限のインストールオプションであるため、GUIのほとんどはインストールされず、初期構成コンソールなどの管理ツールもありません。したがって、管理等の操作は、コマンドで行うことになります。なお、Server Coreについての具体的な操作方法は、「8.6　Server Coreで作業する」を参照してください。

Server Coreの特徴

Server Coreには、次のような特徴があります。

 コマンドで操作する

 ハードウェア要件が低くなる

 利用できる役割や機能が限定される

 .NET Frameworkが提供されない

▼Server Coreのサインイン

```
C:¥Windows¥system32¥LogonUI.exe
ロックを解除するには Ctrl-Alt-Del を押してください
```

Server Coreの最大の特徴は、何といってもコマンドによるWindows Serverの操作です。コマンドプロンプトがあるだけのシンプルなデスクトップを持ったServer Coreでは、マウスによる操作はほとんど不要で、キーボード操作によるコマンドで様々な管理や制御を行います。

　Windows Serverのフルインストールでは、インストールに必要なハードディスク空き容量が10〜40Gバイト程度のところ、Server Coreでは、運用に必要な容量を含めても数分の一以下（インストールだけなら1GB程度）でOKです。メモリも、フルインストールの場合に必要な512MBの半分

程度で動作します。

　GUIに必要なファイルだけが削減されているのではなく、Windows Serverの役割や機能自体が少なく、そのためのバイナリファイルがインストールされていないのです。管理可能な機能が限定されているので、メンテナンスの手間が軽減されます。攻撃を受ける数も減ることで、管理コストを抑えることが可能になります。

　なお、Server Coreのコンピューターは、.Net Frameworkが提供されないので、Webサーバーを構築しても、ASP.NETによるアプリケーションは動作しません*。

*****動作しません**　次のIISの機能が使用できない。IIS-ASPNET、IIS-NetFxExtensibility、IIS-ManagementConsole、IIS-ManagementService、IIS-LegacySnapIn、IIS-FTPManagement、WAS-NetFxEnvironment、WAS-ConfigurationAPI。

1.4.1 Server Coreの構成

Server Coreは、Windows Serverの最小限のインストール形態です。Windows Serverのインストール時に、Server Coreインストールを指定することで構成することができます。

Server Coreのインストールされた Windows Server（Server Core インストール）に、サーバーの役割や機能をインストールする手順は、「8.6.2　Server Coreの基本操作」を参照してください。

Server Coreがサポートする役割と機能

Server Coreをインストールするコンピューターに、あらかじめどのような役割を担わせるかを考えておきましょう。具体的には、Active Directoryドメインサービス関係のサーバー機能（DHCP、DNS）、Webサーバーなどとして構成するのに向いています。

▼ Server Coreでサポートされる役割

役割名	役割名
Active Directory証明書サービス	Hyper-V
Active Directoryドメインサービス	印刷とドキュメントサービス
DHCPサーバー	ストリーミングメディアサービス
DNSサーバー	Webサーバー
ファイルサービス	Windows Server Update Server
Active Directoryライトウェイトディレクトリサービス（AD LDS）	Active Directory Rights Managementサーバー
	ルーティングとリモートアクセスサーバー

▼ Server Coreでサポートされない機能

機能名	機能名
Microsoft .NET Framework 3.5	簡易TCP/IPサービス
Microsoft .NET Framework 4.5	RPC over HTTPプロキシ
Windows PowerShell	SMTPサーバー
バックグラウンドインテリジェント転送サービス（BITS）	SNMPサービス
BitLockerドライブ暗号化	Telnetクライアント
BitLockerネットワークロック解除	Telnetサーバー
BranchCache	TFTPクライアント
データセンターブリッジング	Windows Internal Database
拡張記憶域	Windows PowerShell Web Access
フェールオーバークラスタリング	Windows プロセスアクティブ化サービス
マルチパスI/O	Windows標準ベースの記憶域の管理
ネットワーク負荷分散	WinRM IIS拡張機能
ピア名解決プロトコル	WINSサーバー
高品質なWindowsオーディオビデオエクスペリエンス	WoW64サポート
Remote Differential Compression	

1
Serverでの
キーワード

2
導入から
運用まで

3
Active Directory
の基本

4
Active Directory
での処理

5
ポリシーと
セキュリティ

6
ファイル
サーバー

7
仮想化と
仮想マシン

8
サーバーと
クライアント

9
システムの
メンテナンス

10
PowerShell
での管理

1.4.2　Server Coreのサインインとシャットダウン

Windows Serverにサインイン（ログオン）するときには、[Ctrl]＋[Alt]＋[Delete]キーを押す必要があります。Server Coreではない通常のWindows Serverのサインイン画面では、この操作でサインインユーザーを選択するとパスワード入力フォームが表示されるのですが、GUIではないServer Coreではサインインの操作もすべてキーボードから行うことになります。

Server Coreにサインインする

Server Coreをインストールした直後は、ローカルユーザーとして利用できるのがAdministratorに限られています。パスワードは、インストール時に設定したものです。この組み合わせで最初のサインインを行います。

1 サーバーを起動してしばらくするとServer Coreのロック画面が表示されます。ここで[Ctrl]＋[Alt]＋[Delete]キーを押します。

2 「Administrator」用のパスワードを入力して、最後に[Enter]キーを押します。

▼ロック画面

▼パスワード入力

パスワードを入力する

nepoint
プロパティで画面背景と文字色を変更しています。

nepoint
入力されたパスワードは、画面上で認識されないように「＊」で表示されます。

▼Server Core

3 入力したパスワードが正しければ、Server Coreへのサインインが完了して、専用のコンソール画面が表示されます。

コンソール画面

Hint ASP.NET を追加する

IISで使用するWebアプリケーションとしては、**ASP.NET** が多いのではないでしょうか。

ASP.NET は、.NET Framework で提供されるクラスライブラリで、現在、広く利用されている動的なWebページの運用に欠かすことのできないものです。

IIS を構成する過程（「サーバーの役割の選択」ページ）で、**アプリケーションの開発**オプションとして最新のASP.NET などがインストールされるように設定できます。

このオプションでは、このほか、CGIやSSI（サーバーサイドインクルード）なども選択可能です。

▼サーバーの役割の選択

ASPなどを拡張できる。

Hint ライセンス認証

パッケージでWindows サーバーを購入したり、プレインストールされたサーバーコンピューターを購入したり、またダウンロードしたWindows サーバーをインストールしたりした場合、猶予期間を過ぎても使い続けるには、ユーザーはライセンス認証をしなければなりません。なお、Microsoft Volume License契約によって使用している場合は不要です。

ライセンス認証は、Windows サーバーのインストールウィザード中で行うことが可能です。この場合、ライセンスキーとしては、パッケージなどに表示されている「Physical Key」を入力します。「Virtual Key」は仮想インスタンスとしてインストールする場合に使用します。

Server Core では、インストール後にコマンドを使ってライセンス認証を行います（通常インストールでも利用可能）。コマンドプロンプトで、「slmgr -dli」を実行すると、現在のライセンスキーの情報が表示されます。

期間限定の試用インストールでは、猶予時間も表示されます。ライセンス認証の操作は、最初に「slmgr -ipk XXXXXXXXXX-XXXXX-XXXXX-XXXXX」を実行（「XXXXX-〜」にはライセンスキーを入力）してプロダクトキーを指定し、その後、「slmgr -ato」を実行して認証を行います。

▼コマンドで猶予期間を確認

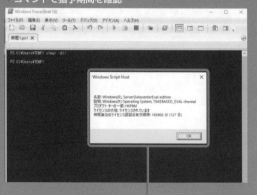

猶予期間

1
Serverでの
キーワード

2
導入から
運用まで

3
Active Directory
の基本

4
Active Directory
での管理

5
ポリシーと
セキュリティ

6
ファイル
サーバー

7
仮想化と
仮想マシン

8
サーバーと
クライアント

9
システムの
メンテナンス

10
PowerShell
での管理

Server Coreデスクトップ

Onepoint

　プログラムの起動もWindows Serverのシャットダウンも、すべてコマンドで行うのが操作の基本です。

　Server CoreのWindows Serverをシャットダウンするには、コマンドプロンプトで「shutdown -s -t 0」を実行します。Server Coreを再起動するには、「shutdown -r」を実行します。

▼Server Coreのシャットダウン

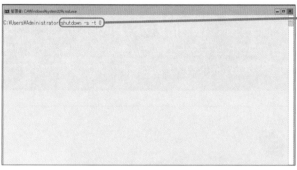

シャットダウンコマンド

Hint

コマンドのオプションは－（マイナス）で入力していますが、/（スラッシュ）でも動作します。

Onepoint

　Server Coreから起動できるGUIプログラムはほとんどありませんが、メモ帳は起動できます。メモ帳を起動するには、「notepad.exe」を実行します。

Attention

　なお、フルインストールしたシステムをServer Coreに変換したり、その逆を行ったりすることは簡単にはできません。導入は計画性を持って行いましょう。

Hint | サインインユーザーを切り替えるには

　パスワードの入力を促される画面には、要求されるユーザー名が表示されています。すでにAdministrator以外のローカルユーザーが追加されている場合には、サインインユーザーを切り替えてサインインすることもできます。

　そのためには、この画面で [Esc] キーを2回押します。すると、サインインできるユーザーの一覧が表示されます。[↓][↑]キーでユーザーを選択して [Enter] キーを押すと、ユーザーを切り替えられます。

ユーザーの切り替え

Section

1.5 Hyper-V

Level ★★★　　　Keyword　仮想化　Hyper-Vマネージャー

Windowsサーバーで注目される技術の１つが、Microsoftの**仮想化ソフト**、**Hyper-V**です。「コンピューターを仮想化する」とは、簡単にいえば、１台のコンピューター上に複数のOSを同時に起動させる技術のことです。なぜ仮想化が注目されているかといえば、特にコスト面で有利な点が多いからです。

Hyper-Vの特徴

Hyper-Vには、次のような特徴があります。

- 64ビットのハイパーバイザー技術
- 多くのOSをサポート
- メモリ割り当て
- チェックポイント

▼仮想マシン（ゲストOSはWindows 10）

Windows 10 のデスクトップ

　Windows Serverに搭載された仮想マシン技術は、Microsoftのかつての仮想サーバーのVirtual Serverとは異なる仮想化テクノロジによって開発されています。このため実行には、64ビットのプロセッサが必要になります。

　仮想マシンとして利用できるOSとしては、Windows製品はもちろんのこと、Linuxなどの異なるOSもサポートしています。メモリ割り当て機能によって、それぞれの仮想マシンに最適なメモリ容量を供給します。

　仮想マシンのチェックポイントをとることができ、以前の状態を復元できます。これによって、メンテナンスが容易になりました。

　Hyper-Vによる仮想マシンをWindows 11/10からリモートで利用することも可能です。

　なお、Hyper-V Serverという無料の仮想化ソフトがあります。これはWindows ServerからServer CoreベースのHyper-V機能だけを取り出したものです。

1
Serverでの
キーワード

2
導入から
運用まで

3
Active Directory
の基本

4
Active Directory
での管理

5
ポリシーと
セキュリティ

6
ファイル
サーバー

7
仮想化と
仮想マシン

8
サーバーと
クライアント

9
システムの
メンテナンス

10
PowerShell
での管理

1.5.1 Hyper-V

複数のOSに対応したプログラムの開発では、対応するすべてのOS環境でのテストが必要になります。そのために何台ものコンピューターを設置するよりは、仮想化されたOS内でテストをしたほうが、設備面でも管理面でも有利なことは納得できるでしょう。

Hyper-Vによる仮想化

Microsoftの仮想化ソフトといえば、仮想化サーバー製品としては**Virtual Server**、デスクトップ製品としては**Virtual PC**がありました。**Hyper-V**は、これらの製品とは技術自体が異なる**ハイパーバイザー技術**を使っています。これによって、Windows Server上で動くほかのOS（これを**ゲストOS**という）のスピードがほとんど落ちません。測定環境にもよりますが、このときの仮想化したWindows 10/8/7のパフォーマンスは、同じコンピューターで単独で動いているときを100%とすると、わずか数%のロスという程度しか落ちないという報告もあります。

また、Windows Server上に構成した仮想マシンを、ネットワークを介したクライアントコンピューターから、**Hyper-Vマネージャー**で制御することも可能です。まさに仮想マシンサーバーとしての利用も可能なのです。

▼Hyper-Vマネージャー

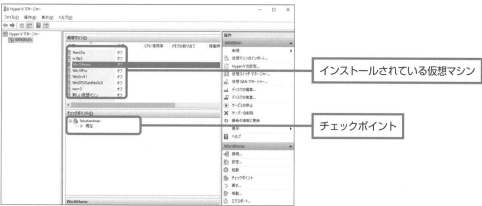

インストールされている仮想マシン

チェックポイント

Hyper-V同梱のWindows Server

Windows Server 2022/2019のエディションには、Hyper-Vを含んだものとそうでないものがあり、ユーザーは購入時に選択できます。なお、Hyper-Vは、Windows 11/10でも使用可能で、単独の商品としても購入できます。

Hyper-Vを運用する際、仮想マシンの数（**VMインスタンス数**）には注意しなければなりません。例えば、Windows Server 2022/2019 StandardではVMインスタンス数の上限は「2」ですが、Windows Server 2022/2019 Datacenterでは無制限です。

▼ Windows ServerのエディションとHyper-V

エディション	Hyper-Vの説明
Windows Server 2022/2019 Essentials	Hyper-Vは同梱されません。
Windows Server 2022/2019 Standard	VMインスタンス*数：2
Windows Server 2022/2019 Datacenter	VMインスタンス数：無制限

制約

　Hyper-Vを実際に利用できるのは、ハードウェア的な制約をクリアした場合に限られます。プロセッサは、x64ベースのIntel 64（旧称：EM64T）やAMD64などに限られます。

　また、ハイパーバイザーによって楽に動くようになったといっても、ゲストOSにはそれぞれメモリ容量を割り当てなければなりません。ハードディスク／SSDの容量にも大きなサイズの余裕が必要になります。

Memo｜サブネットマスク

　ネットワークを区切る場合、インターネット初期には、IPアドレスの区切り、つまり8ビットを単位として区切られていました。例えば、IPアドレスの最初から2バイトまでを1つのネットワークに割り当てると、そのネットワーク管理者は、残りの2バイトを使って、ネットワーク内のホストにIPアドレスを割り振ることができます。そのときのホスト数の上限は、2の16乗で65536個（実際にはこれより2つ少ない）になります。

　その後、ネットワーク化が急速に進んだため、IPアドレスの枯渇が懸念されるようになり、その結果考え出されたのが、**サブネットマスク**によってネットワークを区切る方法です。サブネットマスクは、最初のビットからネットワークの区切りまで「1」を連ね、残りを「0」にしたもので、IPアドレスにAND計算して用いられます。

　例えば、「210.164.153」のネットワークをさらに細かく区切るために、「11111111 11111111 11111111 11000000」のサブネットマスクを使用します。十進数に直すと、「255.255.255.192」となります。または、サブネット長が「26」であると表現し、ネットワークアドレスと併記するときは「210.164.153.193/26」と記述します（これをプレフィックス表記といいます）。

　「210.164.153」のネットワークで、サブネットマスク「255.255.255.192」では「210.164.153.192」～「210.164.153.255」が使用できます。最初と最後はホストに割り振れないので、実質は「210.164.153.193」～「210.164.153.254」となります。

　このサブネットマスクによって、ネットワークの境界が最初から26ビット目に特定できます。これによって、次の4種類のネットワークに分割できるのです。それぞれのネットワークでは、64個のホスト（実際には2つ少ない）にIPアドレスを割り振ることができます。

　なお、サブネットマスクはIPv6にはありません。

ネットワークアドレス	サブネットマスク	ネットマスク長
210.164.153.0	255.255.255.192	26
210.164.153.64	255.255.255.192	26
210.164.153.128	255.255.255.192	26
210.164.153.192	255.255.255.192	26

＊ **VMインスタンス**　　仮想インスタンスともいい、Windows Serverライセンスに含まれる仮想マシンで実行できるインスタンス数のこと。

Windows Server
の管理ツール

Level ★★★　　　**Keyword**　管理ツール　サーバーマネージャー　役割と機能

　Windows Serverでは、以前のバージョンから引き続いて管理コスト軽減のため、管理ツールのいたるところで、わかりやすいインターフェイスを持った管理コンソールやウィザードが開きます。Windows 11/10とも共通した管理ツールも多く、これらのツールの的確で確実な活用が管理者の仕事となります。

Windows Serverの主な管理ツール

　Windows Serverの管理ツールフォルダーから使用できる管理ツールには、次のようなものがあります。

- Windows Serverバックアップ
- コンピューターの管理
- サーバーマネージャー
- サービス
- システム構成
- セキュリティが強化された Windowsファイアウォール
- セキュリティの構成ウィザード
- タスクスケジューラー
- ローカルセキュリティポリシー
- 共有と記憶域の管理

　Windows Serverには、管理コストの低減のため、いくつかの管理ツールが用意されています。

　これらの管理ツールのショートカットは**管理ツール**フォルダーに収められていて、**スタート**メニューからも簡単に開くことができます。

　また、Windows 11/10ユーザーは、同様の管理フォルダー内に同じ内容（名前）のショートカットアイコンを見付けることもできます。コンピューターの管理、サービス、システム構成、タスクスケジューラー、ローカルセキュリティポリシーなどのアイコンはまったく同じです。

　Windowsサーバー独自の管理ツールのうち、サーバーマネージャーは、以前のバージョンでの**サーバーの役割管理**パネルを改良したものです。

　共有フォルダーやディスク管理には、これまでどおりの**コンピューターの管理**と、**共有と記憶域の管理**を併用します。

　データのバックアップ用には、**Windows Serverバックアップ**が使えます。どれも、名前の付け方がわかりやすく工夫されています。これなら、初めての管理作業でも、戸惑うことが少ないでしょう。

1.6.1　サーバーマネージャーの機能

管理ツールの中で、サーバー管理者が最も頻繁に使用するツールの1つが**サーバーマネージャー**でしょう。

管理ツールフォルダーからショートカットを開いて起動することもできますが、**スタート**メニューにもアイコンが表示されていて、いつでも起動できるようになっています。

Windows Serverで使用される用語のうち、サーバーマネージャーを操作する上で必要な「役割」「機能」「役割サービス」の使い分けについて知っておきましょう。

▼サーバーマネージャー

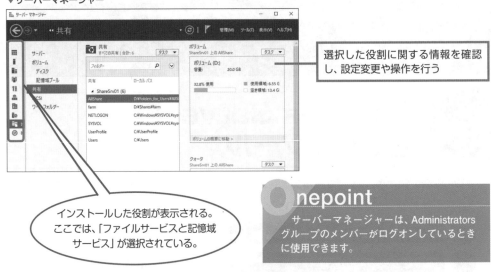

選択した役割に関する情報を確認し、設定変更や操作を行う

インストールした役割が表示される。ここでは、「ファイルサービスと記憶域サービス」が選択されている。

nepoint

サーバーマネージャーは、Administratorsグループのメンバーがログオンしているときに使用できます。

役割と機能

Windows Serverでは、一般に"サーバー機能"と呼んでいるものの中で、単独のプログラムまたは一般にいわれる"サーバー機能"単独で作業（設定や動作）できるものを、**機能または役割サービス**と呼んでいます。そして、これらのプログラムを組み合わせて作業するものを**役割**と呼んでいます（DNSサービスのように「役割サービス」＝「役割」となるものもある）。

「機能」は、「SMTPサーバー」「WINSサーバー」「Telnetサーバー／クライアント」など、単独でも使用できるものです。「役割」は、これらの機能をコンポーネントとして利用する、より大きな規模のサービスを総合的に提供するためのサーバー機能で、「Active Directoryドメインサービス」「DHCPサーバー」「DNSサーバー」「IISサーバー」「ターミナルサービス」「ファイルサービス」などです。

「役割サービス」は、役割を構成するためのサービスであり、選択的にインストールすることも可能です。こうすることで、「役割」をより詳細に設定することができます。

「機能」は、特定の「役割」を構成するのではなく、サーバー全体の機能強化に寄与するようなプログラムと位置付けられています。

サーバーマネージャーには、コンピューターにインストールされている「役割」と「機能」が表示されます。また、新たに「機能」「役割」をインストールするためのウィザードを開くこともできます。

なお、「役割」「役割サービス」「機能」はそれぞれ単独に動作するのではなく、依存関係にある場合もあります。つまり、ある「役割」をインストールすると、自動的にいくつかの「機能」がインストールされる場合もあります。

Attention

▼インストールされている役割を確認する

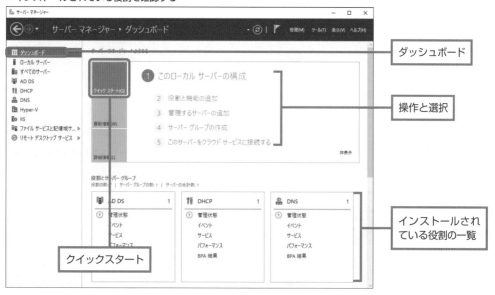

ダッシュボード

操作と選択

インストールされている役割の一覧

クイックスタート

役割をインストールする

Onepoint

セットアップ後の初期状態では、Windows Serverはサーバーとしての機能を何も持っていません。管理者によって確認された機能だけが組み込まれる仕組みになっています。ここではサーバーマネージャーを使って、役割を1つだけインストールします。なお、一度にインストールできる役割は1つだけです。

▼サーバーマネージャー

1 サーバーマネージャーの左ペインで、**ダッシュボード**をクリックし、右ペインの**役割と機能の追加**をクリックします。

1 Serverでのキーワード

2 導入から運用まで

3 Active Directoryの基本

4 Active Directoryでの管理

5 ポリシーとセキュリティ

6 ファイルサーバー

7 仮想化と仮想マシン

8 サーバーとクライアント

9 システムのメンテナンス

10 PowerShellでの管理

▼開始する前に

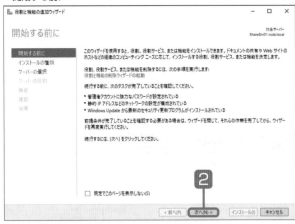

2 役割と機能の追加ウィザードが開きました。表示されるメッセージに目を通して、**次へ**ボタンをクリックします。

▼インストールの種類の選択

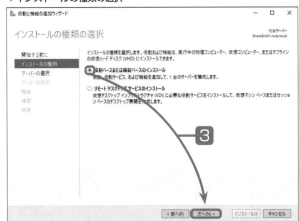

3 役割ベースまたは機能ベースのインストールがオンになっているのを確認して、**次へ**ボタンをクリックします。

▼対象サーバーの選択

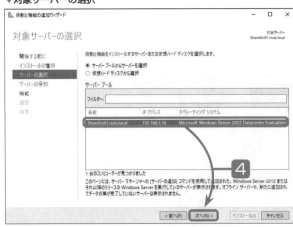

4 サーバーを選択して、**次へ**ボタンをクリックします。

1
Serverでの
キーワード

2
購入から
運用まで

3
Active Directory
の基本

4
Active Directory
での管理

5
ポリシーと
セキュリティ

6
ファイル
サーバー

7
仮想化と
仮想マシン

8
サーバーと
クライアント

9
システムの
メンテナンス

10
PowerShell
での管理

▼サーバーの役割の選択

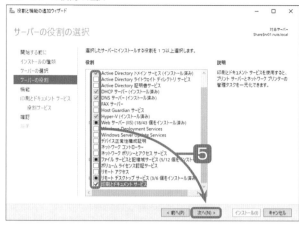

5 インストールする役割の先頭をチェックして、**次へ**ボタンをクリックします。

6 追加する機能を選択することができます。**次へ**ボタンをクリックします。

Onepoint

別のウィンドウが開き、ほかにも、役割サービスを追加インストールする必要がある旨のメッセージが表示されることもあります。メッセージを読んで、適切に対処してください。

▼役割と機能の追加ウィザード

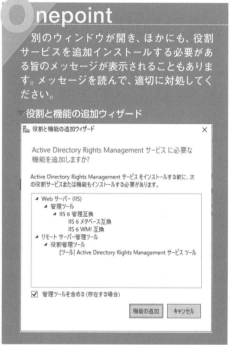

▼機能の選択

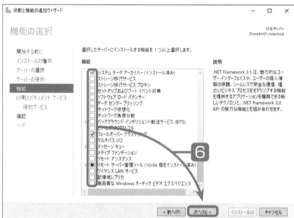

▼印刷とドキュメントサービス

7 インストールを選択した役割についての概要や留意点が表示されます。確認したら、**次へ**ボタンをクリックします。

Memo

選択した内容によっては、さらに詳細なインストールオプションを設定するページが開くこともあります。

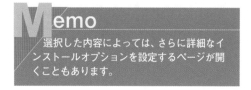

8 インストールする内容を確認して、**インスト**
ールボタンをクリックします。

9 インストールが始まります。インジケーターに
インストールの経過が表示されます。

▼インストールの実行

▼インストールの実行

10 インストールが終了しました。**閉じる**ボタンを
クリックします。

▼インストール終了

nepoint

ウィザードによって追加される役割は必要最小限
の構成であり、無用なポートが開かれたり、使用し
ないサービスが起動したりすることがありません。
したがって、役割や機能を追加しても安全性の高い
状態が維持されている、といえます。

nepoint

インストールが始まったら、途中でウィザードを
閉じることができます。

nepoint

インストールに際して自動で再起動しないように
設定してあると、再起動が必要になったときウィ
ザードの最後でインストールが完了していない旨の
メッセージが表示されます。

通知サイン

PowerShell

Level ★★★　　　**Keyword**　PowerShell　シェル　スクリプト　コマンドレット

Windows PowerShell（本書では単に「PowerShell」とも表記します）は、新しいコマンドシェルです。これまでのコマンドプロンプト（cmd.exe）とは異なります。

　UNIX系サーバーの管理者にとっては、WindowsのGUIよりもシェルによる業務のほうが使い慣れているかもしれません。

ここがポイント！

PowerShell の特徴

PowerShell には、次のような特徴があります。

 対話型シェル

 シェルスクリプト

 .NET Framework のオブジェクト利用

▼ PowerShell ISE

Get-Command コマンドレットを実行すると、使用できるコマンドレットの一覧が表示される。

PowerShell では、レジストリやサービス、プロセス、イベントログなどのシステム管理タスクを実行するためのコマンドラインツールを使って、Active Directory や IIS などのシステム管理タスクを自動化したり、システム管理をしたりすることができます。また、Microsoft Exchange Server などの管理にも利用できます。

　シェルスクリプトは、拡張子「.ps1」が付いたファイルに保存され、コマンドとして実行することが可能です。

　PowerShell を実行するには .NET Framework が必要なため、Server Core での利用はできません。

　なお、Windows 11/10 用 の PowerShell は、Microsoft 社のダウンロードサイトから入手できます。

　PowerShell のコマンドは**コマンドレット**と呼ばれます。どのようなコマンドレットが使用できるかを知るには、プロンプトで「Get-Command」を実行します。

1.7.1 PowerShell

PowerShellは、スクリプトによるサーバー管理ツールです。そのために特別なエディターが用意されています。Windows Serverには、**PowerShell**とGUIの**PowerShell ISE**が同梱されています。

Windows PowerShell

Windows ServerでPowerShellを動作させるためには、.Net Frameworkが必要になっています。なお、.Net Frameworkは、サーバーマネージャーの**機能の追加**によってインストールできます。

▼PowerShell

```
Administrator: PowerShell 7 (x64)                                    —  □  ×
PowerShell 7.4.0

A new PowerShell stable release is available: v7.4.1
Upgrade now, or check out the release page at:
    https://aka.ms/PowerShell-Release?tag=v7.4.1

PS C:¥Users¥Administrator.SHARESRV01.000>                                        ――――――― プロンプト
```

コマンドや
スクリプトの実行結果
が表示される。

Windows PowerShell ISE

Windows PowerShell ISE（Integrated Scripting Environment）は、Windows PowerShell のGUI版です。コマンドの実行のほか、スクリプトの作成やデバッグを行えるようになっています。

▼PowerSell ISE

```
管理者: Windows PowerShell ISE                                      —  □  ×
ファイル(F)  編集(E)  表示(V)  ツール(T)  デバッグ(D)  アドオン(A)  ヘルプ(H)

無題1.ps1 ×                                        コマンド ×                    ×
    1                                               モジュール:  最新の情報に更新

                                                   名前:

                                                   A:
                                                   Add-ADCentralAccessPolic
                                                   Add-ADComputerService/
                                                   Add-ADDomainController
                                                   Add-ADDSReadOnlyDoma
                                                   Add-ADFineGrainedPassw
PS C:¥Users¥Admini                                 Add-ADGroupMember
```

PowerShell ISEでは
スクリプトを実行する
こともできる。

コマンドレット

1
Serverでの
キーワード

2
導入から
運用まで

3
Active Directory
の基本

4
Active Directory
での設定

5
ポリシーと
セキュリティ

6
ファイル
サーバー

7
仮想化と
仮想マシン

8
サーバーと
クライアント

9
システムの
メンテナンス

10
PowerShell
での管理

PowerShellがWindows Serverに同梱されたのは、「管理者がコマンドやシェルスクリプトを使って、システムやアプリケーションの制御や自動化を行いたい」というユーザーの声があったためです。UNIX系のシェルに比べて劣っていたコマンドプロンプトよりも強力なコマンドレベルの機能を追加し、スクリプト言語としての特徴を活かして高度な利用を可能にすることを目指しています。

PowerShellでは、命令を与える語句を**コマンドレット**といい、「動詞-名詞」という形式の名前になっています。

例えば、あるテキストファイル（sample.txt）に任意の語句（「Hello」）を追加するスクリプトをPowerShellで記述すると、次のようになります。

```
Add-Content c:¥scripts¥sample.txt "Hello"
```

▼PowerShell

PowerShellでは、コマンドレットを実行する。

Hint｜コントロールパネルの項目検索

Windowsコンピューターのシステム管理ツールといえば、**コントロールパネル**です。Windows Server 2022/2019のコントロールパネルはWindows 11/10のものと同じです。コントロールパネルの検索ボックスにキーワードを入力すると、関連する設定項目が表示できる機能も備わっています。

▼コントロールパネル

キーワードを入力

Memo | WMI

ハードウェアまたはソフトウェアの構成情報を操作するためのインターフェイスとして**WMI***があります。WMIフィルターはWMIデータのクエリーに基づいて、グループポリシーオブジェクト（GPO）を適用するかどうかを自動決定します。

Windows 2000では、ドメイン／OU／サイト単位に対して、**ACL***のフィルターによって、グループポリシーオブジェクトを適用するかどうかを決定できましたが、Windows Server 2003からは、これに加え、WMIのクエリー結果に基づくフィルターによって、グループポリシーオブジェクトの適用を決定できるようになりました。

WMIフィルターを使うと、例えば、「DHCPがオンのコンピューター」「Core i5プロセッサを搭載したコンピューター」「Visual Studio .NETがインストールされたコンピューター」といったクエリー結果に一致するコンピューターにだけ、グループポリシーオブジェクトを適用します。WMIフィルターは、グループポリシーオブジェクトごとに1つだけ設定可能です。

また、WMIには**WMIC**（**WMIコマンドライン**）という強力なコマンドラインインターフェイスがあります。

管理者は、このインターフェイスによって、1つのコマンドでローカルコンピューター、リモートコンピューター、または複数のコンピューターを管理し、それらから情報を取り出すなど、多数のWMI関連タスクを正確に実行することができます。

WMICのコマンドは**エイリアス**と呼ばれる仲介機能によって実行するため、直感的に理解することができます。エイリアスを使うと、WMIクラスの名前変更、プロパティやメソッドの名前変更などができます。WMICを使えば、エイリアスの定義、出力フォーマットの追加、スクリプトの作成と実行、エイリアスのスキーマの参照、WMIクラスとインスタンスの照会を行うことができます。

WMICは、既存のシェルおよびユーティリティのコマンドと相互運用でき、スクリプトや、その他の管理用アプリケーションによって簡単に拡張できます。

コマンドラインツールの多くは、離れた場所にあるサーバーを操作するのを前提としています。Telnetサービスを介してのコマンドラインで、UNIXのようにリモート管理環境を利用することができます。

Memo | Windows Mediaメタファイルの拡張子

Windows Mediaメタファイルの拡張子は、次のように決められています。

▼Windows Mediaメタファイルの拡張子

拡張子	MIMEの種類	ファイルの内容
.wma	audio/x-ms-wma	音声だけのMediaファイル。
.wmv	video/x-ms-wmv	音声とビデオの一方または両方を含むMediaファイル。
.asf	video/x-ms-asf	従来の形式のコンテンツ。
.wm	video/x-ms-wm	将来の使用のために確保されています。
.wax	audio/x-ms-wax	拡張子が.asf、.wma、.waxのMediaファイルを参照するメタファイル。
.wvx	video/x-ms-wvx	拡張子が.wma、.wmv、.wvx、.waxのMediaファイルを参照するメタファイル。
.asx	video/x-ms-asf	拡張子が.wma、.wax、.wmv、.wvx、.asf、.asxのMediaファイルを参照するメタファイル。
.wmx	video/x-ms-wmx	将来の使用のために確保されています。

* **WMI** 　　Windows Management Instrumentationの略。
* **ACL** 　　Access Control Listの略。あるユーザーやグループに対して、リソースへのアクセスを許可するのか禁止するのか、といった情報をまとめたもの。

Windows Admin Center

Level ★ ★ ★　　　　**Keyword**　　Windows Admin Center　WAC　リモート管理

Windows Admin Center（本書では「WAC」と略すことがあります）は、Windows Serverでの日常的な業務を、Webブラウザー上に再構成された、シンプルで使いやすく設計された専用のコンソールを使って行えるリモート環境です。これまでに比べると、拡張性が高く、またいくつもの管理業務を1つに統合して行うことができるところに期待が持てます。

ここがポイント！

Window Admin Center を使って Windows Server を管理するには

Windows Admin Center を Windows 11 にインストールするには、次のように設定します。

1 必要なファイルをダウンロードする

2 インストールファイルを起動する

3 ウィザードに従って設定する

WACでは、物理マシンのほか、仮想マシンやクラウド上のWindows ServerまたはWindows 11からも、同じデザインのコンソールを使用することができます。またMicrosoft社は、将来的にこのWACをさらに拡張する、とアナウンスしていて、Azuruの各種サービスとの統合も行っていく計画のようです。

WACが利用できるのは、Windows Server 2022/2019のほかには、Windows Server 2016/2012 R2/2012のサーバーマシン、それにWindows 11です。使用するWebブラウザーは、Microsoft Edgeです。

WACはMicrosoftダウンロードセンターからダウンロードできます。

ダウンロードした「**Windows Admin Center**」はインストールパッケージになっていて、これを実行すると、セットアップウィザードが起動します。使用許諾契約書への同意などのステップを続けると、簡単にWACをインストールできます。

WACの使い方は、「8.3　Windows Admin Centerでリモート管理する」で説明します。

▼ Windows Admin Center

1.8.1 Windows Admin Centerのインストール

サーバーマネージャーを開くと、その上に「Windows Admin Center」の使用を勧めるメッセージウィンドウが表示されることがあります。

▼WACを試してみる

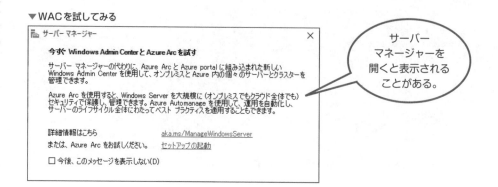

表示されたメッセージウィンドウの「aka.ms/ManageWindowsServer」リンクをクリックすると、Windows Admin Centerの紹介ページが表示されます (https://docs.microsoft.com/ja-jp/windows-server/manage/windows-admin-center/understand/windows-admin-center)。このページから、Windows Admin Centerをダウンロードすることができます。

▼Microsoftダウンロードセンター

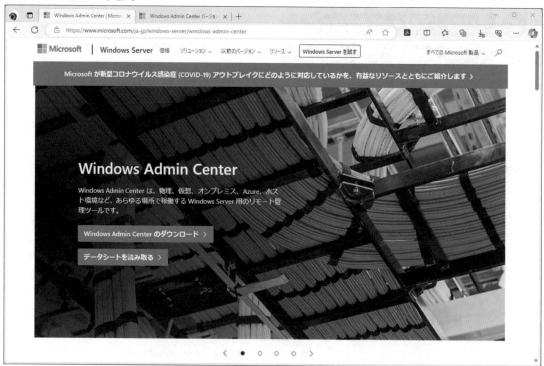

1
Serverでの
キーワード

2
導入から
適用まで

3
Active Directory
の基本

4
Active Directory
での管理

5
ポリシーと
セキュリティ

6
ファイル
サーバー

7
仮想化と
仮想マシン

8
サーバーと
クライアント

9
システムの
メンテナンス

10
PowerShell
での管理

1 ダウンロードしたファイルを実行すると、Windows Admin Centerセットアップウィザードが開きます。**これらの条件に同意します**にチェックを付けて、**次へ**ボタンをクリックします。

▼ライセンス条項

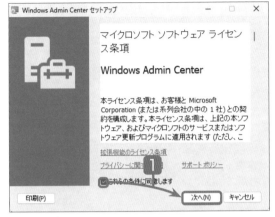

nepoint

ここでは、執筆時点でダウンロードセンターにあった「WindowsAdminCenter1809.51」を使用しています。

2 インストールに関するデータをMicrosoftに送信するかどうかを選択して、**次へ**ボタンをクリックします。

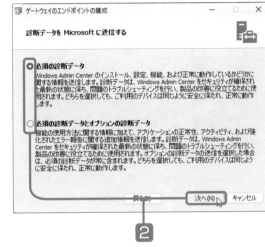

3 インストールについての説明文に目を通したら、**次へ**ボタンをクリックします。

▼ゲートウェイのエンドポイントの構成

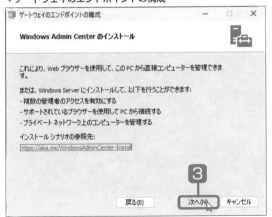

4 ポート番号を指定し、オプションにチェックを入れて、**インストール**ボタンをクリックします。

▼ポートの選択

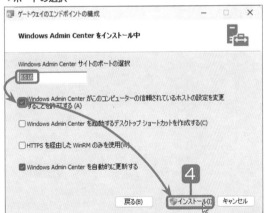

nepoint

デフォルトのポート番号は6516です。通常はデフォルトのままにしておきます。

5 Windows Admin Centerを開くときの証明書を選択して、**完了**ボタンをクリックします。

▼証明書

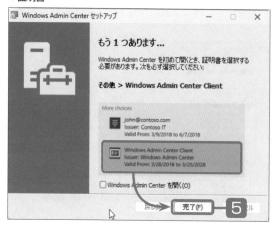

Onepoint｜**製品版と評価版**

　Windows Server 2022の評価版は、次のサイトから無料でダウンロードできます。

▼Windows Server 無料試用版

https://www.microsoft.com/ja-jp/windows-server/trial

　評価版でも、製品版の同エディションの全機能が使用できます。ただし、評価版の試用期限は180日間です。試用の残り日数は、インストールしたデスクトップの右下に表示されます。

　Windows Serverを実際に仕事等で使用する場合には、プロダクトキーを購入して設定するようにしてください。

1.8.2　Windows Admin Centerの起動

1
Serverでの
キーワード

2
収入から
適用まで

3
Active Directory
の基本

4
Active Directory
での構築

5
ポリシーと
セキュリティ

6
ファイル
サーバー

7
仮想化と
仮想マシン

8
サーバーと
クライアント

9
システムの
メンテナンス

10
PowerShell
での管理

　Windows Admin Centerをインストールすると、スタートメニューに実行のためのショートカットが作られます。スタートメニュー➡Windows Admin Center➡Windows Admin Centerをクリックしてください。これで、Windows Admin CenterがWebブラウザー（Microsoft Edgeなど）で開きます。Webブラウザーの接続先は、「https://localhost:6516」になります。

　初めてWindows Admin Centerを実行したときには、リモート管理するためのWindows Serverのサーバー名を指定してサーバーにアクセスします。

　2回目からは、Windows Admin Centerをインストールしたコンピューターから以前にアクセスしたことのあるサーバーの一覧が表示されます。

　Windows Serverのサーバー名をクリックして、認証作業が完了するとサーバーマネージャーが開きます。

▼すべての接続

▼サーバーマネージャー

Windows Serverを選択する

目的のサーバーのサーバーマネージャーが
が開く

ᴏnepoint | WACをサポートしているWindows

　下表のWindowsならば、Windows Admin CenterをインストールしてWindows Server 2022/2019をリモート管理することができます。なお、ドメインコントローラーにはインストールできません。

　デスクトップモードでは、「https://localhost:6516」のようにしてWindows Serverに接続します。ゲートウェイモードでは、「https://servername.winsrv.co.jp:6516」のようにゲートウェイを指定します。

Windowsの種別	インストールモード
Windows 11/10 バージョン17.09以降	デスクトップモード
Windows Server 2016	ゲートウェイモード
Windows Server 2022/2019	ゲートウェイモード

Memo｜Windows Serverのバージョンアップ

　古いバージョンのWindows Serverから、どのバージョンのWindows Serverにアップグレードできるかを下図に示します。

　Windows Server 2016は、Windows Server 2019またはWindows Server 2022にアップグレード可能です。

	Windows Server 2012 R2	Windows Server 2016	Windows Server 2019	Windows Server 2022
Windows Server 2012 R2		→	→	
Windows Server 2016			→	→
Windows Server 2019				→

Memo｜Windows Server 2022の エディションの違い

　Windows Server 2022のエディションの違いによる主な機能の違いは、下表のようになっています。

　なお、Windows Server 2022 Essentialsは、Windows Server 2022 Standardと機能は同等ですが、従業員25名以下程度の中小企業向けと位置付けられています。

	Windows Server 2022 Standard	Windows Server 2022 Datacenter	Windows Server 2022 Datacenter: Azure Edition
Azure拡張ネットワーク	×	×	○
ホットパッチ	×	×	○
SMB over QUIC	×	×	○
ソフトウェアの ネットワーク制御	×	○	○
記憶域レプリカ	○	○：無制限	○：無制限
記憶域スペース ダイレクト	×	○	○
Hyper-Vコンテナー	2	無制限	無制限
Windows Server 2022 VM	2	無制限	無制限

1
Server での
キーワード

2
導入から
運用まで

3
Active Directory
の基本

4
Active Directory
での管理

5
ポリシーと
セキュリティ

6
ファイル
サーバー

7
仮想化と
仮想マシン

8
サーバーと
クライアント

9
システムの
メンテナンス

10
PowerShell
での管理

Perfect Master Series
Windows Server 2022

Chapter 2

Windows Server の 導入から運用準備まで

　Windows Serverを使う上で最初に行われなければならない基本的な作業、定期的に行うことになる操作を身に付けることが、Chapter 2のねらいです。Active Directoryドメインサービスの必須のDNSサーバーの設定などの内容を解説しています。

　また、Windows Serverを単体のローカルコンピューターとして認識して基本的な設定を行うことは、ほかのコンピューターの設定につながる大切な意味があります。これらの設定は基本的なものではありますが、重要なセットアップ作業です。

2.1 Windows Server の インストール

Level ★ ★ ★　　**Keyword** インストール　アップグレード

ハードウェア要件を満たしたコンピューターにWindows Serverをインストールするのは、驚くほど簡単です。

Windows Server を インストールする

Windows Serverをインストールするには、次の手順で操作します。

1 ハードウェア要件をクリアする

2 DVDから起動できるようPCを設定する

3 セットアップDVDから起動する

4 インストールウィザードを進める

▼インストール画面

ここをクリックしてインストール

　Windows Serverのインストールに際して重要な準備は、インストールを行うコンピューターの**ハードウェア要件**を確認することです。特にメモリ容量やハードディスクの空き容量を確認しておきましょう（要件はセットアップ中に自動的にテストされ、要件を満たさない場合はセットアップ作業が停止します）。

　Windows Serverのインストールには、いくつかの方法がありますが、ここでは最も一般的なDVD（あるいはダウンロードしたisoファイル）による方法でインストール手順を説明します。

　DVD（またはisoファイル）から起動できるようにPCを設定すれば、前準備は完了です。セットアップ用のDVDをセットし、コンピューターを再起動します。しばらくして、DVDからインストール用の画面が表示されたら、あとはウィザードに従って作業を進めるだけです。必要な設定項目は、ライセンスキーの入力、インストール構成の選択、インストール先のボリュームの選択などだけです。

1
Serverでの
キーワード

2
導入から
運用まで

3
Active Directory
の基本

4
Active Directory
での管理

5
ポリシーと
セキュリティ

6
ファイル
サーバー

7
仮想化と
仮想マシン

8
サーバーと
クライアント

9
システムの
メンテナンス

10
PowerShell
での管理

2.1.1 新規インストール

Windows Server 2022/2019を新規インストールする場合は、次の点に注意してください。残しておく必要のあるアプリケーションを含むディスクパーティションに新しくインストールする場合は、Windows Serverをインストールしたあとでアプリケーションを再インストールする必要があります。

旧バージョンの Windows Serverがインストールされていたパーティションに Windows Server 2022/2019でアップグレードし、ドキュメントに保存してあったドキュメントを残しておく必要がある場合は、Documentsフォルダー（通常は各ユーザーのディレクトリの下）にあるドキュメントのバックアップを作成し、インストールが完了したあとで、それを Documentsフォルダーにコピーして戻します。

Windows Server 2022/2019を新規インストールする

Windows Server 2022/2019を新しくインストールします。まず、セットアップDVDあるいはインストールパッケージイメージ（isoファイル）を用意してください。インストールは、ウィザードによって進められます。各ページのメッセージをよく読んで進めてください。

ここでは「Windows Server 2022/2019 Standard Evaluation（デスクトップエクスペリエンス）」をインストールする手順を説明しています。このバージョンは、GUIベースのWindows Server 2022/2019 Standardのことです。

Windows Server 2022/2019 Standard/Datacenterでは、デフォルトのインストールバージョンはGUIベースではなく、コマンド入力による管理操作を前提としたServer Coreになっています。このServer CoreベースのWindows Serverは、エディションの選択画面で「（デスクトップエクスペリエンス）」と付加されていないものです。

なお、本書はGUIベースのWindows Server 2022/2019 Standardおよび同Datacenterをメインとして説明や解説を行っていきます。

▼セットアップの開始

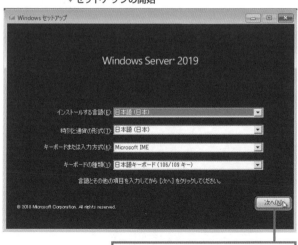

設定して[次へ]ボタンをクリックする

1 Windows Server 2019（下記のMemo参照）セットアップDVDをDVDドライブにセットし、コンピューターを再起動または起動します。DVDからセットアッププログラムが読み込まれて、セットアップ画面が表示されます。言語やキーボードの設定をして、**次へ**ボタンをクリックします。

Memo
ここでは、Windows Serverのセットアップに Windows Server 2019を使用しますが、Windows Server 2022も同様です。

2 今すぐインストールをクリックします。

3 エディションを選択して、次へボタンをクリックします。

▼インストール画面

▼エディションの選択

Onepoint

この画面のコンピューターを修復するは、インストール後のシステムを修復する場合にクリックします。

Hint

製品版では、プロダクトキーの入力段階があります。プロダクトキー入力をスキップした場合や評価版インストールでは、アクティベーション時にプロダクトキーを入力することで、正規版として使用できるようになります。

4 ライセンス条項に目を通して同意しますにチェックを付け、次へボタンをクリックします。

5 アップグレードまたはカスタムインストールを選んでクリックします。

▼ライセンス条項の確認

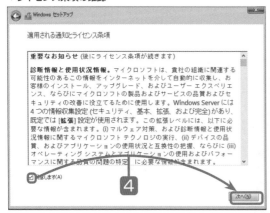

▼インストールの種類

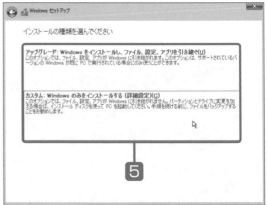

Onepoint

ここでは、カスタムインストールを選択しています。アップグレードが可能なシステムでない場合、アップグレードは選択できません。

6 インストールするボリュームを選択し、**次へ**ボタンをクリックします。

7 インストールが開始します。あとは、表示されるメッセージに従って設定操作を行います。

▼インストール場所の選択

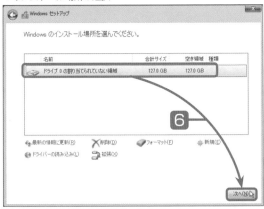

▼インストール中

Hint

クリーンインストールするためにボリュームの初期化を行う必要のある場合は、**フォーマット**をクリックします。

Onepoint

インストールの進み具合がパーセントで表示されます。

Attention

セットアップ時に入力するパスワードは、ローカルコンピューターとしてのWindows Server 2022/2019にログオンするためのAdministrator（管理者）用パスワードです。Active Directoryドメイン用アカウントやMicrosoftアカウントとは異なります。また、パスワードポリシーに照らして有効な複雑さを備えたパスワードを入力しなければなりません。パスワードはコンピューターにログオンするために必須です。忘れないようにしっかり覚えておきましょう。

Attention

Windows Server 2022のEssentialsエディションは、OEMから購入してプロダクトキーを受け取る形のみですので、特定のインストールメディアはありません。Windows Server 2022 Standardをアクティブ化するときに、Essentialsのプロダクトキーを使うことで、Essentialsとして使用できるようになります。

1 Serverでのキーワード

2 導入から運用まで

3 Active Directoryの基本

4 Active Directoryでの管理

5 ポリシーとセキュリティ

6 ファイルサーバー

7 仮想化と仮想マシン

8 サーバーとクライアント

9 システムのメンテナンス

10 PowerShellでの管理

Hint｜新規インストールのメリット

新規に Windows Server をインストールする場合には、新しいコンピューターを用意するのがよいでしょう。クリーンインストールで、以前の Windows Server を削除してしまうと、不具合が生じたときにデータや設定を取り返すことが容易でないためです。

すでに稼働している環境をアップグレードするときに最も安全な方法は、「別のコンピューターに Windows Server をクリーンインストールし、そのシステムを設定してテストを行ったあと、システムを一斉に切り替える」というものです。

この方法では、一時的に2つのシステムが同時に起動していることになり、管理者にとっては負担が増す

わけですが、その時点で正常に稼働しているサーバー環境を維持したまま、新しいサーバー環境をテストでき、任意のタイミングでそれを切り替えることができます。利用者にとっては切り替わったという実感がないほど、スムーズな移行が可能です。

さらに、もしもアップグレードによって重要な不具合が生じてしまったら、前バージョンに戻すことも容易です。

アップグレードによるデータや設定の構築期間中は、180日間の試用期間のある評価版を使用することもできます。この間に移行作業を終えれば、評価版から製品版へ移行できるので経済的です。

Onepoint｜Windows Server 2022/2019への アップグレード

「旧バージョンの Windows Server から、Windows Server 2022/2019 のどのエディションにアップグレードできるか」については、いくつかの制限があります。

まず、基本的に32ビットアーキテクチャからのアップグレードはできません。また、日本語以外の言

語バージョンからも日本語バージョンへのアップグレードはできません。

さらに Server Core インストールから GUI サーバーインストールへの切り替えもできません。

このほか、旧バージョンからのアップグレード関係をまとめると次表のようになります。

▽アップグレード対応

現在インストールされているエディション	アップグレード可能なエディション
Windows Server 2012 R2 Standard	Windows Server 2019 Standard
Windows Server 2012 R2 Standard	Windows Server 2019 Datacenter
Windows Server 2012 R2 Datacenter	Windows Server 2019 Datacenter
Windows Server 2016/2019 Standard	Windows Server 2019/2022 Standard
Windows Server 2016/2019 Standard	Windows Server 2019/2022 Datacenter
Windows Server 2016/2019 Datacenter	Windows Server 2019/2022 Datacenter

1
Serverでの
キーワード

2
導入から
運用まで

3
Active Directory
の基本

4
Active Directory
での移植

5
ポリシーと
セキュリティ

6
ファイル
サーバー

7
仮想化と
仮想マシン

8
サーバーと
クライアント

9
システムの
メンテナンス

10
PowerShell
での管理

2.1.2　アップグレード前の準備

　Windows Serverのクリーンインストールによるアップグレードでは、それまでに貯えた大量のデータや設定を引き継ぐのに大変な労力と時間がかかります。それに対して、旧バージョンが動作している環境に対するアップグレード（インプレースアップグレード）では、比較的簡単に、しかも短時間で作業を終えられます。

　インプレースアップグレードでは、Windows Server 2016や2019で稼働していたActive Directoryドメインの設定やそれに付随したサーバー設定などは、完全に移行できる可能性が高いのですが、Windows Server 2012 R2からWindows Server 2019にアップグレードする場合に、印刷サービスなど一部サービスのアップグレードが難しい場合もあります。

　また、少し古いデバイスを使っていた場合には、そのドライバーが間に合っていない、または用意されないこともあり得ます。以下、アップグレード前に準備しておきたいことをまとめてみました。

アップグレード前に持っておきたい情報

　作業を始める前に、アップグレード作業のスケジュールを立てることが必要です。「すべての作業を行うのに、それぞれの工程でどれくらいの時間が確保できるのか」、「テスト期間はあるのか」、「テストできる実機はあるのか」、「新しいOS用のデバイスドライバーはあるか」、「アップグレードに失敗した場合、再構築する時間と要員は確保できるか」、「バックアップをとってから作業を完了するまで、サービスメンテナンスにかけられる時間はどれくらいあるか」など、時間的な問題が起きることを念頭に置いた計画が必要になります。計画以外には、サーバーコンピューターのハードウェアについての情報、インストールされているソフトウェアについての情報を得ておきましょう。

●サーバーコンピューターの情報収集

SystemInfoの内容

　Active Directoryドメインなどを動かしているサーバーコンピューターでPowerShellを起動し、プロンプトから「systeminfo [Enter]」を実行し、その記録を収集します。

　同じく、プロンプトで「ipconfig /all [Enter]」と入力して、ネットワークについての情報を収集します。

　インストールされている役割と機能を一覧表示させるには、「Get-WindowsFeature [Enter]」と入力します。

Ipconfig の内容

Windows Server にインストール
されている役割や機能の内容

Memo｜インプレースアップグレード

Windows Serverのインストールには、新規インストールのほかに、これまで使用してきたWindows Serverの設定を引き継ぎながらOSをアップグレードできる「インプレースアップグレード」が用意されています。

インプレースアップグレードの際には、元のWindows ServerがGUIだったか、Server CoreのようにGUIではなかったかによって、Windows ServerのGUIあり／なしも影響を受けます。

さて、これまでWindows Serverによってネットワーク業務を運用していた環境では、インプレースアップグレードによるメリットが多いように思われます。設定時間は大幅に短縮されますし、サーバーにほかのアプリケーションをインストールしている場合にはそれらの再インストールや再設定を省くことも可能です。

サーバーに限ったことではありませんが、OSのアップグレードでは必ずといっていいほど不具合が起こることがあります。また、OSのバージョンアップからあまり時間が経過していないときほど、不具合の起きる可能性が高いのは周知の事実です。Windows Serverでも、サーバーの全面的刷新にはリスクが伴います。一般には、これまでのサーバー環境を残しておいて、別に新しいサーバー環境を構築し、設定やデータをコピーあるいはリンクさせてテストを行ったのち、新しいサーバーに移行します。つまり、古いサーバー環境と新しいサーバー環境がある期間中、併存します。これによって、何か不具合があったときにはただちにサーバーを切り替えて、運用が途切れる事態の発生を最小限に抑えるのです。ですから、インプレースアップグレードが可能かどうか十分に検討した上で、実施する場合は移行計画をきちんと立てて慎重に進めるようにしましょう。

1
Server での
キーワード

2
導入から
運用まで

3
Active Directory
の基本

4
Active Directory
での運用

5
ポリシーと
セキュリティ

6
ファイル
サーバー

7
仮想化と
仮想マシン

8
サーバーと
クライアント

9
システムの
メンテナンス

10
PowerShell
での管理

2.1.3　クライアントアクセスライセンス

Onepoint

クライアントアクセスライセンス（CAL） は、デバイスCALまたはユーザーCALを選択して使用します。使用する組織に合わせて、ライセンス数が少なくて済むようにCALの種類を選択することになります。

Windows Serverに必要なライセンス

Windows Serverのライセンスは、大きく分けて2種類あります。1つは、Windows Serverのインストールされるコンピューターに対してのライセンスです。Windows Server 2022/2019 DatacenterとStandardではコンピューターのCPUのコア数によって必要なライセンス数が決まります。なお、Windows Server Essentialsはサーバー単位のサーバーライセンスになっています。

もう1つのライセンスは、CALと呼ばれるもので、利用するユーザーまたはコンピューター（デバイス）に対して必要になるものです。

Windows Server 2012 R2以前とは、ライセンスの考え方自体が大きく異なっていることに注意してください。

▼ライセンスについてのページ

> ライセンスについては
> Windows Server 2016と
> 変わりません。

Onepoint
Windows ServerのライセンスについてのページのURLは、「https://www.microsoft.com/ja-jp/licensing/product-licensing/windows-server-2016」です。

コアライセンス

Windows Server Datacenter/Standardでは、プロセッサに内蔵されているCPUコア数に対してライセンスが必要になります。例えば、コア数2のプロセッサが4個あると、合計8コア分と計算できるのですが、1プロセッサのコア数は8個が最小値です。このため、コア数が2でもプロセッサ数が4ならば合計で32個分のコアライセンスが必要になります。また、ライセンスは16コア分または2コア分が1パッケージになっているので、32コア分が必要ならば16コアパッケージを2つ購入することになります。つまり、最低でも16個のコアライセンスが必要になります。

なお、Hyper-VにWindows Serverをインストールする場合には、1台の物理サーバーと同じようにコアライセンスの必要数がカウントされます。Windows Server Standardでは2つまでの仮想サーバーは追加料金なしで構築できます。それ以上は2つ増えるごとに1台の物理サーバーと同じだけのコアライセンスが必要になります。Windows Server Datacenterは仮想サーバーを無制限に構築できます。

CAL

クライアントアクセスライセンスは、Windows Serverに直接的または間接的にアクセスするユーザーごと、またはデバイスごとに必要なライセンスです。認証によるサーバーへのログオン時に必要になるもので、Webページなどへの匿名アクセスには不要です。

同時に使用できるユーザー数のライセンス（**同時使用ユーザー数ライセンス**、ユーザーCAL）にするか、それとも、接続するクライアント数分のライセンス（**接続クライアント数ライセンス**、デバイスCAL）にするかで、利用環境を考えて少なくて済むライセンスモードを選択すればよいことになります。ただし、Windows Server 2022/2019では、ライセンスモードの選択機能が見えなくなっています。

なお、Windows Serverでは、サーバーでターミナルサービスを利用するにも、別にターミナルサービスCALが必要です。ただし、管理目的に限り、2人分のユーザーまたは2台のデバイスまでが、このCALなしでもアクセス可能です。

Hint ライセンス認証の手続き

プロダクトキーを入力せずに、Windows Server 2022/2019をインストールしたまましばらく使用し続けている場合や、プリインストールのサーバーを使用し始めてライセンス認証が未登録の場合、タスクバーの通知領域に、ライセンス手続きを促すバルーンメッセージが表示されます。いますぐライセンス手続きを行うには、このメッセージバルーンをクリックします。

Windowsライセンス認証の情報は、アクションセンターなどから確認できます。

なお、試用版でサーバーのテストを行っているような場合には、デスクトップの右下に、使用できる残りの日数が表示されます。

▼Windows Serverのデスクトップ

残りの日数

ローカルユーザーの登録

Windows Server 2022/2019を利用するには、あらかじめWindows Serverに登録されるユーザーアカウントをもとにしたユーザー認証が必要です。コンピューターごとに作成されるユーザーアカウントを**ローカルユーザーアカウント**、ドメインに参加しているコンピューターで使用できるユーザーアカウントを**ドメインユーザーアカウント**といいます。

ローカルアカウントを作成する

ローカルコンピューター用のアカウントを作成するには、次のような手順で操作します。

1 [コンピューターの管理] を起動する

2 新規ユーザーを作成する

3 ローカルユーザーとグループを展開する

4 グループに追加する

▼ [コンピューターの管理] でユーザーを作成する

新しいユーザー	? ✕
ユーザー名(U):	localuser1
フル ネーム(F):	Taro Local
説明(D):	
パスワード(P):	●●●●●●●●●●●
パスワードの確認入力(C):	●●●●●●●●●●●

☑ ユーザーは次回ログオン時にパスワードの変更が必要(M)
☐ ユーザーはパスワードを変更できない(S)
☐ パスワードを無期限にする(W)
☐ アカウントを無効にする(B)

　　　　　　　　　　　　　　新規ユーザーを
　　　　　　　　　　　　　　作成する。

ヘルプ(H)　　　　　　作成(E)　　閉じる(O)

ローカルユーザーやローカルグループのアカウント管理は、**コンピューターの管理**コンソールで行います。コンソールツリーから、ローカルユーザーとグループを展開し、ユーザーまたはグループコンテナーを右クリックして、アカウントの作成操作を選択します。

新規ユーザーの作成では、ユーザー名とパスワードの入力は必須です。ユーザー自身が最初にログオンするときに自分でパスワードを変更することもできます。

作成されたユーザーアカウントは、そのままではUsersグループに属することになります。これを「Usersグループのメンバーになる」といいます。

ユーザーアカウントを別のグループのメンバーにしたり、メンバーから外したりするには、メンバーとなるグループを追加/削除します。

なお、Active Directoryドメインサービスに参加しているWindows Serverでは、ローカルアカウントとActive Directoryドメインサービス用のドメインアカウントの使い分けをしなければなりません。また、ドメインコントローラーとなっている場合は、ローカルアカウントは意味をなしません。

2.2.1　ローカルユーザーとドメインユーザー

Windows Serverのインストールされたコンピューターに直接ログオンするためには、そのコンピューターに**ローカルユーザー**として登録されていなければなりません。このような認証システムは、Windows Serverのセキュリティの維持を目的としたもので、コンピューターに保存されているユーザー名やパスワードなどの情報と、ログオン画面で入力が促されるこれらの文字列を比べるものです。なお、別のコンピューターでも同じユーザーアカウントを使うには、同じようにユーザーアカウントを登録しなければなりません。

Windows Serverのインストール時には、AdministratorやGuestなどのシステムによって決められたユーザー*が自動的に作成されており、これらは削除できません。

Active Directoryユーザーでは、**ドメインユーザーアカウント**を設定します。ユーザーアカウントとパスワードによって、利用者は認証を受けてコンピューターやドメインにログオンします。Active Directory用のドメインユーザーアカウントは、Active Directoryユーザーとコンピューターで設定します。なお、**ドメインコントローラー（DC）** は、管理者権限を持ったドメインユーザーアカウントでしかログオンできません。通常は、ローカルなユーザーやグループを持てなくなるためです。

ローカルユーザーアカウントを作成する

ユーザー名では大文字と小文字は区別されませんが、パスワードでは区別されます。パスワードは他人に容易に想像されるもの、例えば名前の一部や「123456」などの数字は避けなければなりません。

このようなパスワードの設定を監視するのが**パスワードポリシー**です。パスワードポリシーでは、文字数の最低数やパスワードの有効期限などを設定することができます。

なお、パスワードは暗号化されてWindows Serverに保存されます。そのため、もしパスワードを忘れてしまったら、管理者にパスワードをいったんリセットしてもらうしかありません。

▼ツールメニュー

1 サーバーマネージャーのツールメニューから、**コンピューターの管理**を選択します。

[コンピューターの管理]を選択する

nepoint

スタート画面の管理ツールタイルをクリックして管理ツールフォルダーを開き、**コンピューターの管理**をダブルクリックする方法もあります。

＊**システムによって決められたユーザー**　これらを**ビルトインアカウント**という。

1
Server での
キーワード

2
導入から
運用まで

3
Active Directory
の基本

4
Active Directory
での管理

5
ポリシーと
セキュリティ

6
ファイル
サーバー

7
仮想化と
仮想マシン

8
サーバーと
クライアント

9
システムの
メンテナンス

10
PowerShell
での管理

▼コンピューターの管理

右クリックし、[新しいユーザー]を選択する

2 **コンピューターの管理**コンソールが起動しました。左ペインのコンソールツリーで、**システムツール➡ローカルユーザーとグループ**を展開して、**ユーザーコンテナー**を右クリックし、**新しいユーザー**を選択します。

▼新しいユーザー

設定し、[作成]ボタンをクリックする

3 **新しいユーザー**ダイアログボックスが開きました。ユーザー名やパスワードを設定し、**作成**ボタンをクリックします。

nepoint

パスワードポリシーの要件を満たさない複雑さや長さのパスワードを設定しようとすると、エラー表示されて再設定が要求されます。

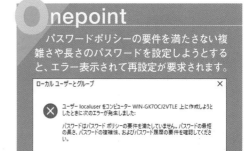

int

ユーザーは次回ログオン時に～にチェックを付けると、次回のログオン時にユーザー自身にパスワードを変更させることができます。

▼コンピューターの管理

ユーザーが作成された。

4 ユーザーが作成されました。

nepoint

管理者権限を持ったユーザーを別名で作成するのは、複数の管理者がいる場合に誰がログオンしたかを確認するためや、Administratorのパスワードを秘匿するためです。運用環境によっては必要ないかもしれません。

ユーザーをグループのメンバーにする

ユーザーの権限は、所属するグループによって管理されます。管理者権限を持つためには、作業範囲にふさわしいグループのメンバーにならなければなりません。

▼ローカルユーザーとグループ

1 **コンピューターの管理**コンソールツリーで、**ローカルユーザーとグループ➡ユーザー**を展開し、中央ペインから設定するユーザーをダブルクリックします。

設定するユーザーをダブルクリックする

▼所属するグループ

2 **ユーザーのプロパティ**が開きます。**所属するグループ**タブを開き、**追加**ボタンをクリックします。

[追加]ボタンをクリックする

Onepoint

現在、ユーザーがメンバーになっているグループの一覧が表示されています。

3 **グループの選択**ダイアログボックスで、**選択するオブジェクト名を入力してください**ボックスにグループ名を入力し、**OK**ボタンをクリックします。

▼グループの選択

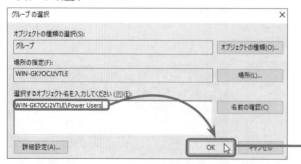

Hint

グループ名をある程度入力したあと**名前の確認**ボタンをクリックすることで、入力を効率よく行うこともできます。

グループ名を入力し、[OK]ボタンをクリックする

▼所属するグループ

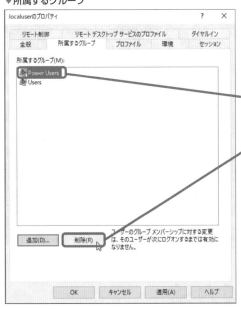

グループが追加された

グループから抜けさせるには、選択して
[削除]ボタンをクリックする

1
Serverでの
キーワード

2
導入から
運用まで

3
Active Directory
の基本

4
Active Directory
での設定

5
ポリシーと
セキュリティ

6
ファイル
サーバー

7
仮想化と
仮想マシン

8
サーバーと
クライアント

9
システムの
メンテナンス

10
PowerShell
での管理

4 グループに追加されました。グループのメンバーから抜けさせるには、グループを選択して、**削除**ボタンをクリックします。

Attention
グループ自体が削除されるわけではありません。

▼所属するグループ

5 選択していたメンバーが属するグループが整理されました。**OK**ボタンをクリックします。

Onepoint
ローカルユーザーとグループからグループを展開し、任意のグループのプロパティを開くと、そこに所属しているメンバーの一覧を見ることができます。このダイアログボックスを利用して、グループにメンバーを登録したり削除したりすることもできます。

▼グループのプロパティ

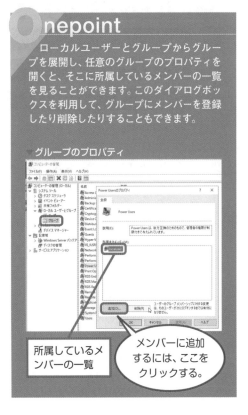

所属しているメンバーの一覧

メンバーに追加するには、ここをクリックする。

Level ★★★ | Keyword ログオン シャットダウン ログオフ 再起動

Windows Serverにログオン（ローカルログオン）するには、ローカル用のユーザーアカウントが必要です。Active Directoryドメインに参加できるWindows Server 2022/2019でローカルログオンするには、コンピューター名を指定する必要があるかもしれません。

ここが
ポイント！

システムの制御方法

Windows Serverの制御方法には、次のものがあります。

- 起動
- シャットダウン
- 再起動
- ログオン/ログオフ
- ロック

コンピューターの電源をオンにすると、Windows Serverがメモリに読み込まれ、環境が整うまでに少し時間がかかります。作業が開始できるようにするまでの作業が**起動**または**ブート**です。

作業した環境やデータを保存し、コンピューターの電源をオフにするまでの作業が**シャットダウン**です。シャットダウンすると、メモリ内のプログラムだけでなく、データもすべて消去されます。したがって、構成や設定に大きな変更を加えたい場合には、いったんメモリ内の古いものを新しいものに置き換えるために**再起動**します。

Windows Serverが起動しても、すぐにWindows Serverに付属しているプログラムを使ったり、設定を変更したりはできません。管理者であることを

Windows Serverに認証させる作業が必要なのです。これを**ログオン**または**サインイン**と呼びます。

管理者によって、Windows Serverの構成がある程度までできてしまうと、システムが起動しても、Windows Serverに対してキーボードやマウスを使って作業することは少なくなるでしょう。ログオンしている必要がなければ、ログオン前の状態に戻ります。これが**ログオフ**または**サインアウト**です。

ログオフは、ユーザーがログオンして開いたファイルを閉じてから、ログオン前の状態に移行する作業です。ロックは、ユーザーが開いたファイルをそのままにして、ログオン待ち状態に移行します。

▼ログオン画面（パスワードを入力）

1
Serverでの
キーワード

2
導入から
運用まで

3
Active Directory
の基本

4
Active Directory
での管理

5
ポリシーと
セキュリティ

6
ファイル
サーバー

7
仮想化と
仮想マシン

8
サーバーと
クライアント

9
システムの
メンテナンス

10
PowerShell
での管理

2.3.1　Windows Serverにサインインする

Windows Serverにログオン（サインイン）するには、ローカルコンピューター用のアカウントが必要です。Active Directory＊に参加しているメンバーサーバーは、ローカルアカウントでもドメインアカウントでもログオンできます。ドメインコントローラーへは、ローカルアカウントではログオンできません。

ローカルログオンする

Windows Serverを起動すると、Ctrl＋Alt＋Deleteを押すことが要求され、キー操作を実行するとログオン用画面が表示されます。この画面からログオンします。

▼サインインするには

1 ようこそ画面が表示されたら、Ctrl＋Alt＋Delete キーを押します。

Ctrl＋Alt＋Delete キーを押す

Onepoint
Hyper-V上でログオン画面を表示するには、Ctrl＋Alt＋End キーを押します。

▼パスワード入力

2 パスワードボックスにパスワードを入力し、Enter キーを押します。

Onepoint
Active Directoryにも参加可能な場合にローカルコンピューターにログオンするには、コンピューター名を明示してユーザーアカウントを入力します。例えば、SV1にadmin2のアカウントでログオンするには、ユーザー名ボックスに「SV1¥admin2」と入力します。

＊**Active Directory**　Windowsのドメインサービス。ログオン情報は、ネットワーク上にある専用のサーバーで管理される（Chapte 3、4参照）。

ローカルユーザーとして別のユーザーを登録するには、まずActive Directoryドメインのユーザーとしてログオンするのではなく、ローカルマシンに管理者としてローカルログオンします。

ローカルマシンにログオンすると、Windows 11のローカルマシンにログオンしたのと基本的には同じように、そのコンピューターにログオンするユーザーの管理作業を行えます。具体的には、**コンピューターの管理**コンソールを使って、ユーザーの登録や削除、パスワード設定を行います。

ローカルユーザーの追加や削除

コンピューターの管理コンソールを開いたら、コンソールツリーで「コンピューターの管理 (ローカル)」➡「システムツール」➡「ローカルユーザーとグループ」を展開して、「ユーザー」を選択します。

すると、現在登録されているローカルユーザーが一覧表示されます。新しいユーザーを追加するには、**操作**メニューから**新しいユーザー**を選択します。

すると、**新しいユーザー**ウィンドウが開きます。ユーザー名やパスワードを設定して**作成**ボタンをクリックします。

▼コンピューターの管理

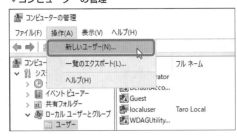

▼新しいユーザー

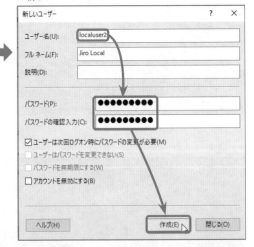

ローカルユーザー名とドメインユーザー名は同じにできるか

onepoint

ローカルユーザーはそのPCにだけログオンできますが、ドメインユーザーはActive Directoryで管理されているどのPCにもログオンできます。このときの作業環境は、どのコンピューターでも同じです。

ところで、ローカルユーザー名とドメインユーザー名は同じにできます。登録する場所が違うので、パスワードを同じにすることも可能です。

ローカルユーザーのアカウントは、Windows Server PCに管理者として登録する場合が多いと思います。そのようなアカウントをドメインで使用するのは、セキュリティ管理上好ましくありません。管理者名は同じにするとしても、パスワードは異なったものを適切に設定するようにしましょう。

1
Serverでの
キーワード

2
導入から
運用まで

3
Active Directory
の基本

4
Active Directory
での管理

5
ポリシーと
セキュリティ

6
ファイル
サーバー

7
仮想化と
仮想マシン

8
サーバーと
クライアント

9
システムの
メンテナンス

10
PowerShell
での管理

Hint ユーザーの所属を変更する

　このようにして作成されたユーザーは、「Users」グループに参加しています。このユーザーの所属を変更するには、**コンピューターの管理ウィンドウ**で任意のユーザー名を右クリックしてプロパティを選択します。プロパティウィンドウが開いたら、**所属するグループタブ**を開きます。表示されるグループ以外に参加させたり、参加グループを変更したりするには、**追加**または**削除ボタン**をクリックして設定します。

所属するグループ ▷

Onepoint 最初の起動時にパスワードを変更させる

　Windows Server や Active Directory を利用するユーザーを登録するとき、**新しいユーザーダイアログボックス**を使用すると、デフォルトで**ユーザーは次回ログオン時にパスワードの変更が必要**がオンになっています。

　ユーザーの初期パスワードは、ユーザー登録用のダイアログボックスを使う、使わないによらず、管理者によって設定されます。通常、ユーザーの初期パスワードは管理者によって設定されることが多いと思われます。管理者は、このとき設定したパスワードとIDをユーザーに知らせます。ユーザーはそのアカウントを使ってログオンします。このとき、上記のようにパスワードを変更するように設定されていると、パスワード変更のウィンドウが表示され、ユーザー自らがパスワードを設定し直すことになります。

　なお、ユーザーがパスワードを設定し直すことで、「管理者がユーザーに成り済ましてログオンする」こ

とが防げます。ユーザーにとっては、プライバシーや機密情報のセキュリティが高まることになります。

　変更されたユーザーのパスワードを知らない管理者は、本当に、ユーザーに成り済ましてログオンすることはできないのでしょうか？　いいえ。管理者は、パスワードをリセットすることができます。リセットしたあと、パスワードを再設定してログオンできます。

　ところで、このようにして管理者がユーザーに代わってパスワードを変更すれば、本当のユーザーがログオンしようとしたとき、パスワードが変わっているのに気付きます。そうなれば、最初に疑われるのは管理者です。再設定されたパスワードを使って、つまり、ユーザーに成り代わってログオンしなければならない状況はありますが、それ以外は、たとえ管理者といえども、うかつにほかのユーザーのアカウントでログオンするべきではありません。

サインアウト (ログアウト) は、サインイン (ログイン) の逆の操作です。サインアウトすると、サインインしているユーザーが起動したすべてのプロセスが停止します。しかし、ファイル共有やプリンター共有は停止しません。また、サインアウトによって使用ライセンスが1つ減ります。**ロック**は、開いているファイルはそのままにしてログオン画面に移行します。**シャットダウン**は、Windows Serverシステムを停止し、電源が切れる状態にしたり、再起動したりするために行われます。

サインアウト/ロックする

　　通常の操作で**サインアウト**するには、開いているアプリケーションやフォルダーウィンドウを閉じ、スタートボタンから**サインアウト**を選択します。ロックは、作業途中でちょっと席を離れる場合に有効です。再開には、サインインと同じアカウント認証が必要になります。

▼スタートメニュー

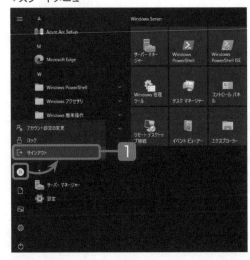

1 **スタート**メニューのアカウントアイコンをクリックし、**サインアウト**を選択します。

2 サインインページに切り替わりました。

Onepoint
保存していないデータが開いている場合は、ログオフを続けるかどうかをたずねる画面になります。

Onepoint
ロックするには、**スタートメニュー**のアカウントアイコンをクリックし、**ロック**を選択します。

▼ロック

ロックを選択する

▼サインイン画面

ロックを解除するには Ctrl + Alt + Del キーを押してください。

15:23
4月9日 (日)

シャットダウン/再起動

Windows Serverをシャットダウンするのは、メンテナンスやコンピューターを移動する場合などに限られます。したがって、シャットダウンの理由をログに残すよう、シャットダウンの理由を選択するオプションを付けて操作します。

▼スタートメニュー

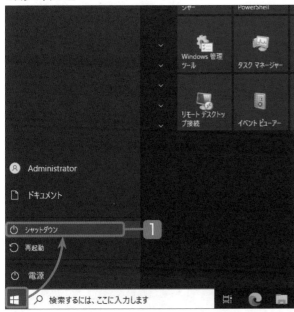

スタートメニューを開いて、電源マークをクリックし、**シャットダウン**をクリックします。

▼Windowsのシャットダウン

オプションボックスをクリックして、シャットダウンの理由を選択し、**続行**ボタンをクリックします。

Onepoint

Ctrl + Alt + Delete キーを押して表示される**Windowsのセキュリティダイアログ**から**シャットダウンボタン**をクリックしても同じです。

Attention

オプション欄の理由が選択されていない場合は、続行ボタンがクリックできません。

1
Server での
キーワード

2
導入から
運用まで

3
Active Directory
の基本

4
Active Directory
での管理

5
ポリシーと
セキュリティ

6
ファイル
サーバー

7
仮想化と
仮想マシン

8
サーバーと
クライアント

9
システムの
メンテナンス

10
PowerShell
での管理

Hint | Active Directoryの構成要素

Active Directoryを構成している要素には、次のようなものがあります。

スキーマ	ディレクトリに格納するオブジェクトの属性や制約、制限、そして名前の形式を定義するための一連の規則です。
グローバルカタログ	ディレクトリ内の各オブジェクトに関する情報を保存するデータです。
クエリとインデックス	ネットワークユーザーやアプリケーションが、オブジェクトやプロパティを検索するために使用する機構です。
レプリケーションサービス	ネットワーク全体にディレクトリデータを分散させるためのサービス。ドメイン内のドメインコントローラーがすべてレプリケーションに参加することで、ディレクトリ内の情報を完全にコピーして持つことができます。
Active Directory クライアントソフトウェア	Windows 11/10などのWindowsクライアントでも、Active Directoryの多くの機能の使用を可能にするためのソフトウェアです。

Memo | 「展開する」とは

Windowsの操作で、よく出てくる言葉に「～を展開して」があります。「展開する」は、本書でも操作の説明で頻繁に出てきます。

Windowsでは、操作対象をユーザーに選択させるインターフェイスとして、よく**ツリー構造**が使われています。サーバーマネージャーなどのコンソールウィンドウの左ペインには、親から子への階層、上から下への階層、コンテナーからオブジェクトへの階層などがツリー構造（**コンソールツリー**）として表示されます。枝葉がいっぱいのとき、必要な末端の部分をユーザーの要求に応じて開くのが展開です。展開する枝葉がある場合、「🖫」が表示されています。この「🖫」をクリックすると、隠されていたオブジェクトなどが一覧表示されます。展開されると「🖬」に表示が変わります。

「展開する」の逆の操作、つまり、下の階層の枝葉を隠す操作は「たたむ」と表現します。

なお、本書では、下の階層に枝葉を持つ表示（「🖫」や「🖬」の付いている表示）をノードと呼ぶ場合があります。

グループポリシー

グループポリシーオブジェクトを展開した。

2.4 初期タスクで コンピューター名を 変更する

Level ★ ★ ★ 　　Keyword　初期タスク　コンピューター名

Windowsをインストールするコンピューターには、1台ずつコンピューター名が付けられます。Windows 11/10などではOSのインストール時にコンピューター名を入力しますが、Windows Serverではコンピューター名を入力する間もなくインストールが終了します。コンピューター名は自動的に設定されてしまうのです。任意の名前に変えるなら、Active Directoryドメインサービスの導入前に変更しておくほうが簡単です。

サーバーの初期設定

サーバー管理者は、サーバーマネージャーでサーバーの初期設定をしましょう。

1 タイムゾーンの設定

2 ネットワークの構成

3 コンピューター名とドメインの入力

4 サーバーの更新

5 役割の追加

6 機能の追加

7 リモートデスクトップの有効/無効

▼インストール直後に開くコンソール

Windows Serverのインストール後は、サーバーの初期設定をするようにしてください。サーバーの初期設定（**初期タスク**）は、Windows Serverの起動後に開く**サーバーマネージャー**を使うのが便利です。

インストール直後には、ネットワーク共有を設定するための通知ウィンドウが開くことがあります。

その後、サーバーマネージャーが開きます。

初期タスクは、コントロールパネルなどからも実行できますが、サーバーマネージャーを使うことで、集中して作業を進めることができます。

ここでは、コンピューター名を変更してみます。インストール時に自動的に付けられた名前を任意のものに変更します。

2.4.1 コンピューター名の変更

Windowsネットワークでは、コンピューター名を頼りに共有フォルダーへアクセスするのが一般的です。そのため、コンピューター名はわかりやすく覚えやすいものがよいでしょう。Windows Serverでは、コンピューター名が自動的に設定されるためインストールは非常に簡単になりましたが、付けられるコンピューター名は少々複雑なものになります。コンピューター名を手動で設定し直す操作は、Windows 11/10などと同様にシステムのプロパティで行います。

コンピューター名を変更する

コンピューター名を変更するには、管理者権限のあるローカルユーザーで名前を変更するコンピューターにログオンして作業するようにしてください。

▼サーバーマネージャー

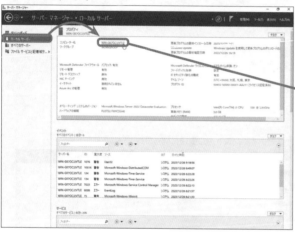

1 サーバーマネージャーでローカルサーバーを選択し、コンピューター名をクリックします。

クリックする

Hint

コントロールパネル➡システムから、設置と変更をクリックしても、システムのプロパティを開くことができます。

2 **システムのプロパティ**が開きます。**コンピューター名**タブで、**変更**ボタンをクリックします。

[変更]ボタンをクリックする

◀システムのプロパティ

▼コンピューター名/ドメイン名の変更

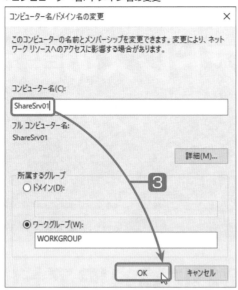

1
Serverでの
キーワード

2
導入から
運用まで

3
Active Directory
の基本

4
Active Directory
での管理

5
ポリシーと
セキュリティ

6
ファイル
サーバー

7
仮想化と
仮想マシン

8
サーバーと
クライアント

9
システムの
メンテナンス

10
PowerShell
での管理

3 **コンピューター名**ボックスでコンピューター名を変更して、**OK**ボタンをクリックします。

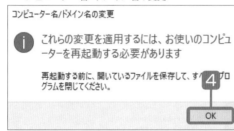

nepoint

変更のための認証ダイアログボックスが表示されたら、管理者のユーザーアカウントを設定して、**OK**ボタンをクリックします。

▼コンピューター名/ドメイン名の変更

4 **OK**ボタンをクリックします。

▼システムのプロパティ

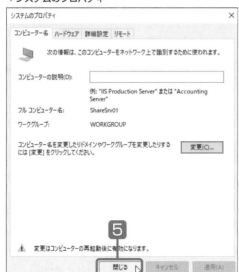

5 **閉じる**ボタンをクリックします。

6 再起動のタイミングを選んでクリックします。

▼再起動

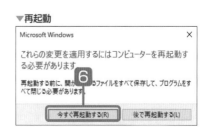

静的IPアドレスの設定

Windows Serverコンピューターを、Active DirectoryドメインサービスのドメインコントローラーやDHCPサーバー、DNSサーバーなどにする場合、そのサーバーに使用するネットワークアダプターには、専用のIPアドレスを割り振るのが望ましいでしょう。

ここが
ポイント!

ネットワーク接続に静的IPアドレスを設定する

特定のネットワーク接続に静的IPアドレスを設定するには、次のように操作します。

1 静的IPアドレスを用意する

2 特定のネットワーク接続のプロパティを開く

3 プロトコルを選んでプロパティを開く

4 静的IPアドレスを設定する

▼静的IPアドレス（IPv6）を設定する

インターネット プロトコル バージョン 6 (TCP/IPv6)のプロパティ　　　　　　×

全般

ネットワークでこの機能がサポートされている場合は、IPv6 設定を自動的に取得することができます。サポートされていない
場合は、ネットワーク管理者に適切な IPv6 設定を問い合わせてください。

○ IPv6 アドレスを自動的に取得する(O)
◉ 次の IPv6 アドレスを使う(S):

IPv6 アドレス(I): 　　　　　　　　　　　　

サブネット プレフィックスの長さ(U): 　　　　

デフォルト ゲートウェイ(D): 　　　　　　　　

○ DNS サーバーのアドレスを自動的に取得する(B)
◉ 次の DNS サーバーのアドレスを使う(E):

優先 DNS サーバー(P): 　　　::1

代替 DNS サーバー(A): 　　　　　　　　　　

□ 終了時に設定を検証する(L)　　　　　　詳細設定(V)...

　現在、小規模な企業やSOHOのネットワーク環境の多くは、プロバイダによる光インターネットをWANとして利用し、LANとの接続にブロードバンドルーターを利用していると思われます。このようなネットワーク環境下のLANを利用するホストコンピューターたちが使用するIPアドレス（IPv4）は、ブロードバンドルーターが提供するDHCPサーバー機能によって配布されます。このようにして配布されるIPアドレスを**動的IPアドレス**といいます。

　このような環境にWindows Server を設置し、このコンピューターをドメインコントローラーやDNSサーバーなどにするときは、動的IPアドレスではトラブルが発生する可能性があります。

　そこで、IPアドレスが変わらないように決め打ちします。このようなIPアドレスを**静的IPアドレス（固定IPアドレス）**といいます。

　Windows Serverは標準でIPv6に対応しています（IPv4よりも優先されます）。IPv4、IPv6どちらの静的IPアドレスも手動で設定することができます。ただし、IPv6アドレスは自動構成機能があるので、Windows Serverの通常の設定において手動で設定することはありません。

1
Serverでの
キーワード

2
導入から
運用まで

3
Active Directory
の基本

4
Active Directory
での管理

5
ポリシーと
セキュリティ

6
ファイル
サーバー

7
仮想化と
仮想マシン

8
サーバーと
クライアント

9
システムの
メンテナンス

10
PowerShell
での管理

2.5.1　IPアドレス

　　インターネットやLANでは、一般に**IP**（Internet Protocol）が使われています。**IPアドレス**は、この通信方法において、個々の通信機器やコンピューターを識別するための記号で、データはIPアドレスを目印に送信されます。文字どおりネットワークの世界のおける住所に当たります。

　　IPアドレスはネットワーク上の個々の機器を指定すると同時に、**サブネットマスク**によってネットワーク範囲を指定することもできます。

IPv4

　　現在、一般にIPアドレスといえば、IPv4を指しています。このIPアドレスは、8ビットずつを「.」（ドット）で4つに区切って合計32ビットの数値で示されるものです。例えば「11001111 00101110 11000101 00100000」は、「207.46.197.32＊」のように示されます。

　　インターネットは公のネットワークなので、その中でIPアドレス（**グローバルアドレス**）は一意でなければなりません。ユーザーが勝手に指定することは許されません。しかし、閉じたネットワーク（LANなど）では、ネットワーク管理者のもと、IPアドレスを割り振ることも可能です。LANでは、「192.168」から始まるIPアドレスを自由に割り振ることが許されています（**プライベートアドレス**）。

　　IPv4では理論上、一度に約42億台までのコンピューターを識別することができます。ところが、これだけの数があっても不足が懸念されています。そこで、さらに多くIPアドレスを指定できるIPv6への切り替えが行われているのです。

IPv6

　　IPv6は新世代のIPアドレスです。Windows ServerやWindows 11/10では、標準でサポートされています。IPv6には128ビットのIPアドレスが使われ、IPv4の4乗（2の128乗）＊のIPアドレスが利用可能になります。このため、IPアドレスの枯渇問題は当分の間は解決されます。

　　128ビットを16ビットずつに分割し、それぞれを16進数で表示して、「:」（コロン）で区切って表します。

　　例えば「1111111010000000_0000000000000000_0000000000000000_0000 000000000000_0000000101110000_0010111110001101_0000100101100111_1011110010010101」は、「fe80:0:0:0:170:2f8d:967:bc95」となりますが、「0」が続く部分は「::」で省略するため、「fe80::170:2f8d:967:bc95」と記述されます。

　　Windows Server 2022/2019のIPv6は、Windows 11/10同様に、標準のTCP/IPプロトコルとして位置付けられています。

＊**207.46.197.32**　　「microsoft.co.jp」コンピューターのIPアドレス。
＊**2の128乗**　　　　「340,282,366,920,938,463,463,374,607,431,768,211,456」。読み方は、「三百四十澗二千八百二十三溝六千六
　　　　　　　　　　百九十二穣九百三十八秭四千六百三十四垓六千三百三十七京四千六百七兆四千三百十七億六千八百二十一万一千四百五十
　　　　　　　　　　六」。

IPv6アドレスは、IPv6用のDHCPサーバーが機能していないネットワークでは、リンクローカルアドレスを自動的に設定することができます。そのため、手動でIPv6アドレスを設定する場面は、ほとんどありません。

▼IPv6のプロパティの手動設定

静的IPアドレス（IPv6）を設定できる。

Tips

ショートカットでシャットダウンするには

Windowsでは、開いているアプリケーションを閉じるときのショートカットキーとして、[Alt]+[F4]キーが割り当てられています。何かのトラブルでマウスが利用できなくなった場合、このショートカットキーを使った経験のあるユーザーも多いのではないでしょうか。

さて、デスクトップを選択した状態で、このショートカットキーを押すとどうなるでしょう。答えは「システムが終了する」です。

ただし、スタートメニューから終了操作をするときと異なり、ショートカットキー（[Alt]+[F4]）を押した場合は、**Windowsのシャットダウンダイアログボックス**が表示されます。ここで終了の操作をします。

マウスが使えない場合は、[Tab]キーで選択項目を移動します。ドロップダウンリストボックスは矢印キーで選択を変更できます。

▼Windowsのシャットダウン

1 Serverでの キーワード

2 導入から 運用まで

3 Active Directory の基本

4 Active Directory での管理

5 ポリシーと セキュリティ

6 ファイル サーバー

7 仮想化と 仮想マシン

8 サーバーと クライアント

9 システムの メンテナンス

10 PowerShell での管理

2.5.2 現在のIPアドレスを知る

　すでにインターネットを利用しているような職場のネットワーク環境にWindows Serverを導入しようとしている場合、Windows Serverには、動的IPアドレスが付与されている可能性が高いといえます。インターネットへのブロードバンド接続を、OCN光やSoftbank光などのプロバイダの契約の上で行っている場合などです。

　LANやインターネットの利用に必須のIPアドレスは、DHCPサーバーによって付与されている可能性があります。まずは、現状を知るとことから始めましょう。

ipconfigコマンドを使う

Onepoint

　ipconfigコマンドを使用することで、コンピューターがネットワークやインターネットで利用するTCP/IPについての様々な情報を知ることができます。その中には、DNSやDHCPについての情報も含まれます。

▼ipconfigコマンド

書式	説明
ipconfig	情報を表示します。
ipconfig /all	詳細な情報を表示します。
ipconfig /renew	全アダプターを最新の情報に更新します。
ipconfig /registerdns	全DHCPリースを最新の情報に更新し、DNS名を再登録します。
ipconfig /displaydns	DNSリゾルバのキャッシュを表示します。

▼スタートメニュー

1 スタートメニューから、**Windowsシステムツール➡コマンドプロンプト**を選択します。

Tips

「ipconfig /? Enter」で、マニュアルが表示されます。

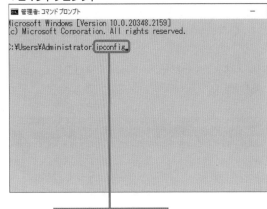

2 「ipconfig」と入力し、Enter キーを押します。

3 Windows ServerコンピューターのIP構成が表示されました。

▼コマンドプロンプト

```
管理者: コマンド プロンプト                                           ─

Microsoft Windows [Version 10.0.20348.2159]
(c) Microsoft Corporation. All rights reserved.

C:¥Users¥Administrator>ipconfig_
```

「ipconfig」と入力する

▼ipconfig 実行画面

```
管理者: コマンド プロンプト                                           ─

Microsoft Windows [Version 10.0.20348.2159]
(c) Microsoft Corporation. All rights reserved.

C:¥Users¥Administrator>ipconfig

Windows IP 構成

イーサネット アダプター イーサネット:

   接続固有の DNS サフィックス . . . . .: flets-west.jp
   IPv6 アドレス. . . . . . . . . . . .: 2400:4151:420:4b00:d593:3
76f3
   リンクローカル IPv6 アドレス. . . . .: fe80::c75e:4a73:82f3:d625
   IPv4 アドレス. . . . . . . . . . . .: 192.168.1.10
   サブネット マスク. . . . . . . . . .: 255.255.255.0
   デフォルト ゲートウェイ. . . . . . .: fe80::3ae0:8eff:fed6:9f33
                                          192.168.1.1

C:¥Users¥Administrator>_
```

int

コマンドプロンプトの代わりにPowerShellでも「ipconfig」コマンドを使用することができます。

▼Windows IP 構成（例）

```
C:¥Users¥Administrator>ipconfig


Windows IP 構成


イーサネット アダプター イーサネット:


   接続固有の DNS サフィックス. . . . . . . . . . . . . . .: flets-west.jp

   IPv6 アドレス . . . . . . . . . . . . . . . . . . . . .: 2400:0000:e00:e000:e0e6:0e00:94b:bda

   リンクローカル IPv6 アドレス. . . . . . . . . . . . . .: fe80::e0e0:0e00:94b:bda%6

   IPv4 アドレス . . . . . . . . . . . . . . . . . . . . .: 192.168.1.14

   サブネット マスク . . . . . . . . . . . . . . . . . . .: 255.255.255.0

   デフォルト ゲートウェイ. . . . . . . . . . . . . . . . .: fe00::3ae0:8eff:fed6:9f33%6

                                                            192.168.1.1
```

▼ipconfigによるIP情報

項目	説明
接続固有のDNSサフィックス	プロバイダのドメイン名の接尾辞です。
IPv6アドレス	ネットワークアダプターに割り振られているIPv6アドレスです。
リンクローカルIPv6アドレス	同一リンク内でのみ有効なアドレスで「fe80::」から始まります。接続しているネットワークアダプター（MACアドレス）などから自動的に生成されます。「%」以下の数字は、インターフェイス番号を示しています。
IPv4アドレス	ネットワークアダプターに割り振られているIPv4アドレスです。
サブネットマスク	IPv4アドレスのサブネットマスクです。
デフォルトゲートウェイ	デフォルトゲートウェイのIPアドレスです。

1
Server での
キーワード

2
導入から
運用まで

3
Active Directory
の基本

4
Active Directory
での管理

5
ポリシーと
セキュリティ

6
ファイル
サーバー

7
仮想化と
仮想マシン

8
サーバーと
クライアント

9
システムの
メンテナンス

10
PowerShell
での管理

索引
Index

2.5.3 静的IPアドレスを設定する

Onepoint

Windows Serverを最大限に利用したいと考えている場合、Windows Serverコンピューターのネットワーク上の所在地（IPアドレス）が住所不定では困ります。静的IPアドレスの設定は、初期段階で行うようにするとよいでしょう。

なお、Windows Serverの静的IPアドレスの設定は通常、IPv4アドレスについていわれることです。

静的IPアドレス（IPv4）を設定する

Onepoint

ネットワーク関係の管理ツールの多くは、Windowsのものと共通、あるいは非常に仕様が似ています。ネットワークのプロパティの開き方や、プロパティを使ったTCP/IPプロパティの変更方法も、Windowsと共通しています。ここでは、Windows Serverのサーバーマネージャーから初期タスクの設定をスタートします。

▼サーバーマネージャー

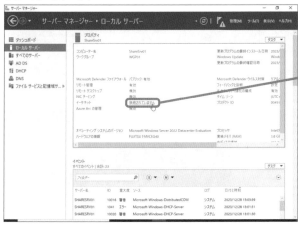

リンクをクリックする

1 サーバーマネージャーの**ローカルサーバー**ページの**プロパティ**の**イーサネット**の設定リンクをクリックします。

nepoint

Windowsの場合と同じように、ネットワーク接続の管理ウィンドウを開いて、ローカルエリア接続アイコンを右クリックし、プロパティを開区方法も使えます。

▼ネットワーク接続

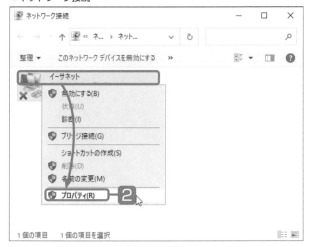

2 **ネットワーク接続**ウィンドウが開いたら、ローカルエリア接続アイコンを右クリックして、**プロパティ**を選択します。

nepoint

一般的な設定では、ネットワークの構成状況が「IPv4アドレス（DHCPにより割り当て）」となっています。これは、ブロードバンドルーター等のDHCP機能によって割り当てられている動的IPアドレスによってネットワークが構成されていることを示しています。

3 ローカルエリア接続のプロパティが開きます。**インターネットプロトコルバージョン4(TCP/IPv4)** を選択して、**プロパティ**ボタンをクリックします。

4 **インターネットプロトコルバージョン4**のプロパティが開きます。**全般**タブで、**次のIPアドレスを使う**をチェックします。

▼ローカルエリア接続のプロパティ

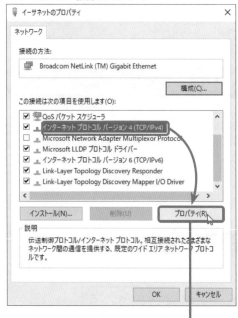

選択して［プロパティ］ボタンをクリックする

▼インターネットプロトコルバージョン4のプロパティ

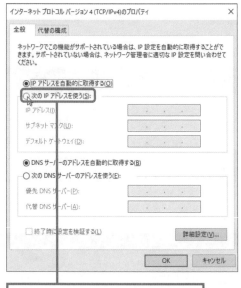

［次のIPアドレスを使う］をチェックする

Attention

すでにチェックされ、アドレスが設定されている場合は、静的IPアドレスの設定が終了しています。

▼全般タブ

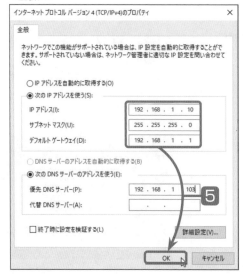

5 IPアドレスを入力して、**OK**ボタンをクリックします。

▼ローカルエリア接続のプロパティ

1 Serverでの キーワード

2 導入から 運用まで

3 Active Directory の基本

4 Active Directory での管理

5 ポリシーと セキュリティ

6 ファイル サーバー

7 仮想化と 仮想マシン

8 サーバーと クライアント

9 システムの メンテナンス

10 PowerShell での管理

6 ローカルエリア接続のプロパティに戻ります。**閉じる**ボタンをクリックします。

onepoint
サーバーマネージャーの表示を更新するには、**タスクボタンをクリックして、最新の情報に更新**を選択します。

onepoint
DNSサーバーのアドレスは、LAN内にDNSサーバーがある場合やこれからWindows ServerにDNSサーバーの役割をインストールする場合には、それらのサーバーのIPアドレスを入力します。ここでは、現在設定中のWindows Serverにこの先、DNSサーバーの役割も付加させます。そのため、静的IPアドレスと同じアドレスを設定しておきます。

H int | IPv6は無効にしないように

Windows Serverでは、実質的にIPv4でもIPv6でも、どちらでも運用できるようになっています。これは、IPv6への移行技術である「ISATAP」(Intra-Site Automatic Tunnel Addressing Protocol)や「6to4」などがサポートされているためです。Microsoft社はIPv6での運用を推奨していますが、現実的にはIPv4を無視できない状況が継続しています。

「インターネットのプロパティ」ウィンドウで「インターネットプロトコルバージョン6(TCP/IPv6)」のチェックを外し、IPv6への移行プログラムを無効にすることで、IPv6を使わずにIPv4だけで運用することもできますが、それは推奨されていません。

ネットワークのプロトコル設定

DNSサーバーの構成

Active Directoryドメインサービスの運用には、**DNSサーバー**が必須です。ネットワークやインターネットの世界では、住所に当たるIPアドレスと「ドメイン名＋ホスト名」を対応付けるシステムが必要で、Windows Serverの役割にもDNSサーバーが用意されています。

ここがポイント!

Windows Serverで DNSサーバーを構成する

Windows Serverでネットワーク用にDNSサーバーを構成するには、次にように操作します。

1 DNSサーバーのIPアドレスを固定する

2 DNSサービスの役割をインストールする

3 ゾーンを設定する

▼役割のインストール

DNSサーバーの役割のインストール

DNSサーバーは、名前解決のためのサービスを提供します。つまり、ネットワークに分野におけるコンピューターと人との"翻訳機"です。

DNSは、Windows ServerでActive Directoryドメインサービスを使用するには必須の機能です。ただし、Windows Server以外のサーバーを利用することも可能です。

DNSは、インターネットでも重要な役割を担っているサーバーで、Active Directoryドメインサービスと併用することも可能です。DNSの名前解決にはいくつかのレベルがあり、「どのレベルのDNSサーバーにするか」は構成するときの重要な問題です。

ここでは、サーバーマネージャーを使って、DNSサーバーをインストールします。Windows Serverは、既定ではほとんど何もできません。管理者はWindows Serverにどのような「役割」を持たせ、どの「機能」をインストールするかを決めて、明示的に設定を行うことになっています。

1
Server での
キーワード

2
導入から
運用まで

3
Active Directory
の基本

4
Active Directory
での管理

5
ポリシーと
セキュリティ

6
ファイル
サーバー

7
仮想化と
仮想マシン

8
サーバーと
クライアント

9
システムの
メンテナンス

10
PowerShell
での処理

2.6.1　DNSサーバーの構成

Onepoint

　Active Directoryの運用には、**DNSサーバー**は必須です。DNSサーバーは、**名前解決**の機能を提供しています。インターネットでも名前解決にはDNSが使用されています。

　DNSサーバーを構成するには、まずDNSの名前空間の計画を決めます。名前付けの方針では、「インターネットで使用するかどうか」、「Active Directoryで使用するかどうか」、「名前付けのルール」などを決めます。

Onepoint

　方針が決定したら、DNSサーバーをインストールします。ほかのサーバーのインストールと同じように、**役割と機能の追加ウィザード**を使います。インストール後、プロパティを開いて各種の設定を行います。

DNSサーバー

Attention

　Active Directoryの構築にはDNSの知識が必須です。これまでWindowsネットワークの世界だけに関わっていた人にとって、DNSの内容を理解するのはコツがいるようです。しかし、DNSはインターネットの世界で標準に使われている名前解決の方法であり、Active DirectoryやWindowsのネットワーク設定にとって避けては通れないものです。

　TCP/IPを使ったネットワーク＊では、コンピューターを識別するためにIPアドレスが1台1台に割り当てられます。IPアドレスは、「**209.35.183.204**」のように「0～255」の範囲の数字を「.」で区切って4つ並べたものです。IPアドレスは、JPNIC＊に申請して割り当てを受けます。

▼DNSの仕組み

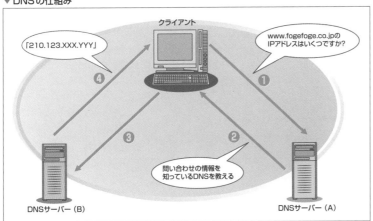

　ただし、「**192.168.0.0**」～「**192.168.255.255**」のIPアドレスは、**プライベートアドレス**といって、インターネットに出ないようなネットワーク内で自由に使用することができるものです。通常、Active Directoryでは、ネットワーク内で自由に使用できるこのプライベートアドレスを使用します。

＊ **TCP/IPを使ったネットワーク**　コンピューターやプリンターなどの機器に取り付けられるネットワークアダプターにIPアドレスが割り当てられる。したがって、ネットワークカードが2枚セットされているコンピューターには、それぞれのネットワークカードに別々のIPアドレスが設定されなければならない。

＊ **JPNIC**　一般財団法人 日本ネットワークインフォメーションセンター。

IPアドレスは、覚えにくいため、人間が使用するには便利なものではありません。そこで、名前を使ってネットワーク上のコンピューターを探す仕組みが考えられました。DNSは、アルファベットや数字の組み合わせによる名前をIPアドレスと関係付ける仕組みです。

　DNSサーバーは、**DNSドメイン名***によって構造的に配置されており、DNSドメイン名の問い合わせに対してIPアドレスを返しています。DNSサーバーは、IPアドレス情報からDNSドメイン名を求める場合にも使用されます。

ドメイン名のレベル

　DNSドメイン名の付け方にはルールがあります。**ドメイン名**の付け方は、英語の住所の記述に似ています。広い名前空間が後ろになるように「.」で区切って記述します。ピリオド「.」で区切られた部分は**ラベル**と呼ばれます。

　例えば、「fogefoge.co.jp」というDNSドメイン名では、「jp」がトップレベルドメインで「**日本**」を示しています。トップレベルドメイン*は、国の分類を示しています。

　その前にある「co」が第2レベルドメインで「**corporation**」を示しています。第2レベルドメインには「or」「ne」などがあり、DNSドメインの種類を示しています。

　「**fogefoge**」の部分は、会社名や商品名などの固有のドメイン名を付けるラベルです。これらを続けて記述した「**fogefoge.co.jp**」をDNSドメイン名と呼びます。このDNSドメイン名は、実際は1台のコンピューターだけを示しているのではなく、「**fogefoge.co.jp**」という組織に所属するコンピューターやネットワーク機器に付けられる名前の一部です。

　このネットワークにある「**host88**」というコンピューター*のDNSドメイン名を完全に記述すると、「**host88.fogefoge.co.jp**」となります。このようにして付けられたドメイン名をFQDN*と呼び、このドメイン名とIPアドレスの対応データがDNSサーバーに保存されています。

▼ドメイン名の構成

---

* **DNSドメイン名**　　通常、ドメインというとDNSドメイン名のことを指す。
* **トップレベルドメイン**　　ただし、「com」「org」「net」など、国際的に使用できるDNSドメインの種類を示すトップレベルドメインもある。
* **「host88」というコンピューター**　　このような個々の機器を**ホスト**または**ホストコンピューター**と呼ぶ。
* **FQDN**　　Fully Qualified Domain Nameの略。**完全修飾ドメイン名**と訳される。

1
Serverでの
キーワード

2
導入から
運用まで

3
Active Directory
の基本

4
Active Directory
での管理

5
ポリシーと
セキュリティ

6
ファイル
サーバー

7
仮想化と
仮想マシン

8
サーバーと
クライアント

9
システムの
メンテナンス

10
PowerShell
での管理

DNSの名前空間

DNSの構造は、ドメイン名のレベルに沿っています。いちばん上を**ルート**と呼び、その下にトップレベルドメインを管理しているDNSサーバーが配置されています。さらに下に、第2レベルドメイン、第3レベルドメインと階層的に配置され、これを**DNSの名前空間**といいます。

▼DNSの名前空間

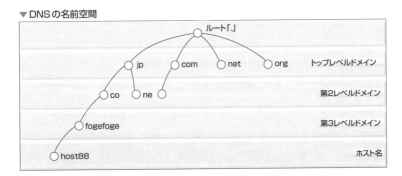

名前解決

ドメイン名からIPアドレスを引くための仕組みを**DNSによる名前解決**といいます。名前解決を利用したいコンピューターに必要な情報は、DNSサーバーのある場所*です。

名前解決をしたいユーザーのコンピューター*は、最初に自分のコンピューターに登録してあるDNSサーバーに問い合わせをします。すると、DNSサーバーは自分の持っているデータベースを参照して、名前解決を試みます。

解決できない場合、DNSサーバーはルートのDNSサーバーに問い合わせます。トップレベルのDNSサーバーは、第2レベルのDNSサーバーの場所を知っているので、ユーザーのコンピューターに第2レベルのDNSサーバーの場所を教えます。

ユーザーのコンピューターは、今度は第2レベルのDNSサーバーに問い合わせます。第2レベルのDNSサーバーは、第3レベルのDNSサーバーの場所を知っているので、ユーザーのコンピューターに第3レベルのDNSサーバーの場所を教えます。

同じように、第4レベルのコンピューターの場所を第3レベルのDNSサーバーに教えてもらい、これでようやく目的のコンピューターのIPアドレスを取得できます。

---

* **DNSサーバーのある場所** ここでいう「場所」とは、インターネット上の場所、つまりIPアドレスのこと。その在処は、DNSサーバーが知っている。
* **…ユーザーのコンピューター** このクライアントを**リゾルバ**と呼ぶ。

▼名前解決の流れ

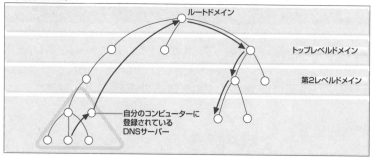

ルートドメイン

トップレベルドメイン

第2レベルドメイン

自分のコンピューターに
登録されている
DNSサーバー

Active Directoryの名前解決も、DNSサーバーを使用します。Active Directoryの場合、**ゾーン**と呼ばれる単位でネットワークを分けて管理できます。DNSサーバーは、下位のDNSサーバーの情報を持つだけでよく、すべてのIPアドレス情報を持つ必要はありません。

前方参照ゾーンと逆引き参照ゾーン

WindowsのDNSサーバーでは、FQDNからIPアドレスを引くための名前空間を**前方参照ゾーン**といいます。反対に、IPアドレスからFQDNを引くための名前空間を**逆引き参照ゾーン**といいます。Active Directoryでは、逆引き参照ゾーンを構成しなくても構成できます*。

通常、DNSサーバーとしては、主にはたらく**プライマリネームサーバー**と、バックアップを目的とした**セカンダリネームサーバー**の2つを設置します。Windows Serverでは、前者のことを**プライマリゾーン**、後者を**セカンダリゾーン**と呼びます。

インターネット上のDNSサーバーを利用する場合には、インターネット上のDNSサーバーをプライマリネームサーバーとし、Active Directory上のDNSサーバーをセカンダリネームサーバーとすることもできます。

▼前方参照ゾーンと逆引き参照ゾーン

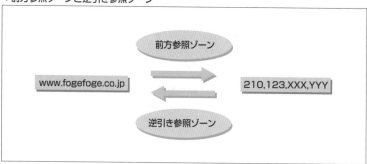

前方参照ゾーン

www.fogefoge.co.jp   210,123,XXX,YYY

逆引き参照ゾーン

---

*…**構成できます**　TCP/IPアプリケーションの中には、逆引き参照ゾーンが必要なものもある。

1 Server での キーワード

2 導入から 運用まで

3 Active Directory の基本

4 Active Directory での管理

5 ポリシーと セキュリティ

6 ファイル サーバー

7 仮想化と 仮想マシン

8 サーバーと クライアント

9 システムの メンテナンス

10 PowerShell での管理

2.6.2 DNSサーバーのインストール

Onepoint

ここでは、DNSサーバーの役割を、サーバーマネージャーの**役割と機能の追加ウィザード**を使ってインストールします

DNSサーバーをインストールする

Attention

DNSサーバーの役割をインストールするには、コンピューターのネットワーク接続用のIPアドレスが、**静的IPアドレス**でなければなりません。静的IPアドレスの設定方法については、「2.5　静的IPアドレスの設定」を参照して作業を終えておいてください。

▼サーバーマネージャー

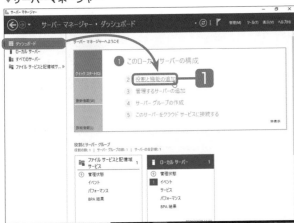

1 サーバーマネージャーの**ダッシュボード**から**役割と機能の追加**を選択します。

▼開始する前に

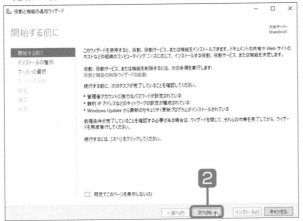

2 **役割と機能の追加ウィザード**が開きます。**開始する前に**ページが開いたら、**次へ**ボタンをクリックします。

3 役割ベースまたは機能ベースのインストールがオンになっているのを確認して、**次へ**ボタンをクリックします。

▼インストールの種類

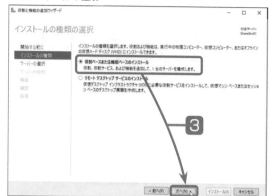

4 インストールするサーバーを選択して、**次へ**ボタンをクリックします。

▼サーバーの選択

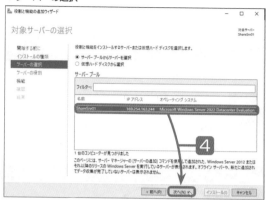

5 DNSサーバーの先頭にチェックを入れます。

▼サーバーの役割の選択

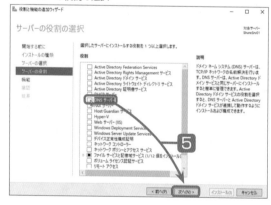

6 同時にインストールされる機能を確認して、**機能の追加**ボタンをクリックします。

▼DNSサーバーについて

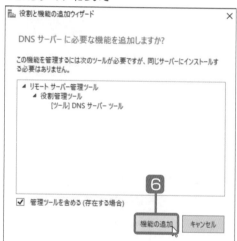

▼サーバーの役割の選択

7 **サーバーの役割の選択**に戻ります。**次へ**ボタンをクリックします。

8 インストールする機能を確認したら、**次へ**ボタンをクリックします。

9 **次へ**ボタンをクリックします。

▼機能の選択

▼DNSサーバー

10 **インストール**ボタンをクリックします。

11 インストールが完了しました。**閉じる**ボタンをクリックします。

▼インストールオプションの確認

▼インストール完了

12 サーバーマネージャーコンソールに、DNSサーバーが追加されています。

▼サーバーマネージャー

DNSサーバーが追加されている。

1 Serverでのキーワード

2 導入から運用まで

3 Active Directoryの基本

4 Active Directoryでの管理

5 ポリシーとセキュリティ

6 ファイルサーバー

7 仮想化と仮想マシン

8 サーバーとクライアント

9 システムのメンテナンス

10 PowerShellでの管理

Onepoint

Active Directoryドメインサービスを利用するためにDNSサーバーをインストールする場合は、Active Directoryドメインサービスの役割のインストール時に、いっしょにDNSサーバーもインストールすることができます。この方法では、ゾーン情報の同期をActive Directoryのオブジェクトとして動的に格納できる「Active Directory統合ゾーン」の適切な設定も、同時に行うことができます。

Active Directoryドメインサービスのインストール方法やActive Directory統合ゾーンについては、「3.2 Active Directoryドメインサービスの導入」や「4.1.1 Active Directory統合ゾーンモード」を参照してください。

Section

2.7 サーバーマネージャーによるサービス管理

サーバーマネージャーは、Windows Server管理者にとって最も頻繁に利用するであろうと思われるツールです。一般にサーバーとして構成される機能（Windows Serverでは、これを**役割**や**機能**という）をインストールするときにも、サーバーマネージャーから始めます。ここでは、DHCPサーバーのインストールを例に、サーバーマネージャーの使い方を説明します。

サーバーマネージャーでするサーバー管理作業

サーバー管理者は、サーバーマネージャーを使って、次のような管理作業を行うことができます。

- インストールの役割と機能を表示する
- 役割や機能を変更（追加、削除）する
- サービスを起動／停止する
- ローカルユーザーアカウント管理を行う
- 役割の運用ライフサイクルに伴う管理作業を実行する
- サーバーの状態を調べる
- 構成に関する問題や失敗の分析をする
- トラブルシューティングを実行する

▼ウィザードを進めるとサーバー機能が追加できる

サーバー管理作業を集中してできるようにするため、様々な情報収集から、構成の変更、トラブルシューティングまで可能となっています。

IISに限らず、DHCPサーバーやDNSサーバーなど、すべてのサーバー機能は、Windows Serverのインストール時点ではインストールされていません。サーバーマネージャーから、選択的に構成していきます。インストールしたサービスの状態もサーバーマネージャーで確認でき、停止や再起動も実行できます。

Windows Serverの**サーバーマネージャー**は、通常、Windows Serverにログオンすると自動的に開きます。

1
Serverでの
キーワード

2
導入から
運用まで

3
Active Directory
の基本

4
Active Directory
での管理

5
ポリシーと
セキュリティ

6
ファイル
サーバー

7
仮想化と
仮想マシン

8
サーバーと
クライアント

9
システムの
メンテナンス

10
PowerShell
での管理

2.7.1　DHCPサーバーのインストール

Windows ServerをDHCPサーバーにする前に、同じネットワーク内でほかにDHCPサーバーがないかどうか確認してください。

DHCPサーバーのインストールにあたって考慮しておきたいのは、「割り当てるIPアドレスの範囲（**スコープ**）」および「割り当てたIPアドレスの寿命（リース期間）」です。スコープは、ネットワークに一度に接続させるクライアントの数から決定します。リース期間は、固定で設置するクライアントが多い場合は期間を長くしておきます。ノートパソコンなど頻繁に接続と切断を繰り返すようなクライアントが多い場合は、短めにします。

DHCPサーバー

DHCPサーバーは、クライアントコンピューターに対してIPアドレスやサブネットマスクなどのネットワーク情報を、クライアントコンピューターがネットワークに接続されたタイミングで、または定期的に割り当てるためのサーバーです。

DHCPを利用できるように設定されたクライアント（コンピューターやプリンターなど）には、決まったIPアドレスではなく、DHCPサーバーが割り振ることのできる有限個のIPアドレスの中から割り振られます。これを**動的IPアドレス**といいます。

動的IPアドレスは、有限個のIPアドレスを効率よく利用できる経済的なサービスであるため、通常のクライアントコンピューターではネットワークに接続するための既定の設定となっています。Windows Serverも、インストール直後はDHCPクライアントとして、ネットワークに接続するようになっています。

つまり、すでにネットワークが機能している環境では、どこかにDHCPサーバーが設置されていると思ってもほぼ間違いありません。1つのネットワーク内では、異なるネットワークアダプターに同一のIPアドレスを設定すると、ネットワークエラーとなります。一般のブロードバンドルーターや無線LAN用のルーターなどには、既定でDHCPサーバー機能が有効になっているものが多いため、Windows Serverコンピューターをサーバーとして設定するときに注意が必要となります。

Windows Serverをインターネットに直接接続する場合は、グローバルアドレスを設定することはいうまでもありませんが、LAN内でActive DirectoryドメインサービスのドメインコントローラーやDNSサーバーなどにする場合も、いつも決まったIPアドレス（**静的IPアドレス**）にすることが望まれます。

DHCPサーバーをインストールする

DHCPサーバーの役割をインストールするには、コンピューターのネットワーク接続用のIPアドレスが、静的IPアドレスでなければなりません。静的IPアドレスの設定方法については「2.5　静的IPアドレスの設定」を参照して、作業を終えておいてください。

また、すでにルーター等のDHCP機能などが有効となっているネットワークに参加するWindows Serverでは、むやみにDHCPサーバーを設定しないでください。ネットワーク内に同じIPアドレスを持ったホストが複数誕生することになると、通信不能になるホストができてしまいます。基本的には、1つのネットワークにおいてDHCPサーバーは1台にしたほうがよいとされています。

1 サーバーマネージャーの**ダッシュボード**から**役割と機能の追加**を選択します。

▼サーバーマネージャー

[役割と機能の追加]をクリックする

2 **役割と機能の追加ウィザード**が開きます。**次へ**ボタンをクリックします。

▼役割の追加

3 **役割ベースまたは機能ベースのインストール**がオンになっているのを確認して、**次へ**ボタンをクリックします。

▼インストールの種類

4 インストールするサーバーを選択し、**次へ**ボタンをクリックします。

▼サーバーの選択

役割一覧から**DHCPサーバー**の先頭にチェックを入れ、**次へ**ボタンをクリックします。

▼サーバーの役割

チェックする

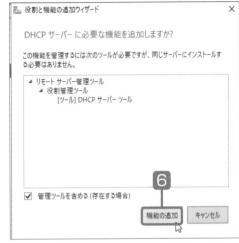

同時にインストールする機能を確認して、**機能の追加**ボタンをクリックします。

▼追加される機能

7 **次へ**ボタンをクリックします。

▼サーバーの役割

8 インストールする機能を確認したら、**次へ**ボタンをクリックします。

▼機能

▼DHCPサーバー

9 **次へ**ボタンをクリックします。

1
Serverでの
キーワード

2
導入から
運用まで

3
Active Directory
の基本

4
Active Directory
での認証

5
ポリシーと
セキュリティ

6
ファイル
サーバー

7
仮想化と
仮想マシン

8
サーバーと
クライアント

9
システムの
メンテナンス

10
PowerShell
での管理

Hint

複数のIPアドレスがある場合は、どれを使うかを指定することができます。

10 設定内容を確認して、**インストール**ボタンをクリックします。

11 インストールが完了しました。**閉じる**ボタンをクリックします。

▼確認

▼インストール完了

Memo | ドメイン名

ドメイン名の指定では、会社や学校などの組織ですでに専用ドメインを取得している場合（例として、株式会社フォゲがホームページ用に「foge2022.jp」を取得している場合、これをドメイン名にすることができます）には、これをActive Directoryのドメイン名にすることができます。

専用ドメイン名を取得していないとき、インターネットに接続せずにLANなどでだけ使用するなら、ドメイン名として「.local」を付けたドメインを使うとよいでしょう（例：「foge2022.local」）。

Memo | UPN

UPN（User Principal Name）とは、ユーザーログオン名とドメイン名を組み合わせたもので、「@」によって結合されます。Windows Serverでは、UPNによってログオンすることができます。

例えば、ユーザー名「kokoro」が「MyDomain.co.jp」ドメインにログオンする場合は、「kokoro@MyDomain.co.jp」または「MyDomain\kokoro」というUPNが使えます。

DHCP構成を完了する

1 Server での キーワード

2 導入から 運用まで

3 Active Directory の基本

4 Active Directory での管理

5 ポリシーと セキュリティ

6 ファイル サーバー

7 仮想化と 仮想マシン

8 サーバーと クライアント

9 システムの メンテナンス

10 PowerShell での管理

DHCP機能をインストールすると、サーバーマネージャーの通知アイコンに注意サインが表示されることがあります。この通知に従ってセキュリティグループを作成します。

1 サーバーマネージャーの通知アイコンをクリックし、**DHCP構成を完了する**をクリックします。

▼サーバーマネージャー

2 実行される内容に目を通して**コミット**ボタンをクリックします。

▼説明

3 セキュリティグループが構成されました。インストール後の手順を確認したら、**閉じる**ボタンをクリックします。

▼要約

4 DHCPのインストールが完了しました。

▼通知

Memo | サーバーの役割

Windows Serverに新しくサーバーの役割を追加する場合、結局はインストールウィザードによって行うのですが、手順としてサーバーマネージャーから始めるのが確実でわかりやすいでしょう。

サーバーマネージャーにある役割の追加や機能の追加は、従来の**プログラムの追加と削除**の**Windowsコンポーネントの追加と削除**に代わるものです。

ここでインストールできる役割とその概要は下表のとおりです。

▼ サーバーの役割

役割名	説明
Active Directory証明書サービス	公開キーの作成などを管理します。SSLのための証明機関 (CA) として自己サーバーでサーバー証明書を発行することも可能です。なお、Active Directoryドメインサービスと連動したCAのほかに、Webで利用するスタンドアロンCAも可能です。
Active Directoryドメインサービス (AD DS)	いわゆるActive Directoryサービスです。
Active Directoryフェデレーションサービス (AD FS)	異なる企業間でActive Directoryドメインサービスによる認証をサポートします。
Active Directoryライトウェイトディレクトリサービス (AD LDS)	Active Directoryドメインサービスの制限に関わりなく、同サービスの大半の機能を提供する簡易版ディレクトリサービスです。
アプリケーションサーバー	クライアントのWebブラウザーとIISとの間の処理を行うミドルウェア。このサービスは、IISに直接統合されたASP.NETから提供されます。
動的ホスト構成プロトコル (DHCP) サーバー	DHCPサーバーを構成します。
DNSサーバー	DNSサーバーを構成します。
FAXサーバー	FAXの送受信を管理します。
ファイルサービス	ファイルサーバーを構成するためのサービスを提供します。
ネットワークポリシーとアクセスサービス	ネットワークポリシーの一元化管理やダイヤルアップサーバーなどを構成します。
印刷サービス	プリントサーバーを構成します。
リモートデスクトップサービス	リモートデスクトップサーバーを構成します。
Universal Description Discovery and Integration (UDDI) サービス	UDDIの機能を提供します。
Webサーバー (IIS)	Webサーバー (IIS) を構成します。
Windows展開サービス	Windowsをリモートにインストールできます。一部非推奨。
Hyper-V	仮想マシンとそのリソースを管理できます。

Active Directory なし のネットワーク運用

Level ★ ★ ★ | Keyword | ワークグループ P2P

Windows Server を使用しても、絶対に Active Directory を利用しなければならない、ということはありません。Active Directory の管理は簡単なものではなく、小さなネットワーク環境では、わずらわしいだけかもしれません。SOHO環境で、少ない台数の Windows コンピューターや Macintosh、プリンターなどを効率的にネットワークするだけならば、Active Directory は必要ないでしょう。

ここが ポイント！

Windows Server を ワークグループに参加させる

Windows Server を既存のワークグループに参加させるには、次のように操作します。

1 共有フォルダーを作成する

2 共有ユーザーを設定する

3 参加するワークグループを設定する

Windowsネットワークを使って、簡単にファイルを共有するための仕組みが**ワークグループ**です。Windows 11 Home のような Active Directory に参加できない Windows でも、ワークグループでなら共有が可能です。

ワークグループは、Active Directory のようなドメイン専用のサーバーによって認証情報などを管理しているのではなく、利用するネットワーク上のコンピューターは対等な関係に置かれ、個々のコンピューターが許可した範囲でフォルダーやファイルが共有されます。

Windows Server をワークグループに参加させる場合には、**共有フォルダー設定**を行い、アクセスを許可するユーザーを設定し、その共有範囲を設定します。デフォルトのワークグループは「WORK

▼ワークグループの設定

コンピューター名/ドメイン名の変更 ×

このコンピューターの名前とメンバーシップを変更できます。変更により、ネットワーク リソースへのアクセスに影響する場合があります。

コンピューター名(C):

WIN-51V4D1VDB8T

フル コンピューター名:
WIN-51V4D1VDB8T

詳細(M)...

所属するグループ
○ ドメイン(D):

◉ ワークグループ(W):

WGP01

OK | キャンセル

GROUP」になっていて、このワークグループを設定することも可能です。

Active Directory に参加可能な Windows Server を、ワークグループにも参加できるように設定することは可能ですが、ドメインコントローラーは、この限りではありません。

2.8.1　ワークグループ

　Active Directoryが**ドメインコントローラー**でユーザーやネットワークリソースを集中管理するのに対し、**ワークグループ**はユーザーやリソースをコンピューター単位で管理する方式です。

　ワークグループには、特別なサーバーは必要ありません。サーバーを設定する手間がかからないだけでなく、サーバーとして特別なコンピューターを用意する必要もないのです。

　もしも、個々のコンピューターを特定の個人の専用とせず、複数人で使用する職場環境だったとすると、Active Directoryでは、どのコンピューターからでも同じアカウントを使ってログオンでき、しかもどのコンピューターでも同じような環境のもとで仕事ができるでしょう。これをワークグループで実現しようとすると、すべてのコンピューターに同じアカウント情報とWindows環境を設定しなければなりません。また、実際の使用では、メールやアドレスの情報を使うためには、決まったコンピューターを使用しなければなりません。

　このように、ワークグループを使用する場合には、その規模が問題になります。数台程度までのネットワークならば、ワークグループによる使用が有利とされています。

Active Directory非導入

　かつてのWindows Server（Windows 2000 Server当時）では、Active Directoryを活用しているユーザーは半数以下だったという報告があります。実際の職場では、各自に1台のコンピューターが割り当てられていることが多く、ディレクトリサービスの必要性を感じることはあまりありません。Windows間のファイル共有程度でよければ、Windows 11/10などのクライアントWindowsによるワークグループでも十分です。SOHO程度の職場ならば、Active Directoryの管理コストを考えて、無理にActive Directoryにする必要はないかもしれません。

　ここでは、Active Directoryを使えないクライアントコンピューターから、Windows Serverを利用する方法を解説します。

Active Directoryドメインサービスを使わないデータ共有

　一般に広く利用されているWindowsクライアントは、Windows 11 Home、Windows 10 Homeなどです。これらのコンピューターがWindows Serverを利用する場合に有効なのは、ファイルを保存しておく専用のコンピューターとしての機能です。

　特に、MacやUNIX系のコンピューターが混在したネットワーク環境では、AppleTalkを話したり、UNIXファイルサービスのあるWindows Serverを導入する意義は大きいといえます。

　このような環境では、Active Directoryを無理に使わなくても、**ワークグループ**を使うことで、コストをかけずにネットワークを構築することができます。

1
Serverでの
キーワード

2
導入から
運用まで

3
Active Directory
の基本

4
Active Directory
での管理

5
ポリシーと
セキュリティ

6
ファイル
サーバー

7
仮想化と
仮想マシン

8
サーバーと
クライアント

9
システムの
メンテナンス

10
PowerShell
での管理

2.8.2　ワークグループの設定

ワークグループで使用されるコンピューター名は、Windowsのインストール時に設定されたものです。インストール時のウィザードで特別に指定しなければ、ワークグループのネットワークの名前は**WORKGROUP**になります。こういったワークグループのアカウント情報は、ローカルコンピューター内の**SAMデータベース***に保存されます。

Guestアカウントをオンにする

Guestアカウント*は、匿名アクセスでログオンが行われるため、セキュリティ上は好ましからざる機能で、デフォルトではオフになっています。しかし、利用者にとってはログオン操作を、管理者にとってはアカウント管理を簡略化できるという利点があり、実験的なネットワークや小さく閉じたネットワーク内では非常に便利なアカウントです。

Active Directoryドメインサービスでの利用も可能ですが、ワークグループでは、ファイルの受け渡しを目的とするサーバー上の共有フォルダーへのアクセスが、Guestアカウントで利用できるのは便利です。Guestアカウントをオンにするには、Windows Serverのコントロールパネルから操作します。

Windows Serverでは、通常のアカウント管理からGuestアカウントを有効にすることはできません。Windows Server 2012では、コントロールパネルの**ユーザーアカウント**から新しいアカウントとしてGuestアカウントを作成していました。しかし、Windows Server 2016からは、コントロールパネルのユーザーアカウントにGuestアカウントが表示されなくなっています。このことからも、Guestアカウントがセキュリティ上問題のあるアカウントであることがわかります。

Guestアカウントの問題点を十分理解した上で、Guestアカウントを利用するためGuestアカウントを有効にするには、**コンピューターの管理**ツールを利用します。

▼ Guestプロパティ

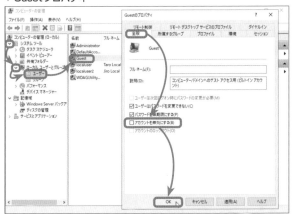

「コンピューターの管理」を開いたら、「コンピューターの管理（ローカル）」 ➡「ローカルユーザーとグループ」 ➡「ユーザー」を展開してください。「Guest」アカウントをダブルクリックすると、プロパティウィンドウが開きます。

Guestプロパティの**全般**タブを開いて、**アカウントを無効にする**のチェックを外して**OK**ボタンをクリックします。

---

* **SAMデータベース**　SAM（Security Account Manager）によって管理される、アカウント情報のデータベース。
* **Guestアカウント**　そのコンピューターにユーザーアカウントを持っていないユーザー向けに用意されたアカウント。

共有フォルダーを設定する

Onepoint

　ワークグループに接続するためには、接続先のコンピューターにユーザーを登録する必要があります。ワークグループの運用では、Guestアカウントをうまく使うと効率が上がります。Guestアカウントは匿名のアカウントなのでセキュリティは低いですが、ユーザーアカウントを登録する必要がありません。

　ここでは、Windows Server内に共有フォルダーを作成し、「Guestアカウントのユーザーは、そのフォルダー内のファイルの読み取りだけができる」ように設定します。なお、Windows Server以外のWindowsでも、ほぼ同じ操作でアクセス制限の共有フォルダーを作成することができます。

1 エクスプローラーを開き、共有設定するフォルダーを右クリックし、**プロパティ**を選択します。

2 **共有**タブで**共有**ボタンをクリックします。

▼コンピューター

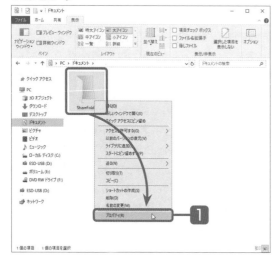

▼共有タブ

3 ボックスに「Guest」と入力し、**追加**ボタンをクリックします。

▼アクセス許可

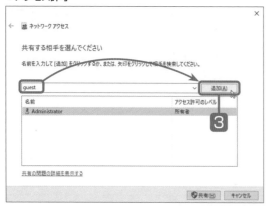

1
Server での
キーワード

2
導入から
運用まで

3
Active Directory
の基本

4
Active Directory
での管理

5
ポリシーと
セキュリティ

6
ファイル
サーバー

7
仮想化と
仮想マシン

8
サーバーと
クライアント

9
システムの
メンテナンス

10
PowerShell
での管理

4 追加したアカウントの**アクセス許可のレベル**の「▼」をクリックし、**読み取り**を選択します。

▼ユーザー、コンピューターまたはグループの選択

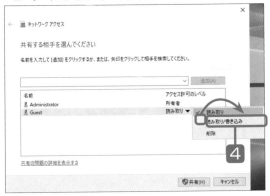

5 **共有**ボタンをクリックします。

▼アクセス許可

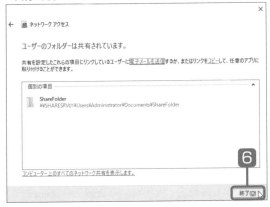

6 **終了**ボタンをクリックします。

▼共有の完了

Onepoint

Guestアカウントを使用可能にするとセキュリティが下がります。アクセス許可のレベルの設定を「読み取り／書き込み」にすると、ネットワークを通して誰もがファイルを読み書きできるようになります。

ローカルグループ

Windows ServerをActive Directoryドメインサービスのドメインコントローラー以外（**メンバーサーバー**または**スタンドアロンサーバー**）のサーバーとして使用する場合、Active Directory用のユーザーとは別にローカルグループを作成します。ローカルグループの作成には、**コンピューターの管理**コンソールの「ローカルユーザーとグループ」を使用し、ビルトインローカルグループ内の適切なローカルグループにユーザーアカウントを作成します。

▼コンピューターの管理

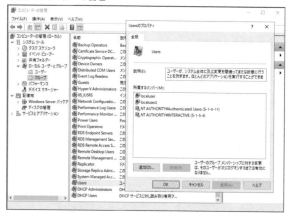

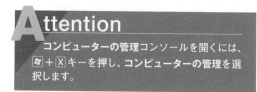

Attention

コンピューターの管理コンソールを開くには、[⊞]+[X]キーを押し、**コンピューターの管理**を選択します。

ドメインからワークグループに参加する

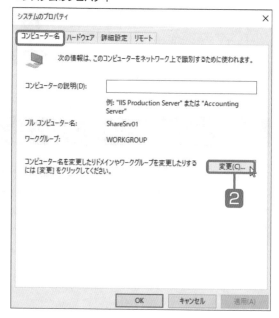

ドメインに参加していたWindows Serverをあえてワークグループだけに参加させるには、システムのプロパティを設定し直して、ワークグループ名を指定します。ただし、ドメインコントローラーになっているWindows Serverは、ワークグループへの参加はできません。なお、設定後にはシステムの再起動が必要です。

1 サーバーマネージャーの**ローカルサーバー**を選択し、コンピューター名をクリックします。

▼サーバーマネージャー

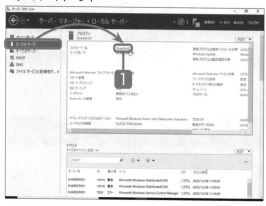

2 **システムのプロパティ**が開きます。**コンピューター名**タブで**変更**ボタンをクリックします。

▼システムのプロパティ

3 **コンピューター名/ドメイン名の変更**ダイアログボックスが開きます。**所属するグループ**欄の**ワークグループ**をチェックして、ボックス内にワークグループ名を入力し、**OK**ボタンをクリックします。

▼コンピューター名/ドメイン名の変更

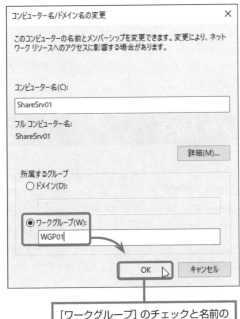

[ワークグループ] のチェックと名前の
入力後、[OK] ボタンをクリックする

Onepoint

設定後は、システムの再起動が必要です。

---

4 「ワークグループへようこそ」メッセージが表
示されます。目を通したら**OK**ボタンをクリッ
クします。

▼ワークグループへようこそ

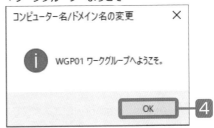

5 **OK**ボタンをクリックします。

▼再起動の必要

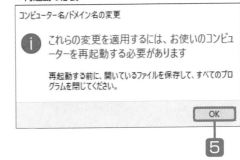

Memo | Guestアカウントは使わないように

　Guestアカウントで Windows Server にサインイン
すると、様々な制約が課せられます。一般にユーザー
は、Windows Server がインストールされているロー
カルな PC に Guest アカウントでサインインすること
はありません。そのためか、Guestアカウントで直接、
サインインすると、サインアウトすることもできなく
なります。それどころか、スタートメニューが開かな
いのです。

　Guest アカウント用の共有フォルダーは、
Administrator アカウントで作成することができます。
Guestアカウントで Windows Server ローカル PC に
はサインインしないようにしてください。

　もし誤って Guest アカウントでサインインしてし
まったら、Ctrl + Alt + Delete キーを押してタスク

マネージャーを起動し、**ユーザー**タブを開いて、
Guest ユーザーを**切断**してください。これで Guest ア
カウントを強制サインアウトさせるわけです。

タスクマネージャー

---

1 Server での キーワード

2 導入から 運用まで

3 Active Directory の基本

4 Active Directory での移行

5 ポリシーと セキュリティ

6 ファイル サーバー

7 仮想化と 仮想マシン

8 サーバーと クライアント

9 システムの メンテナンス

10 PowerShell での管理

2.8.3 クライアントからワークグループに参加する

Attention　Windowsのネットワークフォルダーを開くと、そのコンピューターが属しているワークグループに所属しているコンピューターの共有フォルダーの一覧が見えます。デフォルトの設定でコンピューターが所属するワークグループは**WORKGROUP**です。

Windowsからワークグループにアクセスする

Onepoint　Active Directoryにログオンできないwindowsクライアントから、ワークグループを使って共有フォルダーに接続するには、**ネットワーク**を使います。エクスプローラーのネットワークから接続するコンピューターと、共有設定されているWindows Serverとが異なるワークグループに所属している場合には、いったんワークグループの一覧を表示してから任意のワークグループを選択します。

　ただし、エクスプローラーにコンピューターが表示されるためには、ネットワーク検索が有効になっている必要があります。エクスプローラーで検索できない場合でも、UNCを使えばアクセスできます。

▼ネットワーク（Windows 10）

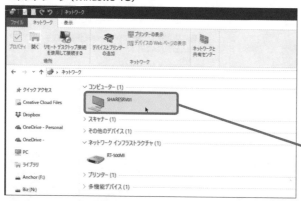

1　エクスプローラーのナビゲーションウィンドウで「ネットワーク」を選択し、表示されたネットワーク上のコンピューターからWindows Serverのコンピューター名をダブルクリックします。

ダブルクリックする

▼ネットワーク（Windows 10）

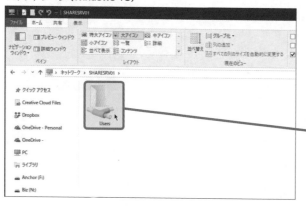

2　共有フォルダーの一覧が表示されました。任意のフォルダーをダブルクリックします。

ダブルクリックする

▼共有フォルダー

吹き出し: 共有フォルダーが表示された。

3 共有フォルダーが表示されました。

1 Server での キーワード

2 導入から 運用まで

3 Active Directory の基本

4 Active Directory での管理

5 ポリシーと セキュリティ

6 ファイル サーバー

7 仮想化と 仮想マシン

8 サーバーと クライアント

9 システムの メンテナンス

10 PowerShell での管理

Attention

アクセス権がない場合は、**アクセス拒否**の ダイアログが表示されます。

Memo｜コンテナー

コンテナーとは、コンピューターの仮想化技術の1つで、もともとはLinux環境で使用するよう開発されたものです。

ところで仮想化技術といえば、Windowsには以前から**Hyper-V**があります。Hyper-Vは「Windows上に別の仮想マシンを作る」という発想です。Microsoftではコンテナーの説明に、ユニット型の住宅を使っています。つまり、「家具や電化製品のすべてそろったユニット型の部屋（これがコンテナー）を、そのままどこか移動して1つの集合住宅にできる」といったイメージです。ちなみにHyper-Vは、「アパートをまるまる1棟建築する」ようなイメージでしょう。このイメージからわかるように、コンテナーによる仮想化では「アプリケーションを実行したり設定したりするすべてのファイル類はそろっているのに、Hyper-Vに比べてコンピューターのパワーやリソースを節約することができる」のです。

Microsoft社は、Docker社と共同でWindows用のコンテナーを開発し、Windows Server 2016から使えるようにしています。このようなコンテナーには、**Windows Serverコンテナー**と**Hyper-Vコンテナー**の2種類があります。Windows Serverコンテナーは、Docker社が提供するコンテナーエンジンの上で動くタイプです。Hyper-Vコンテナーは、Hyper-Vで動くコンテナーです。Hyper-Vコンテナーでは、せっかくのコンテナーのメリットが活かしきれない気がしますが、コンピューターパワーが十分に大きければ、Hyper-Vコンテナーでもそれほど気にすることはありません。

▼ Hyper-V の仮想スイッチマネージャー

吹き出し: 仮想スイッチの設定は仮想スイッチマネージャーで行う

Windows Serverコンテナー、Hyper-Vコンテナーを利用する利点としては、Microsoftの説明にもあるように、「アプリケーションを実行ファイルや設定ファイルといっしょにパッケージ化できる」ことが挙げられます。

なお、コンテナー用のネットワークは、コンテナーが提供する仮想スイッチを使って実現されますが、この仮想スイッチはHyper-Vの仮想スイッチ項目で設定できます。

Hint 削除したActive Directoryオブジェクトはどうなるのか

Active Directoryオブジェクト（ユーザーやコンピューター、OUなどのオブジェクト）を削除したときのオブジェクトの扱いは、Windows Serverのファイルやフォルダーを削除したときとは異なります。ファイルやフォルダーはWindows Serverのごみ箱に一時、移動しますが、Active Directoryオブジェクトは専用のごみ箱に移動します。どちらのごみ箱でも復元することができます。

ところで、Active Directoryオブジェクト専用のごみ箱は、初期設定では「無効」に設定されています。初期設定でごみ箱機能が無効に設定されている理由は、いくつかあります。例えば、ごみ箱に移動されると、それだけでオブジェクトのほとんどの属性が削除されてしまって、オブジェクトを復元しても属性は完全には復元されません。さらに、システムをバックアップしている場合、バックアップにはActive Directoryオブジェクトのごみ箱の内容は保存されません。ごみ箱内にあったオブジェクトは完全に削除されてしまいます。また、削除されたActive Directoryオブジェクトのごみ箱内での保存には期間（初期設定で180日間）が設定されています。

このため、Active Directoryオブジェクトのごみ箱機能を有効にして使うこと自体はかまわないのですが、それで万全というわけではなく、システム自体のバックアップを定期的に行って、不慮の事故や操作ミスに備えるほうがよいでしょう。

●Active Directoryオブジェクト用のごみ箱を有効にするには

初期設定で「無効」にされているActive Directoryオブジェクト用のごみ箱機能を「有効」にするには、次のように操作します。ただし、この機能をいったん有効にすると、再び無効にするのは簡単にはできません。慎重に検討するようにしましょう。

①「Active Directory管理センター」を起動し、設定するフォレストを選択して、「タスク」ペインから「ごみ箱の有効化」を選択します。

▼Active Directory管理センター

▼Active Directoryのごみ箱

ごみ箱を有効化すると、Active Directory管理センターに「Deleted Objects」が表示される。

Q&A

質問と回答

Chapter 2

1
Server での
キーワード

2
導入から
運用まで

3
Active Directory
の基本

4
Active Directory
での管理

5
ポリシーと
セキュリティ

6
ファイル
サーバー

7
仮想化と
仮想マシン

8
サーバーと
クライアント

9
システムの
メンテナンス

10
PowerShell
での管理

question

Windows 11/10が
ドメインに参加できない

名前解決を確認しましょう

answer

Active Directoryドメインサービスにクライアントコンピューターを参加させようというときには、クライアントコンピューターはActive Directoryド

メインコントローラーなどの**名前解決**ができなければなりません。名前解決とは、ドメインで管理されるコンピューター名とドメイン名の組み合わせによって、そのコンピューターのIPアドレスがわかることをいいます。インターネット上やイーサネットは、IPアドレスによってパケット通信を行う仕組みになっています。このIPアドレスとコンピューター名とを結び付ける仕組みが、名前解決を行うDNSサーバーです。

このためには、Windows 11などのWindowsコンピューターとは限らず、MacOSでもLinuxでも、とにかくActive Directoryドメイン内のコンピューターを探せるように名前解決のできるDNSサーバーを用意し、クライアントコンピューターはそのDNSサーバーを参照できるように設定するわけです。

名前解決ができるかどうかは、クライアントコンピューターで**nslookup**コマンドを使って、名前解決ができるかどうかを調べることでわかります。

名前解決ができる状態になっていれば、次には、Active Directoryドメインのユーザーであることの認証、つまりActive Directoryドメインのメンバーとしてアカウントが作られている必要があります。これは重要なことです。

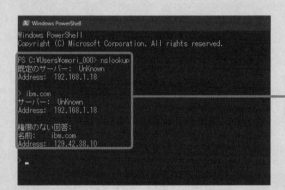

nslookupでホスト名を入力したときに
名前解決がなされることが必須

Part 2

Active Directory ドメインサービス： 構成から管理まで

　Part 2では、Windows Serverの最重要な機能である Active Directoryドメインサービスについて解説します。 そもそもディレクトリサービスとは、大型商業施設のイン フォメーションのような機能を持っています。どこの階の どのあたりに希望する商品を扱うショップがあるのか、そ こへはどのようにして行けばよいのかは、インフォメー ションで尋ねればわかるでしょう。Active Directoryド メインサービスもこのようなサービスと同じで、使用可能 なプリンターを教えてくれたり、同じグループ内のユー ザーだけで利用できるフォルダーを教えてくれたりします。

1
Server での
キーワード

2
導入から
運用まで

3
Active Directory
の基本

4
Active Directory
での管理

5
ポリシーと
セキュリティ

6
ファイル
サーバー

7
仮想化と
仮想マシン

8
サーバーと
クライアント

9
システムの
メンテナンス

10
PowerShell
での管理

Perfect Master Series
Windows Server 2022

Chapter 3

Active Directoryの
基本と構成

　Windows Serverの機能の中で最も使用頻度が高く、また重要なのがActive Directoryドメインサービスです。Active Directoryドメインサービスを利用する目的でWindows Serverを導入する、というユーザーがほとんどではないでしょうか。

　ところで、Windows ServerのActive Directoryドメインサービスは、従来のものと大きな変更点はありません。

　企業や組織内にActive Directoryドメインサービスを導入するには、Windows Serverの役割と機能をインストールします。この過程でドメイン名を入力します。インターネット用のドメインがある場合には、CONSOTO.COMのようなドメイン名を使います。なお本書では、基本的な設定環境として、クラウドを使用しないオンプレミスなネットワーク環境での導入を想定しています。

　Chapter 3ではまず、Active Directoryドメインサービスを構成するまでの操作や知識について解説します。

Active Directory
ドメインサービスの特徴

Level ★★★　　　Keyword　Active Directory　ドメインサービス

Windows Serverを利用するほとんどのネットワーク環境では、ネットワークユーザーアカウントの集中管理などの理由により、**Active Directoryドメインサービス（AD DS）**を利用することでしょう。

Active Directory
ドメインサービスの特徴

Windows Server 2022/2019のActive Directoryドメインサービスの主な特徴は、次のようなものです。

ネットワーク資源の検索

ネットワーク上の情報の一括管理

変更の監査機能

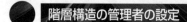
階層構造の管理者の設定

管理構造の変化への対応

RODCの構成

▼ Active Directoryの構成

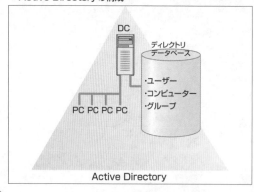

Active Directory

Windows Serverでは、Microsoftのディレクトリサービスの機能をいくつかにまとめ、その中の基盤サービスを**Active Directoryドメインサービス（AD DS）**と名付けています。Active Directoryドメインサービスでは、ユーザーのアカウントの集約や管理単位の構成といった基本的な機能や操作方法はこれまでのものを踏襲しつつ、いくつかの点を強化しています。

Windows Serverでは、ログに記録する属性を詳細に設定できるほか、ディレクトリのオブジェクトの状態を記録できます（**チェックポイント**機能）。

ネットワーク管理者が常駐できないような離れた拠点（支店など）にドメインコントローラー（DC）を設置しなければならない場合には、**RODC（読み取り専用ドメインコントローラー）**を構成できます。回線速度の遅いネットワークでつながれた拠点からActive Directoryドメインサービスを使う場合、RODCが本社DCの代わりを務めます。

3.1.1 Active Directory ドメインサービスの概要

Active Directory ドメインサービス（**AD DS**）は、古いバージョン（Windows Server 2016まで）では **Active Directory** と呼ばれていました。名前は変更されましたが、Microsoftのディレクトリサービス*の基盤であることに変更はありません。

Active Directory ドメインサービスが提供可能な情報

Active Directory ドメインサービスを使ってドメイン内のログオン認証の集中管理ができます。これは、「ドメインに接続するどのコンピューターからログオンするときにも、同じアカウント認証（ユーザー名とパスワード）ができる」ことを意味します。ワークグループを使ったネットワーク共有のログオン情報は、それぞれのコンピューター内に保存されるため、自分のアカウント情報を変更すると、ログオンしたいコンピューターのアカウント情報についても変更作業を行わなければなりません。ログオン認証の集中管理ができると、ネットワーク管理者は、パスワードによるセキュリティを保持するための管理作業がしやすくなります。例えば、パスワードポリシーを調節して、簡単に思い付きそうなパスワード設定を複雑なものに変更させることもできます。Active Directory ドメインサービスを導入することによって、ユーザー管理やセキュリティ管理などが集中制御できるようになるため、管理コストを軽減できます。

管理者にとって有益なもう1つの特徴は、Active Directory ドメインサービスを受けられる範囲が自由度の高い論理的な領域である、という点です。ハブとケーブルでコンピューターや機器を接続すれば、物理的なネットワーク範囲を規定したり、TCP/IPのサブネットを使って範囲を限定したりできます。これに対して、Active Directory ドメインサービスでは、同じ物理的なネットワーク内やサブネットによるネットワークセグメント内であっても、登録したユーザーやコンピューターに対してのみ、選択的にディレクトリサービスを提供できます。さらに、ルーターを越えた拠点間で同様のサービスを受けることも可能です。

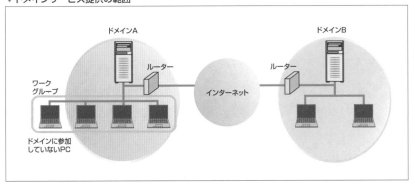

▼ドメインサービス提供の範囲

---

*__ディレクトリサービス__　ネットワークリソースやネットワーク上のコンピューターが所有している様々な情報（ユーザーやコンピューターの属性など）を管理し、それらを利用（検索）するためのサービスのこと。「1.2.1　ディレクトリサービスとは」参照。

1
Serverでの
キーワード

2
導入から
運用まで

3
Active Directory
の基本

4
Active Directory
での管理

5
ポリシーと
セキュリティ

6
ファイル
サーバー

7
暗号化と
仮想マシン

8
サーバーと
クライアント

9
システムの
メンテナンス

10
PowerShell
での管理

ドメインコントローラー（DC）

　Active Directoryが、主要なサービスであるドメイン内のユーザーアカウントやセキュリティポリシーの管理およびユーザー認証を行うための専用のサーバー*を、**ドメインコントローラー（DC）** といいます。

　Active Directoryでは、「**フォレスト**（後述）内に1つ以上のDCを設置しなければならない」と既定されていて、大きな組織内では、DCに一度に多くのアクセスが集中するのを防ぐため、複数のDCを設置することがあります。このとき、主要な情報（**グローバルカタログ**）は、DC間で対等に**レプリケート**（複製）されます。そのため、Active Directoryドメインサービスは分散型データベースと見なすこともできます。分散しているDC内のデータベースは、マルチマスター複製によって互いに複製されるため、いずれかのDCが停止しても問題なく作業は継続されます。

　Windows Server 2008から追加された**読み取り専用ドメインコントローラー（RODC）** は、比較的遠方に位置する場所に、Active Directoryドメインサービスの拠点を設ける場合*に有効です。

▼ドメインコントローラーによるデータベースの利用

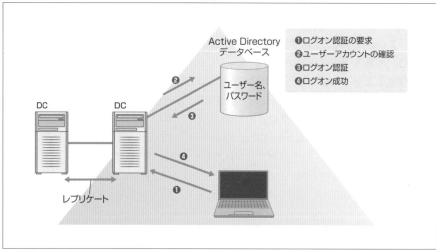

M**emo** ｜ グローバルカタログ

　グローバルカタログは、Active Directory ユーザーがオブジェクトを検索するときに使われるデータベースで、そのためのサーバーが**グローバルカタログサーバー**です。

　例えば、ユーザーが Active Directory にログオンしようとすると、グローバルカタログサーバーのデータベースが参照されてログオン情報と照らし合わせます。このときの検索範囲は、フォレスト全体です。

***サーバー**　　　インストール直後のWindows Serverは、既定のワークグループによるファイル共有機能を持ったコンピューター（**スタンドアロンサーバー**）だが、Active Directoryドメインサービスによってドメインが構成されると、そのドメインのメンバーであることから**メンバーサーバー**（または**一般サーバー**）と呼ぶことがある。メンバーサーバーにドメイン管理機能を持たせたものが、**ドメインコントローラー**となる。

***拠点を設ける場合**　RODCの設置のほかに、拠点をサイトで分割し、サイト間のDCの同期を調節するという方法もある。

1
Server での
キーワード

2
導入から
運用まで

3
Active Directory
の基本

4
Active Directory
での管理

5
ポリシーと
セキュリティ

6
ファイル
サーバー

7
仮想化と
仮想マシン

8
サーバーと
クライアント

9
システムの
メンテナンス

10
PowerShell
での管理

Active Directory ドメインサービスのグループポリシー

Onepoint

ユーザーのパスワードに設定するルールを**セキュリティポリシー**といいます。ドメインでは、ユーザー個人またはグループに対して共通のセキュリティポリシーを設定できます。

パスワードに設定するポリシーでは、パスワードの長さ、パスワードの変更禁止期間、パスワードの有効期間、パスワードの複雑さ、パスワードを間違えた場合に一時的にアカウントをロックするルールなどが設定できます。

また、**グループポリシー**では、登録されているコンピューターに対してもポリシーを設定でき、これによって例えば「特定のコンピューターに対してアプリケーションのインストールを制限する」といったことができます。

▼グループポリシーの管理

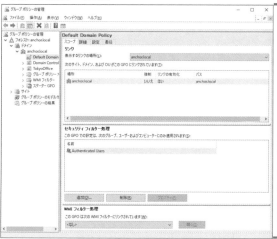

サーバーマネージャーのツールメニューから「グループポリシーの管理」を選択すると開く

Hint

グループポリシーの管理コンソールは、サーバーマネージャーのコンソールツリーの機能ノード下層から開くこともできます。

Memo ドメイン名の名前空間

Active Directoryドメインサービスで使用するActive Directoryドメイン名は、インターネットで使用されるDNSドメイン名と同じようなツリー構造によって、連続した名前空間を形成します。Webページを閲覧するときにアドレス欄に入力する（または表示される）URLの「http(s)://」に続いてホスト名、そしてその後の最初の「/」で区切られるまでの部分がDNSドメイン名です。例えば、Yahoo! JAPANのトップページは「www.yahoo.co.jp」、Microsoft社は「www.microsoft.com」と表示されますが、両方とも

「www」がホスト名で、その後ろの「yahoo.co.jp」「microsoft.com」がドメイン名です。

なお、Active Directoryドメインサービスでは、このようにツリー構造にしなくても（例えば「foge」だけでもOK）、Active Directoryドメインサービスを使用することは可能ですが、インターネットに直接サーバーを接続しない閉じたネットワークであっても、同じような名前空間による名前付けが推奨されます。通常は、「foge.local」というように、トップレベルドメイン部分に「.local」を入力するようにします。

3.1.2 Active Directoryドメインサービスの構造

私たちはコンピューター上のファイルを、ディスクやフォルダーに階層的に分かれた構造を用いて管理しています。Active Directoryドメインサービスがネットワーク上の情報を管理する場合、論理構造として、**フォレスト**、**ドメイン**、**OU**を用います。

コンポーネントの種類	説明
フォレスト	Active Directoryドメインサービス管理上の最大単位。異なる複数のドメインで構成される場合と、1つのフォレストが1つのドメインで構成される場合があります（1フォレスト1ドメイン）。
ドメイン	Active Directoryドメインサービスの管理上の基本単位。同じ名前空間を持つ親ドメインと子ドメインによって構成されるのが、ドメインツリーです。
OU	ファイル管理におけるフォルダーと似た性格のコンテナーオブジェクトで、ドメイン管理を階層化するために使用されます。

Active Directoryドメインの"ドメイン"

Active Directoryドメインサービスが管理する基本範囲が**ドメイン**です。Active Directoryドメインサービスでは、ドメイン単位でリソースや情報の検索などの利用範囲を分けていて、この範囲の管理用サーバーを**ドメインコントローラー**（**DC**）といいます。

インターネットの世界で「ドメイン」というと、Webサイトを指定するときのURLに表示される識別子のドメインが想起されるかもしれません。このドメインは、TCP/IPによって通信するネットワーク機器の世界でデータの宛先（住所）として利用されるIPアドレスが、人には使いにくいということから、IPアドレスに代わって関連付けられた名前です。この関連付けを行うサーバーが**DNSサーバー**なので、インターネットで使われるドメインを、Active Directoryで使われるドメインと区別するときには、特に**DNSドメイン**と呼ぶこともあります。これに対して、Active Directoryで使われるドメインを**Active Directoryドメイン**（本書では、何の説明もなく使用した「ドメイン」は、「Active Directoryドメイン」を指すとものとします）といいます。

なお、Active Directoryドメインの名前空間は、**DNSドメイン**とほぼ同じです。Active Directoryドメインでは、インターネットに接続しない閉じたネットワーク環境であれば、DNSドメインを付ける要領でドメイン名を付けることが可能です。しかも、届け出も不要、まったく自由に付けてもかまいません。とはいっても、一般的には「(組織名).local」のようにします。

Active Directoryドメインは、DNSドメインがそうであるように、連続した名前空間を持っていて、階層化することができます。つまり、ドメイン名を継承した**サブドメイン**を作ることで、階層構造を構築することができます。例えば、Active Directoryドメインの「kaisya.local」を親ドメイン（最初に構成されたDCに構築されるドメインがルートドメイン）として、「seizo.kaisya.local」と「hanbai.kaisya.local」の2つの子ドメインを構築*します。親ドメインと子ドメインの間には、信頼関係が結ばれます。これを**ドメインツリー**と呼びます。

---

* …**を構築**　ドメインツリーは、親ドメインから順に構築するようにする。最初にルートドメインを構成したら、そのドメインのサブドメインを使って子ドメインを構成し、必要ならさらにその子ドメインを作成することもできる。

1
Serverでの
キーワード

2
導入から
運用まで

3
Active Directory
の基本

4
Active Directory
での管理

5
ポリシーと
セキュリティ

6
ファイル
サーバー

7
仮想化と
仮想マシン

8
サーバーと
クライアント

9
システムの
メンテナンス

10
PowerShell
での管理

フォレスト

Active Directoryドメインサービスの管理範囲の基本はドメインですが、異なるドメイン間（ドメインツリー間）であっても、Active Directoryドメインサービスを利用することができます。そのためには、ドメインツリー内のルートドメイン間で信頼関係を結びます。このようにして構成されたActive Directoryドメインサービスの論理構造を**フォレスト**といいます。

フォレストには特別に名前はありませんが、新規にActive Directoryを構成したときの最初のDCが、フォレストにとっても最初のドメイン（**フォレストルートドメイン**＊）となり、このドメイン名がフォレスト名として使用されます。

異なるドメインツリー間で信頼関係を結ぶ場合、あとから構成するドメインツリーでは、最初に構成したドメインツリーのルートドメインを指定するようにすると、自動的に信頼関係が結ばれます。なお、フォレストが構成された場合には、この最初のルートドメインは、フォレストルートドメインになります。

Active Directoryドメインサービスでは、実質的にフォレストが最大の構成単位＊です。ネットワークの規模に関係なく、所属するドメインまたはドメインツリー間で十分な信頼関係を持っている場合は、1つのフォレストの中にドメインを1つあるいは複数個＊作成する構成（**シングルフォレスト**）が理想です。提携先や合併などの企業構造を考慮した上で、複数のフォレスト間でActive Directoryを構築し（**マルチフォレスト**）、信頼関係を構築することも可能です。

▼ドメインツリー（ツリー）とフォレストとOU

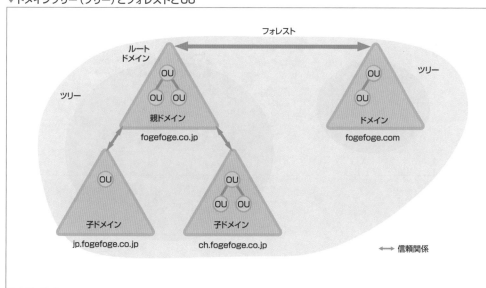

＊**フォレストルートドメイン** Active Directoryルートドメインとも呼ばれる。
＊**…の構成単位** Windows Server 2003からは、**フォレスト間信頼**によって、異なるフォレスト間に信頼関係が結ぶことはできるが、グローバルカタログ（GC）はコピーできない。
＊**複数個** 異なる名前空間を持っているドメイン（ドメインツリー）間でも信頼関係があることを意味している。

Active Directoryドメインサービスの管理境界がドメインである理由から、Active Directoryドメインサービスの設計ではドメインの配置が重要な要素になります。

まず最初に検討しなければならないのは、**シングルドメイン**の設置です。シングルドメインは、文字どおりドメインが唯一存在するもので、比較的小さな組織では最も効率よく管理でき、またコストも安くて済みます。

導入する組織にとって、ドメインツリーを構成する**マルチドメイン**を検討する大きな理由は、組織の大きさです。「複数ドメインがすでに存在する」、「管理権限を組織によって分けたい*」などの理由が考えられますが、これらを考慮しても多くの場合、総合的に見てシングルドメインのほうが、管理コストが低いと思われます。Active Directoryドメインサービスの最小モデルは、したがって「1フォレスト1ドメイン」となります。

同じフォレスト内のドメイン間では、自動的に「推移可能な信頼関係」が築かれます。これは、一方のドメインで認証されれば、別のドメインでも認証が終了したことを示します。さらに、ドメインツリーを構成している場合には、親ドメイン同士の信頼関係が構築されるだけでなく、その子ドメインにもこの信頼関係が及びます*。

▼1フォレスト1ドメイン

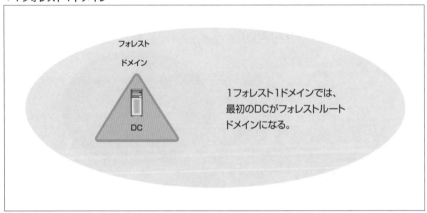

1フォレスト1ドメインでは、最初のDCがフォレストルートドメインになる。

＊**管理権限を組織によって分けたい**　Active Directoryドメインサービスを拡張する手段としては、サブドメインを追加するよりも、まずはOUの使用を考慮するのがよい。

＊**信頼関係が及びます。**　これを**パススルー認証**という。

Active Directory ドメインサービスの導入

Level ★ ★ ★ **Keyword** Active Directory ドメインサービス　Dcpromo.exe　ドメインコントローラー

Active Directory ドメインサービスの導入作業自体は、専用のウィザードによって行うことができるため、それほど難しくはありません。ただし、小さくない組織内に導入した Active Directory ドメインサービスの構成をあとから変更するのは大変です。そこで、ネットワーク全体を考えたサーバーの配置や、従来環境の Active Directory 用のサーバーの処遇を考慮した計画を立てなければなりません。

ここが
ポイント！

Active Directory を導入する

Active Directory ドメインサービスの導入作業は、次のような手順で行います。

1 ネットワークの設定

2 DNS サーバーの設置

3 AD DS のインストール

4 Active Directory の構成

5 システムの再起動

▼ AD DS の追加

Active Directory
は役割の1つとして
インストールされる。

Active Directory ドメインサービスを導入するには、その前準備として、DNS サーバーの役割を持つコンピューターをネットワーク上に作成します。なおここでは、Active Directory ドメインサービスをインストールする Windows Server に DNS サーバーも兼ねさせます。DNS サーバーに静的 IP アドレスを設定したり、DNS サーバーの役割をインストールしたりする方法については、「2.5　静的 IP アドレスの設定」や「2.6　DNS サーバーの構成」を参照してください。

なお、これだけでは Active Directory ドメインサービスは使えません。ドメインコントローラー（DC）の役割を Windows Server コンピューターのいずれかに担わせなければならないためです。Active Directory を構成する（ドメインコントローラーの設定など）ための作業は、従来は「Dcpromo.exe」が行っていましたが、Windows Server ではサーバーマネージャーに統合されています。なお、DNS サーバーがない場合は、ウィザード中で DNS サーバーを構成することも可能です。

3.2.1　Active Directoryドメインサービス導入前の検討

　　Active Directoryドメインサービスをいったん導入すると、構成を変更することは簡単ではありません。そのため、設計作業は慎重に行わなければなりません。また、できれば実験段階を経てから、実際の運用に入るようにします。

　　ここでは、導入の段階（フェーズ）のそれぞれで行う作業をひととおり確認します。実際に作業を行う場合のスケジュールの参考になるでしょう。

準備段階

　　作業を開始する前にいくつかの確認をします。設計とも関わることですが、Active Directoryドメインサービス（AD DS）を提供するサーバーのハードウェア要件を見積もる必要があります。

　　もっとも、Windows Serverをすでにインストールしてしまっている場合で、見積もりの結果として必要なハードウェア要件が満たされていないことが判明した場合は、増強または新規購入などを検討することになります。ハードウェア要件の見積もりについては、次の設計段階を参照してください。

　　AD DSにはDNSサーバー＊が必須ですので、AD DSに先立ってインストールしておきます。Windows Server 2022/2019の役割としてインストールするには、「2.7　サーバーマネージャーによるサービス管理」を参照してください。

　　なお、DNSサーバーがインストールされていなかった場合は、AD DSのインストール作業の途中で、この役割を追加することができます。

サーバースペックの検討

　　Active Directoryドメインサービスの設計で最初に考えたいのは、ドメインコントローラー（DC）の数とそのスペックです。これには、利用するユーザー数をもとに割り出すのが最も簡単です。本書では、数百人程度の事業所（一度にアクセスするユーザー数としては、最高で300ユーザー）をイメージしています（ネットワーク規模に応じて、数値や台数は適宜読み替えてください）。

　　もちろん、大きなドメイン環境を構築する上では、このほかにもいくつかの要素が絡んできます。例えば、フォレスト内でいくつかのドメインを使う場合、グローバルカタログのコピー処理などに影響されるかもしれません。サイト間での管理情報のコピーについても同様です。

　　また、DCと同じコンピューターをDNSサーバーやDHCPサーバーにする場合には、これらの役割の実行時のオーバーヘッドを考える必要があるかもしれません。そして、もちろんコンピューターやOSの購入コスト、消費電力や設置場所のなどの管理コストも重要な要素になります。

　　ドメインに接続するユーザー数が100程度までを想定する場合は、現在一般に市販されているサーバー用のコンピューターのスペックで十分であり、ドメインコントローラー（DC）は1台で十分です。

　　Active Directoryドメインサービスを利用するユーザー数が数百程度までなら、データのバックアップを考えても、RAID機能を備えたサーバー1台で運用することは可能です。

＊**DNSサーバー**　Active Directoryドメインサービスは、Microsoft DNSサービス以外のDNSサーバーでも利用できる。例えば、Linuxで多くのシェアを持つBINDも利用可能。ただし、DCのSRVレコードや動的更新をサポートしているバージョン（8.2.2以降推奨）が必要。

ただし、DCの不慮のトラブルを想定した場合に、クライアントへのサービス提供を止めることなく（または短時間に復旧させて）続ける（**フォールトトレランス**といいます）には、同程度のスペックのコンピューターを予備にすることが推奨されています。すでにWindows Server 2016などでActive Directoryを運用している場合には、そのコンピューターのDC機能を残したままで、新しいWindows ServerのDCを増設するということもできます。

次は、ハードディスク容量です。DCにするWindows Serverの最低限のハードディスク容量としては、OSの必要な容量にプラスして、ユーザーの共有フォルダー（SYSVOL）の各500MBずつ、トランザクション処理にさらに500MBずつ、これらが最低限必要です（グローバルカタログサーバーにする場合はこの50%増し）。

50人のユーザーがActive Directoryドメインサービスを使用する事業所では、最低でも100GB程度のハードディスク容量を用意したほうがよいことになります。現在では、TB単位のハードディスクが当たり前となっているため、それほど重要視されなくなりました。

▼ユーザー数と必要なDCの数の見積もり

ユーザー数	DCの数	CPU（850MHz）の数
1〜499	1	1
500〜999	1	2
1000〜2999	2	3
3000〜9999	2	4
10000以上	5000ユーザーごとに1	4

ドメインコントローラーの台数の検討

ネットワーク構築を行う上では、「ネットワークをどのように使わせるのか」、「利用者はどのように使うのだろうか」をイメージできることが重要です。ドメインコントローラー（DC）用のコンピューターのスペックを決める要素として、接続するユーザー数をもとにして見積もりを作りました。同様に、実際の運用時の情報を予想して必要なサーバーの数をイメージします。

本書で扱う基本例としては、多くの職場や組織ですでにディレクトリサービス（Windows Server 2016によるActive Directory）が稼働していることを考慮して、そこにハードウェアRAID機能を持ったDCをWindows Serverで追加構成します。また、このコンピューターにはDNSサーバーもインストールします。

フォレスト内のすべてのドメイン内の利用頻度の高い情報のデータベースサーバーとして**グローバルカタログサーバー***（**GCサーバー**）を設置できます。GCサーバーに問い合わせることで、異なるドメインからのものであっても、フォレスト内の全オブジェクトの検索が素早く行えます。

通常は、フォレストに最初に導入されたDCがGCサーバーを兼ねます。サイトを分割するような場合や、障害耐性（フォールトレランス）のために複数のGCサーバーが必要な場合は、どのように設置するか検討しなければなりません。

例えば、「すでにWindows Server 2016によってActive Directoryが運用されているドメイン（1フォレスト1ドメイン環境）に、Windows ServerのDCをインストールする」シナリオで設置するサーバーコンピューターは、次のようになります。

＊**グローバルカタログサーバー**　フォレスト内のすべてのディレクトリ情報のコピーを格納するドメインコントローラー。

1 Serverでのキーワード
2 導入から運用まで
3 Active Directoryの基本
4 Active Directoryでの統括
5 ポリシーとセキュリティ
6 ファイルサーバー
7 仮想化と仮想マシン
8 サーバーとクライアント
9 システムのメンテナンス
10 PowerShellでの管理

・Windows Server 2016のDCが1台（DNSサーバー兼務）

・Windows Server 2022/2019のDCが1台（DNSサーバー兼務、GCサーバーも兼務）

▼従来のドメインにWindows Server 2022/2019を追加する

Memo | Active Directoryフェデレーションサービス

Windows Server 2012 R2での**Active Directoryフェデレーションサービス（AD FS）**の追加によって、ワークプレース参加（「デバイスレジストレーションサービス」ともいいます）ができるようになりました。ワークプレース参加とは、Active Directoryドメインサービスを使わずに、コンピューターのようなデバイスをドメインに参加させるための仕組みです。

Windows 10などのホストPCからドメインに参加するとき、Active Directoryドメインサービス（AD

DS）にユーザー名が登録されていれば、たとえコンピューター名が無登録でも、ドメインへのアクセスは許可されました。これは、ワークプレース参加によって、ドメインを使わずにデバイスをActive Directoryに参加させたためです。

なお、Active Directoryフェデレーションサービスによって振り出されたトークンを使うと、クラウドのSaaSアプリケーションへのシングルサインオンが可能になります。

▼AD FSの仕組み

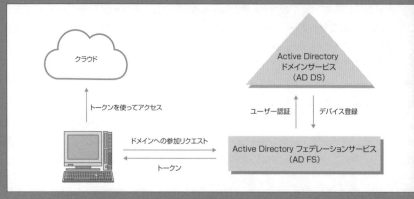

3.2.2 Active Directoryドメインサービスのインストール

Windows Server 2016からは、Active Directoryのインストールと構成の作業が、サーバーマネージャーに統合されています。そのため、従来のDcpromo.exeは推奨されなくなりました。

Active Directoryを新規に導入する場合は、ウィザードのデフォルト設定に従って作業を進めるだけ、という単純さです。

AD DSの役割を追加する

初期構成タスクコンソールまたはサーバーマネージャーコンソールのどちらからでも、Active Directoryドメインサービスの役割追加作業を開始することができます。

▼サーバーマネージャー

1 サーバーマネージャーの**ダッシュボード**から**役割と機能の追加**をクリックします。

2 **役割と機能の追加ウィザード**が開きます。**次へ**ボタンをクリックします。

▼開始する前に

3 **役割ベースまたは機能ベースのインストール**をオンにして、**次へ**ボタンをクリックします。

▼インストールの種類

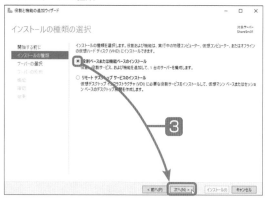

1 Serverでのキーワード

2 導入から運用まで

3 Active Directoryの基本

4 Active Directoryでの管理

5 ポリシーとセキュリティ

6 ファイルサーバー

7 仮想化と仮想マシン

8 サーバーとクライアント

9 システムのメンテナンス

10 PowerShellでの管理

4 サーバーを選択し、**次へ**ボタンをクリックします。

5 **Active Directory ドメインサービス**の先頭にチェックを付けます。

▼サーバーの選択

▼サーバーの役割

6 自動的に追加される役割や機能を確認して、**機能の追加**ボタンをクリックします。

7 次へボタンをクリックします。

▼機能の選択

▼サーバーの役割

8 追加する機能が別にある場合は、機能を選択して**次へ**ボタンをクリックします。

▼機能の選択

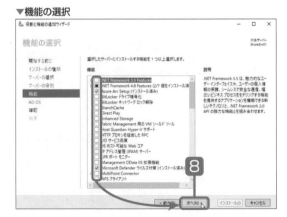

9 Active Directory ドメインサービスの注意事項に目を通して、**次へ**ボタンをクリックします。

10 インストールする内容に目を通して、**インストール**ボタンをクリックします。

▼Active Directory ドメインサービス

▼インストールオプションの確認

11 ファイルがコピーされて、「インストールの結果」ページが表示されます。

▼インストールの結果

Onepoint

閉じるボタンをクリックすると、役割の追加だけで作業が終了します。ドメインコントローラーの設定など、Active Directory ドメインサービスの本格的な設定には、このページの**このサーバーをドメインコントローラーに昇格する**のリンクをクリックします。ウィザードによるDCの構成作業については、次項以降を参照してください。

1 Server での
キーワード

2 導入から
運用まで

3 Active Directory
の基本

4 Active Directory
での管理

5 ポリシーと
セキュリティ

6 ファイル
サーバー

7 仮想化と
仮想マシン

8 サーバーと
クライアント

9 システムの
メンテナンス

10 PowerShell
での管理

Hint | **PowerShellからAD DSをインストール**

PowerShell を使って Active Directory ドメインサービス（AD DS）をインストールするには、右のようなコマンドレットを入力して実行します。なお、PowerShell は管理者として起動します。

```
PS>Install-WindowsFeature -Name AD-Domain-
Services -IncludeManagementTools
```

Windows Server 2022/2019で構築できるActive Directoryドメインサービス環境は、実は Windows Server 2016と同等のものです。つまり、ドメインの機能レベルおよびフォレストの機能 レベルの最高レベルは、共にWindows Server 2016です。

Active DirectoryドメインサービスにおいてDCは必須のサーバーです。Active Directoryドメ インサービスにとって、DCのインストールが最も重要な作業になりますが、現状のActive Directoryをどのように処置するかによって、いくつかのパターンが考えられます。

Active Directoryドメインのドメインレベルを決めるときは、Windows Server 2022/2019 以外のドメインコントローラーのWindows Serverのバージョンを考慮します。Windows Server 2022/2019によってActive Directoryドメインを構築する場合、ほかのドメインコントローラー がWindows Server 2016以降であれば、最高水準のパフォーマンスを発揮できます。

Windows Server 2022/2019には、Windows Server 2016より上のドメインの機能レベル （フォレストの機能レベル）はありません。したがって、Windows Server 2022およびWindows Server 2019をドメインコントローラーとして、最高のドメイン機能（フォレスト機能）を使用する には、Windows Server 2016のドメインの機能レベル（フォレストの機能レベル）に設定すること になります。

▼ドメインの機能レベルとフォレスト機能レベル

機能レベル	サポートされるDCのWindows Server
Windows Server 2016	Windows Server 2012 R2以前のDCは使用不可
Windows Server 2012 R2	Windows Server 2012以前のDCは使用不可
Windows Server 2012	Windows Server 2008 R2以前のDCは使用不可
Windows Server 2008 R2	Windows Server 2008以前のDCは使用不可
Windows Server 2008	Windows Server 2003以前のDCは使用不可

H int｜DC以外のサーバーの検討

Active Directoryドメインサービスによるディレクト リサービスが提供されるようになったら、次はファイ ル共有機能（**ファイルサーバー**）です。コストに余裕が あれば、Active Directoryドメインサービス関係のサー バーとは別にしたほうがよいでしょう。このとき、クラ イアントコンピューターの数や種類が検討材料になり ます。

Webサイトを運営するなら、Webサーバーをどうす るのかも大きな問題です。Windows Serverによって 構築することもできますし、コストやセキュリティ面 を考えて、レンタルサーバーを使用するのも現実的な 選択です。

仮にインターネットに直接接続するWebサーバー を設置することになったら、セキュリティ上からも

Active Directoryドメインサービスやファイルサーバー ではない、独立したサーバーが必要になります。

このほか、必要に応じてプリントサーバーなどをど うするかを考えなければなりません。ビジネス複合機 の中には、プリンター内に十分なスプール容量を持っ ているものもあります。このように、プリンター自体が プリントサーバー機能を備えている場合には、 Windows Serverをプリントサーバーにする必要性は あまり感じられません。プリンターの使用頻度が少な かったり、スプールする容量が少なかったりする場合 は、ファイルサーバーと同一のコンピューターで兼用 させてもかまいません。サーバーは同じでも、ドライ ブやパーティションを分ければ、いくつかの実行が重 なってもスピードの低下を抑えられることもあります。

1
Server での
キーワード

2
導入から
運用まで

3
Active Directory
の基本

4
Active Directory
での管理

5
ポリシーと
セキュリティ

6
ファイル
サーバー

7
仮想化と
仮想マシン

8
サーバーと
クライアント

9
システムの
メンテナンス

10
PowerShell
での管理

フォレスト/ドメインとDCの追加

まったく新規にWindows ServerによるActive Directoryドメインサービスを構成する場合には、**Windows Server 2016ネイティブ**の機能がすべて使え、また設定や管理が効率よく行えます。フォレストもドメインも新規に作成し、また従来のActive Directoryのフォレストやドメインを考慮する必要はありません(**A**パターン)。

Windows Server 2016やWindows Server 2012 R2によるActive Directoryがすでに運用されている場合には、いくつかのパターンがあります。「これまでのActive Directoryフォレストとは異なる新規のWindows Serverによるフォレストを構成する」(**B**パターン)、「既存のフォレストにWindows Serverによるドメインを追加で構成する」(**C**パターン)、「既存のドメインもそのままにして、Windows ServerのDCだけを追加する」(**D**パターン)の3パターンです。

▼Active Directory導入のシナリオ

パターン	シナリオ
A最初からActive Directoryドメインサービスを構成する	ディレクトリサービスが白紙状態のネットワークにActive Directoryドメインサービスを導入するので、古いActive Directoryのことを考慮する必要はなく、導入する組織の規模に応じ、コストを考慮しながら、構成を割り出します。フォレストとドメインの機能レベルはWindows Server 2016が推奨されます。
Bフォレスト/ドメインを新規に構成する	Windows Server 2016ネイティブモードのインストールによって、最大限の効果を発揮できます。ただし、既存のフォレストとの間の調整や管理が必要になります。ほかに、既存のDCを降格させ、新しいWindows Server 2016ネイティブのDCだけのフォレスト/ドメインを構成し直すこともできます。この場合には、ディレクトリ情報の引き継ぎ作業が必要になります。
C既存のフォレストにドメインを追加する	大きくなった組織の管理分割などのために、ドメインを増やすといった場合です。サーバーマネージャーによるウィザードのフォレストの指定で、既存のフォレストを選択すると、自動的にドメイン間の信頼関係が結ばれます。
D既存のドメインにDCを追加する	1つのActive Directoryに複数のDCを設置することは、情報の冗長化のためにも推奨されます。従来のDCと共存させる場合も、サーバーマネージャーにより、機能レベルのアップなどの作業が統合されます。アップグレードをする必要があります。

Hint Active Directoryフォーラムで回答を探す

Active Directoryについてわからないことがあったり、操作がうまくいかなかったり、もっとよい管理方法を探したりしたいときに、インターネットから方策を探すことがあると思います。もちろんMicrosoft社は、そのようなユーザーの要求に対して、ヘルプデスク的なものを開設しています。

Active Directory管理センターの**概要ページ**の詳細情報から**Active Directoryフォーラムで回答を探す**をクリックすると、Windows Server用のフォーラムページが開きます。このページには、Windows Server管理者からの質問とその回答が載っています。自分の疑問に思っていることの多くは、すでにほかの誰かが質問していることも多いモノです。まずはフィルター機能を使用して、過去の質問から解決の糸口を探してみましょう。それでも疑問が解消されないときは、フォームを使って質問することもできます。

AD DSのインストールが終了してダッシュボードの**通知**を開いたときに、**展開後構成**として
「Active Directoryドメインサービスの構成が必要です」とメッセージが表示されるときは、Active
Directoryにドメインコントローラーが設定されていない可能性があります。

新規にActive Directoryを構成する場合は、このメッセージにある**このサーバーをドメインコン
トローラーに昇格する**をクリックして作業を続けます。

「このサーバーをドメインコ
ントローラーに昇格する」
をクリックする

サーバーをドメインコントローラーに昇格させるには

Active Directoryのインストールが完了したとき、通知に「このサーバーをドメインコントロー
ラーに昇格する」というリンクのあるメッセージが表示される場合には、そのリンクをクリックする
ことで「Active Directoryドメインサービス構成ウィザード」が起動します。このウィザードを進め
ていくと、ドメインコントローラーとしてサーバーを設定できます。

▼配置構成

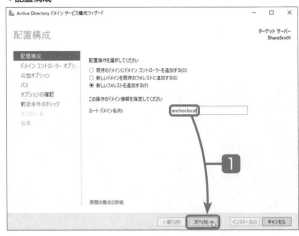

1 Active Directoryドメインサービス構
成ウィザードが開きました。新規に
Active Directoryを導入しようという
ときは、**配置構成**から**新しいフォレスト
を追加する**を選択し、**ルートドメイン名**
を入力します。設定が終了したら、**次へ**
ボタンをクリックします。

nepoint

ここでは、ルートドメイン名を「anchor.local」
としていますが、インターネットに接続する場
合、また組織のインターネットドメインを取得し
ている場合は、そのドメインを設定することを検
討してください。

Active Directoryドメインサービスの導入

3.2

1
Server での
キーワード

2
導入から
運用まで

3
Active Directory
の基本

4
Active Directory
での管理

5
ポリシーと
セキュリティ

6
ファイル
サーバー

7
仮想化と
仮想マシン

8
サーバーと
クライアント

9
システムの
メンテナンス

10
PowerShell
での管理

▼ドメインコントローラーオプション

2 **ドメインコントローラーオプション**ページでは、フォレストの機能レベルやドメインの機能レベル、ドメインコントローラーの機能、そしてドメインコントローラー用のパスワードを設定してください。設定が終了したら、**次へ**ボタンをクリックします。

パスワードを2回入力し、
次へボタンをクリックする

nepoint

入力するパスワードはサインイン用のものではなく、AD DSの復元モード用のものです。

▼DNSオプション

3 **DNSオプション**ページでは、DNS委任の作成について設定します。ここでは、Windows DNSサーバーが正常に動作していないので、メッセージバーが表示されています。DNSサーバーについてはあとで設定できます。とりあえず、**次へ**ボタンをクリックします。

▼追加オプション

4 **追加オプション**ページでは、NetBIOSドメイン名についての設定を行います。通常はウィザードの最初に入力したルートドメイン名をもとにして自動で設定されます。**次へ**ボタンをクリックします。

▼パス

5 **パス**ページでは、データベースやログ、SYSVOLのデータを保存するフォルダーを指定します。通常はデフォルトのままでOKです。**次へ**ボタンをクリックします。

▼オプションの確認

6 **オプションの確認**ページでは、構成の概要を確認して、**次へ**ボタンをクリックします。

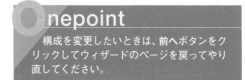

nepoint

構成を変更したいときは、**前へ**ボタンをクリックしてウィザードのページを戻ってやり直してください。

▼前提条件のチェック

7 **前提条件のチェック**ページでは、注意メッセージが表示されることがあります。ここでは、とりあえず設定を完了し、ドメインサービスを実行させます。**インストール**ボタンをクリックします。

8 ドメインサービスのインストールが終了すると、自動でWindows Serverは10秒ほどで再起動されます。再起動を妨げることはできません。

▼再起動

1 Server での キーワード

2 導入から 運用まで

3 Active Directory の基本

4 Active Directory での管理

5 ポリシーと セキュリティ

6 ファイル サーバー

7 仮想化と 仮想マシン

8 サーバーと クライアント

9 システムの メンテナンス

10 PowerShell での管理

既存のフォレスト / ドメインに DC を追加する

すでに Active Directory を導入している場合、それらの Active Directory 環境を保ちながら Windows Server を導入する最も実利的なシナリオが、次の 2 つです。1 つ目は、既存のドメインに DC を追加するシナリオ (「3.2.3　DC インストールの 4 パターン」の⑩パターン) です。

既存のフォレストが Windows Server 2012/2012 R2 の場合は、そのフォレストに新規に Windows Server 2022/2019 によるドメイン (機能レベル Windows Server 2016) を追加するシナリオ (「3.2.3　DC インストールの 4 パターン」の⑥パターン) もあり得ます。

なお、両パターンとも、Active Directory ドメインサービスの役割がインストールされたところ (サーバーマネージャー) から始めています。ただし、役割を追加せずに、最初から「サーバーマネージャーからのウィザード操作の中で」を実行しても、結局は同じになります。

▼サーバーマネージャー

1 サーバーマネージャーの **AD DS** を選択し、サーバーの**その他**をクリックします。

nepoint

AD DS のインストール後の「結果」ページに表示される、このサーバーをドメインコントローラーに昇格するリンクをクリックすることもできます。

2 すべてのサーバータスクの詳細と通知ウィンドウが開きました。**このサーバーをドメインコントローラーに昇格する**をクリックします。

▼すべてのサーバータスクの詳細と通知

クリックする

3 Active Directory ドメインサービス構成ウィザードが起動します。フォレストとドメインの構成を設定して、**次へ**ボタンをクリックします。

▼配置構成

配置を選択してウィザードを継続する

Active Directory ドメインサービスの運用

Level ★★★　　　Keyword　Active Directory　オブジェクト　コンテナー

Active Directoryでは、ドメインへのログオンを済ませるだけで、ドメイン内のほかのリソースの利用のたびにいちいちアカウント認証をする必要がなくなります。これは、ドメインコントローラーにユーザーアカウントが登録されているためです。Active Directory管理者にとっては、ユーザーアカウントやコンピューターアカウントの管理が作業の第一歩になります。

ここが
ポイント！

Active Directory ドメインサービスを利用できるように登録する

クライアントがActive Directoryドメインサービスにログオンできるように、ディレクトリサービスにユーザーやコンピューターを登録するには、次のように操作します。

1 Active Directoryユーザーとコンピューターを開く

2 ユーザーアカウントを作成する

3 コンピューターアカウントを作成する

4 グループオブジェクトにまとめる

▼ユーザーの登録（必須のアカウント情報）

新しいオブジェクト - ユーザー　　　　　　　　　　　　　　　×

作成先:　anchor.local/Users

姓(L):　user

名(F):　melon　　　　　イニシャル(I):

フル ネーム(A):　user melon

ユーザー ログオン名(U):
usermelon　　　　　　　　@anchor.local

ユーザー ログオン名 (Windows 2000 より前)(W):
ANCHOR¥　　　　　usermelon

< 戻る(B)　次へ(N) >　キャンセル

Active Directoryを利用するには、ドメインコントローラーに登録されたユーザーアカウントでドメインにログオンしなければなりません。**Active Directoryユーザーとコンピューター**を開いて、ユーザーアカウントの新規作成操作を行います。

ユーザーアカウントのほかに、Active Directoryにはコンピューター、共有フォルダー、プリンターなどのリソースを登録することもできます。このようにして登録された情報は、Active Directoryを使って検索できるようになります。

ユーザーアカウントのほかに、Active Directoryを利用するコンピューターを登録しなければなりません。ユーザーアカウントの登録と同様の操作で登録するほかに、登録されているユーザーアカウントを使って、クライアントコンピューターからログオンすることにより、自動的にコンピューターを登録することもできます。

ユーザーアカウントには、ユーザーの権利を設定できます。通常は、ビルトインの任意のグループに所属することで、その権利を与えられます。

1
Server での
キーワード

2
導入から
運用まで

3
Active Directory
の基本

4
Active Directory
での管理

5
ポリシーと
セキュリティ

6
ファイル
サーバー

7
仮想化と
仮想マシン

8
サーバーと
クライアント

9
システムの
メンテナンス

10
PowerShell
での管理

3.3.1　Active Directoryが管理するオブジェクト

Active Directoryドメインサービスでは、データベースに格納するデータを同等なオブジェクトとして扱います。

Active Directoryオブジェクト

Active Directoryオブジェクト*には、ユーザーやコンピューター、グループなどがあり、これらがルートオブジェクトであるドメインオブジェクトの下位に階層的に構成され、**Active Directory ユーザーとコンピューター**コンソールによって管理されます。

Active Directoryドメインサービスでは、これらのオブジェクトが同等に扱われるため、新規に作成したり移動したりすることが、同様の操作で簡単にできます。

Active Directoryオブジェクトの検索では、統一されたインターフェイスが利用できます。さらに、アクセス権の設定を共通化することもできます。

▼ Active Directory ユーザーとコンピューター

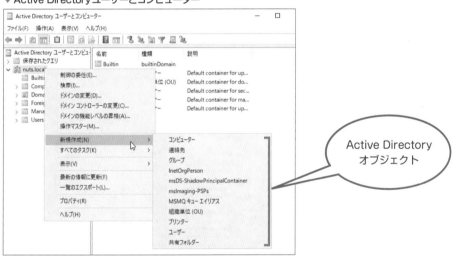

▼ Active Directory オブジェクト

オブジェクト	説明
ユーザー	ドメインを利用するための認証に必要なアカウントを保持します。作成にあたっては最低限、フルネーム、ユーザーログオン名およびパスワードを設定しなければなりません。
グループ	ユーザーをまとめて、それらに同じアクセス権を付与する単位として使われるオブジェクト。配布グループは、Active Directory対応の電子メールソフトが配布先として利用する単位です。
コンピューター	Active Directoryを利用するコンピューターを登録します。「登録したいコンピューターから直接、Active Directoryドメインサービスにログオンする」ことで自動的に登録することも可能です。

(次ページに続く)

---

* **Active Directoryオブジェクト**　Active Directoryユーザーとコンピューターで表示されるActive Directoryオブジェクトには、上の表にあるように（ドメインオブジェクトを除くと）全部で9種類ある。しかし、**表示**メニューから**拡張機能**を選択すると（拡張機能モード）、コンテナーの種類も増え、また管理できるオブジェクトの種類も増える。

147

OU	組織単位のこと。OUはコンテナーオブジェクトで、内部にほかのオブジェクトを格納します。OUはグループポリシーの適用範囲として利用することができるため、ユーザーやコンピューターを細分して管理するときなどに使用できます。
プリンター	オブジェクトにプリンターを登録することで、ネットワーク利用者は、利用可能なプリンターの詳細な情報が検索可能となります。
共有フォルダー	共有フォルダーオブジェクトは、共有フォルダーではなく、共有フォルダーの情報です。Active Directoryによって検索できるキーワードを設定することができます。
連絡先	パスワードのないユーザー情報。単にユーザー名やメールアドレスを設定するために使用します。組織内で共有するために、取引先の担当者情報などを登録することができます。
InetOrgPerson	LDAPやX.500を使ったMicrosoft社以外のディレクトリサービスでも利用可能な、人についての汎用性の高い属性を定義することができます。
MSMQキューエイリアス	MSMQがメッセージキューアプリケーションから受け取るメッセージキューの形式名を登録しておくことができます。機能にメッセージキューをインストールしてから登録します。

コンテナー

内部にオブジェクトを格納できるタイプのオブジェクトが**コンテナー**です。デフォルトでは、**Active Directoryユーザーとコンピューター**コンソールの右ペインのドメインの下に階層的に表示される5種類のコンテナーがあります。**拡張機能モード**では、このほかに「LostAndFound」「Program Data」「System」などのコンテナーが表示されます。

なお、一般的にはコンテナーにグループポリシーを適用することができません。グループポリシーを任意のオブジェクトに適用するには、通常はOUを用いることになります（コンテナーにグループポリシーを設定する方法は、「3.4　OUで管理する」を参照）。

▼Active Directoryユーザーとコンピューター（拡張機能モード）

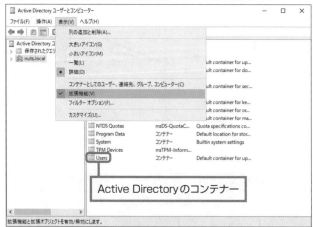

▼Active Directoryのデフォルトコンテナー

コンテナー	説明
Builtin	Windows NTと互換性のあるビルトインローカルグループが格納されます。
Computers	Active Directoryドメインサービス*を利用するコンピューターオブジェクトが格納されます。

（次ページに続く）

* **Active Directoryドメインサービス**　ネット上のユーザーやコンピューターなどのオブジェクトの情報を格納し、それらをユーザーが利用できるようにする機能。

Domain Controllers	ドメインにあるドメインコントローラー (DC) が登録されます。
ForeignSecurity Principals	Active Directory以外で作成されたセキュリティプリンシパル (ユーザーアカウントとコンピューターアカウント、グループ) の情報が自動的に格納されます。
Users	Builtin以外のユーザーやグループのオブジェクトが登録されます。これらのオブジェクトは、ほかのグループコンテナーやOUへ移動させることができます。

1 Server での キーワード

2 導入から 運用まで

3 Active Directory の基本

4 Active Directory での管理

5 ポリシーと セキュリティ

6 ファイル サーバー

7 仮想化と 仮想マシン

8 サーバーと クライアント

9 システムの メンテナンス

10 PowerShell での管理

識別名

Active Directoryドメインサービスのディレクトリデータベースに格納されたオブジェクトの表記には、**識別名** (DN：Distinguished Name) が使われます。

識別名には、オブジェクトまでの階層のパスも含まれています。

このDNは、X.500シリーズに基づいて設計されていて、**CN** (Common Name)、**OU**、**DC** (Domain Component) から構成されています。CN属性名には、ユーザー名やコンピューター名が値として設定されます。DCのドメインの設定では、ドメインレベルに分割して設定されます。例えば、ドメイン「company.local」の「Eigyo」という「OU」に格納されている「userv」オブジェクトのDNは、「CN=userv,OU=Eigyo,DC=company,DC=local」と表すことができます。

コマンドプロンプトでオブジェクトを検索すると、次のようになります。なお、コマンドプロンプトを使わずに、Active Directoryオブジェクトを検索する方法は、「3.5.3 Windowsクライアントから Active Directoryオブジェクトを検索する」を参照してください。

▼Active Directoryオブジェクトの検索結果

```
>dsquery user -name userv
"CN=userv,OU=Eigyo,DC=company,DC=local"
```

Hint ドメインコントローラーのバックアップ

Active Directoryドメインサービスの主要なファイルをバックアップするには、ドメインコントローラーの「%SystemRoot%¥NTDS」に保存されている、ntds.dit (Active Directoryデータベース)、edb.chk (チェックポイントファイル)、edb*.log (トランザクションログファイル) および予約されたトランザクションログファイルをバックアップします。

なお、ドメインコントローラーのすべてのシステムをバックアップするには、「**wbadmin.exe**」を利用することができます。

NTDSフォルダー

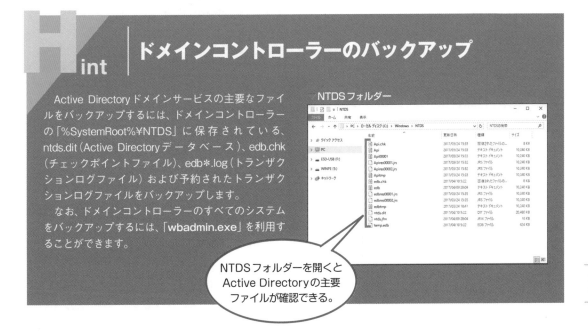

NTDSフォルダーを開くと Active Directoryの主要 ファイルが確認できる。

3.3.2　ユーザーの登録

　　　Active Directoryドメインサービスを利用するには、Active Directoryドメインサービスのログオン用にユーザーオブジェクトを登録しなければなりません。**Active Directoryユーザーとコンピューター**コンソールを使って、新規ユーザーを作成します。ユーザーの詳細なデータについては、オブジェクトの作成後に、それぞれのプロパティで設定します。

ユーザーアカウントを登録する

　　　ユーザーオブジェクトには、フルネームとユーザーログオン名、そしてポリシーを満たすパスワードを設定しなければなりません。通常、オブジェクトを追加するには新規作成の操作をしますが、BuiltinユーザーのAdministratorと同じ権限を持った別名ユーザーを作成したい場合などは、Builtinユーザーアカウントをコピーし、その後プロパティを変更することもできます。

▼Active Directoryユーザーとコンピューター

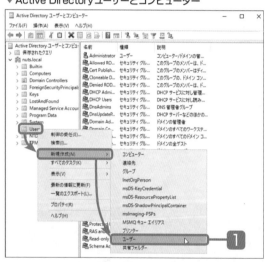

1 **Active Directoryユーザーとコンピューター**を開き、これから作成するユーザーオブジェクトを格納するコンテナーを右クリックして、**新規作成➡ユーザー**を選択します。

Onepoint

ドメインコンテナーを選択して作成した場合には、ほかのコンテナーと同じ階層にユーザーオブジェクトが作成されます。作成後に、オブジェクトを別のコンテナーに移動させることもできます。

▼ユーザー名の設定

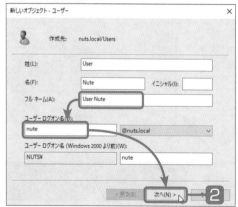

2 **新しいオブジェクト**ウィザードが開きます。フルネームとユーザーログオン名などを設定して、**次へ**ボタンをクリックします。

Hint

姓、名ボックスに入力すると、自動的に**フルネーム**ボックスに姓名が入力されます。イニシャルは省略できます。

1
Server での
キーワード

2
導入から
運用まで

3
Active Directory
の基本

4
Active Directory
での管理

5
ポリシーと
セキュリティ

6
ファイル
サーバー

7
仮想化と
仮想マシン

8
サーバーと
クライアント

9
システムの
メンテナンス

10
PowerShell
での管理

索引
Index

Attention

ユーザーログオン名は、同一フォレスト内で一意になるようにしなければなりません。

Onepoint

ユーザーログオン名を入力すると、ユーザーログオン名（Windows 2000 より前）にも自動的に入力されます（ただし 20 文字まで）。

▼パスワードの設定

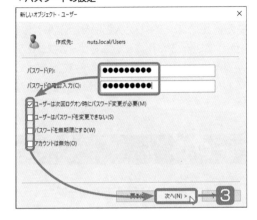

3 パスワードを2回入力して、パスワードの変更に関する設定を行い、**次へ**ボタンをクリックします。

Attention

最初に入力したパスワードをコピー＆ペーストすることはできません。

Onepoint

パスワードは大文字と小文字も区別されます。

▼確認

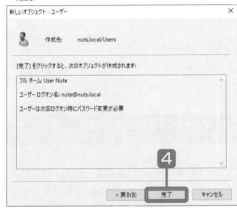

4 設定内容を確認して、**完了**ボタンをクリックします。

Onepoint

ここでは、次回のログオン時にパスワード変更が必要となるように設定しました。

▼ Active Directory ユーザーとコンピューター

ユーザーオブジェクトをダブルクリックすると、プロパティが開きます。

5 ユーザーオブジェクトが作成されました。

Onepoint

すべてのユーザーは、作成された時点で既存のどこかのグループに割り当てられます。これをプライマリグループといいます。新規にユーザーを登録すると、そのユーザーは、通常は自動的に「Domain Users」グループのメンバーになります。これが、プライマリグループです。ほかに所属するグループがない場合、このメンバーから抜けることはできません。つまり、どのグループにも所属しないでいることはできません。

複数のオブジェクトをまとめたものを**グループ**といいます。ある共有資源のアクセス権を設定するときに、個々にではなく、グループに対して設定することで、効率よく管理できるようになります。

　なお、Active Directoryドメインサービスでは、オブジェクトをまとめて管理する方法がもう1つあります。それが**OU**を使った管理方法です。

　OUとの違いでいえば、グループとは例えば、日本人、アメリカ人といった分類です。日本以外の国や地域にいても日本人は日本人であるように、グループに所属するユーザーオブジェクトは、同じドメインやOUである必要はありません。「Administrators」グループは、それこそすべてのWindows Serverに存在するグループです。なお、OUについては、「3.4　OUで管理する」を参照してください。

セキュリティグループと配布グループ

　グループの内容を分類する方法には、**セキュリティグループ**と**配布グループ***というものがあります。

　その名のとおり、アクセス許可を設定できるのがセキュリティグループというグループの種類です。「Builtin」および「Users」コンテナーにある「Domain Admins」グループなどデフォルトのグループはセキュリティグループです。

　配布グループには、セキュリティ機能はありませんが、セキュリティグループの属性を利用して、配布グループと同じように機能させることが可能です。そのため、ほとんどのグループはセキュリティグループです。

グループのスコープ

　設定の適用範囲をグループの**スコープ**といいます。**グローバルグループ**は、同じドメイン内のユーザーとグローバルグループを登録できます。グローバルグループは、属しているドメイン以外へはレプリケート（コピー）されないため、頻繁にメンテナンスを必要とするユーザーやコンピューターに対して有効で、比較的小規模なネットワークでオブジェクトを組織化するために使用されます。

　ドメインローカルグループは、自分のドメインだけではなくフォレスト内のほかのドメインのユーザーやグローバルグループ、ユニバーサルグループ、ドメインローカルグループをまとめて登録できますが、アクセス許可はグループを作成したドメイン内のリソースにだけ与えられます。このような性質のため通常、ドメインローカルグループは、セキュリティの設定単位として作成されます。

　通常は、何人かのユーザーをまとめて1つのグローバルグループを作成し、そのグローバルグループはアクセス許可を割り当てたドメインローカルグループに登録します。

　ユニバーサルグループは、ドメインローカルグループと同じようにフォレスト全体のオブジェクトを登録できます。つまり、ドメインがいくつもあるような大きな組織で、ドメインをまたいでユーザーやコンピューターを組織化したい場合に使用します。

***配布グループ**　Active Directoryが利用可能なメールソフト（Microsoft Exchangeなど）が、電子メールアドレスを参照するためのグループ。

1
Server CO
キーワード

2
導入から
運用まで

3
Active Directory
の基本

4
Active Directory
での管理

5
ポリシーと
セキュリティ

6
ファイル
サーバー

7
仮想化と
仮想マシン

8
サーバーと
クライアント

9
システムの
メンテナンス

10
PowerShell
での管理

グループを作成する

Attention

　大規模なネットワークでない限り、グループの作成方法にはある一定のルールを決めておくとよいでしょう。それは、アクセス許可の設定のために作成したドメインローカルグループに、別に作成しておいたユーザーアカウントやコンピューターアカウントによって組織化されたグローバルグループを登録するようにするのです。

　共有フォルダーやプリンターへのアクセス許可は、このドメインローカルグループに対して設定することになります。詳細は「3.3.5　グループにメンバーを登録する」を参照してください。

▼ Active Directory ユーザーとコンピューター

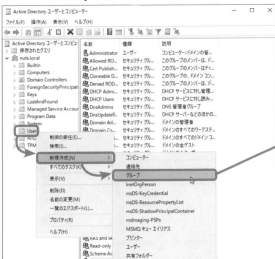

1 Active Directoryユーザーとコンピューターを開き、Usersコンテナーを右クリックして、新規作成➡グループを選択します。

右クリックして、[グループ]を選択する

2 グループ名を入力し、グループスコープを指定して、OKボタンをクリックします。

3 グループが作成されました。

▼新しいオブジェクト

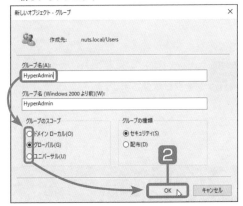

▼ Active Directory ユーザーとコンピューター

nepoint

ここでは、まずセキュリティ用のドメインローカルグループを作成します。グループの種類はセキュリティを指定します。

Active Directoryドメインサービスを利用するには、ユーザーアカウントに加え、**コンピューターアカウント**もドメインコントローラーに登録しなければなりません。コンピューターの登録は、ユーザーアカウントの登録と同じ要領でActive Directoryユーザーとコンピューターを使って行いますが、接続するコンピューターからログオン時に行うこともできます。

Computersコンテナーに PC を登録する

ログオンするコンピューターをあらかじめドメインコントローラーに登録しておくには、ユーザーアカウントの場合と同じように、**Active Directoryユーザーとコンピューター**を使います。

▼Active Directoryユーザーとコンピューター

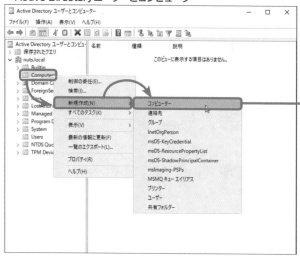

1 Active Directoryユーザーとコンピューターを開き、左ペインでComputersコンテナーを右クリックして、**新規作成➡コンピューター**を選択します。

右クリックして、[コンピューター]を選択する

Onepoint

Computers以外のコンテナーに作成する場合は、そのコンテナー上で右クリックして同じ操作をします。

▼新しいオブジェクト

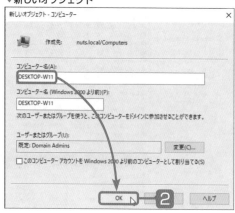

2 コンピューター名を入力して、**OK**ボタンをクリックします。

Attention

「次のユーザーまたはグループを使うと、〜」に設定するユーザーアカウントまたはグループ以外からのログオンを拒否できます。ただし、Active Directoryユーザーとコンピューターによって登録されているユーザーによってそのコンピューターからログオンすると、自動的にコンピューターアカウントが登録されます。

1 Server での
キーワード

2 導入から
運用まで

3 Active Directory
の基本

4 Active Directory
での管理

5 ポリシーと
セキュリティ

6 ファイル
サーバー

7 仮想化と
仮想マシン

8 サーバーと
クライアント

9 システムの
メンテナンス

10 PowerShell
での管理

int

コンピューター名は、ドメイン内で一意のものにします。Windows 2000 よりも前のOSでは 15文字（Windows 2000 からは最大で 63文字）までしか使用できません。

nepoint

グループのスコープを変更するには、**Active Directory ユーザーとコンピューター**から、変更したいグループオブジェクトをダブルクリックしてプロパティを開き、**全般**タブで**グループのスコープ**を変更して、**OK** ボタンをクリックします。なお、**ドメインローカル**からは、**ユニバーサルグループ**へしか変更できません。同様に、**グローバル**からも**ユニバーサル**への変更しか認められません。

3 コンピューターが登録されました。

▼Active Directory ユーザーとコンピューター

プロパティ（全般タブ）

スコープを変更する

nepoint

Active Directory ユーザーとコンピューターでコンピューターアカウントを登録せず、ユーザーアカウント認証によってログオンするとき、自動的にそのコンピューターのコンピューターアカウントを登録する操作については、「3.5　Active Directory ドメインサービスへのログオン」を参照してください。

int | Windows Server 2012 の機能レベルとの差

Windows Server 2012 と Windows Server 2016 の機能レベルの間には、フォレスト機能の差はありません。両者の間のドメインの機能レベルの違いは、右に示す4つだけです。

したがって、Windows Server 2012 の Active Directory 環境に Windows Server 2022/2019 を融合させる場合、Windows Server 2012 のフォレスト/ドメインの機能レベルでも十分に機能します。Windows Server 2012 サーバーをスクラップにする

のは、もう少し待ってもよいかもしれません。

・SYSVOL に対する分散ファイルシステムのレプリケーションのサポート
・AES 128 および 256 に対する Kerberos 認証プロトコルのサポート
・対話型の最終ログオンに関する情報収集
・詳細なパスワードポリシー

3.3.5 グループにメンバーを登録する

「3.3.3　グループ」で作成したグループやデフォルトで作成されているグループ（ビルトインドメインローカルグループ、ビルトインローカルグループ）に**メンバー**（ユーザーやリソース）を登録します。

グループのプロパティを使う場合は、**メンバー**タブでユーザーアカウントを追加します。ユーザーのプロパティからは、**所属するグループ**タブでグループを指定します。

グループのメンバーにユーザーアカウントを追加する

グループに登録するユーザーアカウントがすでに作成されている場合には、作成したグループのプロパティを開いて、**メンバー**タブから追加操作を行います。

ここでは、グローバルグループにユーザーアカウントを登録します。このように、グローバルグループは、同じドメイン内で共通の業務を担当するユーザーをまとめるのに利用できます*。

▼ Active Directory ユーザーとコンピューター

右クリックして［プロパティ］を選択する

nepoint
グループオブジェクトをダブルクリックしても、プロパティが開きます。

1 Active Directory ユーザーとコンピューターで、メンバーを追加する任意のグループを右クリックし、**プロパティ**を選択します。

2 グループのプロパティが開きます。**メンバー**タブを開いて、**追加**ボタンをクリックします。

▼ グループのプロパティ

＊利用できます　ただし、複数のドメインで構成される環境で、異なったドメインのグローバルグループを1つのドメイングループに登録して管理する場合、アクセス権を設定するリソースがどのドメインにあるかによって、利用できなくなることがある。このような場合、管理者はそれぞれのグローバルグループに対してアクセス権を設定しなければならない。

1
Serverでの
キーワード

2
導入から
運用まで

3
Active Directory
の基本

4
Active Directory
での管理

5
ポリシーと
セキュリティ

6
ファイル
サーバー

7
仮想化と
仮想マシン

8
サーバーと
クライアント

9
システムの
メンテナンス

10
PowerShell
での管理

3 ユーザー、連絡先、コンピューターまたはグループの選択が開きます。詳細設定ボタンをクリックします。

4 ドメインの全ユーザーを検索するには、検索ボタンをクリックします。

▼オブジェクトの選択

▼詳細設定

Onepoint

選択するオブジェクト名を入力してくださいボックスをクリックして、追加するユーザーアカウント、グループアカウントの全部、または一部を入力し、**名前の確認ボタンをクリックして、アカウントを選択**することもできます。

5 検索結果ボックスにドメインのオブジェクトが表示されます。グループのメンバーにするアカウントを選択して、OKボタンをクリックします。

6 選択するオブジェクト名を入力してくださいボックスに、登録するユーザーアカウントが入力されたのを確認して、OKボタンをクリックします。

▼検索結果

▼オブジェクトの選択

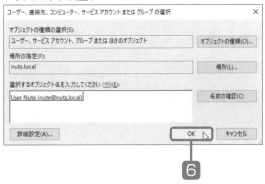

Hint

一度に複数のアカウントを選択するには、1つ目のアカウントをクリックしたあと、Ctrlキーを押しながら残りのアカウントをクリックします。

7 所属するメンバーに選択したアカウントが表示されます。**OK**ボタンをクリックします。

▼メンバータブ

7

Onepoint

グループに別のグループを登録することもできます。この操作も、ユーザーアカウントの登録操作と同様に行うことができます。

▼メンバータブ

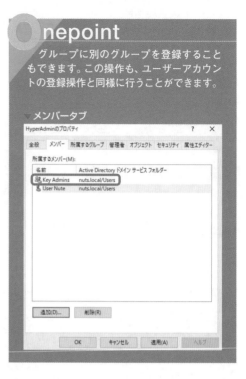

Memo｜ビルトイングループ

Active Directoryをインストールすると、Active Directoryの様々なタスクを実行する権限やアクセス権を適切に設定された、いくつかのグループが自動的に作成されます。ユーザーアカウントを作成した場合には、デフォルトでは「Domain Users」というグローバルグループに所属します。

主なグループとそのユーザー権限は、次表のよう

になっています。作成したユーザーアカウントの権限を変更したい場合には、これらの中から適切なグループを選んで、そのメンバーにします（または、所属するグループとして割り当てます）。

なお、Usersコンテナー内のデフォルトで作成されるビルトイングループは、グローバルグループです。

▼Builtinコンテナーのグループ

グループ	説明
Account Operators	ドメイン内のユーザーやグループ、コンピューターのアカウントの作成、変更、削除ができます（DCのOUは除く）。ただし、AdministratorsやDomain Adminsを変更したり、これらのグループのメンバーアカウントを変更したりはできません。ローカルログオン、シャットダウンが許可されています。

（次ページに続く）

Administrators	ドメイン内のすべてのDCに対するフルコントロールを持ちます。デフォルトのメンバーには、Administrator、Enterprise Admins、Domain Adminsがあります。
Backup Operators	DCへのログオン、シャットダウンのほか、ドメイン内のDCのすべてのファイルのバックアップと復元を実行する権利を持っています。
Guests	限られた権限とアクセス許可しか与えられません。メンバーは、Domain Guests、Guestです。既定では無効になっています。
Incoming Forest Trust Builders	別のフォレストからフォレストルートドメインへのフォレストの信頼関係を受け入れます。
Network Configuration Operators	TCP/IP設定の変更、DCのアドレスの更新や解放を行うことができます。
Performance Monitor Users	AdministratorsやPerformance Log Usersのメンバーでなくても、DCのパフォーマンスカウンターを監視できます。
Performance Log Users	Administratorsでなくても、DCのパフォーマンスカウンターやログ、警告を管理できます。
Print Operators	ドメイン内のプリンターの管理や作成、共有、削除を行ったり、ドメイン内のプリンターオブジェクトを管理したりできます。また、ドメイン内のすべてのDCに対してプリンタードライバーのロードやアンロードが可能です。さらに、ローカルログオンとシステムのシャットダウンもできます。
Remote Desktop Users	DCにリモートでログオンできます。
Server Operators	DC上でのほとんどのタスク(ファイルとディレクトリのバックアップ、システム時刻の変更、リモートコンピューターからの強制シャットダウン、ローカルログオンの許可、ファイルとディレクトリの復元、システムのシャットダウンの実行)が可能です。
Users	プログラムのインストールやシステムの変更はできませんが、アプリケーションの実行やローカルプリンターとネットワークプリンターの使用、サーバーのロックなどのタスクの実行ができます。このメンバーは、Domain Users、Authenticated Users、Interactiveであるため、作成されるユーザーアカウントは自動的にすべてこのグループのメンバーになります。

─ Usersコンテナーのグループ

グループ	説明
Cert Publishers	ユーザーとコンピューターの証明書を公開できます。
DnsAdmins	DNSと共にインストールされ、DNSサーバーの管理アクセス権を持ちます。
DnsUpdateProxy	DNSと共にインストールされる、DHCPサーバーに代わって動的更新を許可されるDNSクライアントです。
Domain Admins	ドメインに対するフルコントロールを持ちます。Administratorsのメンバーであり、Administratorがこのグループのメンバーです。
Domain Computers	ドメインに参加しているすべてのコンピューター。
Domain Controllers	ドメイン内のすべてのDC。
Domain Guests	ドメインのすべてのゲスト。
Domain Users	ドメインのすべてのユーザー。
Enterprise Admins	フォレストルートドメインでのみ表示され、フォレスト内のすべてのドメインに対するフルコントロールを持ちます。
Group Policy Creator Owners	ドメインのグループポリシーを変更することができます。
Schema Admins	フォレストルートドメインでのみ表示され、Active Directoryスキーマを変更できます。

1 Server での キーワード
2 導入から 運用まで
3 Active Directory の基本
4 Active Directory での管理
5 ポリシーと セキュリティ
6 ファイル サーバー
7 仮想化と 仮想マシン
8 サーバーと クライアント
9 システムの メンテナンス
10 PowerShell での管理

3.4

OUで管理する

OU（組織単位）は、ドメインの利用を論理的に分割するためのコンテナーオブジェクトです。OUは、利用環境に応じて管理しやすいように、ユーザー、グループ、コンピューターなどにまとまりを作成するのに利用します。例えば、企業の組織体系や地域的な分散をもとにして、ユーザーやコンピューターなどを分けるのです。

ここがポイント！ パスワードの管理作業を特定のグループに委任する

パスワードの管理作業を、そのグループ内の特定の管理者に委任するには、次のように操作します。

1 OUを作成する

2 OUにメンバーを登録する

3 制御を委任する

OUは、コンテナーオブジェクトなので、内部にユーザーやコンピューターといったオブジェクトを格納できます。OUの中にほかのOUを含めて、階層構造にすることも可能です。

OU内のオブジェクト管理を特定のユーザーやグループに委任するとことで、管理を効率よく行うことができます。例えば、「Paris」というOU内のユーザーのパスワード管理の権限を特定の管理グループに委任することで、ネットワーク管理者の負担を軽減できるでしょう。

OUにはグループポリシーが設定可能で、デスクトップ環境やソフトウェアインストールの管理をOU単位で設定できます。なお、OU単位でパスワードポリシーを設定することはできません。アカウントポリシーを分けることを目的としたり、根本的な分散管理を必要としたりする場合は、OUではなくドメインによる分割を行ってください。

OUに所属するメンバーに特定のタスクを委任するには、**オブジェクト制御の委任ウィザード**を使います。

なお、OUにグループポリシーを設定することも可能です。この場合は、OUのプロパティから**グループポリシータブ**を開き設定します。ただし、アカウントポリシーを分けて設定するには、OUではなくドメインを分割して対応します。

1
Server とのキーワード

2
導入から適用まで

3
Active Directory の基本

4
Active Directory での管理

5
ポリシーとセキュリティ

6
ファイル／サーバー

7
役割化と仮想マシン

8
サーバーとクライアント

9
システムのメンテナンス

10
PowerShell での管理

3.4.1 OUコンテナーオブジェクトの追加

OUの追加には、**Active Directoryユーザーとコンピューター**を使います。**Active Directory ユーザーとコンピューター**コンソールの左ペインのドメイン下層の任意のコンテナーに作成可能です。作成されたOUオブジェクトは、絵柄の付いたフォルダー型アイコンになり、一般のフォルダー操作と同じように削除、移動、名前変更ができます。

OUを追加する

OUは、ファイル管理におけるフォルダーと同じように、**Active Directoryユーザーとコンピューター**によって管理できます。階層的に配置することも可能で、実際の組織に似せた構造を作成することも可能ですが、一般ユーザーがこのOU構造を見ることはないので、OUは管理者の権限委任のためやアプリケーションの配布のために使用するのが本来の使い方です。

▼Active Directoryユーザーとコンピューター

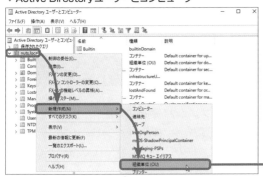

1 **Active Directoryユーザーとコンピューター**を開き、OUを作成するコンテナー（ドメイン）を右クリックして、**新規作成➡組織単位（OU）**を選択します。

> 右クリックして、[組織単位（OU）]を選択する

2 **新しいオブジェクト-組織単位（OU）** ダイアログボックスが開きます。名前を入力して**OK**ボタンをクリックします。

▼新しいオブジェクト-組織単位（OU）

Onepoint

間違って削除されないようコンテナーを保護するにチェックを付けておくと、このドメインとドメインコントローラーのすべての管理者がこのOUを削除できなくなります。削除しようとしても、エラーメッセージが表示されて削除できません。移動しようとしても同様に拒否されます。このオプションの設定されたオブジェクトを削除するには、拡張機能モードでOUのプロパティのオブジェクトタブを開き、**誤って削除されないようにオブジェクトを保護する**のチェックを外して、**OK**ボタンをクリックしてから、削除操作を行います。

▼ Active Directory ユーザーとコンピューター

3 OUが作成されました。

Onepoint

ユーザーやコンピューターなどのオブジェクトを
OUに移動していきます。オブジェクトの移動操作
は、マウスのドラッグ＆ドロップで行えます。

3.4.2 OU管理制御の委任

現場の日常的な管理では、ユーザーアカウントや共有リソースなどのオブジェクトは、各部署で管理したほうが便利な場合もあります。大きな組織では、パスワードのリセット作業だけでも大変です。また、リソースごとにアクセス権を設定するだけでも大変な作業量になります。このような場合には、OUの管理者に管理権限のいくつか、またはすべてを委任します。

OUの管理権限を委任する

特定のOUに対して、その管理権限を委任するには、**オブジェクト制御の委任ウィザード**を使います。委任するユーザー個人やグループについては、あらかじめ適当なビルトインドメインローカルグループに所属するように設定しておきます。ここでは、地域別のOUについて、「Domain Admins」に所属させたグループ（個人）に制御を委任します。

▼ Active Directory ユーザーとコンピューター

1 Active Directoryユーザーとコンピューターを開き、設定するOUを右クリックして、**制御の委任**を選択します。

1
Server での
キーワード

2
導入から
運用まで

3
Active Directory
の基本

4
Active Directory
での管理

5
ポリシーと
セキュリティ

6
ファイル
サーバー

7
仮想化と
仮想マシン

8
サーバーと
クライアント

9
システムの
メンテナンス

10
PowerShell
での管理

2 オブジェクト制御の委任ウィザードが開きます。次へボタンをクリックします。

▼オブジェクト制御の委任ウィザード

3 ユーザーまたはグループを追加するには、追加ボタンをクリックします。

▼ユーザーまたはグループ

4 ユーザー、コンピューターまたはグループの選択が開きます。選択するオブジェクト名を入力してくださいボックスに、ユーザー名あるいはグループ名の一部または全部を入力し、名前の確認ボタンをクリックして、正しいオブジェクトが認識されたのを確認し、OKボタンをクリックします。

▼オブジェクトの選択

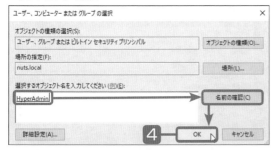

5 オブジェクト制御の委任ウィザードに戻ります。選択されたユーザーとグループボックスに委任するオブジェクトが入力されたのを確認して、次へボタンをクリックします。

▼ユーザーまたはグループ

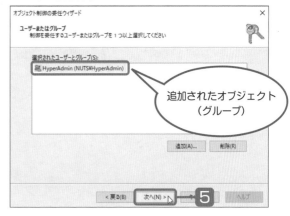

追加されたオブジェクト
（グループ）

int
複数のユーザーやグループを選択する場合は、この操作を繰り返します。

▼委任するタスク

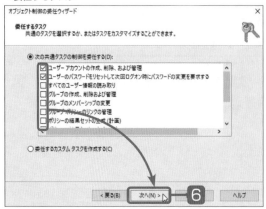

6 委任するユーザーやグループに制御を許可するコンテナー内のタスクのそれぞれについて、先頭にチェックを付けます。チェック付けが完了したら、**次へ**ボタンをクリックします。

nepoint

このタスクの一覧は、オブジェクトによって異なります。委任する権限は、最小限にとどめましょう。

▼完了

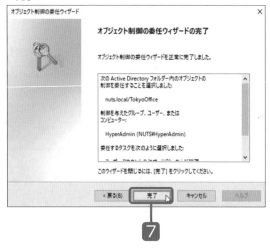

7 内容を確認して、**完了**ボタンをクリックします。

nepoint

OUのプロパティを拡張機能モードで開き、**セキュリティタブ**で、管理を委任したユーザーまたはグループのアクセス許可の状態を確認・変更することができます。

拡張機能をオンにするには、表示メニューを開いて、オフになっている項目を選択します。

▼OUのプロパティ

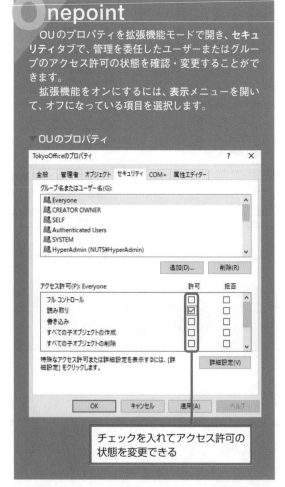

チェックを入れてアクセス許可の状態を変更できる

3.5 Active Directory ドメインサービスへのログオン

Level ★ ★ ★　　　Keyword　ログオン　クライアント

Active Directory ドメインサービスを提供するドメインコントローラー (DC) をサーバーコンピューターとすると、Active Directory ドメインサービスによる情報検索などを受ける側のコンピューターはすべて**クライアントコンピューター** (本書では単に「クライアント」とも) に当たります。クライアントが Active Directory ドメインサービスにログオンするには、DC にユーザーアカウントが登録されていなければなりません。

ここがポイント! クライアントからログオンする方法

クライアントから Active Directory ドメインサービスにログオンするには、次のように操作します。

1 DC にユーザーアカウントを作成する

2 クライアントを起動する

3 ドメインを指定してログオン操作をする

クライアントを Active Directory ドメインサービスにログオンさせるには、あらかじめ DC にログオン用のユーザーアカウントが登録されている必要があります。Windows Server のローカル用の Administrators グループのアカウントを使ってロ

グオンすることは可能ですが、通常利用のためには、各ユーザー用のアカウントの作成と管理が重要です。

DC 側での準備としては、ユーザーアカウントの登録作業は必須ですが、Active Directory ドメインサービスに参加させるコンピューターアカウントの登録は任意です。登録していなくても、ユーザーのログオンが成功したクライアントコンピューターは、自動的に登録されるからです。

クライアントコンピューター側の準備として、デフォルトのログオン方式を「ドメイン」に設定しておくこともできます。

クライアントから Active Directory ドメインサービスにいったんログオンすると、Active Directory ドメインサービスによって許可されているリソースへの認証 (手動または時間によってログアウトされるまで) はフリーパスされます。ワークグループのときのように、「異なるリソースにアクセスするたびに、そのリソース用の認証を行う」必要はなくなるわけです。

3.5.1 Active Directoryドメインサービスへのログオン

Active Directoryドメインサービスに参加して、その機能を十分に享受できるWindowsは、Windows 11/10の上位エディションとWindows Serverです。Active Directoryに参加できないWindowsをワークグループで参加させても、グループポリシーで管理できません。

●ログオン先の選択

Windowsユーザーがコンピューターにログオンする場合、いくつかのパターンがあります。

目の前にあって自分で操作しているローカルなPCにサインインする場合を「ローカルログオン」といいます。ローカルログオンでは、個々のPCにログオン用のサインインアカウント（ローカルユーザーアカウント）を作成する必要があります。

ローカルなPCにログオンするのは同じですが、Microsoftクラウドを利用できるのが、「Microsoftアカウントサインイン」です。「@outlook.com」「@hotmail.co.jp」などのMicrosoftの発行するメールアカウントをユーザー名としてサインインします。Microsoftアカウントサインインをする場合も、個々のPCにローカルユーザーアカウントを登録しなければなりません。

WindowsクライアントOSによってLANを構成するような、比較的小規模な企業や組織あるいは家庭などのネットワーク環境では、「Microsoftアカウントを個々のPCに登録し、それらをワークグループに参加させる」のが簡単で経済的な方法です。Windows PCのデフォルトのネットワークにもなっています。

これら2つのログオンパターンに対して、本書で説明しているActive Directoryドメインを使用するパターンの場合、サインインアカウントの扱いが異なります。ユーザーやコンピューターの情報はドメインコントローラーによって一括管理されます。

そのため、Active Directoryドメインに接続するコンピューターからログオンする際のサインインアカウントは、個々のコンピューターに登録されている必要はありません。

では、操作しているPCがActive Directoryドメインに参加しているとして、PCのローカルユーザーにもドメインコントローラーにも同じドメインユーザーアカウントがあった場合、どうすればよいのでしょう。

答えは「サインインする場所を指定してアカウントを記述する」です。通常、Active Directoryドメインに参加しているPCでサインインページを開くと、そこに表示されるユーザー名はドメインユーザーです（通常は、前回サインインしたユーザー名が表示されます）。

ログオンユーザーを切り替えるには**他のユーザー**をクリックします。ユーザー名とパスワードのフォームボックスの下に「サインイン先」が表示されます。

「他のユーザー」としてサインインする場合、ユーザー名を入力するときに「NUTS¥armond」などのように、ユーザー名（armond）の前に「（ドメイン名のNetBIOS名）¥」を付けます。ドメイン名の部分を変更すれば、任意のドメインにサインインすることもできます。

さらに、ドメイン名のところにローカルで作業しているコンピューター名を入力すると、ローカルユーザーとしてサインインできます。その場合、「（コンピューター名）¥（ユーザー名）」のようにして、ドメイン名の代わりにコンピューター名を記します。

▼他のユーザー

Windows クライアントからログオンするには

Windows Serverのファイル共有プロトコルには、**SMB**（Server Message Block）**3.1.1**（以降）が搭載されていて、ドメインを利用するクライアントとして利用できるWindowsは制限されます。Windows 11/10 Proなどのエディションと Windows Serverでは、Active Directoryを利用できます（Microsoftのサポート期間が終了したWindowsは使用しないようにしましょう）。Active Directoryが利用できないWindowsエディションでも、ネットワークを利用したファイル共有をすることは可能です。

▼ようこそ画面

1 Windowsを起動して、いずれかのキーを押します。

Onepoint
Windowsコンピューターのコンピューター名とユーザーアカウントは、あらかじめActive Directoryに登録されているものとします。

▼ユーザーの切り替え

2 ログオンするドメインやユーザー名が異なる場合は、**他のユーザー**ボタンをクリックします。

Onepoint
ここでは、Windows 10からドメインにログオンしていますが、Windows 11 Proなどでも基本は同じで、ドメインを付けてユーザー名を入力します。モニターにロック画面が表示されている場合は、画面をクリックしたり、[Enter]キーを押したりして、サインイン画面を表示してください。

1 Serverでのキーワード
2 導入から適用まで
3 Active Directoryの基本
4 Active Directoryでの管理
5 ポリシーとセキュリティ
6 ファイルサーバー
7 仮想化と仮想マシン
8 サーバーとクライアント
9 システムのメンテナンス
10 PowerShellでの管理

▼アカウント情報の入力

3 ユーザー名とパスワードを入力して、「→」ボタンをクリックします。

ログオン先のドメインを確認する

Hint

表示されているドメインと異なるドメインにログオンするには、ユーザー名ボックスに「(ドメイン名)￥(ユーザー名)」の形式で入力します。

Attention

ユーザー名とそのパスワードは、参加するドメインのDCにあらかじめ登録されていなければなりません。

▼ログオン完了

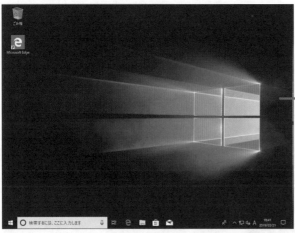

4 認証されると、Windowsのデスクトップが開きます。

Windowsのデスクトップが開く

Memo | SMB

SMB(Server Message Block)は、Windowsコンピューター間の標準のファイル共有プロトコルです。ネットワーク接続のプロパティからインストールする「Microsoft Windowsのファイルとプリンター共有」がSMBサーバーの役割をするためのコンポーネント、「Microsoft Windowsのクライアント」がその名のとおりSMBのクライアントです。

Windows Vista以降がSMB 2.0となりました。SMB 2.0では、Chattingのアルゴリズムの改良により少ない帯域でファイル共有ができるようになったり、1つのパケットで複数のSMBコマンドを送信できるようになっています。また、セキュリティ面では認証を強化して、成り済ましが起きないようになっています。

Windows 8やWindows 2012ではSMB 3.0になりました。その後もOSの進化に合わせてSMBもバージョンアップを繰り返しています。

1
Serverでの
キーワード

2
導入から
運用まで

3
Active Directory
の基本

4
Active Directory
での管理

5
ポリシーと
セキュリティ

6
ファイル
サーバー

7
仮想化と
仮想マシン

8
サーバーと
クライアント

9
システムの
メンテナンス

10
PowerShell
での管理

3.5.2 Windows 10 ProをActive Directoryドメインに参加させるには

Windows 10 Proでは、**ワークグループ**がデフォルトの参加ネットワークに設定されています。ワークグループでは、ドメインに参加できません。ワークグループ参加をドメイン参加に変更するには、**システムのプロパティ**を開いて、**コンピューター名**タブから**ネットワークID**をクリックします。

ドメインまたはワークグループへの参加ウィザードが起動します。ウィザードページで、**このコンピューターはビジネスネットワークの一部です**➡**ドメインを使用している**➡**次の情報が必要です**とページを進めます。

なお、同じく**システムのプロパティ**の**コンピューター名**タブの**変更**ボタンをクリックして開く**コンピューター名/ドメイン名の変更**ダイアログボックスの**所属するグループ**でも、ドメインとワークグループを切り替えることができます。この方法は、Windows 10のみならずActive Directoryドメインを利用できるすべてのクライアントコンピューターで可能です。

▼ドメインまたはワークグループへの参加

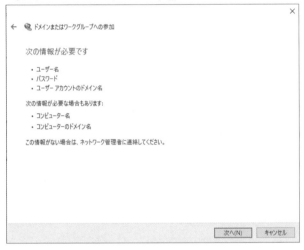

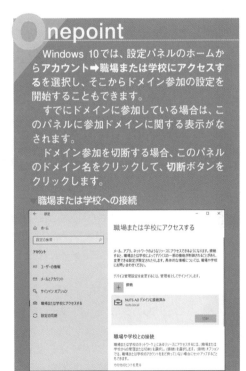

One**point**

Windows 10では、設定パネルのホームからアカウント➡**職場または学校にアクセスする**を選択し、そこからドメイン参加の設定を開始することもできます。

すでにドメインに参加している場合は、このパネルに参加ドメインに関する表示がなされます。

ドメイン参加を切断する場合、このパネルのドメイン名をクリックして、**切断**ボタンをクリックします。

次のページで、ドメインコントローラーにサインインするためのユーザーアカウント情報を入力して、さらにウィザードを進めます。最後はシステムを再起動すると、ドメインにサインインできるようになります。

なお、Active Directoryドメインに参加する場合は、Active DirectoryのDSサーバーにユーザー名が登録されていないと、ドメインにログオンできません。Windows 11/10などのクライアントからドメインに参加する前に、DSサーバーにActive Directoryドメイン用のユーザー登録をしておいてください。

ドメインを設定する

ドメイン参加をワークグループ参加に戻すには、上述したのと同様の設定操作を行います。つまり、**システムのプロパティ**ウィンドウの**コンピューター名**タブで**ネットワークID**ボタンをクリックして表示されるウィザードを使うか、その下の**変更**ボタンをクリックしてワークグループに戻すかです。いずれの方法でも、最後はシステムを再起動しなければなりません。

3.5.3　Windowsクライアントから Active Directoryオブジェクトを検索する

Windowsクライアントには、Active Directoryオブジェクトを検索する専用の機能があります。このインターフェイスを使って、ドメイン内のユーザーやグループ、コンピューター、プリンター、共有フォルダー、OUオブジェクトを検索し、そのプロパティを開くことができます。また、検索したオブジェクトに対して、メールを送ったり、ホームページを開いたり、といった操作を実行することも可能です。

Active Directoryオブジェクトの検索に利用されるデータベースは、**グローバルカタログ**です。グローバルカタログには、フォレスト内のオブジェクトの場所とそれらのプロパティの一部が保存されています。したがって、プロパティ値の詳細な検索では、プロパティを持っているオブジェクトの検索は高速でも、プロパティの表示には時間がかかることがあります。さらに、検索されたからといって、それらのリソースが存在することが保証されるわけではありません。

Windowsでオブジェクトを検索する

Windows 11/10では、ネットワークフォルダーのツールバーからActive Directoryオブジェクト検索用のツールを起動できます。

▼ネットワークフォルダー

1
Serverでの
キーワード

2
導入から
運用まで

3
Active Directory
の基本

4
Active Directory
での管理

5
ポリシーと
セキュリティ

6
ファイル
サーバー

7
仮想化と
仮想マシン

8
サーバーと
クライアント

9
システムの
メンテナンス

10
PowerShell
での管理

1 Windows 10でActive Directoryドメインサービスにログオンし、**ネットワーク**フォルダーを開きます。**ネットワーク**リボンから**Active Directoryの検索**をクリックします。

nepoint
Windows 10で**ネットワーク**リボンを開くには、エクスプローラーのナビゲーションウィンドウで**ネットワーク**を選択し、**ネットワーク**タブをダブルクリックします。

▼ナビゲーションウィンドウ

2 **検索**リストボックスで検索対象を指定し、**場所**リストボックスでドメインを指定したら、**コンピュータ名**ボックスに検索するオブジェクトの名前を入力して、**検索開始**ボタンをクリックします。

▼検索ツール

3 検索結果が表示されました。

▼検索結果

nepoint
名前は、検索するオブジェクトの一部でも可能です。ただし、その場合は前方一致（先頭部分が一致）するようにします。

nepoint
オブジェクトを右クリックして、「電子メールを送る」などの操作を指定することもできます。

Onepoint | Active Directoryのごみ箱機能

　以前は、削除してしまったActive DirectoryユーザーやOU、コンピューターなどのオブジェクトを復元するには、バックアップから非Authoritative Restoreでオブジェクトを復元するか、Deleted Objectsコンテナーから復元するかしていました。しかし、これらの方法では、復元操作時にドメインコントローラーを停止しなければならなかったり、復元しても属性の多くが復元できなかったりしました。Windows Server 2008 R2から追加された**Active Directoryのゴミ箱**の機能は、これらの短所を改善した、Active Directoryオブジェクトの復元機能です。

　Active Directoryのごみ箱機能は、初期設定ではオフに設定されているため、使用に際してはこの機能を有効にする必要があります。Active Directoryのごみ箱操作のすべては、PowerShellを使い、コマンドレットを入力して実行します。

　なお、このごみ箱機能を有効にするには、フォレストレベルがWindows Server 2008 R2以上でなければなりません。つまり、すべてのドメインコントローラーをWindows Server 2008 R2以上にそろえなければなりません。

　Active Directoryのごみ箱機能を有効にするには、次のコマンドレットを実行します。

▼ Active Directoryのごみ箱機能を有効にするコマンドレット

```
import-module Active-Directory Enter
Enable-ADOptionalFeature'Recycle Bin Feature'-Scope Forestor
ConfigurationSet -Target （ドメイン名） Enter
```

　Active Directoryのごみ箱機能を有効にすると、元に戻すことができません。したがって、一度有効にすると、いつでも復元作業を行うことができます。

　削除してしまったActive Directoryオブジェクトを検索し、それを復元するには、次のようなコマンドレットを実行します。

▼ 削除したオブジェクトを検索して復元するコマンドレット

```
import-module Active-Directory Enter
Get-ADObject -LDAPFilter"(name=User*)"-SearchBase"CN=Deleted
Objects,DN=（ドメイン名） DC=（レベルドメイン）"-IncludeDeleteObjects | Restore-
ADObject Enter
```

　なお、ここに紹介したように、削除したActive Directoryオブジェクトの復元操作には、PowerShellを使用しなければなりません。また、フォレストレベルがWindows Server 2008 R2以上に限定されます。Windows Server 2008でも同様の機能を利用す

るには、AdRestoreを利用することができます。

　AdRestoreは、「https://learn.microsoft.com/ja-jp/sysinternals/downloads/adrestore」からダウンロードします。

1
Serverでの
キーワード

2
導入から
運用まで

3
Active Directory
の基本

4
Active Directory
での管理

5
ポリシーと
セキュリティ

6
ファイル
サーバー

7
仮想化と
仮想マシン

8
サーバーと
クライアント

9
システムの
メンテナンス

10
PowerShell
での管理

Perfect Master Series
Windows Server 2022

Chapter 4

Active Directoryの
強化と管理

　Chapter 3でのActive Directoryドメインサービスについての解説内容は、Windows Server 2022/2019の高機能なActive Directoryドメインサービスの一般的な導入や基本的な機能の紹介でした。

　このChapterでは、Active Directoryドメインサービスの強化方法や特殊な構成設定について解説します。また、日常的に行うことになるActive Directoryドメインサービスの管理作業、中でもユーザーアカウントに関しての作業を中心に解説しています。

DNSの強化と管理

Level ★★★　　Keyword　ゾーン　SRVレコード　nslookup

　DNSサーバーは、Active Directoryドメインサービスにとって必須の役割です。Active Directory ドメインサービスのほかにも、ネットワーク規模や管理作業によっては、デフォルトでインストールしたDNSサーバーの設定を変更しなければならない場面が生じることがあります。

ここが
ポイント!

DNSサーバーのゾーンを変更する

インストールしたDNSの前方参照ゾーンや逆引き参照ゾーンを変更するには、次のように操作します。

1 DNSマネージャーを開く

2 プライマリゾーンのDNSサーバーを選択する

3 ゾーンを作成/変更する

4 DNSをテストする

▼DNSをテストする

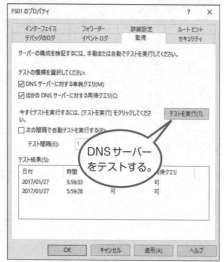

　Windows Serverでは、**DNSの動的更新**がサポートされています。これは、DNSの**Aレコード**と**PTRレコード**を手動で登録しなくても、自動的にDNSに登録される機能です。

　Windows Serverでは、Active DirectoryドメインサービスをインストールするときにDNSが必須であるため、デフォルトでActive Directory統合ゾーンモードでDNSがインストールされます。

　また、ログファイルにホスト名を記録するなどの理由で、**逆引き参照ゾーン**を作成したい場合もあります。このような、DNSサーバーの構成の編集には、**DNSマネージャー**を使用します。新しくゾーンを作成するには、**新しいゾーンウィザード**を使用できます。

　DNSサーバーを再構成したら、nslookupなどのツールを使って、テストを行います。

1 Serverでの キーワード

2 導入から 活用まで

3 Active Directory の基本

4 Active Directory での管理

5 ポリシーと セキュリティ

6 ファイル サーバー

7 仮想化と 仮想マシン

8 サーバーと クライアント

9 システムの メンテナンス

10 PowerShell での管理

4.1.1 Active Directory統合ゾーンモード

Active Directoryドメインサービスの中心であるドメインコントローラー（DC）を使用するには DNSが必須です。Active Directoryドメインサービスを利用するクライアントは、このDNSサーバーの**SRVレコード**を参照することで、グローバルカタログやDCにアクセスできる仕組みです。

Active Directoryドメインサービスの役割をインストールするウィザードで、DNSを同じコンピューターに同時にインストールすると、デフォルトではドメインに対応した前方参照ゾーンが自動的に作成され、そのレコードは動的に更新されるようになります。この仕組みが**Active Directory統合ゾーンモード**です。

Active Directory統合ゾーンは、ゾーン情報をActive DirectoryオブジェクトとしてDCによって保持されます。そのため、ゾーンレコードの登録や編集は、すべてのDCで可能になります。また、DC間のレプリケートによって、ゾーン情報も複製ができるのです。

Active Directory統合設定を変更する

DHCPサーバーによってクライアントコンピューターのIPアドレスが頻繁に変更されるような環境では、動的に**DNSレコード**を変更するためのトラフィックが懸念されます。さらに、インターネットにDNSサーバーを公開している場合には、セキュリティ上の理由で動的更新はオフにしたほうがよいでしょう。DNSサーバーのこのような設定変更は、DNSサーバーのプロパティで行います。

1 サーバーマネージャーの**ツール**メニューから**DNS**を選択します。

2 **DNSマネージャー**が起動したら、左ペインで、DNS➡（DNSサーバー）➡**前方参照ゾーン**を展開し、ドメインオブジェクトを右クリックして、**プロパティ**を選択します。

▼サーバーマネージャー

▼DNSマネージャー

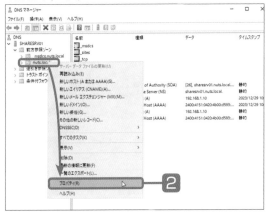

nepoint

DNSサーバーが表示されていない場合は、ツールバーから**新しいサーバー**ボタンをクリックして、DNSサーバーを追加します。

3 DNSサーバーのプロパティが開きました。動的更新の設定を変更するには、**全般**タブで、ゾーンの**種類**欄の**変更**ボタンをクリックします。

▼全般タブ

4 **ゾーンの種類の変更**ダイアログボックスで、**Active Directory**にゾーンを格納するのチェックを外して、**OK**ボタンをクリックします。

▼ゾーンの種類の変更

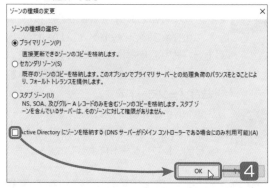

5 確認のためのウィンドウで、**はい**ボタンをクリックします。

▼確認メッセージ

6 **OK**ボタンをクリックすると、Active Directory統合がオフになります。**OK**ボタンをクリックします。

▼プロパティ

Onepoint

　動的更新だけを変更するには、DNSサーバーのプロパティの**全般**タブの動的更新リストボックスを設定します。ワークグループのクライアントからも要求を受け入れる場合は、「非セキュリティ保護およびセキュリティ保護」に設定します。

▼動的更新リストボックス

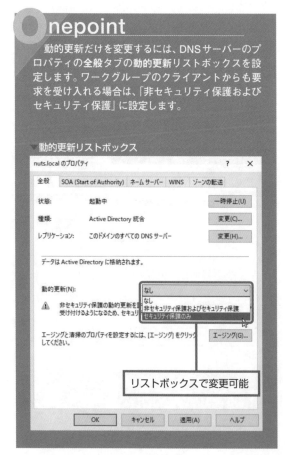

リストボックスで変更可能

1
Server での
キーワード

2
導入から
運用まで

3
Active Directory
の基本

4
Active Directory
での管理

5
ポリシーと
セキュリティ

6
ファイル
サーバー

7
仮想化と
仮想マシン

8
サーバーと
クライアント

9
システムの
メンテナンス

10
PowerShell
での管理

4.1.2 ゾーン設定

DNSの機能には、ホスト名からそのIPアドレスを照会する**前方参照**機能のほかに、IPアドレスからホスト名を照会する**逆引き参照**機能があります。Windows Serverの小規模ネットワークにおけるDNSのデフォルトは、前方参照ゾーンのみの作成になっています。

前方参照ゾーンにAレコードを追加する

DNSのゾーンを変更するには、DNSマネージャーを起動し、DNSの前方参照ゾーンに手動で**Aレコード**を追加し、ホストの**IPアドレス**を設定します。

なお、セカンダリDNSサーバーにはレコードの追加はできません。プライマリのDNSサーバーに対してしか、内容の編集はできないのです。

▼DNSマネージャー

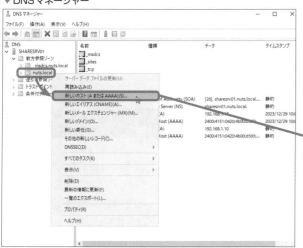

1 DNSマネージャーを起動して、左ペインで、**DNS**➡（DNSサーバー）➡**前方参照ゾーン**を展開し、ドメインオブジェクトを右クリックし、**新しいホスト（AまたはAAAA）**を選択します。

右クリックし、[新しいホスト（AまたはAAAA）]を選択する

▼新しいホスト

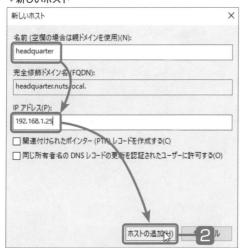

2 新しいホストダイアログボックスが開きました。**名前**と**IPアドレス**を入力して、**ホストの追加**ボタンをクリックします。

3 ホストレコードが作成された旨のメッセージが表示さたら、**OK**ボタンをクリックします。

▼Aレコード追加完了

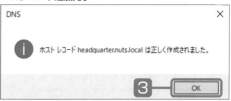

4 ホストレコードの追加作業が終了したら、**完了**ボタンをクリックします。

5 ホストが追加されました。

▼設定完了

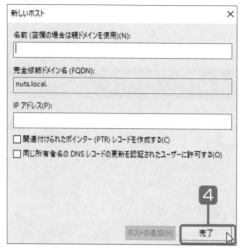

▼ホストの追加確認

追加されたホストサーバー

逆引き参照ゾーンを設定する

　　小規模なネットワークでは通常、前方参照ゾーンだけを整備したDNSを用意してもそれで実用には足ります。

　　少し大きな規模のネットワークでは、ネットワーク管理者にとってログの検証は重要な業務の1つになります。ログは、**逆引き参照ゾーン**のデータによってホスト名を記録します。したがって、セキュリティやパフォーマンスを管理するためには、逆引き参照ゾーンを設定する必要性が出てきます。また、アプリケーションの中には、逆引き参照を使用するものもあります。逆引き参照ゾーンを作成する場合には、ウィザードを利用するのが便利です。

▼DNSマネージャー

右クリックし、[新しいゾーン]を選択する

1 DNSマネージャーを起動して、左ペインで、**DNS ➡**（DNSサーバー）**➡逆引き参照ゾーン**オブジェクトを右クリックし、**新しいゾーン**を選択します。

1 Server での キーワード

2 導入から 運用まで

3 Active Directory の基本

4 Active Directory での管理

5 ポリシーと セキュリティ

6 ファイル サーバー

7 仮想化と 仮想マシン

8 サーバーと クライアント

9 システムの メンテナンス

10 PowerShell での管理

2 新しいゾーンウィザードが開きました。次へボタンをクリックします。

▼新しいゾーンウィザード

3 作成するゾーンの種類を選択して、次へボタンをクリックします。

▼ゾーンの種類

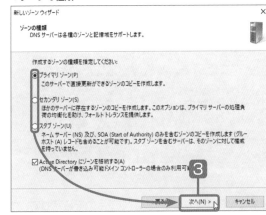

4 レプリケーションスコープを設定し、次へボタンをクリックします。

▼Active Directoryゾーンレプリケーションスコープ

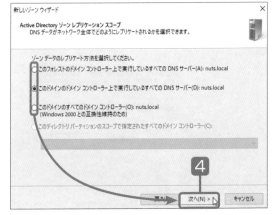

nepoint

プライマリゾーンは書き換え可能なゾーンを作成します。セカンダリゾーンは読み取り専用のゾーンを作成します。スタブゾーンはNSコードとSOAコードだけの最低限の役割を持ったゾーンを作成します。

5 IPv4またはIPv6のどちらの逆引き参照ゾーンを作成するかを選択して、次へボタンをクリックします。

▼逆引き参照ゾーン名

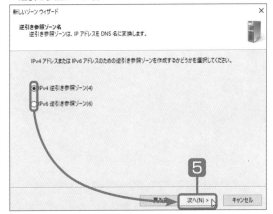

▼逆引き参照ゾーン名

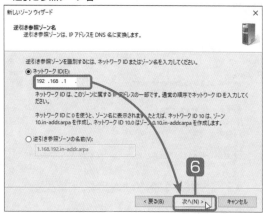

6 ネットワークIDを入力して、**次へ**ボタンをクリックします。

nepoint

プライベートアドレス「192.168.1.0/24」を使用している場合は、ネットワークアドレス部分の「192.168.1.0」からホスト部として最後の「0」を除いた「192.168.1」を入力することになります。ネットワークIDを正しく入力すると、自動的に逆引き参照ゾーン名が作成されます。

7 動的更新についてのオプションを設定して、**次へ**ボタンをクリックします。

8 設定内容を確認して、**完了**ボタンをクリックします。

▼動的更新

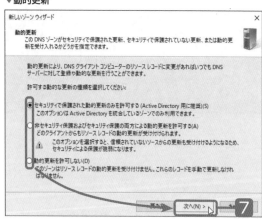

▼新しいゾーンウィザードの完了

▼DNSマネージャー

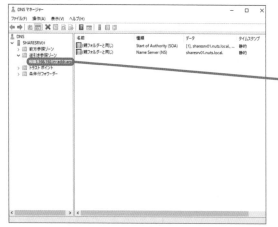

9 DNSマネージャーで逆引き参照ゾーンが作成されたのを確認します。

逆引き参照ゾーンが作成されたのを確認する

1
Server での
キーワード

2
導入から
運用まで

3
Active Directory
の基本

4
Active Directory
での管理

5
ポリシーと
セキュリティ

6
ファイル
サーバー

7
仮想化と
仮想マシン

8
サーバーと
クライアント

9
システムの
メンテナンス

10
PowerShell
での処理

4.1.3 SRVレコードの登録

ドメインにログオンできなくなるなどのトラブルが起きた場合、1つの可能性としてDNSの**SRVレコード**の破損が挙げられます。SRVコードもAコードと同じように、手動で入力することも可能ですが、次のようにNETコマンドを操作して作成するのが便利です。

SRVレコードを追加する

SRVレコードは、様々なサービスの名前解決を行うことができますが、Active Directoryドメインサービスでは、特にDCの場所を登録するため、SRVレコードが削除されていると、ドメインにログオンできなくなります。

なお、次の方法でSRVレコードを再登録するには、動的更新がオンになっている必要があります。

▼PowerShell

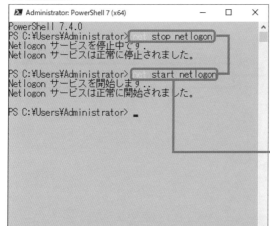

コマンドを実行する

┌─┐
│1│ レコードを作成するドメインコントローラーに
└─┘ ログオンして、PowerShellまたはコマンドプロンプトを開き、次のコマンドを実行します。

`net stop netlogon` Enter

`net start netlogon` Enter

nepoint

「net start/stop」コマンドは、サービスの再起動を実行します。

nepoint

AレコードとPRTレコードを再構成するには、PowerShellまたはコマンドプロンプトで「ipconfig /registerdns Enter」を実行します。

コマンドプロンプト

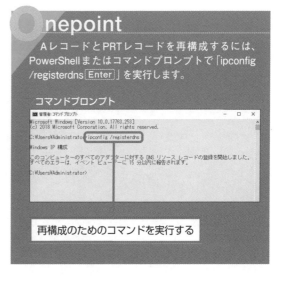

再構成のためのコマンドを実行する

4.1.4　DNSのテスト

　　DNSサーバーを設定したら、その動作を確認しましょう。Windows Serverでは、これらのツールをマウス操作で起動することもできます。

nslookupでテストする

　　DNSのはたらきを確認するツールとして、**nslookup**がよく使用されます。引数を指定して動作確認をすることができます。また、nslookup専用のコマンドプロンプトを使うと、継続して複数のテストを行えます。

▼DNSマネージャー

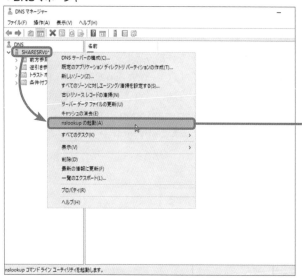

1　DNSマネージャーの左ペインで、テストするDNSサーバーを右クリックして、**nslookupの起動**を選択します。

右クリックして、[nslookupの起動]を選択する

▼コマンドプロンプト

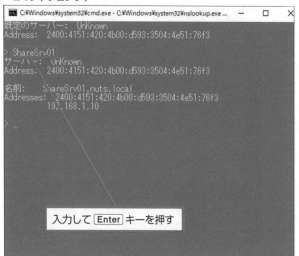

入力して Enter キーを押す

2　nslookupが起動しました。コマンドプロンプトで、ホスト名を入力して Enter キーを押します。

Hint

　ローカルなホストのIPアドレスを参照する場合は、ドメイン名を省いてホスト名だけでも、IPアドレスを参照できます。

Tips

　「www.microsoft.com」といったインターネットのホストのIPアドレスも検索することができます。

▼コマンドプロンプト

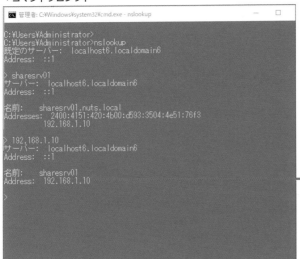

1
Serverでの
キーワード

2
導入から
運用まで

3
Active Directory
の基本

4
Active Directory
での管理

5
ポリシーと
セキュリティ

6
ファイル
サーバー

7
仮想化と
仮想マシン

8
サーバーと
クライアント

9
システムの
メンテナンス

10
PowerShell
での処理

3 逆引き参照ゾーンを設定している場合には、IPアドレスからホスト名を参照できるかどうか確認します。

IPアドレスからホスト名を参照
できるかどうか確認する

Hint

nslookupを終了するには、「exit [Enter]」を入力します。

Attention

逆引き参照ゾーンには、参照しようとするホストのPTRレコードが追加されていなければなりません。

監視タブでテストする

Onepoint

Windows ServerのDNSのはたらきを確認するツールは、DNSサーバーのプロパティの**監視**タブにあります。

▼DNSマネージャー

1 DNSマネージャーの左ペインで、テストするDNSサーバーを右クリックして、**プロパティ**を選択します。

2 DNSサーバーのプロパティダイアログ
ボックスが開きます。**監視**タブで、テス
トの種類を指定して、**テストを実行**ボタ
ンをクリックします。

3 テスト結果が表示されました。

▼監視タブ

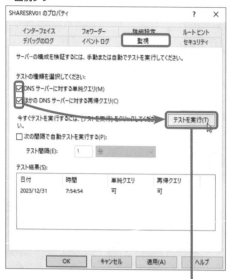

▼監視タブ

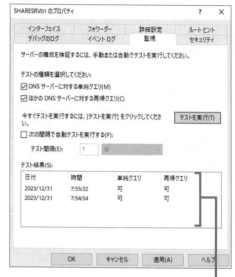

テストの種類を指定して、[テスト
を実行]ボタンをクリックする

テスト結果が表示された

Onepoint

テストクエリの結果が「可」となれば成功
です。

Hint ゾーンのレコード

前方参照ゾーンや逆引き参照ゾーンに登録されて
いる主なレコードを下表に示します。

DNSサーバーのゾーンレコード

記号	レコード名	説明
A	ホスト	ドメイン名からIPアドレスを参照するためのレコードです。
CNAME	エイリアス	ホストのエイリアス（別名）を登録するためのレコードです。
MX	メールエクスチェンジャ	メールサーバーのホスト名を登録するためのレコードです。
SRV	サービスロケーション	Active Directoryのドメインコントローラーなど特定のホスト名を登録するためのレコードです。
NS	ネームサーバー	ネームサーバーのサーバー名を登録するためのレコードです。
PTR	ポインター	逆引き参照ゾーンに記録される、IPアドレスからホスト名を参照するためのレコードです。

読み取り専用DC（RODC）

　読み取り専用ドメインコントローラー（RODC）は、Windows Server 2008で追加された機能です。通常のPCと同様に、ユーザーのログオン認証を行うことができます。遠隔地にあって、管理者もいないような出張所規模のネットワークを本社のActive Directoryドメインサービスに接続する構成として、特殊化されています。

RODCを構成する

RODCを構成するには、次のように操作します。

1 委任するユーザーアカウントを設定する

2 委任ウィザードを設定する

3 AD DCを追加する

4 RODCを構成する

　RODC（Read Only Domain Controller）は読み取り専用ドメインコントローラーです。Active Directoryによる認証のみを行います。パスワードなどの重要な情報は拠点のドメインコントローラーが管理し、アカウント情報の一部分だけをRODCが受け待ちます。

　RODCを構成するためには、まずRODC用のアカウントを作成します。これには専用のウィザードを使用します。このアカウントは、インストールや管理を委任されたユーザー用のものになります。通常は、Domain AdminsあるいはEnterprise Adminsのメンバーを委任ユーザーにします。

　RODCへの委任操作が完了したら、Active Directoryドメインサービスのインストールされたコンピューターでドメインコントローラーを設定するときに、RODCを構成します。

ウィザードを使ってセットアップする

4.2.1　RODCを構成する

RODCは、特殊な環境において威力を発揮するDCです。Windows Server 2008で初めて導入されています。

RODCとは

読み取り専用ドメインコントローラー（**RODC**：Read Only DC）は、通常のDCと同じようにログオン時のドメインによるアカウント認証を行うことができます。ただし、通常のDCとの同期において、その名のとおりRODCでは、DCからの同期を読み取ることはできても、RODCのオブジェクトデータをほかのDCに書き込むことはできません。そもそもRODCでは、ユーザーやコンピューターなどのActive Directoryオブジェクトの追加や変更などはできません。

RODCに想定されている環境は、例えば遠隔拠点（しかも小規模な）です。このような場所では、扱うユーザーアカウントも少なく、管理作業が限定的であるため、専用のネットワーク管理者を置く必要もありません。かといって、ドメインによる認証をするためにいちいち本社のDCにアクセスするのも非効率です。そこで、「通常のログオン認証は行うが、ネットワーク管理はほとんどしなくても済む」というRODCが要望されたのです。

RODCを使う遠隔地の出張所では、最初のログオン時には本社のDCが使われ、そのときのアカウント情報がRODCに複製されます。2回目からは、RODCだけでログオン認証が行われます。そして、DCからRODCへのレプリケートは適切に行われます。なお、DCからRODCにコピーされるパスワード情報に関しては、本社のパスワード情報は不要な場合もあります。パスワードレプリケーションポリシーで拒否設定されたアカウントは複製されません。こうして、RODCには遠隔出張所の限られたユーザーのアカウントしか登録されていないことになり、セキュリティの面でも有効な構成を作ることが可能になります。

▼RODC

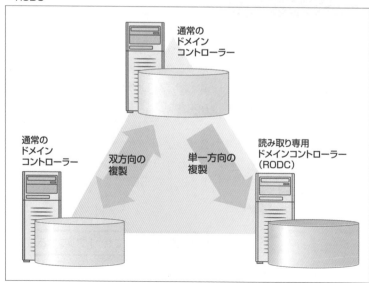

1
Server での
キーワード

2
導入から
運用まで

3
Active Directory
の基本

4
Active Directory
での管理

5
ポリシーと
セキュリティ

6
ファイル
サーバー

7
仮想化と
仮想マシン

8
サーバーと
クライアント

9
システムの
メンテナンス

10
PowerShell
での管理

RODCの管理者

　ドメインコントローラーを設置している本社から離れた場所にある支社や出張所からActive Directoryドメインを利用するとします。本社のドメインコントローラーはネットワーク、インターネット経由で利用することはできますが、これらの回線に障害が発生すると、ドメインコントローラーを利用できなくなります。また、WAN経由では十分な対応速度が得られない可能性もあります。そこで、「支社や出張所にもドメインコントローラーがあればいいじゃないか」という発想が生まれます。

　もちろんそれでもかまわないのですが、このような支社や出張所では、サーバー関係の専門の管理者がいないことも多く、セキュリティ面で不安があります。組織全体のパスワードを保存しているドメインコントローラーを、そういったセキュリティの不十分な場所に設置するのは、大きなリスクを抱えることになります。そこで登場するのが、読み取り専用ドメインコントローラー（RODC）ということなのです。

　このようなシナリオを想定したとき、「RODCを構成したり管理したりするため、支社や出張所に仮の管理者を置く」というのが考慮すべき管理方法の1つです。

　RODCのインストールができる支社・出張所側の管理ユーザーは、拠点となるActive Directoryドメインの管理者から委任されたユーザーになります。このユーザーは、Enterprise AdminsグループあるいはDomain Adminsグループのメンバーにします。

▼ Active Directory ユーザーとコンピューター

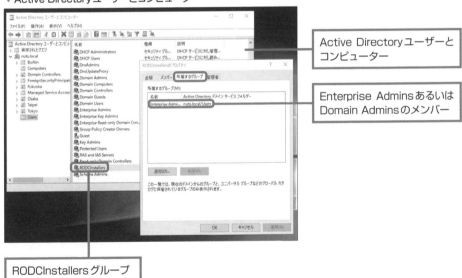

Active Directory ユーザーと
コンピューター

Enterprise Admins あるいは
Domain Admins のメンバー

RODCInstallers グループ

RODCを構成する委任ユーザーを作成する

Active Directoryドメインの管理者からRODCのインストールを行うためのユーザーを委任します。ここでは、Active Directory管理センターを使います。

▼Active Directory管理センター

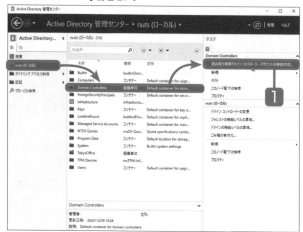

1 Active Directory管理センターのリストビューからドメイン名をクリックし、**Domain Controllers** ノードをクリックして、タスクから**読み取り専用ドメインコントローラーアカウントの事前作成**をクリックします。

2 **Active Directoryドメインサービスウィザード**が起動します。**次へ**ボタンをクリックします。

3 RODCにするコンピューターを指定して、**次へ**ボタンをクリックします。

▼ウィザードの開始

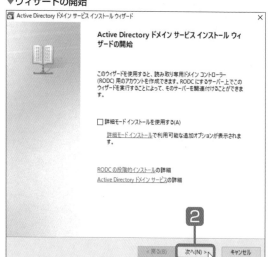

▼コンピューター名の指定

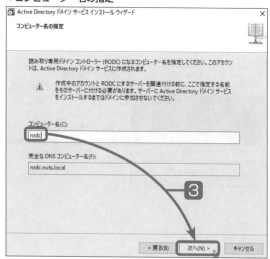

1 Server での
キーワード

2 導入から
運用まで

3 Active Directory
の基本

4
Active Directory
での管理

5 ポリシーと
セキュリティ

6 ファイル
サーバー

7 仮想化と
仮想マシン

8 サーバーと
クライアント

9 システムの
メンテナンス

10 PowerShell
での管理

4 RODCを追加するサイトを選択して、**次へ**ボタンをクリックします。

▼サイトの選択

5 ドメインコントローラーの追加オプションを設定して、**次へ**ボタンをクリックします。

▼追加のドメインコントローラーオプション

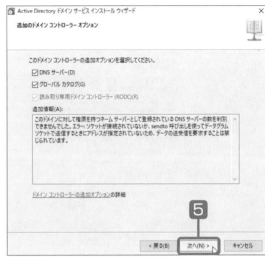

6 RODCのインストールを委任するユーザーまたはグループを指定して、**次へ**ボタンをクリックします。

▼RODCのインストールと管理の委任

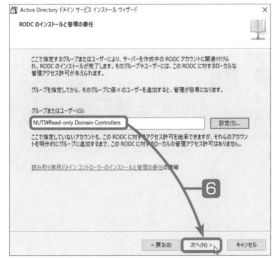

7 構成を確認したら、**次へ**ボタンをクリックします。

▼要約

8 **完了**ボタンをクリックします。

▼完了

管理を委任されたユーザーがRODCをインストールする

　管理を委任されたユーザーなら、拠点から離れた場所にあるWindows ServerにRODCをインストールすることができます。

　RODCを構成するWindows ServerでActive Directoryドメイン（AD DS）の役割をインストールしてからの手順は次のようになります。

▼サーバーマネージャー

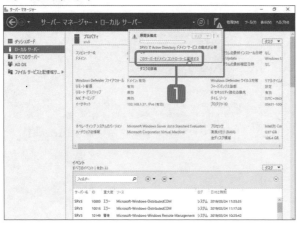

1 サーバーマネージャーの通知アイコンをクリックして、**サーバーをドメインコントローラーに昇格する**をクリックします。

1
Server での
キーワード

2
導入から
適用まで

3
Active Directory
の基本

4
**Active Directory
での管理**

5
ポリシーと
セキュリティ

6
ファイル
サーバー

7
仮想化と
仮想マシン

8
サーバーと
クライアント

9
システムの
メンテナンス

10
PowerShell
での管理

2 Active Directoryドメインサービス構成ウィザードが起動します。**既存のドメインにドメインコントローラーを追加する**を選択し、ドメイン欄にドメイン名を入力したら、**変更**ボタンをクリックします。すると、別ウィンドウが開き、RODCの追加操作を委任されたユーザーアカウントの情報を入力して**OK**ボタンをクリックすると、資格情報が書き換わります。設定が終わったら**次へ**ボタンをクリックします。

3 **読み取り専用ドメインコントローラー(RODC)**にチェックを入れ、サイト名を設定したら、DSRMパスワードを2回入力して、**次へ**ボタンをクリックします。

Memo

DSRMは、ディレクトリサービス復元モードのことです。これは、ディレクトリサービスの内容を変更したり削除したりするときに使うパスワードです。Active Directoryドメインサービス用のアカウントとは異なります。

▼配置構成

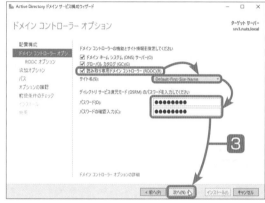

▼ドメインコントローラーオプション

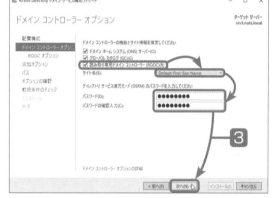

4 RODC関係のアカウントを設定して、**次へ**ボタンをクリックします。

5 追加オプションを追加する場合は、それぞれの項目を設定して、**次へ**ボタンをクリックします。

▼RODCオプション

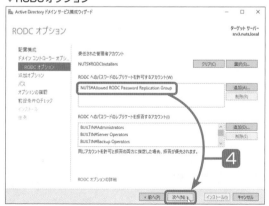

▼追加オプション

▼パス

6 ログファイルなどを保存する場所を設定して、**次へ**ボタンをクリックします。

Memo
これらの保存場所は、一般的な運用では変更する必要はありません。

▼オプションの確認

7 オプションを確認して、**次へ**ボタンをクリックします。

▼前提条件のチェック

8 前提条件のチェックに合格したら、**インストール**ボタンをクリックします。

Memo
インストール中に問題が発生しなければ、これで自動的にRODCがインストールされます。

Active Directory 構成を変更する

Level ★ ★ ★　　　　Keyword　　機能レベル　GC　FSMO

　構成したActive Directoryドメインサービスに、あとからさらにDCを追加したり、不要になった DCを削除したりして、構成を変更することがあります。そのとき、DCの持っている様々な情報や機能 を適切にほかに移動させておくことが必要です。

　さらに、Active Directoryをアップグレードする場合にも、それまで持っていた情報をうまく受け継 ぐには、操作手順を間違わないことが重要です。

ここが
ポイント!

古いActive Directoryを 順次アップグレードする

　既存のActive DirectoryにWindows Serverを追加し、Active Directoryドメインサービスにアッ プグレードするには、次のような手順で操作します。

1 スキーマの拡張

2 新しいDCの追加

3 操作マスター (FSMO) の移動

4 古いDCの降格/削除

5 機能レベルの変更

▼DCを降格する

役割と機能の削除ウィザード　　　　　　　　　　　　　　　×

❌ 検証結果

機能を削除しようとしているサーバーで問題が検出されました。選択した機能は、選択したサーバーから削除でき ません。[OK] をクリックして別の機能を選択してください。

検証結果　　　サーバー

⌄ ❌　　Fs01.anchor.local

Active Directory ドメイン コントローラーは、AD DS の役割を削除する前に降格する必要があります。 このドメイン コントローラーを降格する

OK

DCの降格

　❶のスキーマの拡張については、システムDVD の「support」フォルダー内にある「**adprep**」コマ ンドを適切に実行することです。「3.2.4　DCを 追加する」参照してください。

　Windows Serverで適切な機能レベルに調整し たDCを、Active Directoryに参加させます。

　❸の操作マスターの移動に関しては、ドメイン内 で適切にDCを削除/追加すれば自動的に最適化さ れますが、明示的に行うこともできます。

　古いDCとWindows Server 2022/2019の DCを混在させる場合は、ここまでの操作を行えば OKですが、将来的にはWindows Serverでは、古 いDCを削除することを考えなければならなくなる でしょう。その場合には、降格・削除の順番が重要 になります。

　古いDCがなくなれば、機能レベルを上げること ができます。

4.3.1　機能レベルの変更

Active Directoryのバージョンアップによって機能も増えるため、互換性をどのレベルに合わせるかが問題となることがあります。Active Directoryドメインサービスは、これを**機能レベル**と呼んでいて、古いドメインコントローラーと混在する（あるいは混在の予定がある）Active Directoryドメインサービスの構成時のオプション設定では、機能レベルを適切に選択しなければなりません。

機能レベル

ドメインの機能レベルは、ドメインに所属するDCのうち、最も古いものを許容しなければならないものです。Active Directory内にあったWindows Server 2012 R2をWindows Server 2022/2019にアップグレードすれば、ドメインの機能レベルもWindows Server 2016に引き上げることができます。

Windows Server 2022/2019とWindows Server 2016だけでActive Directoryドメインサービスを構成するのであれば、機能レベルは、フォレストもドメインもWindows Server 2016にします。ただし、このようなドメインであっても、スタンドアローンサーバーとして古いWindows Serverを置くことは可能です。

なお、Windows Server 2019には、Windows Server 2019というドメインレベルやフォレストレベルはありません。また、Windows Server 2022も、Windows Server 2019およびWindows Server 2022というドメインレベルやフォレストレベルはありません。

▼ドメインの機能レベル

ドメインの機能レベル	サポートするDC	サポートする主な機能
Windows Server 2008	Windows Server 2008/2008 R2/2012/2012 R2/2016	Windows Server 2003機能レベルに加え、SYSVOL分散ファイルシステムのレプリケーション、詳細なパスワードポリシー。
Windows Server 2008 R2	Windows Server 2008 R2/2012/2012 R2/2016	Windows Server 2008機能レベルに加え、認証メカニズムの保証。
Windows Server 2012	Windows Server /2012/2012 R2/2016	Windows Server 2008 R2機能レベルに加え、KDC。
Windows Server 2012 R2	Windows Server 2012 R2/2016	Windows Server 2012機能レベルに加え、NTLM認証、DES、RC4暗号。
Windows Server 2016	Windows Server 2016	Windows Server 2012 R2機能レベルとほぼ同じ。

▼フォレストの機能レベル

フォレストの機能レベル	サポートするDC	サポートする主な機能
Windows Server 2008	Windows Server 2008/2008 R2/2012/2012 R2/2016	Windows Server 2003機能レベルと同じ。
Windows Server 2008 R2	Windows Server 2008 R2/2012/2012 R2/2016	Windows Server 2008機能レベルに加え、ごみ箱機能。
Windows Server 2012	Windows Server /2012/2012 R2/2016	Windows Server 2008 R2機能レベルとほぼ同じ。
Windows Server 2012 R2	Windows Server 2012 R2/2016	Windows Server 2012機能レベルと同じ。
Windows Server 2016	Windows Server 2016	Windows Server 2012 R2機能レベルと同じ。

1 Serverでの キーワード

2 導入から 運用まで

3 Active Directory の基本

4 Active Directory での管理

5 ポリシーと セキュリティ

6 ファイル サーバー

7 仮想化と 仮想マシン

8 サーバーと クライアント

9 システムの メンテナンス

10 PowerShell での管理

機能レベルを上げる

Onepoint

Windows Server 2022/2019の構成後に、ドメインの機能レベルを引き上げるには、**Active Directoryドメインと信頼関係**から操作します。なお、いったん機能レベルを上げてしまうと、元に戻すことはできません。

一方、フォレストの機能レベルを昇格させるには、**Active Directory管理センター**のタスクメニューから操作します。

▼サーバーマネージャー

1 サーバーマネージャーの**ツール**メニューから**Active Directoryドメインと信頼関係**を選択します。

▼Active Directoryドメインと信頼関係

2 **Active Directoryドメインと信頼関係**コンソールが開いたら、左ペインで目的のドメインを右クリックして、**ドメインの機能レベルの昇格**を選択します。

Onepoint

ドメインの機能レベルを上げるウィンドウが開きます。変更する機能レベルをリストから選択して、**上げる**ボタンをクリックします。

Hint

実行後、機能レベルを元に戻すには、Active Directoryドメインサービスを再構築することになります。あとで、古いバージョンのDCをインストールする予定がないかどうかも確認してから、レベルの引き上げを実行してください。

ドメインコントローラーのプロパティは、**Active Directoryユーザーとコンピューター**のDCのオブジェクトから開くことができます。このプロパティを使って、DCの種類のほか、OSのバージョン、管理者、パスワードレプリケーションポリシー（RODCの場合）などの設定を確認・変更できます。

グローバルカタログ

DCの役割の1つとして**グローバルカタログ（GC）**があります。デフォルトでは、GCは、フォレストルートドメイン内の最初のDCに作成されます。**GCサーバー**には、同一のサーバーにあるDCが持つオブジェクト情報すべてと、フォレスト内のほかのDCが持っている部分的な情報が保管されます。

DCをGCサーバーにする

GCサーバーを追加・変更するには、DCのプロパティを変更します。サイトのDCに適切にGCを追加すれば、ログオン時のトラフィックを軽減できる可能性があります。ただし、同一サイト内でGCを複数作成すると、レプリケーショントラフィックが増加することがあります。

▼サーバーマネージャー

1 サーバーマネージャーの**ツール**メニューから**Active Directoryユーザーとコンピューター**を選択します。

Hint｜フォレスト内にドメインが複数ある場合

グローバルカタログ（GC）サーバーには、置かれたフォレスト内にある別のドメインのオブジェクト情報も保存されます。一般には、ドメインにあるオブジェクト情報を効率よく検索するため、GCサーバーを複数設置することが推奨されますが、異なるドメインのGCサーバー間では、この複製作業によるトラフィックが問題となることもあります。

4.3

Active Directory構成を変更する

1 Serverでの
キーワード

2 導入から
運用まで

3 Active Directory
の基本

4 Active Directory
での管理

5 ポリシーと
セキュリティ

6 ファイル
サーバー

7 仮想化と
仮想マシン

8 サーバーと
クライアント

9 システムの
メンテナンス

10 PowerShell
での管理

▼ Active Directory ユーザーとコンピューター

2 Active Directoryユーザーとコンピューターが開きました。左ペインで設定対象のドメインの「Domain Controllers」を展開し、右ペインに一覧表示されたDCのオブジェクトを右クリックして、**プロパティ**を選択します。

▼プロパティ

3 DCのプロパティが開きました。**全般タ**ブの**NTDS設定**ボタンをクリックします。

▼ NTDS Settings のプロパティ

4 NTDS Settingsのプロパティが開きます。**全般**タブの**グローバルカタログ**のチェックを操作し、**OK**ボタンをクリックします。

nepoint
チェックボックスをオフにすると、GCがDCから削除されます。

nepoint
同一のドメイン内にDCが複数ある場合には、インフラストラクチャマスターとGCサーバーを兼任させないようにします。

ドメインコントローラー（**DC**）は、Active Directoryドメインサービスになくてはならないサーバーですが、DCが不要になった場合には、DC機能をコンピューターからはぎ取ることができます。これを**DCの降格**といいます。

降格されたDCは、**スタンドアロンサーバー**または単に**メンバーサーバー**としてはたらくことができます。

DCを降格させる

Active Directoryドメインサービスを構成する際にDCの構成を計画的に行ったように、DCを降格させるときにも降格計画が必要です。具体的にDC降格の計画を作らなければならないのは、複数のDCを降格させる場合です。DCはドメイン中では対等の立場なのですが、ドメイン内でFSMOを担当する操作マスターの機能を果たしているDC（通常は、最初に構成されたDC）だけは別格として扱います。このDCを削除すると、操作マスターがなくなってしまいます（操作マスターの移動方法については、「4.3.4　操作マスター」を参照）。

なお、ドメイン内にある最後のDCを降格させた段階で、そのドメインも消滅します。複数のドメインがあって、それらのドメインを消滅させたい場合は、下位のドメインから順に消滅させ、最後にフォレストルートドメインを消滅させます。

1 サーバーマネージャーの**管理**メニューから**役割と機能の削除**を選択します。

2 **次へ**ボタンをクリックします。

▼サーバーマネージャー

▼役割と機能の削除ウィザード

1
Serverでの
キーワード

2
導入から
運用まで

3
Active Directory
の基本

4
Active Directory
での管理

5
ポリシーと
セキュリティ

6
ファイル
サーバー

7
仮想化と
仮想マシン

8
サーバーと
クライアント

9
システムの
メンテナンス

10
PowerShell
での管理

　**3** 次へボタンをクリックします。

▼対象サーバーの選択

　**4** Active Directory ドメインサービスのチェックをオフにします。

▼サーバーの役割の削除

5 機能の削除ボタンをクリックします。

▼機能の削除の確認

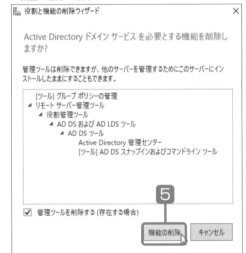

6 このドメインコントローラーを降格するをクリックします。

▼検証結果

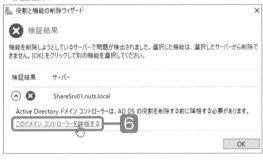

7 このドメインコントローラーの削除を強制にチェックを入れて、次へボタンをクリックします。

▼資格情報

8 **削除の続行**にチェックを入れて、**次へ**ボタンを
クリックします。

9 Active Directory内の最後のドメインコント
ローラーの場合は、削除オプションにチェック
を付けて、**次へ**ボタンをクリックします。

▼警告

▼削除オプション

10 ホストのAdministratorパスワードを入力し
て、**次へ**ボタンをクリックします。

11 設定の概要を確認して、**降格**ボタンをクリック
します。

▼Administratorのパスワード

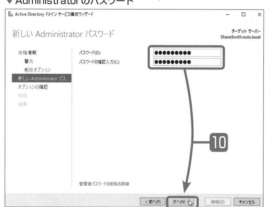

▼サーバーの役割の削除

Attention
自動的に再起動します。

4.3

Active Directory 構成を変更する

1 Server での キーワード

2 導入から 運用まで

3 Active Directory の基本

4 Active Directory での管理

5 ポリシーと セキュリティ

6 ファイル サーバー

7 仮想化と 仮想マシン

8 サーバーと クライアント

9 システムの メンテナンス

10 PowerShell での管理

4.3.4 操作マスター

Onepoint

同一ドメイン内にあるDCは原則として対等で、同じデータベースを保持しています。ただし、複数のDCが持つことで効率が悪くなるような処理については、1台の特別なDCが専ら処理します。このようなDCのことを**操作マスター**（**FSMO**：Flexible Single Master Operation）といいます。

FSMOの機能

操作マスターの種類と機能には、次のようなものがあります。

▼操作マスターの種類と機能

操作マスターの種類	機能
PDCエミュレータ	Windows NTバックアップDCおよびWindows 2000以降のクライアントが利用するドメインにおいて、Windows NTプライマリDCの役割をします。
スキーママスター	スキーマの更新や変更を制御します。フォレストに1台用意します。
ドメイン名前付けマスター	ドメインの追加や削除を制御します。
RIDマスター	各DCへのRID（Relative Identifier：オブジェクトに割り当てられるセキュリティIDの1つ）の割り当てと追跡を行います。
インフラストラクチャマスター	グループの最新状態を把握し、更新状態を配布します。

操作マスターを移動する

Onepoint

従来DCから新DCへディレクトリデータを移動させるには、ドメイン名前付けマスター以外は、**Active Directoryユーザーとコンピューター**コンソールから操作します。ドメイン名前付けマスターは、**Active Directoryドメインと信頼関係**コンソールから操作します。
どちらも、左ペインのオブジェクトノードを右クリックして**操作マスター**を選択します。

▼Active Directoryユーザーとコンピューター

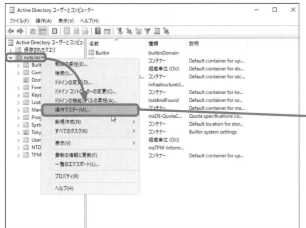

1 Active Directoryユーザーとコンピューターコンソールを開き、ドメインノードオブジェクトを右クリックして、**操作マスター**を選択します。

右クリックして、[操作マスター]を選択する

Onepoint
ここでは、サーバーマネージャーの役割を展開して、**Active Directoryユーザーとコンピューター**コンソールを操作しています。

▼操作マスター

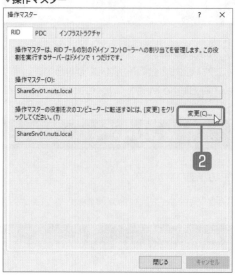

2 **操作マスター**ダイアログボックスが開きました。操作したいタブを開き、移動先を確認して、**変更**ボタンをクリックします。

Memo | ディレクトリサービスコマンド

Active Directoryドメインサービスは、Windows NT以来のディレクトリサービスです。Active Directoryの管理コンソールはいろいろ変化してきましたが、コマンドプロンプトから使用できる管理コマンドはそのままの形で引き継がれています。

なお、それぞれの使い方を知りたいときは、コマンドプロンプトでコマンド名だけを入力して[Enter]キーを押すと、それぞれのヘルプが表示されます。

ディレクトリサービスコマンド一覧

コマンド	説明
dsadd	コンピューターや連絡先、グループ、OU、ユーザーなどをディレクトリに追加します。
dsget	コンピューターや連絡先、グループ、OU、ユーザー、ネットワーク情報などのプロパティを表示します。
dsmod	コンピューターや連絡先、グループ、OU、ユーザーなどの設定を修正します。
dsmove	コンピューターや連絡先、グループ、OU、ユーザーなどを移動します。
dsquery	コンピューターや連絡先、グループ、OU、ユーザーなどを検索します。
dsrm	オブジェクトを削除します。

ユーザーアカウントを管理する

Level ★ ★ ★ ｜ Keyword ｜ ユーザーアカウント　検索　パスワードのリセット

　　Active Directoryドメインサービスは、ネットワークリソースに対するシングルログオンだけに使われるサービスではなく、ディレクトリサービスとしては、データベースの様々な情報を検索するものです。組織が大きくなればなるほど、ディレクトリサービスとしての要望は高くなります。

ここがポイント！

Active Directoryドメインサービスに登録できる主なユーザー情報

　　Active Directoryドメインサービスによって検索できるユーザーアカウントのプロパティ情報には、次のようなものがあります。

1 名前に関する情報

2 住所に関する情報

3 電話に関する情報

4 組織に関する情報

5 電子メールやホームページのアドレス

6 フリガナ

7 プロファイル情報

　　ユーザーアカウントプロパティを開くと、多くのタブで構成されているのがわかります。ユーザーオブジェクトには、多くの情報が登録可能なのです。

　　名前や住所、電話番号といった個人情報のほか、Windows Server 2008からは**フリガナ**タブが追加されました。同じ会社でも、「二村って、ニムラさん？　フタムラさん？」と読み方がわからないことがあります。そんなときには、Active Directoryドメインサービスでフリガナを検索することで解決するでしょう。

　　ユーザーオブジェクトが持っている情報は、単なる情報だけではありません。システム環境を登録するためのプロファイル情報を所持させることができ、ログオンのときにこのプロファイルによって、作業環境をカスタマイズすることも可能です。

▼パスワードをリセットする

パスワードのリセット	? ×
新しいパスワード(N):	●●●●●●●●●●
パスワードの確認入力(C):	●●●●●●●●●●

☑ ユーザーは次回ログオン時にパスワード変更が必要(U)
　変更を有効にするには、ユーザーは一度ログオフしてからログオンし直す必要があります。

このドメイン コントローラー上のアカウントのロックアウト状態: ロック解除

☐ ユーザー アカウントのロックを解除する(A)

OK　　キャンセル

新しいパスワードを設定して、パスワードをリセットする

4.4.1 ユーザーアカウントのプロパティ

Active Directoryドメインサービスに登録されているユーザーオブジェクトのプロパティを開くと、多くのタブを持ったダイアログボックスが開きます。ユーザーの情報を登録しているのは、このうち「全般」「住所」「電話」「組織」の各タブです。これらのタブの情報記入のほとんどは任意ですが、記録された情報は、基本的には、ディレクトリサービスを使って、ほかのユーザーにも検索/公開されます（「3.5.3　WindowsクライアントからActive Directoryオブジェクトを検索する」ほか参照）。

ユーザープロパティ情報を追加/変更する

ユーザーアカウントを作成するときには、フルネームとパスワードさえあればオブジェクトは作成されます。ユーザーの所属組織の情報や電子メールアドレス、住所、電話番号、フリガナなどの任意の情報を登録しておくことも可能です。

▼Active Directoryユーザーとコンピューター

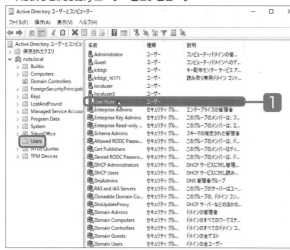

1 **Active Directoryユーザーとコンピューター**を開き、ユーザーオブジェクトをダブルクリックします。

2 ユーザーのプロパティが開きます。登録する情報のタブを開き、情報を入力して、**OK**ボタンをクリックします。

▼ユーザーのプロパティ

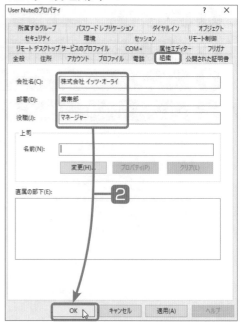

Hint

オブジェクトを右クリックして、プロパティを選択しても同じです。

4.4.2　ユーザーアカウントの管理

Onepoint

管理者がユーザーアカウントを管理する場合、頻繁に発生する作業がパスワードのリセットです。また、作業チームの再編成に伴って、グループの移動や名前の変更を行う機会も多くあります。これらの作業は、すべて**Active Directory ユーザーとコンピューター**で一括して行うことができます。

パスワードをリセットする

Important

ユーザーがログオン用のパスワードを忘れてしまった場合には、管理者が**パスワードのリセット**を行い、**仮のパスワード**を発行する手順が一般的です。設定後、初めてのログオン後にすぐにパスワードを変更させます。

1 Active Directory ユーザーとコンピューターを開き、対象のユーザーオブジェクトを右クリックして、**パスワードのリセット**を選択します。

▼Active Directory ユーザーとコンピューター

2 新しいパスワードを2回入力し、**OK**ボタンをクリックします。

▼パスワードのリセット

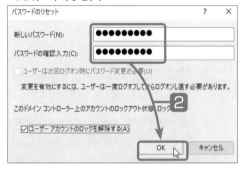

3 パスワードが変更されました。**OK**ボタンをクリックします。

▼パスワードのリセット完了

Onepoint

ユーザーは次回ログオン時にパスワード変更が必要が灰色になっている場合は、ユーザーアカウントのプロパティの**アカウント**タブの**アカウントオプション**が、パスワードを無期限に設定するように設定されていることが原因です。

Attention

パスワードのコピー＆ペーストはできません。

Onepoint

アカウントロックを解除するには、**ユーザーアカウントのロックを解除する**にチェックを付けます。

1 Server での
キーワード

2 導入から
運用まで

3 Active Directory
の基本

4
Active Directory
での管理

5 ポリシーと
セキュリティ

6 ファイル
サーバー

7 仮想化と
仮想マシン

8 サーバーと
クライアント

9 システムの
メンテナンス

10 PowerShell
での管理

索引
Index

アカウントの有効 / 無効を変更する

Onepoint 　ユーザーの海外出張、長期休職など様々な理由で、ユーザーアカウントを一時的に無効にする場合があります。アカウントの無効 / 有効の操作も、**Active Directory ユーザーとコンピューター**で行います。

▼ Active Directory ユーザーとコンピューター

1 **Active Directory ユーザーとコンピューター**を開き、対象のオブジェクトを右クリックして、**アカウントを無効にする**を選択します。

2 ユーザーアカウントが無効になりました。

Hint
複数のアカウントを選択して、そのうちいずれかのオブジェクトを右クリックして操作すると、一度に無効 / 有効の操作ができます。

Memo
アカウントを有効にする場合は、同様の操作で**アカウントを有効にする**を選択します。

Active Directory ユーザーとコンピューター

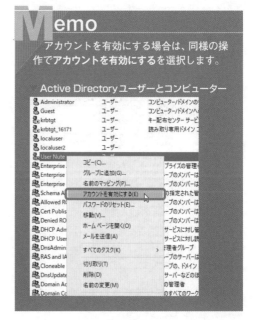

▼ アカウントの無効化終了

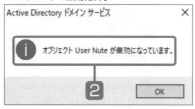

1 Server での
キーワード

2 導入から
運用まで

3 Active Directory
の基本

4 Active Directory
での管理

5 ポリシーと
セキュリティ

6 ファイル
サーバー

7 仮想化と
仮想マシン

8 サーバーと
クライアント

9 システムの
メンテナンス

10 PowerShell
での管理

4.4.3　ユーザープロファイル

同じコンピューターであっても、ログオンするユーザーごとにデスクトップの壁紙を変えることができるのは、ユーザープロファイル*がユーザーのデスクトップ環境を記憶しているからです。Active Directoryにログオンするクライアント（Windows 11/10のドメイン参加可能なエディション）を変えても、前回のデスクトップ環境やアプリケーション設定、ローカル設定を引き継ぐことができるのは、サーバー上にユーザープロファイルが保管されているからです。

移動ユーザープロファイル

Active Directoryドメインサービスにログオンすると、ユーザープロファイルがローカルコンピューターにコピーされ、ログアウト時にはまたサーバーに戻されて更新される仕組みのユーザープロファイルを特に**移動ユーザープロファイル**といいます。文字どおり、サーバーとクライアント間を行ったり来たりします。

移動ユーザープロファイルでは、通常はローカルコンピューターに作られるユーザー名のフォルダーの情報も同時にサーバーに保存されます。クライアントの数が多い環境では、このためのトラフィック増加が懸念されますが、DCとは別にファイルサーバーを構成することで、トラフィックを分散させるようにします。

ホームフォルダー

Windows Serverのユーザープロパティの**プロファイル**タブのオプションにある**ホームフォルダー***は、任意のサーバー上に作成するユーザー用のネットワークディスクのことです。設定後は、ネットワークドライブと同じ要領で使用できます。

▼ホームフォルダー

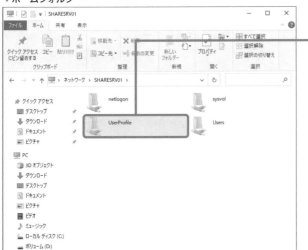

ネットワーク上のホームフォルダー

Memo
エクスプローラーにネットワーク共有フォルダーが表示されない場合に、**ネットワーク探索を有効にする**アラートメッセージバーが表示された場合には、これをクリックして**ネットワーク探索を有効にする**を選択します。すると、自身のコンピューターが表示されるようになります。このコンピューター（自身）を開くと、ネットワーク共有されているフォルダーが表示されます。

***ユーザープロファイル**　利用するコンピューター内に保存されているユーザープロファイルを**ローカルユーザープロファイル**という。
***ホームフォルダー**　Windows 11/10/8のユーザー名の付いているフォルダーのことを**ホームフォルダー**と呼ぶこともある。ここでは、区別している。

ユーザーアカウントプロパティの**プロファイル**タブでは、移動ユーザープロファイルとホームフォルダーをそれぞれ設定することが可能です。**プロファイル**タブでは、このほかに独自の固定プロファイルを作成し、それを指定することもできます。

なお、「ローカルコンピューターにはファイルや情報を残さず、マイドキュメントなどの特別なフォルダーとして、指定したサーバー上のディスクを利用する」という**リダイレクト**の設定には、**グループポリシーオブジェクト**を使います。

4.4

ユーザーアカウントを管理する

▼ファイルサーバー

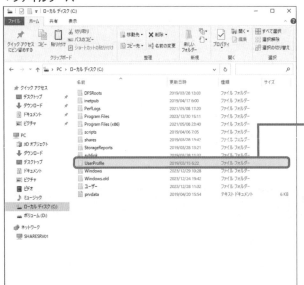

1　ユーザープロファイルの保存先となるサーバーにフォルダーを作成し、それを共有フォルダーとして構成し、すべてのユーザーに「フルコントロール」アクセス許可を与えます。

「フルコントロール」アクセス許可を与える

Hint

共有フォルダーにアクセス権を設定するには、フォルダーのプロパティの共有タブから**詳細な共有**ウィンドウを開きます。ウィンドウからさらに**アクセス許可**ボタンをクリックすると**アクセス許可**ウィンドウが開きます。すべてのユーザーに対してアクセス許可を設定するには、「Everyone」ユーザーグループに対して**フルコントロール**を設定します。

▼Active Directory ユーザーとコンピューター

2　**Active Directory ユーザーとコンピューター**を開き、ユーザーオブジェクトを右クリックし、**プロパティ**をクリックします。

3　**プロファイル**タブを開き、**ユーザープロファイル**欄の**プロファイルパス**に先に設定したユーザープロファイルの保存先のパスを入力します。設定が完了したら**OK**ボタンをクリックします。

Memo

パスは、「￥￥（サーバー名）￥（共有フォルダー名）￥%username%」と入力します。

▼ユーザーアカウントプロファイル

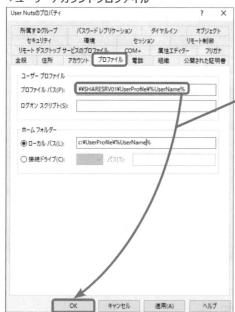

パスを入力し、[OK]ボタンをクリックする

1
Serverでの
キーワード

2
導入から
運用まで

3
Active Directory
の基本

**4
Active Directory
での管理**

5
ポリシーと
セキュリティ

6
ファイル
サーバー

7
仮想化と
仮想マシン

8
サーバーと
クライアント

9
システムの
メンテナンス

10
PowerShell
での管理

Onepoint

ここでは、ホームフォルダーの名前（ローカルパス）も併せて設定します。パスで設定した共有フォルダーはローカルディスクに設定されます。

Attention

作成するログオンスクリプト（固定ユーザープロファイル）には、「.man」という拡張子を付けます。

Tips **Active Directoryに共有フォルダーを追加する**

Active Directoryに共有フォルダーオブジェクトを設定すれば、Active Directoryを利用するクライアントから、共有フォルダー名やキーワードを使って、登録した共有フォルダーを検索できるようになります。

●**Active Directoryの共有フォルダーオブジェクト**

共有フォルダーにするフォルダーを作成し、その共有設定を行うと、ネットワーク上からアクセス権に応じた利用ができるようになります。この共有フォルダーは、ドメインに参加しているユーザーはもちろんのこと、設定によってはワークグループのメンバーでも利用できます。

Active Directoryのユーザーとコンピューターを開き、左ペインでドメインを右クリックして、**新規作成➡共有フォルダー**を選択します。

新しいオブジェクトウィンドウが表示されたら、共有フォルダー名を入力し、既存の共有フォルダーへのパスを入力して、**OK**ボタンをクリックします。

▼共有フォルダーオブジェクトの作成

新しいオブジェクト - 共有フォルダー　　　　　　　　　　　×

作成先：　nuts.local/

名前(A):

Tomato

ネットワーク パス (\\server\share)(E)

\\Shares\farm\tomato

OK　　キャンセル

4.5 サイトを作成する

Level ★ ★ ★ | **Keyword** サイト DFS

Active Directoryドメインは、論理的な範囲を示すもので、必ずしも物理的なネットワーク範囲と一致しません。**サイト**は1つ以上のサブネットで構築される物理的な範囲を設定したものです。サイトは、ネットワークトラフィックを軽減するために利用されます。Active Directoryでは、サイトとサイトのサブネットをそれぞれのオブジェクトとして表します。

サイトを構成する

サイトを構成するには、次のような作業を行います。

1 サイトを作成する

2 サイトリンクを設定する

3 GCサーバーを設定する

▼サイトを設定する

サイトをクリックする

サイトの範囲は、物理的なネットワークの境界を想定しています。同じサイト内のレプリケーションは自動化された高速なものです。それに比べて、サイト間のレプリケーションは、WANなどの比較的低速な回線での通信を想定しています。したがって、どのようにサイトを構成するかは、WANなどの低速な回線でつながれたDCがあるかどうかによります。そして、ドメインの範囲とは必ずしも重なる必要はありません。

サイトの設定では、**サブネットオブジェクト**を作成して、ネットワークの境界を設定することになります。

サイトが作成されたら、それらを適切に**リンク**します。リンクコストの設定やレプリケーションのためのスケジュールを設定することもできます。業務の終了した深夜にだけレプリケーションを実行させることで、トラフィックを軽減させることが可能です。

1 Serverでの
キーワード

2 購入から
使用まで

3 Active Directory
の基本

4 Active Directory
での管理

5 ポリシーと
セキュリティ

6 ファイル
サーバー

7 仮想化と
仮想マシン

8 サーバーと
クライアント

9 システムの
メンテナンス

10 PowerShell
での管理

サイトとは、ネットワークに接続された一連のコンピューターの集まりで、同じサイト内のコンピューターは、比較的狭い範囲内のネットワークに常駐しています。サイトを適切に設定することで改善が期待できるネットワークトラフィックには、**ログオントラフィック**、**複製トラフィック**、**分散ファイルシステム（DFS）の参照トラフィック**の3つがあります。

クライアントコンピューターからログオンするときには、クライアントと同じサイトのドメインコントローラーが優先的に使用されます。ログオンしようとするユーザーのアカウントがほかのサイトにあるときは、別のサイトのドメインコントローラーが参照されます。

Active Directoryのデータベースに変更が生じると、その結果はドメインコントローラー間で複製されるので、複製トラフィックが発生します。サイト間のドメインコントローラーでも同じように複製されますが、複製が頻繁に行われ、サイト間の帯域が細いとトラフィックが増大します。

分散ファイルシステム（DFS） を使用している場合には、クライアントはその属するサイト内のDFSルートに接続しますが、そこで失敗するとサイト内の別のサーバーにアクセスしようとします。

ネットワーク管理者は、これらのサイト間で発生するトラフィックを減らすようにActive Directoryをデザインすることが必要です。

▼サイト

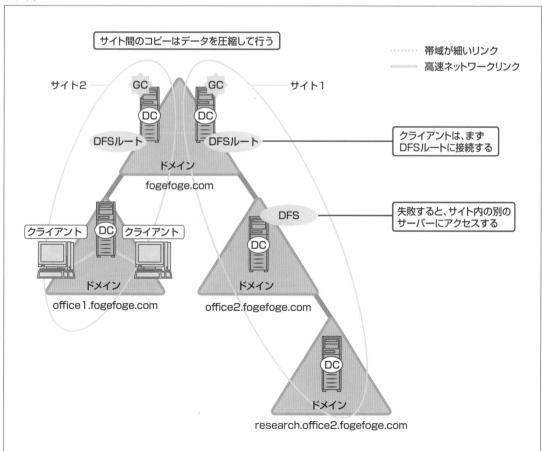

サイト間の通信はデータを圧縮して行われますが、データの圧縮にはCPUパワーが多く使われます。データの圧縮はもともと低速ネットワーク間でのデータベースの複製を想定したもので、もしネットワークが100Mbps程度以上ならば、無理にデータベースを圧縮する必要がないかもしれません。

このようなトラフィックの発生を考えなければならないのは、例えば同じドメインを持った本店と支店が離れた場所にあり、それが128kbpsのように遅い場合です。

サイトを作成する

ここでは、同じドメインに所属している2つのネットワークをサイトによって設定します。アドレスは「192.168.1.0」と「192.168.2.0」、サブネットマスクは「255.255.255.0」(サブネット長24)とします。サイトを設定したあとで、ドメインコントローラーを移動します。なお、サイトのサブネット指定は**プレフィックス表記***で、「192.168.1.0/24」のようにします。

▼サーバーマネージャー

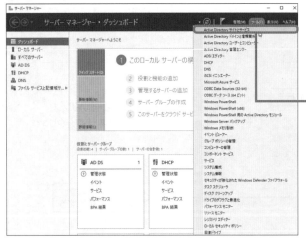

1 サーバーマネージャーの**ツール**メニューから**Active Directory サイトとサービス**を選択します。

[Active Directory サイトとサービス]を選択する

▼Active Directory サイトとサービス

2 左ペインの**Sites**を右クリックし、**新しいサイト**を選択します。

[新しいサイト]を選択する

Memo

デフォルトのサイト名は、「Default-First-Site-Name」です。名前はわかりやすいものに変更できます。

***プレフィックス表記** ネットワークを「(アドレス)/(サブネット長)」で表す方法。「Memo サブネットマスク」(p.48)を参照。

▼新しいオブジェクト-サイト

3 名前欄にサイトの名前を入力し、DEFAULTIPSITELINKをクリックし、OKボタンをクリックします。

DEFAULTIPSITELINKをクリックする

▼Active Directoryドメインサービス

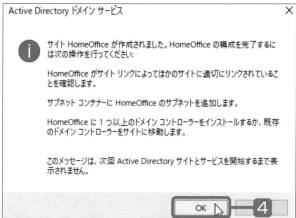

4 OKボタンをクリックします。

Attention

この画面が表示されない場合もあります。

▼Active Directoryサイトとサービス

5 左ペインのSubnetsを右クリックして、新しいサブネットを選択します。

1 Serverでの
キーワード

2 導入から
運用まで

3 Active Directory
の基本

4 Active Directory
での管理

5 ポリシーと
セキュリティ

6 ファイル
サーバー

7 仮想化と
仮想マシン

8 サーバーと
クライアント

9 システムの
メンテナンス

10 PowerShell
での管理

▼新しいオブジェクト-サブネット

6 プレフィックスボックスにサブネット指定をプレフィックス表記で入力し、サイトを選択して、**OK**ボタンをクリックします。

プレフィックスを入力してサイトを選択する

▼Active Directoryサイトとサービス

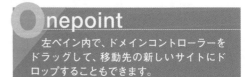

7 左ペインの**Default-First-Site-Name**➡**Servers**にあるドメインコントローラーを右クリックして、**移動**を選択します。

▼サーバーの移動

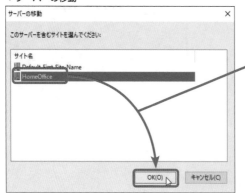

8 先ほど作成したサイトをクリックし、**OK**ボタンをクリックします。

サイトをクリックする

4.6 ユーザーアカウントを一括登録する

Level ★ ★ ★		Keyword	dsadd CSVDE CSV ファイル EXCEL

Active Directory ドメインサービスを導入する当初には、短期間に多くのユーザーアカウントを登録する作業があります。利用者の一覧はExcelで管理されることが多いため、**Active Directory ユーザーとコンピューター**のユーザーオブジェクトも、CSV 形式などに変換して利用できると便利です。コマンドプロンプトで使用できる「**CSVDE**」は、ディレクトリ情報とCSV ファイルを互いに変換するプログラムです。

Excelで作成したユーザーアカウントファイルを登録する方法

CSVDEを使ってCSV ファイルを Active Directory ドメインサービスに登録するには、次のように操作します。

1 Excelでユーザーアカウントデータシートを作成する

2 CSV 形式で保存する

3 CSVDEを使ってインポートする

Active Directory ドメインサービスのオブジェクト管理は、データベースと同じなので、Excelで扱うワークシートやAccessのテーブルとは相性よくできています。一般の事務処理では、Excelでユーザー情報を管理することが多く、Active Directoryと互いにデータを変換できると管理作業を効率化できます。

Windows Serverには、CSV 形式のデータファイルとActive Directory ドメインサービスのデータベースファイルを相互に変換する「**CSVDE**」が

添付しています。このコマンドを使ってCSV形式にエクスポートしたファイルを参考にして、情報を入力するとよいでしょう。

ユーザーオブジェクトに関していうと、「DN, objectClass, displayName, userAccount Control, sn, givenName, userPrincipalName, sAMAccountName」などの値をコピーして、一部を変更すればよいでしょう。DNは**識別名**です。ファイルが更新されたら、今度はActive Directory用にインポートします。

なお、コマンドプロンプトで1件ずつアカウントを追加するコマンド「**dsadd**」でも、ある程度の量ならまとめてユーザーアカウントを追加入力することができます（「4.6.1　コマンドラインでユーザー登録」参照）。

Server Coreを使う場合はもちろんですが、数十件程度のユーザーアカウントの入力作業は、GUIよりもコマンドラインでの作業のほうが効率よくできるかもしれません。コマンドプロンプトのバッファ機能を使えば、入力補助機能によって同様の入力は格段にスピードアップできるからです。

dsaddコマンドでユーザーを追加する

dsaddコマンドによるユーザー登録作業では、ユーザー名を含むDN名とパスワードだけの最低限の情報入力で、登録作業を進めることができます。同じドメインへの登録ならば、DN名のCNの値と、パスワード入力だけが変更箇所です。

なお、登録されたユーザーをActive Directoryユーザーとコンピューターの GUI に表示させるには、「最新の状態に更新」の操作をしてください。

1 コマンドプロンプトを開き、次の書式のようにして、ユーザーを登録します。

書式

```
dsadd user (ユーザーのDN名) -pwd (パスワード)
```

▼dsaddの実行例

```
>dsadd user "CN=userd,CN=Users,DC=marunouchi,DC=anchor-pro,DC=jp" -pwd
(パスワード) Enter    └ユーザー名 └グループ        └ドメイン
dsadd 成功:CN=userd,CN=Users,DC=marunouchi,DC=anchor-pro,DC=jp
>    └パスワードを入力
```

▼コマンドプロンプト

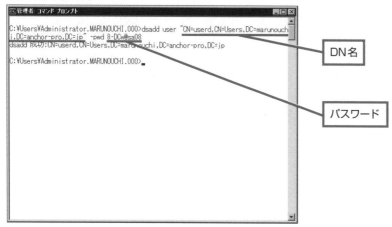

DN名

パスワード

1 Server での キーワード

2 �gから 活用まで

3 Active Directory の基本

4 Active Directory での管理

5 ポリシーと セキュリティ

6 ファイル サーバー

7 仮想化と 仮想マシン

8 サーバーと クライアント

9 システムの メンテナンス

10 PowerShell での管理

4.6.2　Excelを利用してユーザーを登録する

Onepoint

Active DirectoryとExcelとの橋渡しに使うCSV形式のデータファイルは、1つずつのレコードを Enter で区切り、その中の値（フィールド）をコンマ（,）で区切ったテキストファイルです。「メモ帳」などでも見たり編集したりできるため、扱いやすく汎用性が高い形式です。

ExcelでCSV形式のユーザーアカウントファイルを作る

Attention

Active Directoryドメインサービスで使用しているオブジェクトファイルには、非常に多くの値がありますが、ユーザーを登録することだけを目的とすれば、ほとんどの項目が不要です。Excelの最初の行に、次の項目*を作ります——DN, objectClass, displayName, userAccountControl, sn, givenName, userPrincipalName, sAMAccountName。それぞれの値を入力し、適当なファイル名にしてCSV形式で保存します。

▼Excel

1 Excelを起動してデータシートを作成します。

> データシートを作成する

▼名前を付けて保存

2 ファイルをCSV形式で保存します。

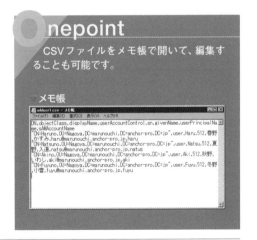

Onepoint

CSVファイルをメモ帳で開いて、編集することも可能です。

▼メモ帳

***次の項目**　「DN」：識別名（CN＝名前、OU＝組織単位名、DC＝ドメイン名）。「objectClass」：オブジェクトクラスを設定、ユーザーはuser。「displayName」：表示名。「userAccountControl」：ユーザーアカウントの属性で、通常のユーザー（512）、ドメインコントローラー（532480）、ワークステーション／サーバー（4096）など。「sn」：姓。「givenName」：名。「userPrincipalName」：ユーザーログオン名。「sAMAccountName」：Windows 2000以前のユーザーログオン名。

CSVファイルをインポートする

CSVファイルをActive Directoryのデータベースにインポートするには、**CSVDE**プログラムを使います。

▼CSVDEの実行例

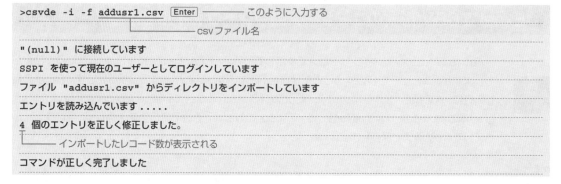

```
>csvde -i -f addusr1.csv [Enter] ——— このように入力する
                    └──────────── CSVファイル名

"(null)" に接続しています

SSPI を使って現在のユーザーとしてログインしています

ファイル "addusr1.csv" からディレクトリをインポートしています

エントリを読み込んでいます .....

4 個のエントリを正しく修正しました。
  └──── インポートしたレコード数が表示される

コマンドが正しく完了しました
```

▼CSVDEの実行

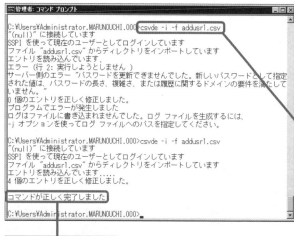

インポートが成功した

 DCでコマンドプロンプトを起動し、CSVDEプログラムでCSVファイルをインポートします。次のように入力して、[Enter]キーを押します。

```
csvde -i -f (csvファイル名)
```

入力して [Enter] キーを押す

2 インポートが成功しました。

Onepoint

この手順で、アカウントの引っ越しを行うこともできます。まず、CSVファイルにエクスポートして、新しいDCにインポートします。

Attention

パスワードに関するエラーが表示されて実行できない場合は、グループポリシー管理エディターで**ドメインセキュリティ設定 ➡ パスワードポリシー**にて、パスワードセキュリティを一時的に緩和してください。

1
Server での
キーワード

2
導入から
運用まで

3
Active Directory
の基本

4
Active Directory
での管理

5
ポリシーと
セキュリティ

6
ファイル
サーバー

7
仮想化と
仮想マシン

8
サーバーと
クライアント

9
システムの
メンテナンス

10
PowerShell
での管理

Perfect Master Series
Windows Server 2022

Chapter 5

ポリシーとセキュリティ

　Windows Server管理者は、クライアントユーザーにネットワーク上の様々なリソースを提供すると同時に、セキュリティを適切に管理しなければなりません。ただし、セキュリティ保持の基本であるユーザーアカウントは、ユーザー自身の管理に頼る部分も多く、管理者にとってはユーザーへのセキュリティ教育も大切な業務です。しかし、何といってもシステムの管理者が行うべき最重要のセキュリティ業務は、セキュリティポリシーの設定と管理です。

　クライアントによってサービスの種類や程度を変えることができるのです。この仕組みこそがWindows Server利用の大きなポイントとなっています。

ポリシーとGPOについて知る

ポリシーとは、Windows ServerやWindows 11/10で使用される場合、「システムに関するセキュリティや機能をどのように運用するかを決める基準」を指します。ドラマで若者が上司から「君にはポリシーがないのか！」と叱責されている場合の「ポリシー」とほぼ同じ使われ方をしています。

ここが
ポイント！

Windows Serverのポリシーとは

Windows Serverの主なポリシーには、次のようなものがあります。

1 アカウントポリシー

2 パスワードポリシー

3 セキュリティポリシー

4 ネットワークポリシー

5 アクセスポリシー

6 監査ポリシー

7 承認ポリシー

Windows Serverには、様々なポリシーがあります。機能を実行するためのメニューやダイアログボックスに表示される「○○ポリシー」というものは、「○○の設定基準」と読み替えて操作すればよさそうです。

注意したいのは、このような個々の設定基準としてのポリシーとは異なり、適用範囲を区別するために使用する**グループポリシー**と**ローカルセキュリティポリシー**という表現です。

Active Directoryドメインサービスを利用する場合、セキュリティや機能の範囲を設定するのに使用されるグループポリシーは、設定項目も多く、詳細な設定を行うのに都合のよいものです。このChapterの前半では、グループポリシーの使い方を主に説明します。

ローカルセキュリティポリシーは、コンピューターのセキュリティ設定に特化したポリシーです。グループポリシーとローカルセキュリティポリシーが競合した場合には、グループポリシーが適用されます。

▼GPOを作成する

GPOのテンプレートを
指定することも可能。

1 Server での キーワード

2 導入から 運用まで

3 Active Directory の基本

4 Active Directory での管理

5 ポリシーと セキュリティ

6 ファイル サーバー

7 仮想化と 仮想マシン

8 サーバーと クライアント

9 システムの メンテナンス

10 PowerShell での管理

5.1.1　グループポリシーとローカルセキュリティポリシー

　　Windows Serverのポリシーを適用範囲によって区別すると、**グループポリシー**と**ローカルセキュリティポリシー**に分かれます。ポリシーの設定と同じことをするには、レジストリの変更でも可能なのですが、Active Directoryドメインサービスを導入した環境を想定した場合には、グループポリシーを使った管理が一般的です。

グループポリシー

▼グループポリシーの管理

　　グループポリシーの適用範囲は、Active DirectoryのドメインとOUです。そのため、グループポリシーの運用には、Active Directoryドメインサービスが前提となります。

　　例えば、グループポリシーがOUに対して設定されると、OU内のユーザーやコンピューターのすべてに、同じポリシーが適用されます。その後、内容に変更が生じても、グループポリシーの内容を変更するだけで済みます。

　　グループポリシーの設定には、**グループポリシーの管理**コンソールおよびそこから起動する**グループポリシー管理エディター**を使用します。

ローカルセキュリティポリシー

▼ローカルセキュリティポリシー

　　ローカルコンピューターのセキュリティの基準を管理するはたらきをするのが、**ローカルセキュリティポリシー**です。

　　ローカルセキュリティポリシーでは、ローカルコンピューターの使用権限を制限する機能のほかに、イベントログにユーザーやグループの動作を記録させる**監査ポリシー**も備えています。

　　ローカルセキュリティポリシーの管理には、**ローカルセキュリティポリシー**コンソールを使用します。

ローカルセキュリティポリシー

例えば、ドメインへのログオン認証用のパスワードの複雑さを、ドメイン全体に設定する場合、グループポリシーの設定を記すためのオブジェクト（**グループポリシーオブジェクト**：**GPO**）を作成し、パスワードの複雑さに関するポリシーを設定します。このGPOと任意のドメインを関連付ける（**リンク**させる）ことで、そのドメインに対してのみ効力を発揮させることができます。

同じGPOを別のドメインやOUにリンクさせることも可能です。このようにGPOは、ポリシーの内容およびリンク先という2つの要素を持つことになります。

GPOを作成する

GPOは、グループポリシーを格納するオブジェクトです。GPOの作成時点では、グループポリシーは空です。ゼロからグループポリシーを設定することになるので、相当の手間がかかります。そこで、あらかじめ作成したGPOのひな形を利用してグループポリシーを設定すると効率的です。その方法は追って「スターターGPOを作成する」のところで説明します。

通常、GPOを作成する際には、リンク先のドメインまたはOUへのリンク作業を同時に行います。ここで説明する方法では、自動的にGPOは選択したOUにリンクされます。

▼グループポリシーの管理

1 **グループポリシーの管理**コンソールを起動し、左ペインで**グループポリシーの管理➡フォレスト➡ドメイン**を展開し、ドメイン名またはOUのノードを右クリックして、**このドメインにGPOを作成し、このコンテナーにリンクする**を選択します。

Hint

グループポリシーの管理コンソールを起動するには、**スタートメニュー➡管理フォルダー➡グループポリシーの管理**を選択するか、ファイル名を指定して実行から「gpmc.msc」を実行します。サーバーマネージャーでは、コンソールツリーの機能の下層に見付かります。

▼新しいGPO

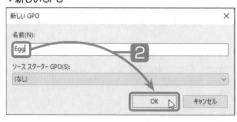

2 GPOに名前を付け、**OK**ボタンをクリックします。

Onepoint

スターターGPOが設定されている場合は、ソーススターターGPOリストボックスから選択することができます。

1 Server での キーワード

2 導入から 運用まで

3 Active Directory の基本

4 Active Directory での管理

5 ポリシーと セキュリティ

6 ファイル サーバー

7 医学化と 仮想マシン

8 サーバーと クライアント

9 システムの メンテナンス

10 PowerShell での管理

▼グループポリシーの管理

GPOが作成された

3 GPOが作成されました。リンクしたコンテナーオブジェクトを選択すると、作成されたGPOを確認することができます。

Onepoint

リンク先のないGPOを作成するには、グループポリシーオブジェクトノードを右クリックして、新規を選択します。

▼グループポリシーの管理（左ペイン）

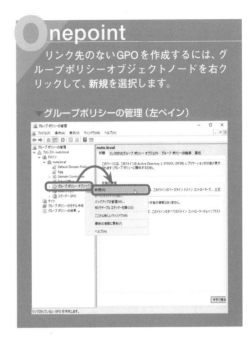

Attention

スターターGPOを使わずに作成されたGPOには、グループポリシーは設定されていません。

GPOのリンクを設定する

Onepoint

空のGPOの作成とコンテナーへのリンクを同時に行う方法については上記のとおりですが、GPOを複数作成しておき、それらのうちのどれをリンクさせるかを選択することで、グループポリシーを使い分けることもできます。また、別のコンテナーにすでに作成・リンクされているGPOをリンクさせることもできます。

▼グループポリシーの管理

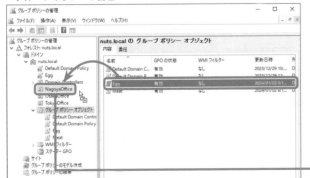

ドラッグ＆ドロップする

1 グループポリシーの管理の左ペインで、グループポリシーの管理➡フォレスト➡ドメイン➡（ドメイン名）を展開し、「グループポリシーオブジェクト」ノードをクリックします。右ペインには、ドメイン内に作成されているGPOの一覧が表示されます。任意のGPOをドラッグし、リンク先のノードでドロップします。

▼グループポリシーの管理

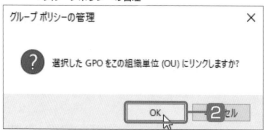

2 リンクを確認するウィンドウが表示されます。**OK**ボタンをクリックします。

▼グループポリシーの管理

3 GPOがリンクされました。

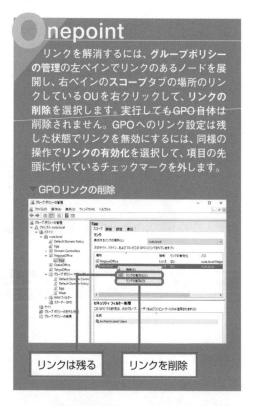

Onepoint

リンクを解消するには、**グループポリシーの管理**の左ペインでリンクのあるノードを展開し、右ペインの**スコープタブ**の場所のリンクしている**OU**を右クリックして、**リンクの削除**を選択します。実行しても**GPO**自体は削除されません。GPOへのリンク設定は残した状態でリンクを無効にするには、同様の操作で**リンクの有効化**を選択して、項目の先頭に付いているチェックマークを外します。

▼GPOリンクの削除

リンクは残る　リンクを削除

スターターGPOを作成する

GPOのひな形を作成する**スターターGPO**は、Windows Server 2008で追加された機能です。いくつかのGPOで共通のグループポリシーを設定したスターターGPOを作成しておけば、新しくGPOを作成する手間を省くことができます。

作成されたスターターGPOは、新規にGPOを作成する過程の**新しいGPO**ウィンドウの**ソーススターターGPO**リストボックスに表示されるようになります。

1
Server での
キーワード

2
導入から
運用まで

3
Active Directory
の基本

4
Active Directory
での管理

5
ポリシーと
セキュリティ

6
ファイル
サーバー

7
仮想化と
仮想マシン

8
サーバーと
クライアント

9
システムの
メンテナンス

10
PowerShell
での管理

▼グループポリシーの管理

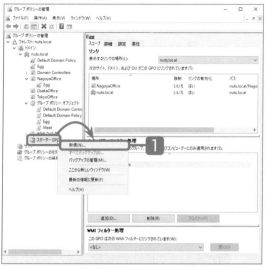

1 グループポリシーの管理の左ペインで、グループポリシーの管理➡フォレスト➡ドメイン➡（ドメイン名）を展開し、**スターターGPO**ノードを右クリックして、**新規**を選択します。

▼新しいスターターGPO

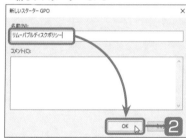

2 **名前**ボックスにスターターGPOの名前を付けて、**OK**ボタンをクリックします。

Tips
コメントボックスに、スターターGPOについてのメモを記述しておくことができます。

3 スターターGPOノードの下層に作成されたGPOノードを右クリックし、**編集**を選択します。

▼グループポリシーの管理

4 **グループポリシースターターGPOエディター**が起動します。グループポリシーの内容を設定します。

▼グループポリシースターターGPOエディター

Memo
グループポリシーの設定方法は、「5.1.3　グループポリシーの設定」を参照してください。

▼設定タブ

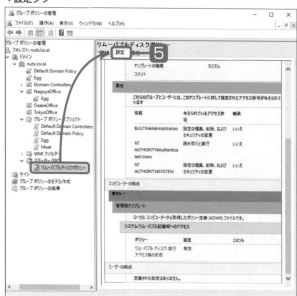

5 作成・設定したスターターGPOの内容を確認するには、**グループポリシーの管理**コンソールで、作成したスターターGPOを選択し、右ペインで**設定**タブを開きます。

Onepoint

グループポリシーの設定後は、グループポリシーの管理ウィンドウの操作メニューから最新の情報に更新を選択してください。

Memo | NICチーミング

複数のネットワークアダプターを1つにまとめて構成することを**NICチーミング**といいます。

この機能は、Windows Server 2022/2019 ではOSの標準機能となっていて、簡単に設定を行うことができます。

サーバーマネージャーで**ローカルサーバー**を選択し、**プロパティ**欄の**NICチーミング**を有効にします。すると、**NICチーミング**パネルが開きます。あとは、**タスク**メニューを開いて**チームの新規作成**を選択し、チームに束ねるネットワークアダプターを指定するだけです。

NICチーミング

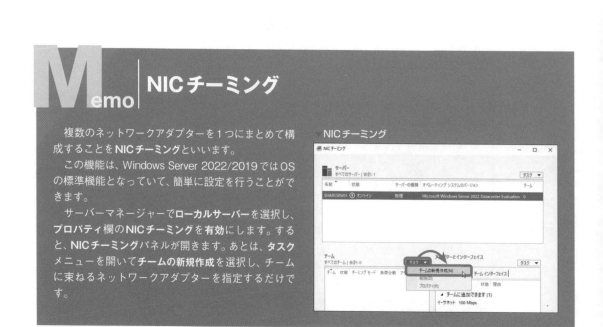

1
Server ての
キーワード

2
導入から
運用まで

3
Active Directory
の基本

4
Active Directory
での管理

5
ポリシーと
セキュリティ

6
ファイル
サーバー

7
仮想化と
仮想マシン

8
サーバーと
クライアント

9
システムの
メンテナンス

10
PowerShell
での管理

5.1.3 グループポリシーの設定

GPOを作成してドメインやOUにリンクさせたら、**グループポリシー**を設定します。なお、GPOに
グループポリシーを設定してからリンクさせる、という逆の手順でもかまいません。

グループポリシーの設定には、**グループポリシー管理エディター**を使用します。

グループポリシーの項目を検索して設定する

グループポリシーで設定できる項目は非常に多く、グループポリシー管理エディターの左ペインの
分類ではとても絞りきれません。そこで、管理用テンプレートにある設定項目を検索できる機能に
よって、設定したい項目を見付ける手助けをさせます。

管理用テンプレートは、レジストリベースのポリシーの設定項目です。つまり、管理用テンプレー
トでできる設定は、レジストリの変更によっても可能です。

▼グループポリシーの管理

1 グループポリシーの管理の左ペインで、
**グループポリシーの管理➡フォレスト➡
ドメイン➡**（ドメイン名）**➡グループポ
リシーオブジェクト**を展開し、設定する
GPOを右クリックして、**編集**を選択し
ます。

▼グループポリシー管理エディター

2 **グループポリシー管理エディター**が開き
ます。左ペインで、**コンピューターの構
成**と**ユーザーの構成**のどちらかを選択
し、そのノードの下層の**ポリシー➡管理
用テンプレート**を右クリックして、**フィ
ルターオプション**を選択します。

▼フィルターオプション

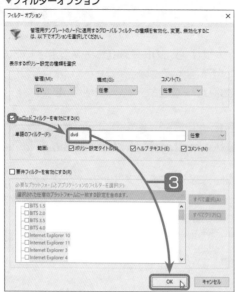

3 **フィルターオプション**が開きました。**キーワードフィルターを有効にする**にチェックを付けて、**単語のフィルター**ボックスにキーワードを入力し、**OK**ボタンをクリックします。

4 **グループポリシー管理エディター**のコンピューターの構成➡管理用テンプレート➡**すべての設定**を選択すると、自動的にフィルターによる検索が行われ、検索結果が表示されます。ここから、目的の設定項目をダブルクリックします。

▼グループポリシー管理エディター

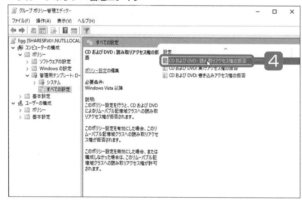

Memo

グループポリシーには、**コンピューターの構成**および**ユーザーの構成**という、適用対象としてのカテゴリが2つあります。ログオンするユーザーに関係なく、コンピューターに対して適用するポリシーを設定するには**コンピューターの構成**の項目を設定します。一方、ログオンするコンピューターに関係なく、ユーザーに対して適用するポリシーを設定するには、**ユーザーの構成**を設定します。両方に同じ項目がある場合もありますが、これは適用される対象が異なるためです。

▼設定タブ

5 ポリシーの内容を設定して、**OK**ボタンをクリックします。

Onepoint

通常は、未構成の設定を、有効または無効に変更します。

Onepoint

このダイアログボックスを閉じずに、検索されている次（前）の設定項目に移動するには、次（前）の設定ボタンをクリックします。

1
Serverでの
キーワード

2
導入から
運用まで

3
Active Directory
の基本

4
Active Directory
での管理

5
ポリシーと
セキュリティ

6
ファイル
サーバー

7
仮想化と
仮想マシン

8
サーバーと
クライアント

9
システムの
メンテナンス

10
PowerShell
での管理

▼設定タブ

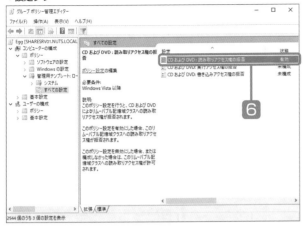

6 グループポリシー管理エディターの設定
にポリシーの状態が**有効**になりました。

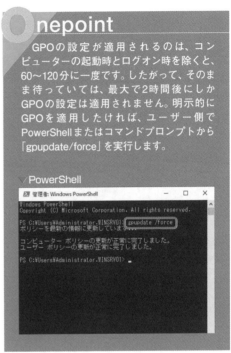

nepoint

GPOの設定が適用されるのは、コン
ピューターの起動時とログオン時を除くと、
60〜120分に一度です。したがって、そのま
ま待っていては、最大で2時間後にしか
GPOの設定は適用されません。明示的に
GPOを適用したければ、ユーザー側で
PowerShellまたはコマンドプロンプトから
「gpupdate/force」を実行します。

PowerShell

5.1.4 グループポリシーの継承と上書き

グループポリシーは、複数のGPOによって設定されるのがふつうです。まず、ドメイン全体のグ
ループポリシーがあり、その下にOU個別のGPOがあるためです。このようなグループポリシーの階
層的な設定のポイントは、**グループポリシーの継承**をうまく使うことです。

リンクしているGPOの優先順を設定する

GPOが適用される順番は、最初にローカルセキュリティポリシー、次にサイトポリシー、ドメイン
ポリシー、そして最後にOUポリシーの順です（OUが階層化されている場合は親から子です）。この
順番が先に適用されたGPOとのちに適用されたGPOで内容が異なる場合には、のちに適用された
GPOによって先のグループポリシーの内容は上書きされていきます。

同一のレベルに複数のGPOがリンクしている場合には、**グループポリシーの継承**タブで確認する
ことができます。このGPOの優先順の下位からグループポリシーが適用され、内容が異なるグルー
プポリシーがあった場合は、上位の内容によって上書きされます。通常は、GPOがリンクした順番に
積み重ねるように優先順位が設定されているため、「Default Domain Policy」が最下位にあります。
この優先順位は、次のようにして変更可能です。

1 GPOの継承を確認するには、**グループポリシーの管理**を開き、左ペインでOUを選択して、右ペインで**グループポリシーの継承**タブを開きます。

2 同じOUまたはドメイン内に複数のGPOがリンクされている場合に、GPOの優先順位を変更するには、**グループポリシーの管理**の左ペインで対象のノードを選択し、右ペインで**リンクされたグループオブジェクト**タブを開きます。ここで、タブの左に表示される▼や▲を操作すると、優先順位が変更されます。

▼グループポリシーの継承タブ

▼リンクされたグループオブジェクト

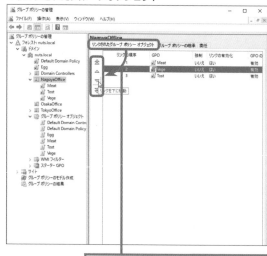

[リンクされたグループオブジェクト]
タブを開いて▼▲を操作する

onepoint

例えば、グループポリシーのパスワードポリシーが似ている2つの設定があった場合、まず、優先順位の低いグループポリシーが実行され、その後、優先順位の高いグループポリシーが実行されます。両者のパスワードポリシーが異なっていたときは、優先順位の高いほうの内容が優先されます。

onepoint

グループポリシーの継承を断ち切るには、**継承のブロック**を実行します。

継承のブロック

[継承のブロック]を選択

Level ★★★　　　**Keyword**　GPO　Windowsインストールパッケージ　ソフトウェアインストール

「Active Directoryを使用しているクライアントコンピューターに任意のユーザーがログオンしたら、指定したアプリケーションがそのコンピューターに自動的にインストールされる」ようにすることができます。これを**ソフトウェアインストール**といいます。ソフトウェアインストールは、ネットワーク共有を使って行うこともでき、これによってアプリケーションのインストールと保守管理を効率化できます。

**ここが
ポイント!**

ユーザーによるアプリケーションの
インストールを制御する

ドメインユーザーによるアプリケーションのインストールを制御するには、次のように操作します。

1 グループポリシーの管理を起動する

2 GPOを編集する

3 ソフトウェアインストールの設定を行う

　アプリケーションのセットアップDVDには、拡張子が「.msi」の**Windowsインストールパッケージファイル**が保存されている場合があります。このファイルを使用すると、ネットワークを介して、ユーザーに自動でアプリケーションをインストールさせることができます。

　ソフトウェアインストールの設定には、グループポリシーを利用します。ユーザーに割り当てる場合は、GPOを編集する**グループポリシー管理エディ
ター**の**ユーザーの構成**で、コンピューターに割り当てる場合は、同様に**コンピューターの構成**で、ソフトウェアインストール項目を設定します。

▼展開オプションを設定する

Microsoft Garage Mouse without Bordersのプロパティ　　　？　×

全般　展開　アップグレード　カテゴリ　変更　セキュリティ

展開の種類
- ◉ 公開(P)
- ○ 割り当て(S)

展開オプション
- ☑ ファイル拡張子をアクティブにすることによりこのアプリケーションを自動インストールする(T)
- ☐ 管理の対象でなくなったときは、このアプリケーションをアンインストールする(U)
- ☐ コントロール パネルの [プログラムの追加と削除] でこのパッケージを表示しない(N)
- ☐ ログオン時にこのアプリケーションをインストールする(I)

インストールのユーザー インターフェイス オプション
- ○ 基本(B)
- ◉ 最大(M)

詳細設定(V)...

OK　　キャンセル　　適用(A)

ソフトをクライアント
コンピューターに配布する
展開オプション。

ソフトウェアインストールは、サーバーからアプリケーションのインストールや更新などの作業を集中管理する機能です。この管理機能には、Active Directoryのグループポリシーが使われます。グループポリシーによって管理されるユーザーやコンピューターに対して、アプリケーションの自動インストールが許可されます。

ソフトウェアインストール機能を利用してインストールが可能なパッケージは、MSI形式（拡張子が「.msi」）の**Windowsインストールパッケージ**だけです。したがって、この機能を使ってすべてのソフトがインストールできるわけではありません。なお、Windowsインストールパッケージのないソフトの場合には、セットアップを自動化するスクリプトを記述したZIPファイルを作成して代用させることができます。

ソフトウェア配布の形態

ソフトウェアインストール機能を使ってソフトウェアを配布する際には、次表の形態を選択することができます。さらに、詳細設定では、展開オプションを設定することができます。

グループポリシー管理エディターに登録されたソフトウェアインストールオブジェクトのプロパティを設定することでも、設定を詳細に行うことができます。

展開の種類	説明
公開	アプリケーションの開始時にインストールされます。
割り当て	ユーザーが「プログラムの追加と削除」でインストールします。

▼ソフトウェアのインストールのプロパティ

MSI形式のインストールパッケージの場合のプロパティ設定例。

Onepoint

ソフトウェアインストールオブジェクトのプロパティを開き、パッケージの場所やアンインストールについての設定などができます。

1 Server での キーワード

2 導入から 運用まで

3 Active Directory の基本

4 Active Directory での管理

5 ポリシーと セキュリティ

6 ファイル サーバー

7 安全化と 仮想マシン

8 サーバーと クライアント

9 システムの メンテナンス

10 PowerShell での管理

ソフトウェアインストールを設定する

「サーバーに特定のアプリケーションソフトのインストール用ファイルを配置しておき、ネットワークに接続した特定のユーザーが、Active Directoryにログオンした際あるいはログオン後に最初にそのアプリケーションを使用しようとした際、そのとき使用しているコンピューターに当該アプリケーションが自動的にインストールされる」ように設定します。

この設定では、インストールを許可するユーザーが所属するOUに対して、グループポリシーを設定する必要があります。なお、インストールされるMSI形式のファイルのある場所は、ネットワーク共有されていなければなりません。

1 任意のOUを**グループポリシー管理エディター**で開き、左ペインで、**コンピューターの構成**（または**ユーザーの構成**）➡**ポリシー**➡**ソフトウェアの設定**を展開し、**ソフトウェアインストール**を右クリックして、**新規作成**➡**パッケージ**を選択します。

▼グループポリシー管理エディター

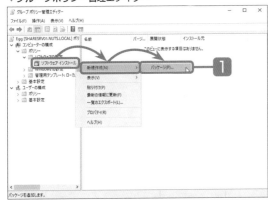

2 **開く**ウィンドウが開いたら、アプリケーションのインストールファイルのある場所を開き、ファイルを選択して、**開く**ボタンをクリックします。

▼開く

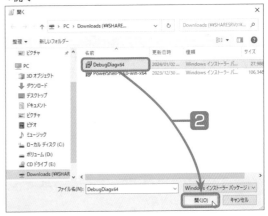

3 展開方法を選択して、**OK**ボタンをクリックします。

▼ソフトウェアの展開

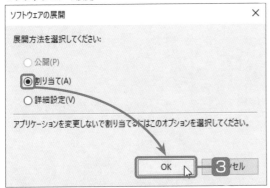

4 ソフトウェアインストールポリシーにアプリケーションのインストールファイルが割り当てられました。

▼グループポリシー管理エディター

ソフトウェアインストールでネットワーク上のサーバーからインストールしたアプリケーション
は、グループポリシーによって管理されています。同じように、**グループポリシー管理エディター**を
使って、このアプリケーションを削除することもできます。

ソフトウェアインストールしたソフトを削除する

　　グループポリシー管理エディターによるアプリケーションのアンインストール作業では、「直ちに
アンインストールする」、「とりあえずソフトの使用は認めるが、新しいインストールは許可しない」の
いずれかを選択できます。

▼グループポリシー管理エディター

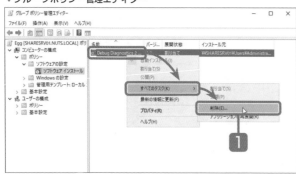

1 グループポリシー管理エディターで、ソフトウェアインストールに設定されているパッケージを右クリックし、**すべてのタスク➡削除**を選択します。

2 **直ちに、ソフトウェアを～**を選択し、**OK**ボタンをクリックします。

3 **グループポリシー管理エディター**から削除されました。

▼ソフトウェアの削除

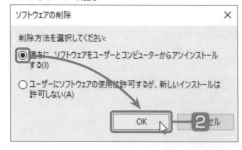

▼グループポリシー管理エディター

nepoint

　　グループポリシーオブジェクトが適用されるタイミングで、ソフトはアンインストールされます。つまり、コンピューターの場合は再起動後に、ユーザーの場合はログオン時に実行されます。

グループポリシーで
アプリケーションの
使用を制限する

　任意のプログラムの実行を制限するには、Active Directoryドメインサービスによるグループポリシーを利用します。任意の実行プログラムを**ソフトウェアの制限ポリシー**に設定することで、実行を禁止することも可能です。これによってセキュリティや信頼性を高められますが、禁止するソフトは慎重に選択しなければなりません。

特定のプログラムの実行を禁止する

グループポリシーを利用して、特定のプログラムの実行を禁止するには、次のように操作します。

1 グループポリシーの管理を起動する
2 新しいハッシュを作成する
3 ファイルを指定する
4 セキュリティレベルを設定する

　グループポリシーを利用すると、Active Directoryドメインサービスを利用するユーザーに対して、指定したプログラムファイルの実行を禁止することができます。

　なお、実行ファイルを指定する方法には、実行ファイル名を指定する方法と、**ハッシュ値**を設定する方法の2つがあります。

　実行ファイル名を指定する方法では、ワイルドカードを指定することもできます。ハッシュ値で指定する意味は、ファイル名の変更による設定の無効化を防ぐためです。この2つの指定方法は、併用することもできます。

　ハッシュによるソフトウェアの実行の許可／ブロックのほか、証明書やインストールを許可／ブ

ロックするインターネットゾーンやパスによって指定することも可能です。

▼実行ファイルを設定

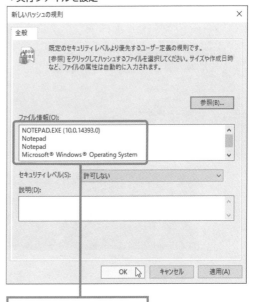

ハッシュファイルを指定する

5.3.1 ソフトウェアの制限ポリシー

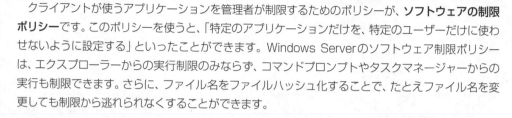

クライアントが使うアプリケーションを管理者が制限するためのポリシーが、**ソフトウェアの制限ポリシー**です。このポリシーを使うと、「特定のアプリケーションだけを、特定のユーザーだけに使わせないように設定する」といったことができます。Windows Serverのソフトウェア制限ポリシーは、エクスプローラーからの実行制限のみならず、コマンドプロンプトやタスクマネージャーからの実行も制限できます。さらに、ファイル名をファイルハッシュ化することで、たとえファイル名を変更しても制限から逃れられなくすることができます。

クライアントのアプリケーション使用を制限する

ソフトウェアの制限ポリシーの設定には、グループポリシー管理エディターを使用します。あらかじめ、グループポリシーに設定されるユーザーやグループを設定しておいてください。また、最初に「新しいソフトの制限ポリシー」を作成しておく必要があるかもしれません。

▼グループポリシー管理エディター

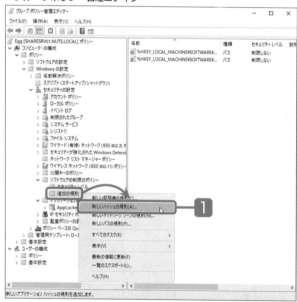

新しいアプリケーション ハッシュの規則を追加します。

Memo
ハッシュ化とは、あるアルゴリズムを使って、任意の文を特定の長さを持った暗号文にすることです。

1 任意のGPOを**グループポリシー管理エディター**で開き、左ペインで、**コンピューターの構成**または**ユーザーの構成**➡**Windowsの設定**➡**セキュリティの設定**➡**ソフトウェアの制限のポリシー**を展開し、**追加の規則**を右クリックして、**新しいハッシュの規則**を選択します。

2 参照ボタンをクリックします。

▼新しいハッシュの規則

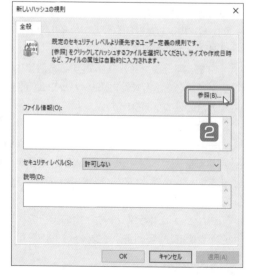

1
Serverでの
キーワード

2
導入から
運用まで

3
Active Directory
の基本

4
Active Directory
での管理

5
ポリシーと
セキュリティ

6
ファイル
サーバー

7
仮想化と
仮想マシン

8
サーバーと
クライアント

9
システムの
メンテナンス

10
PowerShell
での管理

3 制限する実行ファイルを選択し、**開く**ボタンをクリックします。

4 OKボタンをクリックする

▼ファイルを開く

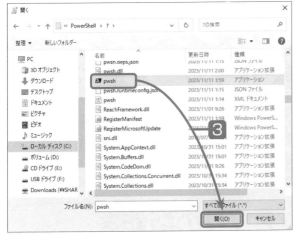

▼新しいハッシュの規則

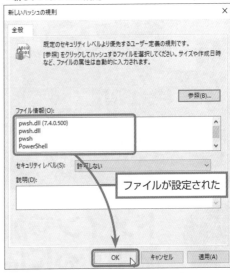

5 実行が許可されないファイルがリストに追加されました。

▼グループポリシー管理エディター

nepoint

ファイル名がハッシュ化されました。ハッシュ化は不可逆変換であるため、暗号化のような可逆変換とは異なり、元に戻すことはできません。

5.4 グループポリシーで ユーザーのアプリを管理する

Level ★★★　**Keyword**　GPO　グループポリシー　セントラルストア　Windowsコンポーネント

ドメインに参加するWindowsクライアントで使用するアプリの設定は、グループポリシーによって制御可能です。ここでは、「管理用テンプレート」を使ってEdgeの機能を制限してみます。

 ここが ポイント！

ドメイン参加のアプリの機能を 制限するには

ドメインに参加しているWindowsで動くEdgeなどのアプリ機能を制限するには、次のようにグループポリシーを設定します。

1 管理用テンプレートファイルをコピーする

2 セントラルストアを作成する

3 グループポリシーを編集する

4 グループポリシーを更新する

▼ポリシー設定（タブブラウズを無効にする）

ドメインを利用しているクライアントWindowsでは、Windowsコンポーネントに位置付けられているアプリケーションやシステムの挙動や機能をグループポリシーで制御することが可能です。具体的には、設定項目が管理用テンプレートファイルとして用意されているので、それらを編集するかたちになります。

セントラルストアは、初期設定では未作成ですが、複数のドメインコントローラーが存在する場合に設定の手間を省く効果があります。

グループポリシーでのEdgeのカスタマイズは、グループポリシー管理エディターを使って、ほかのWindows関係の設定と同じように行います。非常に多くの設定項目があるので、探すのが大変かもしれません（フィルター機能を利用すると探しやすくなるでしょう）。

グループポリシーによって多くの変更を行うと、設定項目が多いので、どこの何の設定を行ったかわからなくなります。重要なGPOは、「グループポリシーの管理」を使って必ずバックアップしておいてください。

1 Server での
キーワード

2 導入から
運用まで

3 Active Directory
の基本

4 Active Directory
での管理

5 ポリシーと
セキュリティ

6 ファイル
サーバー

7 仮想化と
仮想マシン

8 サーバーと
クライアント

9 システムの
メンテナンス

10 PowerShell
での管理

5.4.1 管理用テンプレートでアプリの動作を制御する

Onepoint

　ドメインに参加するWindows上で起動するEdge（EdgeやWindowsのバージョンによって設定できるものとできないものがあります）は、ドメインコントローラーからのグループポリシーによって、その挙動を制御することが可能です。

ポリシー管理用テンプレートファイルをコピーする

Onepoint

　ここでは、Windows 11 ProをクライアントWindowsとし、そのポリシー管理用テンプレートファイル（PolicyDefinitionsフォルダー内）をWindows Server 2022にコピーするため、USBメモリにコピーしています。

▼ Windows 11 Pro

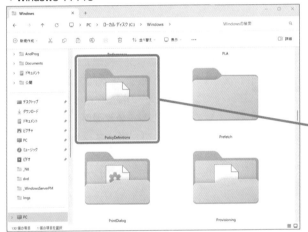

USBメモリにコピーする

1 Windows 11 Proのエクスプローラーで「%SystemRoot%」（通常は「C:¥Windows」）を開き、「PolicyDefinitions」フォルダーをUSBメモリにコピーします。

セントラルストアを作成する

Onepoint

　ドメインコントローラーからグループポリシーを制御するための管理用テンプレートファイルは、デフォルトでは「%SystemRoot%¥PolicyDefinitions」フォルダーに作成されています。小規模なドメイン利用では、これでもかまいませんが、ドメインコントローラーを複数持つ場合には、「PolicyDefinitions」フォルダーに同じ内容の管理設定ファイルを複製する手間がかかります。そこで、セントラルストアを作成します。**セントラルストア**は、ドメインコントローラー間でテンプレートファイルを複製するための仕組みです。

　なお、ドメインコントローラーを複数運用している場合は、プライマリドメインコントローラー上に作成するようにしてください。

▼Windows Server 2022

1 Windows Server 2022コンピューターにUSBメモリをセットし、エクスプローラーで開いて、内部に保存したクライアントWindowsのポリシー管理用テンプレートファイルを「%SystemRoot%¥SYSVOL¥domain¥Policies」フォルダーにコピーします。

5.4 Edgeのポリシー設定の編集をする

グループポリシー管理エディターで「管理用テンプレート」から「Windowsコンポーネント」を展開し、「Microsoft Edge」に関する設定項目を探します。なお、右ペインで「拡張」表示にしていると、設定できるEdgeやWindowsのバージョンや設定内容の説明を確認することができます。

▼グループポリシー管理エディター

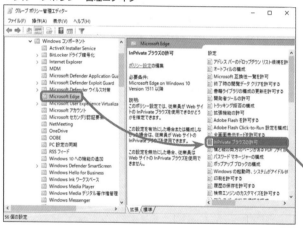

[InPrivateブラウズの許可]を
ダブルクリックする

1 **グループポリシー管理エディター**で任意のグループポリシーを開き、左ペインで**コンピューターの構成**または**ユーザーの構成**から**ポリシー➡管理用テンプレート➡Windowsコンポーネント➡Microsoft Edge**を展開し、右ペインの**InPrivateブラウズの許可**をダブルクリックします。

▼タブブラウズを無効にする

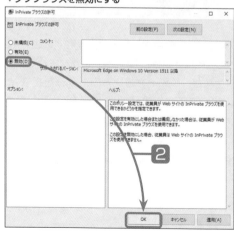

2 **無効**を選択してオプションを設定したら、**OK**ボタンをクリックします。

240

グループポリシーでユーザーのアプリを管理する

▼グループポリシー管理エディター

1 Serverでの キーワード

2 導入から 運用まで

3 Active Directory の基本

4 Active Directory での管理

5 ポリシーと セキュリティ

6 ファイル サーバー

7 仮想化と 仮想マシン

8 サーバーと クライアント

9 システムの メンテナンス

10 PowerShell での管理

3 この設定が無効になりました。

Onepoint

続けて設定するときには、**適用ボタン**をクリックし、**次の設定ボタン**をクリックします。

Onepoint

セントラルストア方式のテンプレートファイルの管理をやめたいときには、「%SystemRoot%¥SYSVOL¥domain¥Policies¥Policy Definitions」フォルダーを削除します。

Memo ローカルまたはセントラルか

「%SystemRoot%¥SYSVOL¥domain¥Policies¥PolicyDefinitions」フォルダーが作成されると、グループポリシーはセントラルストアが作成されたことになります。これにより、ファイルレプリケーションサービスによって、すべてのドメインコントローラーにこの複製がレプリケートされます。

グループポリシーが初期設定されているローカルの管理用テンプレートファイルを参照しているのか、それともセントラルストアの管理用テンプレートファイルを参照しているのかを確認するには、**グループポリシー管理エディター**で**管理用テンプレート**を選択したとき、その後ろの表示が「ローカル」なのか「セントラルストア」なのかを見ます。

Onepoint UEFIセキュアブート

UEFIセキュアブートは、Windows Serverの起動時に、ハードウェアの製造元に信頼されているファームウェアやソフトウェアのみが起動できるようにする仕組みです。Windows ServerのインストールされているPCが起動するとき、ファームウェアはファームウェアドライバーやブートコンポーネントの署名をチェックします。

UEFIセキュアブートを有効にするには、PCの起動時にBIOS設定を開いて、セキュアブートに関する設定を有効にします。

Windows Serverが起動している場合、セキュアブートが有効かどうかを確認するには、**システム情報**ウィンドウを開き、システム要件の**セキュアブートの状態**を確認します。

Section

5.5

セキュリティポリシーを設定する

Level ★ ★ ★ | Keyword アカウントポリシー パスワードポリシー アカウントロックアウトポリシー

ネットワーク管理者としては、セキュリティ対策が最大の関心事であることでしょう。その中でも、ユーザーの設定するパスワードの重要性を教育することは簡単なことではありません。パスワードとログオンに関するポリシーを効果的に運用するにも、グループポリシーを利用することができます。

> **ここがポイント！**

GPOやPSOを使ってセキュリティポリシーを設定する

グループポリシーを使って、セキュリティポリシーを設定するには、次のように操作します。

❶ パスワードポリシーを設定する

パスワードの長さ

パスワードの変更禁止期間

パスワードの複雑さ

パスワードの有効期間

❷ アカウントロックアウトポリシーを設定する

しきい値

カウンタのリセット

期間

▼パスワードポリシーの設定

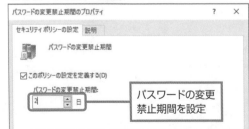

パスワードの変更禁止期間を設定

セキュリティを確保する重要な要素は、パスワードおよびそれを使用するアカウント認証時の操作です。パスワードが見破られれば、ユーザーとしてログオンしてもコンピューターには判断できないからです。

アカウントに関するポリシーを**アカウントポリシー**といい、パスワードポリシーやアカウントロックアウトポリシーなどが含まれます。

パスワードポリシーでは、パスワードの長さ、複雑さ、有効期間、変更禁止期間、履歴の記録などを設定することができます。標準ユーザー用と管理者用とで異なるパスワードポリシーを設定するのが一般的です。もちろん、管理者の方に強力なパスワードを設定します。

アカウントロックアウトポリシーでは、「ユーザー名とパスワードによる認証が失敗した場合、どれくらいの間、そのユーザー名によるアカウント認証をロックさせるか」といったセキュリティ対策を定めます。銀行のCDで、カードによるパスワード認証をある回数間違うと、そのカードが使えなくなるのと同じです。

1
Serverでの
キーワード

2
導入から
運用まで

3
Active Directory
の基本

4
Active Directory
での管理

5
ポリシーと
セキュリティ

6
ファイル
サーバー

7
仮想化と
仮想マシン

8
サーバーと
クライアント

9
システムの
メンテナンス

10
PowerShell
での管理

5.5.1 パスワードポリシー

パスワードポリシーは、ユーザーのパスワードを設定するための指針を示したものです。このポリシーの条件を満たさないパスワード設定はできません。したがって、パスワードポリシーは、セキュリティの要であるユーザーアカウントを設定する上で非常に重要な機能であることがわかると思います。

パスワードポリシーの内容

パスワードポリシーは、ドメインアカウントやローカルユーザーアカウントに対して適用されます。このポリシーによって、パスワードの適用や有効期間などが設定されます。

Windows Serverには、パスワードに関するポリシーが6つ用意されています。これらのポリシーを適切に設定し、またユーザーにはこれらのポリシーの意味を説明して、いつもポリシーが満たされるように教育・指導しなければなりません。

これらのポリシー設定は、管理ツールの**ドメインセキュリティポリシー**または**ローカルセキュリティポリシー**によって行います。変更するには、それぞれのコンソールの右ペインで、変更するポリシーをダブルクリックします。

また、ドメインコントローラー以外のWindows Serverでは、デフォルトの設定ではこれらのポリシーが定義されていないものもあるので、注意が必要です。Active Directoryを利用してドメインにログオンする場合には、ドメインコントローラーによってポリシーが適用されますが、メンバーサーバーのローカルユーザー用のパスワードポリシーは、メンバーサーバーごとに設定しなければなりません。

▼パスワードに関するポリシー

- ●パスワードの履歴を記録する
- ●パスワードの有効期間
- ●パスワードの変更禁止期間
- ●パスワードの長さ
- ●パスワードは、複雑さの要件を満たす必要がある
- ●暗号化を元に戻せる状態でパスワードを保存する

グループポリシーでパスワードポリシーを設定する

パスワードポリシーを適切に設定することは、ユーザーにセキュリティへの関心を高める上でも効果があります。しかし、管理者は日常の業務とパスワードのポリシーとの関わりを考えなければなりません。パスワードの有効期間が短いほどセキュリティは高まりますが、四六時中変わっていては業務に支障をきたします。これは、パスワードの複雑さにも当てはまります。あまりにも複雑なパスワードを設定すると、管理者にパスワードのリセットが頻繁に持ち込まれてしまうため、適度なものに設定しましょう。ポイントは、6つのポリシーをバランスよく設定することです。

▼グループポリシーの管理

1 **グループポリシーの管理**コンソールを起動し、左ペインで**グループポリシーオブジェクト**ノードを展開して、設定対象のGPOを右クリックし、**編集**を選択します。

▼グループポリシー管理エディター

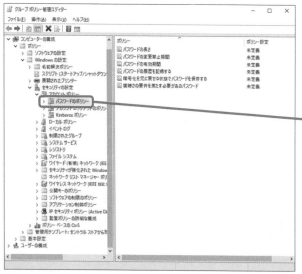

2 **グループポリシー管理エディター**が開きます。**コンピューターの構成➡ポリシー➡Windowsの設定➡セキュリティの設定➡アカウントポリシー**を展開し、**パスワードのポリシー**を選択します。

[パスワードのポリシー]を選択する

パスワードの長さ

パスワードの長さには、ユーザーアカウントのパスワードに使用できる最小文字数を設定します。「1」～「14」の範囲で設定します。文字数を「0」に設定すると、パスワードが不要になります。ドメインコントローラーの既定値は「7」です。スタンドアローンサーバーの既定値は「0」です。メンバーコンピューターはそのドメインコントローラーの構成に従います。

▼パスワードの長さのプロパティ

パスワードの長さを設定する

1
Server での
キーワード

2
導入から
運用まで

3
Active Directory
の基本

4
Active Directory
での管理

5
ポリシーと
セキュリティ

6
ファイル
サーバー

7
仮想化と
仮想マシン

8
サーバーと
クライアント

9
システムの
メンテナンス

10
PowerShell
での管理

パスワードの変更禁止期間

　パスワードの変更禁止期間には、パスワードが変更できるようになるまでの期間（日数）を設定します。したがって、この期間内は、同じパスワードを使わなければなりません。「1」～「998」の範囲の日数を指定します。日数を「0」に設定すると、いつでも変更できます。

　パスワードの変更禁止期間は、パスワード有効期間よりも短い値を設定します。なお、パスワードの履歴を記録する場合は、パスワードの変更禁止期間を「1」以上に設定します。ドメインコントローラーの場合、既定値は「1」です。スタンドアローンサーバーの場合、既定値は「0」です。また、メンバーコンピューターはそのドメインコントローラーの構成に従います。

▼パスワードの変更禁止期間のプロパティ

パスワードの変更禁止期間を設定する

パスワードの有効期間

　パスワードの有効期間には、同一のパスワードを使用できる期間（日数）を設定します。この期間を過ぎると、パスワードを変更するようにシステムから要求されます。設定は、有効期間として「1」～「999」の範囲の日数を設定します。「0」に設定すると、パスワードの有効期限が設定されません。パスワードの有効期間を「1」～「999」日で設定した場合、パスワード変更禁止期間にはこれより短い日数を設定します。パスワードの有効期間に「0」を設定した場合は、パスワード変更禁止期間として「0」～「998」の範囲の日数を設定できます。既定値は「42」日です。

▼パスワードの有効期間のプロパティ

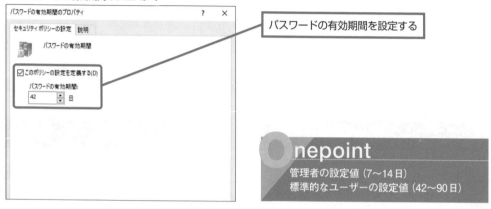

パスワードの有効期間を設定する

Onepoint
管理者の設定値（7～14日）
標準的なユーザーの設定値（42～90日）

パスワードの履歴を記録する

　パスワードの履歴を記録するには、以前使ったことがあるパスワードを再び使用できるようにするまでのパスワードの変更回数を設定します。「0」から「24」までの値を指定できます。
　このポリシーを使用すると、古いパスワードの継続使用を防ぐことができ、セキュリティを強化できます。既定値は、ドメインコントローラーの場合は24回で、スタンドアローンサーバーの場合は0回です。メンバーコンピューターはそのドメインコントローラーの構成に従います。

▼パスワードの履歴を記録するのプロパティ

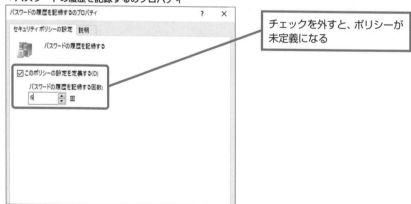

チェックを外すと、ポリシーが未定義になる

1
Server での
キーワード

2
導入から
運用まで

3
Active Directory
の基本

4
Active Directory
での管理

5
ポリシーと
セキュリティ

6
ファイル
サーバー

7
仮想化と
仮想マシン

8
サーバーと
クライアント

9
システムの
メンテナンス

10
PowerShell
での管理

パスワードは要求する複雑さを満たす

Onepoint

　複雑さの要件を満たす必要があるパスワードには、パスワードの複雑さの程度を設定します。この
ポリシーを有効にすると、パスワードは次の要件を満たす必要があります。

- ユーザーのアカウント名の全部または一部（連続する3文字以上）を使用しない。
- 長さは6文字以上にする。
- 次の4つのカテゴリのうち3つから文字を使う。
  - 英大文字（A ～ Z）
  - 英小文字（a ～ z）
  - 10進数の数字（0 ～ 9）
  - アルファベット以外の文字（!、$、#、% など）

▼複雑さの要件を満たす必要があるパスワードのプロパティ

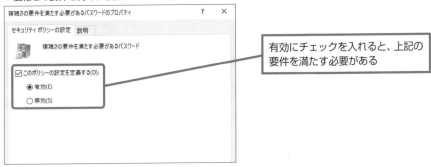

有効にチェックを入れると、上記の
要件を満たす必要がある

暗号化を元に戻せる状態でパスワードを保存する

　暗号化を元に戻せる状態でパスワードを保存するのセキュリティ設定では、「暗号化を元に戻せる
状態でパスワードをオペレーティングシステムに保存するかどうか」を決定します。このポリシーを
有効にしなければならないのは、認証用にユーザーパスワード情報が必要なプロトコルを使用する場
合です。このポリシーを有効にすると、パスワードがプレーンテキストで保存されるのと同じことに
なり、セキュリティの強度は下がります。既定値は「無効」です。

▼暗号化を元に戻せる状態でパスワードを保存するのプロパティ

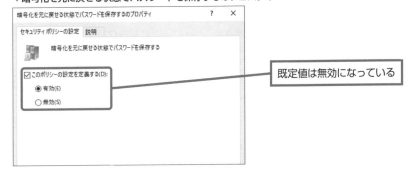

既定値は無効になっている

5.5.2　アカウントロックアウトポリシー

サーバーを攻撃する手段として最も一般的に使用されるのは、「ユーザー名とパスワードの組み合わせを順番に試していく」というものです。コンピューターにプログラムを組んで自動化すれば、膨大な組み合わせがあったとしても、セキュリティを破るまでにそれほど日数がかからないかもしれません。

そこで、このような攻撃に対して、パスワードポリシーの設定と組み合わせて使用することで威力を発揮するのが、**アカウントロックアウトポリシー**です。

アカウントロックアウトポリシーの内容

アカウントロックアウトとは、「ユーザーがアカウントを入力して認証を求める際、アカウントロックアウトポリシーで設定された回数だけパスワードを間違うと、ある一定時間、認証作業が**ロックアウト**される」というものです。つまり、アカウントを順番に試してくる攻撃に対して、タイムロスを作ることで、セキュリティを高めるはたらきをします。

コンピューターに不慣れなユーザーでは、認証の際に CapsLock キーのオン／オフやカナ入力モードでのキー操作によって、パスワード入力のミスを繰り返すことがあります。アカウントロックアウトの存在や入力モードによる入力ミスの可能性について教育することが必要です。

アカウントロックアウトポリシーには、次の3つのポリシーが設定できます。デフォルトの設定では、アカウントロックアウトポリシーは実質的に設定されていません。したがって、セキュリティを高めるためには、手動で設定する必要があります。

- ●アカウントのロックアウトのしきい値
- ●ロックアウトカウンターのリセット
- ●ロックアウト期間

グループポリシーでアカウントロックアウトを設定する

グループポリシー管理エディターで探す場合、アカウントロックアウトポリシーの所在はパスワードポリシーと同じ場所です。

▼グループポリシーの管理

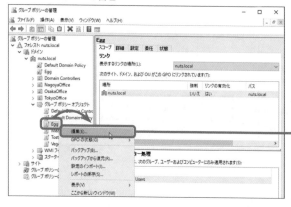

1 **グループポリシーの管理**コンソールを起動し、左のペインで**グループポリシーオブジェクト**ノードを展開して、設定対象のGPOを右クリックし、**編集**を選択します。

右クリックして、[編集]を選択する

5.5

セキュリティポリシーを設定する

1
Server その
キーワード

2
導入から
運用まで

3
Active Directory
の基本

4
Active Directory
での管理

5
ポリシーと
セキュリティ

6
ファイル
サーバー

7
仮想化と
仮想マシン

8
サーバーと
クライアント

9
システムの
メンテナンス

10
PowerShell
での管理

▼グループポリシー管理エディター

2 グループポリシー管理エディターが開きます。コンピューターの構成➡ポリシー➡Windowsの設定➡セキュリティの設定➡アカウントポリシーを展開し、アカウントロックアウトのポリシーを選択します。

[アカウントロックアウトのポリシー]を選択する

Memo｜アクセス許可の継承

マルチユーザーOSでもあるWindows Serverには、ログオンしたユーザーに対するアクセス許可の仕組みがあります。例えば、ほかの人に実行されては困るファイルには、自分にだけ「ファイルの実行」を「許可」します（SYSTEMやAdministratorsには標準で「許可」されます）。明示的に実行が「許可」されないファイルは、実行できなくなります。

ファイルのアクセス許可は、ファイルの実行だけではありません。ファイルの読み取り、ファイルの作成や上書き、ファイルの削除のほか、属性の読み取りや書き込み、アクセス許可の読み取りや変更、所有権の取得などの許可を与えるか与えないかを設定できます。

このようなアクセス許可は、通常はフォルダーに対して設定します。一般的な設定では、フォルダー内の

ファイルやフォルダーのすべてに同じアクセス許可設定が行われるためです。つまり、下位の子フォルダーには上位の親フォルダーのアクセス許可の設定が継承されるのです。アクセス許可設定がなされている親フォルダー内の子フォルダーで、上位の親フォルダーから継承されるアクセス許可を変更したいときは、その子フォルダーのアクセス許可設定で任意の許可を追加設定、つまり設定の上書きを行います。これで、親フォルダー内のほかのファイルや子フォルダーに影響を与えず、任意の子フォルダーだけに別のアクセス許可を設定することができます。

なお、**セキュリティの詳細設定**ウィンドウの**アクセス許可**タブで**継承の無効化**を実行すると、子フォルダーが親フォルダーからの継承をしないようにすることもできます。

セキュリティの詳細設定

アクセス許可の継承をしないように設定できる

アカウントのロックアウトのしきい値

Onepoint

　アカウントのロックアウトのしきい値のポリシーは、アカウントロックアウトを実行するパスワードの入力エラーの回数です。この設定回数だけパスワードの入力操作を連続してミスすると、認証操作がロックアウトされます。既定値は「0」回になっています。つまり、デフォルトではロックアウトは実行されません。

　このポリシーが設定されると、自動的に「ロックアウトカウンターのリセット」と「ロックアウト期間」の2つのポリシーが30分に設定されます。

▼アカウントのロックアウトのしきい値のプロパティ

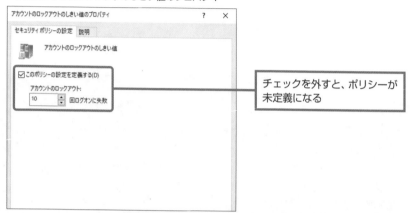

ロックアウトカウンターのリセット

Onepoint

　ロックアウトカウンターのリセットのポリシーでは、最後にパスワードの入力ミスがあったあと、そのエラーカウンターを0に戻すまでの時間を設定できます。既定値は未定義です。したがって、デフォルトでは、アカウントのロックアウトのしきい値を設定しても、ロックアウトカウンターのリセットは実行されず、ロックアウトが実行されるまでエラー回数は積み上がります。

▼ロックアウトカウンターのリセット

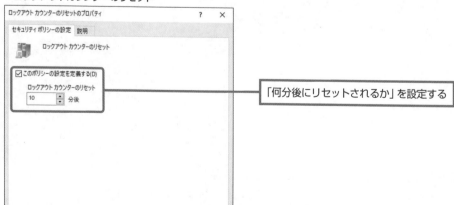

1 Setup での
キーワード
2 導入から
運用まで
3 Active Directory
の基本
4 Active Directory
での管理
5 ポリシーと
セキュリティ
6 ファイル
サーバー
7 仮想化と
仮想マシン
8 サーバーと
クライアント
9 システムの
メンテナンス
10 PowerShell
での管理

ロックアウト期間

ロックアウト期間のポリシーは、ロックアウトしている時間を設定します。既定値は未定義です。「0」を設定すると、自動解除は行われなくなり、管理者によって手動でロックアウトを解除してもらわなければなりません。

▼ロックアウト期間のプロパティ

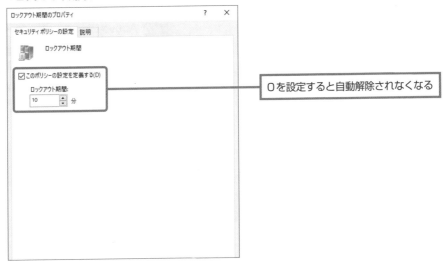

0を設定すると自動解除されなくなる

バランスよく強力なアカウントロックアウトポリシー

アカウントロックアウトポリシーは、アカウントを順番に試行する攻撃に対して、その成功を遅らせる非常に有効なセキュリティ方法です。しかし、実務レベルでは、コンピューターの使用環境をよく吟味してからアカウント設定を行う必要があります。

例えば、コンピューター操作に熟練した少人数のオフィスで使用する場合には、ポリシーを高く設定しておくことが可能です。正当な使用者による入力ミスの可能性が低いからです。しかし、大勢の人間が不特定のコンピューターをActive Directoryで利用している場合では、アカウントの入力ミスはごく日常的に起きます。アカウントポリシーをあまり高く設定すると、コンピューターのロックアウトが頻発し、業務に支障をきたします。また、管理者の業務も増加します。

管理者は、実際の運用においてユーザーに不便をかけず、しかもセキュリティを高く維持できるポリシーの値を探る必要があります。

ここには、SOHO環境での強力なアカウントロックアウトポリシーの推奨値を掲げています。これを参考に、職場に合った設定を行ってください。

▼強力なアカウントロックアウトポリシーの設定

ポリシー	推奨値
アカウントのロックアウトのしきい値	5回ログオンに失敗
ロックアウトカウンターのリセット	30分
ロックアウト期間	30分

アカウントロックアウトを解除する

Onepoint

アカウントロックアウトポリシーによってロックアウトされたユーザーのロックアウトを手動で解除するには、管理者に依頼します。管理者は、**Active Directory ユーザーとコンピューター**などを使って、アカウントロックされているユーザーのプロパティを開き、**アカウント**タブで解除の操作を行います。

▼Active Directory ユーザーとコンピューター

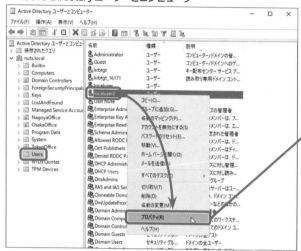

1 **Active Directory ユーザーとコンピューター**を開き、左ペインのユーザーの所属しているフォルダーを展開して、目的のユーザー名を右クリックし、**プロパティ**を選択します。

[プロパティ]を選択する

▼アカウントタブ

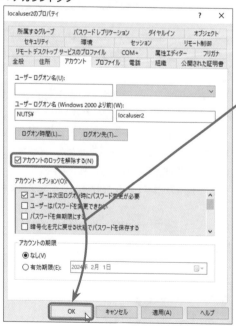

2 **アカウント**タブで、**アカウントのロックを解除する**にチェックを付けて、**OK**ボタンをクリックします。

[アカウントのロックを解除する] にチェックを付ける

5.5.3　PSOを使ってパスワードポリシーを細かく設定する

GPOは、ドメインやサイト、それにOUを単位として設定することができます。特定のグループや個人アカウントに対して特定のパスワードポリシーを設定したいときは、PSO（パスワード設定オブジェクト）を使用します。

PSOを作成する

PSOオブジェクトは、Active Directoryコンテナーオブジェクトの一種であり、**Active Directory ユーザーとコンピューター**コンソールを拡張表示モードで表示すると、そのコンソールツリーに表示される特殊なコンテナー（Password Settings Container）です。

このPSOは、グローバルセキュリティグループオブジェクトやユーザーオブジェクトに対して、効力を発揮します。ドメイン全体にはGPOで既定となるパスワードポリシーを設定しておき、特定のグループや個人（ユーザー）にはPSOで特別なパスワードポリシーを設定するとよいでしょう。なお、PSOはGPOと異なり、OUには設定できません。

きめ細かなパスワードポリシーを設定するには、**Active Directory管理センター**を使用するのが簡単で便利です。

▼サーバーマネージャー

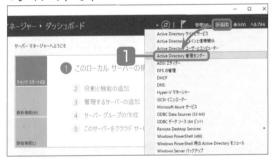

1 サーバーマネージャーの**ツール**メニューから**Active Directory管理センター**を選択します。

2 左ペインで対象のドメインを選択し、中央ペインから**System**をダブルクリックします。

3 中央ペインから**Password Settings Container**をダブルクリックします。

▼Active Directory管理センター

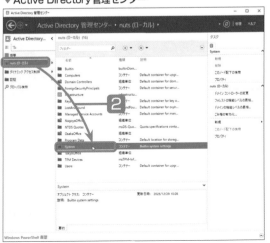

▼Active Directory管理センター

4 タスクペインにおいて**Password Settings Container**欄から**新規➡パスワード**を選択します。

▼ Active Directory 管理センター

5 **パスワードの設定の作成**ウィンドウが開きます。**パスワードの設定**欄でパスワードオプションを設定します。パスワードオプションの設定が終了したら、**直接の適用先**欄の**追加**ボタンをクリックします。

▼パスワードの設定の作成

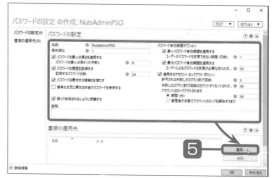

6 **ユーザーまたはグループの選択**ウィンドウが開きます。PSOを設定するグループやユーザーを設定して、**OK**ボタンをクリックします。

▼ユーザーまたはグループの選択

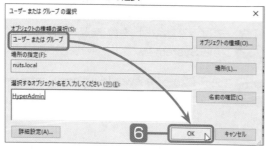

7 直接の適用先が設定されました。**OK**ボタンをクリックします。

▼パスワードの設定の作成

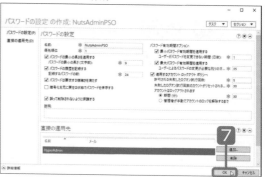

8 PSOが設定されました。

▼ Active Directory 管理センター

Windows Defenderファイアウォールは、従来、ルーターなどで設定されていたネットワークによる外部からの不正な侵入を監視あるいは遮断する機能（**境界ネットワーク**）を、Windows自身が行えるものです。なお、Windows ServerのWindowsファイアウォールは、外部から明示的に起動しなくてもデフォルトで有効になっており、役割や機能を追加すると自動的に例外設定が設定されます。

ここが
ポイント!

ファイアウォールの機能を設定する

Windowsのファイアウォールの機能を設定するには、次のように操作します。

1 セキュリティが強化されたファイア ウォールを起動する

2 受信の規則を設定する

3 送信の規則を設定する

▼ファイアウォール

デフォルトではWindowsファイアウォールが
有効に設定されている

Windows Serverの**ファイアウォール**の機能には、2つあります。**Windows Defenderファイアウォール**は、強力なファイアウォールが別の機器などによって設定されていたり、LAN内で使用することを想定したもので、Windows 11/10と同程度の機能です。そのため、機能的には劣りますが、設定は簡単です。

一方、サーバーにふさわしいファイアウォール機能が、**セキュリティが強化されたWindowsファイアウォール**です。詳細な設定が可能なのですが、役割や機能の追加／削除操作による受信や送信の防御・通過といった設定を、自動的に行ってくれます。

「セキュリティが強化されたWindowsファイアウォール」と命名されているWindows Serverのファイアウォールは、ネットワークを通した外部からの通信を監視して適切な処置を行うほか、コンピューター内部から外部へのアクセスも制御します。また、ネットワークを流れるIPパケットを暗号化するIPsec機能も併せ持っています。

Windows Defenderファイアウォールは、Windows自身が持つファイアウォールの機能といったもので、ホームネットワークで使用するレベルと考えてよいでしょう。Windows Serverには、サーバー用として**セキュリティが強化されたWindowsファイアウォール**が用意されています。

ファイアウォール

ネット経由によりサーバーが攻撃を受けないようにするには、ポートスキャンツールなどを使ってポートをスキャンし、使っていないポートがあればアプリケーションを停止したり削除したりして、セキュリティを高める方法があります。

ファイアウォールによるセキュリティでは、防御壁を設けてサービスがパケットに直接さらされるのを防ぎます。Windows Serverに搭載されている**Windows Defenderファイアウォール**は、内部のネットワークから外部に向かって送信された情報を記録し、外部からやってくるデータの情報を照らし合わせ、内部からのリクエストに応えたものかどうかを判断して、パケットをスルー／シャットアウトします。したがって、外部から攻撃目的で発せられたパケットは、このインターネット接続ファイアウォールによってブロックされ、サービスにまで届くことはなくなります。

ただし、本格的にセキュリティを確保する場合は、**セキュリティが強化されたWindowsファイアウォール**を導入してください。

▼インターネット接続ファイアウォール

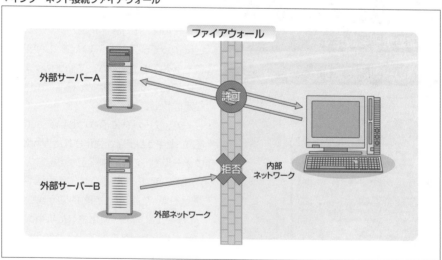

1
Serverでの
キーワード

2
導入から
運用まで

3
Active Directory
の基本

4
Active Directory
での管理

5
ポリシーと
セキュリティ

6
ファイル
サーバー

7
仮想化と
仮想マシン

8
サーバーと
クライアント

9
システムの
メンテナンス

10
PowerShell
での管理

Windows Defenderファイアウォールを設定する

Windows ServerのWindows Defenderファイアウォールは、Windows 11/10に搭載されているものと、内容や操作はよく似ていて単純です。

外部からコンピューター内部への通信許可やプログラムごとのネットワークアクセス許可を設定するのであれば、セキュリティが強化されたファイアウォールよりも、簡単に設定できます。

▼Windows Defenderファイアウォール

1 コントロールパネルから、**セキュリティ**➡**Windows Defenderファイアウォール**を選択し、**Windows Defenderファイアウォールの有効化または無効化**をクリックします。

▼設定のカスタマイズ

2 **設定のカスタマイズ**パネルが開きます。3つの設定項目ごとに有効／無効を設定し、**OK**ボタンをクリックします。

Onepoint　Windows Serverのファイアウォールは、**役割の追加や削除**によって自動的にファイアウォールが設定されるため、管理者が手動でアクセスの受信や送信の設定をしなければならないことは、ほとんどありません。

Attention　テストやメンテナンスで一時的にファイアウォールの設定内容を変更することもあると思いますが、自動的に設定されている内容をむやみに変更すると、それまで正常に起動していたプログラムやサービスの利用ができなくなる恐れもあります。変更前の内容をメモしてから作業を行うようにしてください。

受信/送信の規則を変更する

プログラムやサービスのプロトコルごとに、受信の規則や送信の規則を設定できます。多くの規則が一覧表示される場合は、操作ペインの**フィルター機能**を使って、絞り込むことも可能です。

ここでは、受信の規則の変更方法を説明していますが、送信の規則の変更は、コンソールツリーで**送信の規則**を選択する操作が異なるだけで、あとの操作手順は受信の規則と同じです。

▼サーバーマネージャー

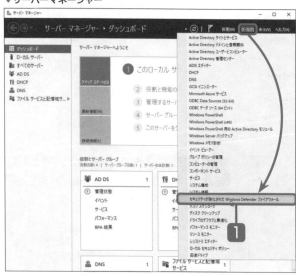

1 サーバーマネージャーの**ツール**メニューから、**セキュリティが強化された Windowsファイアウォール**を開きます。

Onepoint　セキュリティが強化されたWindowsファイアウォールは、サーバーマネージャーの左ペインのコンソールツリーでは、「構成」ノードの下層にあります。**スタートメニュー**のWindows管理ツールにもショートカットがあります。

Onepoint　サーバーマネージャーなどMMCのペインの境を広げるには、境のしきいにマウスカーソルを重ねて、形状が変化したら、左右（上下）にドラッグします。

▼ペイン間のしきい

▼ファイアウォール用のプロファイル

プロファイル	説明
ドメイン	ドメインネットワーク用のプロファイル
プライベート	ワークグループネットワーク用のプロファイル
パブリック	公衆無線LAN用のプロファイル

マウスカーソルの形状が
変化したらドラッグする

1
Server での
キーワード

2
導入から
運用まで

3
Active Directory
の基本

4
Active Directory
での管理

5
ポリシーと
セキュリティ

6
ファイル
サーバー

7
仮想化と
仮想マシン

8
サーバーと
クライアント

9
システムの
メンテナンス

10
PowerShell
での管理

2 コンソールツリーから**受信の規則**ノードを選択し、**受信の規則**ウィンドウに表示される規則一覧から、設定する規則をダブルクリックします。

3 設定する受信の規則のプロパティが開きます。設定が終了したら、**OK**ボタンをクリックします。

▼受信の規則

設定する規則をダブルクリックする

▼受信の規則

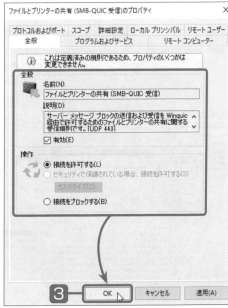

▼強化された Windows ファイアウォール

受信規則が
変更された。

4 受信規則が変更されました。

Onepoint
操作ペインを使えば、プロパティを開かなくても、有効／無効を切り替えることができます。

規則を新規に作成する

自動化されない特定のプロトコルやプログラムのファイアウォールの通過を設定するには、専用の
ウィザードを使用して規則を設定することも可能です。
ここでは、特定のプログラムに対するファイアウォールの受信の規則を設定します。

1 **セキュリティが強化されたWindowsファイア
ウォール**を開き、コンソールツリーで**受信の規
則**ノードを右クリックして、**新しい規則**を選択
します。

2 **新規の受信の規則ウィザード**が開きます。**プロ
グラム**を選択して、**次へ**ボタンをクリックしま
す。

▼セキュリティが強化されたWindowsファイアウォール

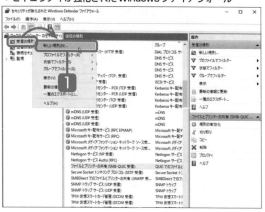

▼規則の種類

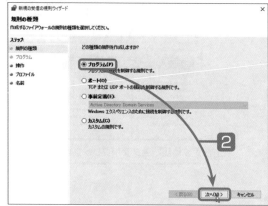

▼規則の種類

規則の種類	説明
プログラム	プログラムに対して接続許可を設定できる。プログラムの実行ファイルがわかれば、ポートなどが不明でも設定可能。
ポート	リモートユーザー、リモートコンピューター用の接続許可を設定できる。プロトコルとポートを指定する。
事前定義	コンピューターによる既知の操作を一覧から選択して、その接続許可を設定できる。
カスタム	上記の規則に含まれない特殊な条件について、接続許可の規則を設定できる。

▼プログラム

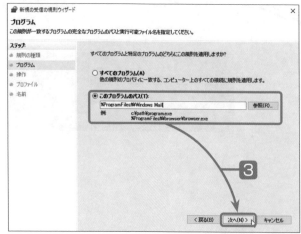

3 プログラムの実行ファイルをパス付で指
定し、**次へ**ボタンをクリックします。

1
Serverでの
キーワード

2
導入から
運用まで

3
Active Directory
の基本

4
Active Directory
での管理

5
ポリシーと
セキュリティ

6
ファイル
サーバー

7
仮想化と
仮想マシン

8
サーバーと
クライアント

9
システムの
メンテナンス

10
PowerShell
での管理

4 ファイアウォールの操作を設定して、**次へ**ボタンをクリックします。

▼操作

5 適用するプロファイルを選択し、**次へ**ボタンをクリックします。

▼プロファイル

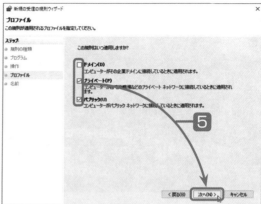

Memo
使用する場所を基準に設定します。

6 名前や説明を入力して、**完了**ボタンをクリックします。

▼名前

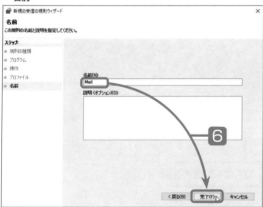

Memo
説明の入力は任意です。

7 規則が追加されました。

▼セキュリティが強化されたWindowsファイアウォール

5.7 暗号化でセキュリティを強化する

NTFSでフォーマットされたハードディスクを使用しているコンピューターであれば、そこに保存されているファイルに対しても強力なセキュリティを保たせることができます。

ファイルを**暗号化**するのもその1つの方法です。ファイルを暗号化しておけば、たとえファイルが持ち去られたとしても情報の機密は守られるからです。

ファイルやフォルダーを暗号化する

ファイルやフォルダーを暗号化するには、次のように操作します。

1 プロパティを開く
2 詳細設定を開く
3 暗号化を実行する

ファイルやフォルダーの暗号化には、**EFS**という暗号化技術が使われます。EFSのメリットの1つは、「暗号化したあとも、暗号化したユーザーはそれまでとまったく同じようにファイルやフォルダーを使える」という便利さです。暗号化したユーザーなら、暗号化されたファイルやフォルダーは、暗号化されたままコピーしたり移動したりすることもできます。

暗号化したユーザー以外のユーザーは、暗号化されたファイルを開くことができません。

暗号化の手順は、対象のプロパティを開き、その属性オプションで暗号化を設定するだけです。

▼属性の詳細

属性の詳細 ×

このフォルダーに適用する設定を選択してください。
プロパティダイアログで [OK] または [適用] をクリックすると、その変更をサブフォルダーやファイルにも適用するかどうかかたずねられます。

アーカイブ属性およびインデックス属性

☐ フォルダーをアーカイブ可能にする(A)
☑ このフォルダー内のファイルに対し、プロパティだけでなくコンテンツにもインデックスを付ける(I)

圧縮属性または暗号化属性

☐ 内容を圧縮してディスク領域を節約する(C)
☑ 内容を暗号化してデータをセキュリティで保護する(E)　詳細(D)

OK　キャンセル

暗号化を設定する

▼暗号化されたフォルダー／ファイル

名前が緑色になる

1
Serverでの
キーワード

2
導入から
移行まで

3
Active Directory
の基本

4
Active Directory
での設計

5
ポリシーと
セキュリティ

6
ファイル
サーバー

7
仮想化と
仮想マシン

8
サーバーと
クライアント

9
システムの
メンテナンス

10
PowerShell
での管理

5.7.1　ファイルやフォルダーの暗号化

Windows 2000から実装されているファイル暗号化の技術が、**EFS**（Encrypting File System）です。EFSを用いると、**NTFS**に保存されたファイルやフォルダーに対して暗号化が設定でき、セキュリティを高めることが可能です。

EFSは、**公開キー暗号化方式**をもとにしていて、暗号化が実行されると、ランダムに生成されたファイル暗号化キーにより暗号化が行われます。

EFSによって暗号化されたファイルやフォルダーには、暗号化したユーザー以外の者はアクセスできなくなります。しかし、暗号化した本人であれば、暗号化されたファイルやフォルダーであることを意識することなく、通常の作業を行うことができます。

ただし、EFSによって暗号化したデータをネットワーク経由で送信すると、基本的に暗号化は解除されてしまいます。

セキュリティ対策として非常に強力な暗号化ですが、実際の現場では暗号化されたファイルを復号できなければ困る場面もあります。データを暗号化した社員が突然退職したような場合です。このようなときは、回復エージェントに指定された管理者であればファイルを元に戻すことができます。

EFSでファイルやフォルダーを暗号化する

ファイルやフォルダーを暗号化する作業は、難しいものではありません。ファイルやフォルダーのプロパティから暗号化を設定します。なお、通常の使用では、フォルダーに対して暗号化を設定するようにします。このフォルダーに保存されたファイルはすべて暗号化されるため、新規に作成したファイルを暗号化し忘れたりする心配がありません。

暗号化されたデータは、暗号化したユーザーであれば、暗号化前と同じ操作で利用することができます。

▼エクスプローラー

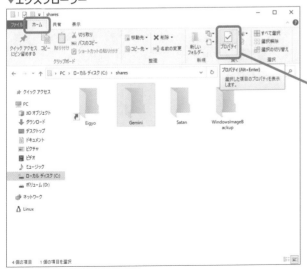

1 エクスプローラー機能で、暗号化するフォルダーを選択し、**ホーム**タブから**プロパティ**を選択します。

[プロパティ]を選択する

2 **全般**タブで**詳細設定**ボタンをクリックします。

3 **内容を暗号化してデータをセキュリティで保護する**にチェックを入れて、**OK**ボタンをクリックします。

▼全般タブ

▼属性の詳細

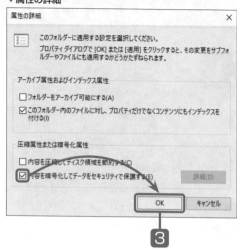

5 暗号化しようとするファイルが暗号化されていないフォルダーに保存されていると、暗号化に関する警告が表示されます。暗号化の適用範囲を選択して、OKボタンをクリックします。

▼暗号化に関する警告

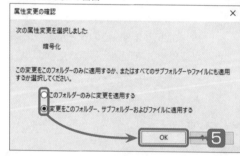

4 フォルダーのプロパティに戻ったら、OKボタンをクリックします。

▼プロパティ

6 フォルダーが暗号化されました。

▼エクスプローラー

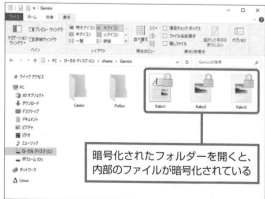

暗号化されたフォルダーを開くと、内部のファイルが暗号化されている

Section 5.8

悪意あるファイルの実行を防止する

Level ★★★　　　Keyword　DEP　データ　実行防止

メモリのオーバーフローによる脆弱性（ぜいじゃく）を突いた攻撃が、サーバーに対して行われると、システムに損傷を与えるだけではなく、保存されているファイルや、ときには電子メールの宛先にまで被害を及ぼすこともあります。このようなタイプの攻撃を未然に防ぐのが**データ実行防止**（DEP＊）です。

ここがポイント！

DEP機能を有効にする

データ実行防止機能を有効にするには、次のように操作します。

1. システムのプロパティを開く
2. 詳細設定タブを開く
3. パフォーマンスオプションを開く
4. データ実行防止を有効にする

▼データ実行防止の設定

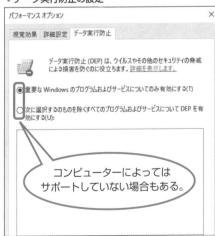

コンピューターによってはサポートしていない場合もある。

プロセッサが**DEP**対応ならば、BIOSで設定が有効になっていることを確認した上で、Windows Serverでは**ハードウェア実行防止機能**を有効にすることができます。

まず**システムのプロパティ**を開き、その**詳細設定**タブからパフォーマンスの設定用のダイアログボックスを開いて、データ実行防止（DEP）の設定をします。

なお、コンピューターによってはDEP機能が使えないものもあります。そのような場合には、パフォーマンスの設定用のダイアログボックスにその旨の説明が表示されます。

実行防止機能は、ウイルスなどの不正なプログラムがコンピューターに保存されるのを防ぐものではありません。この機能を完全に活用するためには、ハードウェア（プロセッサ）がこの機能をサポートしている必要があります。

＊**DEP**　Data Execution Preventionの略。

バッファオーバーフローやスタックオーバーフローなどの、システムの脆弱性を利用するウイルスやワームが、不正なコードを実行させる仕組みは次のとおりです。

非常に大きなサイズのデータ入力を受け付けてしまうようなプログラムミスがあると、あふれてしまったデータによって、ほかのデータ領域やスタック領域などを上書きされてしまうことがあります。コンピューターは、不正に上書きされたとは知らないまま、書き換えられた部分に埋め込まれた不正なプログラムコードを実行してしまうのです。

Windows Serverなどに実装された**データ実行防止**（**DEP**）の機能は、メモリに記憶されたコードについて、データなのかプログラムなのかを判断することができます。

プロセッサにデータ実行防止機能がない場合は、**ソフトウェアDEP**しか機能しませんが、この機能だけではデータ実行防止は不完全です。完全に活用するためには、Athlon 64やOpteronといった、データ実行防止機能付きのプロセッサが必要です。

データ実行防止機能を設定する

データ実行防止は、重要なWindowsプログラムやサービスについてのみ有効にするか、特定のプログラムに対して有効または無効を設定することができます。

データ実行防止機能を有効にする範囲については、**システムプロパティ**の**パフォーマンスオプション**ダイアログによって設定します。任意のプログラムの実行をDEPの例外にする場合も、このオプションで設定できます。

１ 設定パネルのホームから、**システム→詳細情報**を選択し、**詳細情報**パネルの右側にある**システムの詳細設定**をクリックします。

２ **システムのプロパティ**が開きました。**詳細設定**タブで、**パフォーマンス**欄の**設定**ボタンをクリックします。

▼詳細設定パネル

▼システムのプロパティ

3 パフォーマンスオプションダイアログが開きました。**データ実行防止**タブで、機能を有効にする範囲を設定して、**OK**ボタンをクリックします。

4 **OK**ボタンをクリックします。DEP機能は、システムの再起動後に有効になります。

▼パフォーマンスオプション

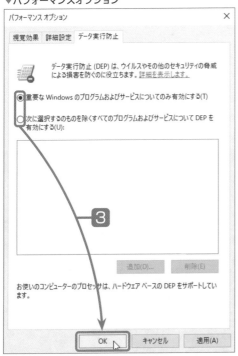

▼システム

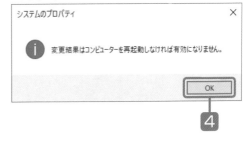

H int

特定のプログラムを例外とするには、**次に選択するものを除く〜**をチェックして追加ボタンをクリックし、プログラムの実行ファイルを設定します。一覧で先頭にチェックの付いているものは、DEPが無効のものです。

M emo

システムは自動で再起動しません。手動で再起動する必要があります。

5.8.2 DEPによってプログラムが閉じたら

DEPは、不正なデータやプログラムの保存を防止するものではありません。メモリを使ったある種の攻撃に対して有効な防御手段です。したがって、知らない間にDEPが実行されて、プログラムが閉じていたならば、別の手段によって、不正な侵入やウイルスの感染などの検出と対策を実行することが必要です。

まず、ファイアウォールが有効に作用していることを確認してください。システムが最新になっているかどうかも確認します。これには、**Windows Update**機能を使用します。できれば、定期的に自動で更新できるように設定しておきます。さらに、ウイルス対策用のソフトが動作していることを確認し、その定義ファイルを最新にして再スキャンを行います。

▼DEPが実行された場合の処理

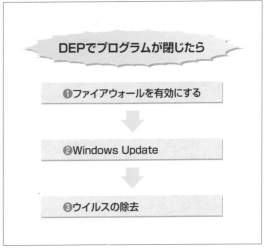

1 Server での キーワード
2 導入から 適用まで
3 Active Directory の基本
4 Active Directory での管理
5 ポリシーと セキュリティ
6 ファイル サーバー
7 仮想化と 仮想マシン
8 サーバーと クライアント
9 システムの メンテナンス
10 PowerShell での管理

もし、何らかのアプリケーションやデータなどを実行しているときにDEPによってプログラムが閉じるようならば、プログラムの供給元からDEP対応のバージョンを入手するか、プログラムが安全であることが確認できれば、そのプログラムをDEPの例外として設定します。設定方法は先ほどの「データ実行防止機能を設定する」を参照してください（**パフォーマンスオプション**ダイアログボックスの**データ実行防止**タブを開き、「**次に選択するものを除く〜**」をチェックして、例外を設定します）。

Memo ドメインに参加する

Active Directoryドメインサービスにクライアントコンピューターを参加させようというときには、クライアントコンピューターはActive Directoryドメインコントローラーなどの名前解決ができなければなりません。名前解決とは、「同じドメイン内にあるコンピューター名によって、そのコンピューターのIPアドレスがわかる」ことをいいます。インターネット上やイーサネットは、IPアドレスによってパケット通信を行う仕組みになっています。このIPアドレスとコンピューター名とを結び付ける仕組みが、名前解決を行うDNSサーバーです。

このためには、Windows 11/10などのWindowsコンピューターに限らず、macOSでもLinuxでも、とにかくActive Directoryドメイン内のコンピューターを探せるように名前解決のできるDNSサーバーを用意し、クライアントコンピューター側ではそのDNSサーバーを参照できるように設定するわけです。

名前解決ができるかどうかは、クライアントコンピューターで「nslookup」コマンドを使って名前解決を試してみることで調べられます。

次には、Active Directoryドメインのユーザーであることの認証、つまりActive Directoryドメインのメンバーとしてアカウントが作られている必要があります。これは重要なことです。Active Directoryドメインサービスにユーザー登録されていない場合は、Active Directoryドメインサービスを利用できません。すなわち、Windows Serverを利用できないのと同じです。

さて、WindowsネットワークによるActive Directoryドメインサービスを利用できる設定が完了していたとして、何かのトラブルによってネットワークが利用できなかったらどうなるのでしょう。Windows Server 2008 R2以降では、オフラインドメイン参加がサポートされています。

オフラインドメイン参加を利用するためには、まずWindows Serverでプロビジョニングファイルを作成します。PowerShellなどを管理者として起動し、「djoin.exe」を実行してプロビジョニングファイルを作成します。

次に、このファイルをクライアントWindowsにコピーし、クライアントWindowsで「djoin.exe」を実行して、オフラインドメイン参加ができるようにします。このときの実行には、クライアントWindowsのローカルコンピューターの管理者権限が必要です。

▼ Windows Serverでのdjoin実行

どのポリシーを
設定すればよいのでしょう

Active Directoryドメインサービスを利用する一般的な企業や組織は、数多くあるポリシーの設定項目のどこを設定すればよいのでしょうか。下表は標準的な設定項目の例です。いずれも、適切なグループポリシー（一般にはDefault Domain PolicyのGPO）をグループポリシーのオブジェクトウィンドウに開いて設定します。なお、下表の項目のほかに、Windows Updateについてのポリシーやシャットダウンについてのポリシーを設定することもあるでしょう。Active Directoryドメインサービスの使用環境に合わせてカスタマイズするようにしてください。

標準的なポリシーをカスタマイズ
するのがよいでしょう

▼標準的なポリシーの設定項目

場所	設定箇所	設定項目
パスワードポリシー	コンピューターの構成 ➡ ポリシー ➡ Windowsの設定➡セキュリティの設定➡アカウントポリシー	パスワードの長さ、パスワードの更新禁止期間、パスワードの有効期間、パスワードの履歴を記録する、暗号化を元に戻せる状態でパスワードを保存する など
監査ポリシー	コンピューターの構成 ➡ ポリシー ➡ Windowsの設定➡ローカルポリシー➡監査ポリシー	アカウントログオンイベントの監査、アカウント管理の監査、オブジェクトアクセスの監査、システムイベントの監査、ディレクトリサービスのアクセスの監査 など
ユーザー権利の割り当て	コンピューターの構成 ➡ ポリシー ➡ Windowsの設定➡ローカルポリシー➡ユーザー権利の割り当て	オブジェクトラベルの変更、グローバルオブジェクトの作成、サービスとしてのログオンの拒否、システムのシャットダウン、システム時刻の変更、シンボリックリンクの作成 など
セキュリティオプション	コンピューターの構成 ➡ ポリシー ➡ Windowsの設定➡ローカルポリシー➡セキュリティオプション	アカウント：Microsoftアカウントをブロックする、アカウント：Guestアカウント名の変更、デバイス：CD-ROMへのアクセスをローカルログオンユーザーだけに制限する、対話型ログオン：Ctrl+Alt+Delを必要としない など
ソフトウェアの制限ポリシー	コンピューターの構成 ➡ ポリシー ➡ Windowsの設定➡セキュリティの設定➡ソフトウェアの制限のポリシー	（適宜、設定してください）
ソフトウェアの制限ポリシー	ユーザーの構成➡ポリシー➡Windowsの設定➡セキュリティの設定➡ソフトウェアの制限のポリシー	（適宜、設定してください）
ソフトウェアの制限ポリシー	ユーザーの構成➡ポリシー➡Windowsの設定➡セキュリティの設定➡アプリケーション制御ポリシー	（適宜、設定してください）

Part 3

Windowsサーバー：
Windows Serverの
重要で便利な機能の数々

Active Directoryというインフラの上で機能するID管
理やリソースを共有するための機能など、利用頻度の高い
Windows Serverの様々な機能とメンテナンス方法を紹
介します。

1 Server での
キーワード

2 導入から
運用まで

3 Active Directory
の基本

4 Active Directory
での管理

5 ポリシーと
セキュリティ

6 ファイル
サーバー

7 仮想化と
仮想マシン

8 サーバーと
クライアント

9 システムの
メンテナンス

10 PowerShell
での管理

Perfect Master Series
Windows Server 2022

Chapter 6

ファイルサーバー

ネットワークを利用した日常の一般業務で非常に多く使われるのが、ファイルやフォルダーの共有です。Windows Serverでは、ネットワークを通して効率性の高い仕事環境を目指したネットワーク共有を実現できます。

Chapter 6では、ファイルサーバーとしてWindows Serverを設定し、セキュリティ設定を行います。

ファイルサーバーの役割をインストールする

Level ★★★　　Keyword　ファイルサーバー　ファイルサービス　サーバーマネージャー

クライアントにネットワーク上の共有フォルダーへのアクセスを提供するサービスを、**ファイルサービス**といいます。ただし、共有フォルダーを設定し、そこにアクセス権を設定するようなWindowsクライアントとの一般的なファイル共有であれば、ファイルサービスをインストールするまでもありません。役割でファイルサービスをインストールすると、ウィザードによる共有フォルダー設定やクォータ設定などが使えるようになります。

ここが
ポイント!

ファイルサーバーを構成する

Windows Serverコンピューターにファイルサーバーを構成するには、次のように設定を行います。

1 ファイルサービスをインストールする

2 役割サービスのオプションをインストールする

3 共有フォルダーを設定する

4 サービスを実行する

▼ファイルサーバーのインストール

[役割と機能の追加]からインストールする

　Windows Serverのファイルサービスでは、ファイルサーバーのストレージ管理や共有フォルダー管理のほか、UNIXクライアントコンピューターからのアクセスを可能にすることもできます。

　一般的には、Windows Serverを標準の設定でインストールするだけで、自動的にファイルサーバー機能が構成されます。しかし、ファイルサーバーとしての機能を持っていないWindows Serverをファイルサーバーにする場合などでは、ほかの機能を追加するときと同じように、サーバーマネージャーを使ってインストールしてください。

　役割と機能の追加ウィザードの途中で、ファイルサービスの役割を構成する役割サービスを選択することができます。また、いったんファイルサービスを構成してしまったあとからでも、役割サービスを追加することができます。

1
Serverでのキーワード

2
導入から運用まで

3
Active Directoryの基本

4
Active Directoryでの管理

5
ポリシーとセキュリティ

6
ファイルサーバー

7
仮想化と仮想マシン

8
サーバーとクライアント

9
システムのメンテナンス

10
PowerShellでの管理

6.1.1 ファイルサーバーの役割

Windows Serverでは、システムが管理するコンピューターのハードディスクに**共有フォルダー**を作成し、適切にアクセス許可を設定*することで、「ほかのコンピューターの特定のユーザーに、許可した操作だけを実行させる」といったことができます。

ファイルサーバー機能を利用できるのは、Windowsクライアントコンピューターだけではありません。macOSの走るMacも、同じようにファイルサーバー機能を利用できます。

6.1.2 ファイルサーバーの構成

Windowsコンピューター同士でフォルダーを共有するだけなら、**ファイルサービス**をインストールする必要もありませんが、ウィザードによる共有設定やクォータ設定などをするにはファイルサービスをインストールします。

ファイルサービスのインストールでは、**役割と機能の追加**から、役割サービスを追加します。

ファイルサーバーを構成する

▼サーバーマネージャー

> **1** サーバーマネージャーのダッシュボードから**役割と機能の追加**をクリックします。

Hint
サーバーマネージャーのダッシュボードの管理メニューから**役割と機能の追加**を選択しても同じです。

---

*アクセス許可を設定 「6.2 共有フォルダーの設置」を参照。

2 次へボタンをクリックします。

▼準備作業

3 **役割ベースまたは機能ベースのインストール**を
チェックして、**次へ**ボタンをクリックします。

▼インストールの種類の選択

4 インストールするサーバーを選択し、**次へ**ボタ
ンをクリックします。

▼対象サーバーの選択

Memo

　4の操作後、ウィザードは「サーバーの役割の選
択」画面になります。ここで、「ファイルサービスと
記憶域サービス」―「ファイルサービスおよび
iSCSIサービス」を展開し、「ファイルサーバー」に
チェックを付けてウィザードを次へ進めます。

　なお、Windows Serverの一般的なインストール
を行うと、既定でファイルサーバー機能はインス
トールされています。その場合、ウィザードには
「ファイルサーバー（インストール済み）」と表示さ
れます。

▼役割と機能の追加ウィザード

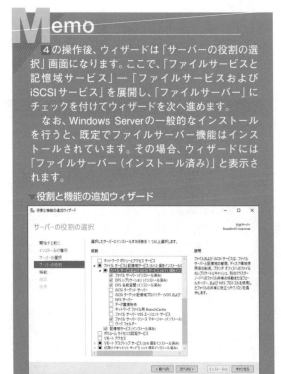

共有フォルダーの設定

Level ★★★　　　**Keyword**　　ファイルサーバー　共有フォルダー　共有のアクセス許可　NTFSアクセス許可

　ファイルサーバーを構成したら、次に「どのフォルダーを共有フォルダーにするのか」、「そのフォルダーは誰に対して共有を許可するのか」、「どこまで共有させるのか」を設定します。

　これらの設定を一連の作業として行うことができるのが、**新しい共有ウィザード**です。また、共有フォルダーを一括して管理するには、**共有と記憶域の管理**コンソールを使うのが便利です。

ネットワーク共有のためのフォルダーを作成する

ここがポイント！

　ネットワーク上にファイルやフォルダーを共有するための共有フォルダーを設定するには、次のように作業を行います。

1 ファイルサービスをインストールする

2 共有フォルダーを作成する

3 共有のアクセス許可を設定する

4 NTFSアクセス許可を設定する

▼共有アクセスの設定

ユーザーごとにアクセス許可のレベルを設定する

　共有フォルダーを作成するには、いくつかの方法があります。設定のためのステップが少なくてとりあえず作成するには、Windows 11/10などと同じように、設定対象のフォルダーを右クリックして**共有**を選択することで開く、**ファイルの共有**ダイアログボックスを使うこともできます。

　ファイルサービスをインストールすると、設定ウィザードを使用することもできます。ウィザード途中では、**SMBアクセス許可**や**NTFSアクセス許可**をまとめて設定可能です。

　「共有フォルダーをとにかく作成してから、アクセス許可を設定する」方法もありますが、共有フォルダーを作成する手順でのアクセス許可の過程は、「ネットワークから共有リソースをどのように利用させるか」といった管理上の問題とも関係します。作成前に方針と計画を立ててから作業をするほうがよいかもしれません。

SMBプロトコルは、Windowsの標準ファイル転送プロトコルです。また**NFS**は、UNIX系のファイル転送プロトコルです。Windows Server 2022/2019のSMBはバージョンが3.11になり、同じバージョンのWindows 1110とWindows Serverの各種サーバーとの間で高速なファイル転送を実現しています。また、Windows Server 2022/2019はオプションでNFSに対応することもできます。

SMBによるファイル共有

Windows標準のSMBを使用することで、ユーザーやグループにアクセス許可を設定できます。なお、SMBが利用できるクライアントOSは、Windows 2000以降（Windows Vista以降はSMB 2.0対応）です。Windows Server 2019からはSMB 3.11をサポートしていて、高速なファイル転送が可能です。これらのファイル転送プロトコルは、サーバーとクライアントとして実装されます。ネットワークのプロパティに表示される「Microsoftネットワーク用ファイルとプリンター共有」と「Windowsネットワーククライアント」がそれです。SMBにより、ネットワーク経由でファイルのやり取り、つまりファイル共有が可能になるのです。

ネットワークで共有できるものには、ファイルやフォルダーのほかにも、プリンター、CDやDVDなどのデバイス、プログラムなどがあります。これらを総称してネットワーク共有リソースと呼ぶことにします。ネットワーク共有リソースには、**アクセス許可**（これを「共有のアクセス許可」といいます）を設定することができますが、このアクセス許可はネットワークを介するユーザーにのみ有効で、ローカルログオンしたユーザーには適用されません。

このように、重要で詳細なセキュリティ設定を行う場合には、ネットワーク共有へのアクセス許可ではなく、NTFSでフォーマットされたディスクに保存されたファイルやフォルダーに対して設定するアクセス許可（これを「**NTFSアクセス許可**」といいます）を使用してください。

ᴹemo｜Windowsに搭載されているSMBのバージョン

SMBのバージョンと、Windows Serverを含む搭載OSとの関係は次表のとおりです。

バージョン	実装されているOS
SMB 3.11	Windows Server 2022/Windows Server 2019/Windows Server 2016/Windows 11/Windows 10
SMB 3.02	Windows Server 2012 R2/Windows 8.1
SMB 3.0	Windows Server 2012/Windows 8
SMB 2.1	Windows Server 2008 R2/Windows 7
SMB 2.0	Windows Server 2008/Windows Vista
SMB 1.0	Windows Server 2003/Windows Server 2003 R2/Windows 2000/Windows XP
CIFS	Windows NT 4.x/Windows 9x/Windows Me

1
Server での
キーワード

2
導入から
運用まで

3
Active Directory
の基本

4
Active Directory
での管理

5
ポリシーと
セキュリティ

6
ファイル
サーバー

7
仮想化と
仮想マシン

8
サーバーと
クライアント

9
システムの
メンテナンス

10
PowerShell
での管理

6.2.2　共有のアクセス許可

ネットワーク共有フォルダーのアクセス許可の設定は、ファイルサーバーを構成する一連の作業と考えることができます。しかし、共有のアクセス許可を設定しなければならない場面は、FAT32ファイルシステムのコンピューターなど、NTFSアクセス許可の設定ができない場合だけに限定するほうがよいでしょう。そうでないと、2つのアクセス許可をあわせて設定する煩雑さから、混乱を招きかねません。

共有のアクセス許可とNTFSアクセス許可

共有のアクセス許可の設定を変更するには、共有フォルダーのプロパティの**共有のアクセス許可**タブにて、グループ名またはユーザー名を選択して**アクセス許可**欄の設定を変更します。

なお、デフォルトでは、「Everyone」に「読み取り許可」アクセスのみが許可されています。

▼共有フォルダーのプロパティ

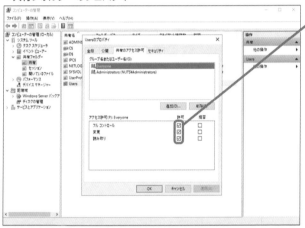

共有フォルダーのアクセス許可を設定

nepoint

NTFSアクセス許可を変更するには、NTFSアクセス許可ボタンをクリックします。

ファイルの共有ダイアログボックスを使って共有のアクセス許可を設定する

共有と記憶域の管理コンソールを使わず、エクスプローラーに表示したフォルダーから開いたショートカットメニューから直接的に共有のアクセス許可の設定を実行することができます。これは、Windows 11/10では一般的に行われる方法です。とりあえず共有フォルダーを作成しておき、アクセス許可の設定はあとで行う、という場合に利用できます。

ただし、この方法で設定した共有フォルダーのアクセス許可は、作成したユーザーだけに所有者としてのアクセスレベルで設定されるだけです。一方、「6.2.3　新しい共有を設定する」のウィザードによってデフォルトの設定のままで作成した共有フォルダーには、「Everyone」のユーザー資格にもアクセス許可（読み取り専用）が設定されます。

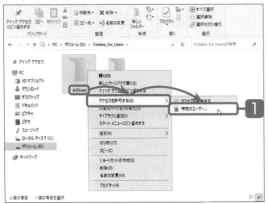 **1** 共有フォルダーにしたいフォルダーを右クリックして、**アクセスを許可する➡特定のユーザー** を選択します。

▼エクスプローラー

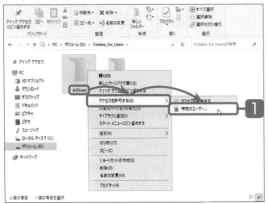

2 新規にアクセス許可を設定するユーザーやグループを追加するには、名前を入力して**追加**ボタンをクリックします。

▼エクスプローラー

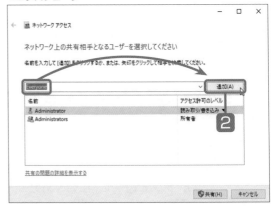

Hint

ボックス右の▼をクリックして、以前に入力されたユーザーやグループを指定したり、参照したりすることができます。

3 アクセス許可のレベルを設定したら、**共有**ボタンをクリックします。

▼アクセス許可のレベル

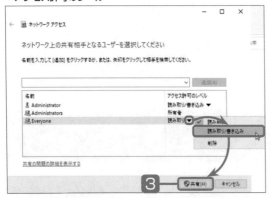

4 ファイルの共有が設定されました。**終了**ボタンをクリックします。

▼共有完了

Onepoint

ユーザーアカウント制御が表示されたら、続行ボタンをクリックします。

Attention

管理者ユーザー（Administrator）で操作している場合には、ユーザーアカウント制御はパスされます。

Onepoint

メール送信機能が設定されていれば、**電子メールで送信**をクリックして、共有フォルダーが作成されたことを、任意のユーザーやグループに連絡することもできます。

新規の共有フォルダー作成時に、ウィザードの途中で**NTFSアクセス許可**を設定することもできます。NTFSアクセス許可は、共有のアクセス許可に比べて多くの操作に関する権限を詳細に設定することが可能です。また、ファイルレベルにもアクセス許可を設定することができます。

NTFS アクセス許可だけでフォルダーやボリュームのアクセスを管理する場合は、共有アクセス許可では「Everyone」に対して「フルコントロール」に設定しておくのが、管理しやすいでしょう。

ここでは、すでに共有フォルダーとして設定されたフォルダーのNTFSアクセス許可を変更します。

1 サーバーマネージャーの**ファイルサービスと記憶域サービス**から**共有**を選択し、**タスクメ**ニューを開いて、**新しい共有**を選択します。

2 新しい共有ウィザードウィンドウの**ファイル共有プロファイル**ボックスから**SMB共有-簡易**を選択し、**次へ**ボタンをクリックします。

▼サーバーマネージャー

▼プロファイル選択

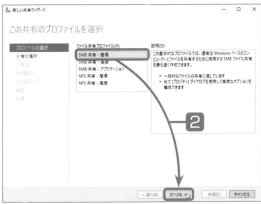

Tips Windows 11からSMB圧縮でファイル共有する

Windows 11 などのクライアントでは、Windows Server 2022 との間のファイル共有で、SMB圧縮を行うことができます。

Windows 11の Windows Admin Center（WAC）を使用してSMB圧縮を有効にするには、Windows Server 2022に接続し、**ファイルとファイル共有**メニューから**ファイル共有**を選択したら、ファイル共有する共有フォルダーを指定します。

右ペインの**ファイル共有（SMBサーバー）**でSMB圧縮について設定します。

SMB圧縮は、帯域幅の小さいネットワーク（1GbpsイーサネットやWi-Fi）を使用したファイル共有で特に効果を発揮します。

▼WAC

1 Server でのキーワード

2 導入から運用まで

3 Active Directory の基本

4 Active Directory での管理

5 ポリシーと セキュリティ

6 ファイル サーバー

7 仮想化と 仮想マシン

8 サーバーと クライアント

9 システムの メンテナンス

10 PowerShell での処理

索引 Index

3 **この共有のサーバーとパスの選択**ページでは、共有を作成するボリュームの選択を行います。ボリュームを選択したら、**次へ**ボタンをクリックします。

▼共有場所の選択

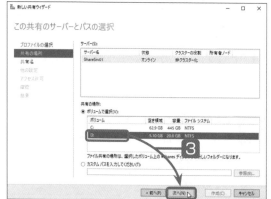

4 共有名を入力し、共有するドライブまたはフォルダーを設定して、**次へ**ボタンをクリックします。

▼共有名

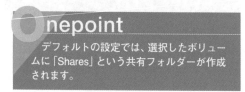

nepoint

デフォルトの設定では、選択したボリュームに「Shares」という共有フォルダーが作成されます。

5 共有に関するほかの設定を行い、**次へ**ボタンをクリックします。

▼他の設定

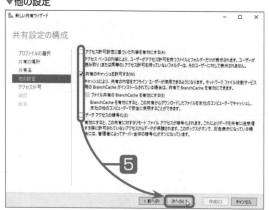

6 アクセス許可のカスタマイズをする場合は、**アクセス許可をカスタマイズする**ボタンをクリックして、フォルダーや共有のアクセス許可などの設定を行い、**次へ**ボタンをクリックします。

▼アクセス許可

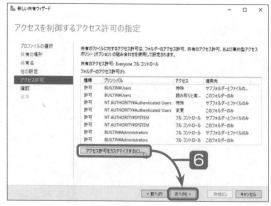

nepoint

共有のキャッシュを許可するはデフォルトでオンに設定されています。

6.2

共有フォルダーの設定

7 指定した共有フォルダーの**セキュリティの詳細設定**ウィンドウが表示されます。アクセス許可等を設定して、**OK**ボタンをクリックします。

8 **次へ**ボタンをクリックします。

▼セキュリティの詳細設定

▼アクセス許可

9 共有に関する設定を確認し、**作成**ボタンをクリックします。

10 共有の設定が終了しました。**閉じる**ボタンをクリックします。

▼確認

▼結果

1 Server での
キーワード

2 導入から
運用まで

3 Active Directory
の基本

4 Active Directory
での管理

5 ポリシーと
セキュリティ

6 ファイル
サーバー

7 仮想化と
仮想マシン

8 サーバーと
クライアント

9 システムの
メンテナンス

10 PowerShell
での管理

索引
index

Hint | 管理者用の特殊な共有フォルダー

管理者が作成しなくても、システムによって自動的に作成されている共有フォルダーがいくつかあります。**共有と記憶域の管理**コンソールの結果ペインに表示される「ADMIN$」「C$」などのフォルダーです。

これらの特殊な共有フォルダーは、一般のユーザーは共有できません。管理者だけがアクセスするための共有フォルダーです。これらのフォルダーは簡単には変更・削除できないようになっています。

共有と記憶域の管理

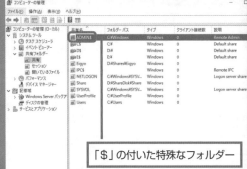

「$」の付いた特殊なフォルダー

Tips | ローカルアクセスにセキュリティを設定する

NTFSでフォーマットされたハードディスク上に設定された共有フォルダーには、共有セキュリティ*とNTFSセキュリティ*の2つが機能しています。

共有セキュリティは、ネットワークアクセスの場合にだけ適用されるアクセス許可です。

これに対して、**NTFSセキュリティ**は、ローカルコンピューターからログオンしたユーザーに対しても有効です。Active Directoryを使用している場合には、さらにActive Directoryオブジェクトに対するアクセス許可があり、管理上、混乱する場合があります。

これを回避する1つの方法は、共有フォルダーに対する共有セキュリティとNTFSセキュリティの設定ポリシーを決めてしまうことです。共有セキュリティが先に適用され、続いてNTFSセキュリティが適用されることを使って、どちらかをフルコントロールにしてしまうのです。例えば、共有セキュリティをフルコントロールに設定し、NTFSセキュリティによってアクセス権を設定するように管理ポリシーを決めておけば、ネットユーザーに対してもローカルユーザーに対しても、詳細なアクセス権を設定できます。

NTFSアクセス許可のアクセス権は、詳細な設定が可能です。**アクセス許可**ダイアログボックスで、**詳細設定**ボタンをクリックすると開くダイアログボックスで、**編集**ボタンをクリックすると、選択したユーザーやグループのアクセス権を細かく設定できます。

アクセス許可（NTFSアクセス許可）

NTFSセキュリティ（アクセス許可）では
詳細な設定が可能

---

*共有セキュリティ　　　共有のアクセス許可によるセキュリティ。
*NTFSセキュリティ　　NTFSアクセス許可によるセキュリティ。

Level ★★★　　　　Keyword　監査　監査ポリシー　GPO　イベントログ

　特定のユーザーがフォルダーを開こうとしたり、ファイルを実行しようとしたりした操作を見張って、その履歴を残すことを**監査**と呼んでいます。

　監査機能は、このようなオブジェクトへのアクセス記録を、セキュリティ機能の1つとして利用するものです。例えば、特定のファイルに対する、特定のユーザーのアクセスを監査するには、そのファイルにユーザーを指定し、「どのような操作を監査するか」を設定します。

監査を設定する

監査を設定するには、次のような順序で作業を行います。

① 監査ポリシーを設定する

② 監査対象に監査を設定する

③ 監査を確認する

▼監査ポリシーを定義する

成功／失敗を記録するかどうかを設定する

　監査を実装する前に、まず「**監査ポリシーのカテゴリの中でどれを有効にするか**」を指定します。監査記録はログになりますが、組織によってはログの量も膨大なものになります。そこで、必要と思われるカテゴリのものだけを選択して監査するようになっています。フォルダーなどのオブジェクトに対する監査を設定するには、監査ポリシーのカテゴリから**オブジェクトアクセスの監査**を定義します。

　具体的なフォルダーの監査を設定するには、監査対象のプロパティから監査エントリダイアログボックスを開いて設定します。

　監査によって記録されたイベントログは、イベントビューアーを使って確認することができます。

　なお、ファイルやフォルダーの監査を設定するには、それらがNTFSファイルシステムのボリューム上に保存されていなければなりません。

6.3.1　監査ポリシー

　管理者にとって、システムの健康状況を把握するためになくてはならないデータが「ログ」です。しかし、すべてのログを記録してそれらをすべて解析するのは非効率であり、現実的ではありません。環境に合わせて、必要なログを記録し、それをセキュリティ上の問題解決やネットワークトラフィックの解消などに役立てます。

監査可能なイベントカテゴリ

　監査ポリシーは、デフォルトでは定義されていません。監査ポリシーでは、「まずどのようなイベントについて監査を開始するか」、「イベントの成功・失敗を記録するかどうか」などを設定します。
　「Default Domain Policy」の場合、監査イベントのカテゴリには9種類あります。設定した内容のことが行われた場合、成功、失敗、またはその両方を記録します。

▼監査ポリシー

監査カテゴリ	説明
アカウントログオンイベント	ドメインコントローラーが受け取る、ほかのコンピューターからのログオン要求を記録します。セキュリティログに記録されます。
アカウントの管理	ユーザーやグループの作成、変更、削除、名前の変更、アカウントの無効を記録します。ドメインコンローラーの場合は、デフォルトで成功イベントを記録します。
オブジェクトアクセス	システムアクセス制御リスト（SACL）の指定されているオブジェクト（ファイル、フォルダー、プリンターなど）へのアクセスを記録します。
システムイベント	コンピューターの再起動、シャットダウン、セキュリティに影響を与えるイベントの発生を記録します。
ディレクトリサービスのアクセス	Active Directoryオブジェクトにアクセスするイベントを記録します。
プロセス追跡	プログラムのアクティブ化、プロセスの終了などのイベントを記録します。
ポリシーの変更	セキュリティ設定、監査ポリシー、信頼ポリシーなどの変更を記録します。
ログオンイベント	コンピューターへのユーザーのログオン、ログオフを記録します。
特権使用	ユーザー権利を使用した場合に記録されます。

監査の継承

　監査を親フォルダーに設定すると、そのフォルダー内のサブフォルダーには監査が継承されます。そのため、親フォルダーの監査を変更すると、その中のファイルやフォルダーにも変更された監査が継承されます。

　管理上、できるだけ不要な監査ログはとらないようにしましょう。ログが膨大になると、重要な監査を見逃すことになるからです。そのためには、子フォルダーに監査を継承しないように設定します。

1
Server での
キーワード

2
導入から
運用まで

3
Active Directory
の基本

4
Active Directory
での管理

5
ポリシーと
セキュリティ

6
ファイル
サーバー

7
仮想化と
仮想マシン

8
サーバーと
クライアント

9
システムの
メンテナンス

10
PowerShell
での管理

監査ポリシーを定義する

監査ポリシーの設定には、管理ツールにある各種の**セキュリティポリシー**を使用します。ドメインコントローラーのローカルセキュリティを設定する場合には、ドメインコントローラーセキュリティポリシーで設定を行います。

なお、監査を設定できるのは、NTFS フォーマットされたディスク上にあるファイルやフォルダーだけです。

▼グループポリシー管理エディター

1 監査ポリシーを設定するオブジェクトにリンクされているGPOを**グループポリシー管理エディター**で開き、左ペインのコンソールツリーで**監査ポリシー**を展開します。

2 ログに記録するカテゴリをダブルクリックします。

Memo

グループポリシー管理エディターの使用方法についての詳細は、Chapter 5「ポリシーとセキュリティ」を参照してください。

Onepoint

ここでは、オブジェクトアクセスの監査を選択します。

▼オブジェクトアクセスの監査のプロパティ

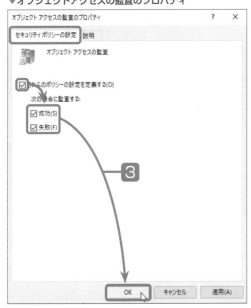

3 オブジェクトアクセスの監査のプロパティが開きます。**セキュリティポリシーの設定**タブで、**これらのポリシーの設定を定義する**にチェックを付け、**成功**、**失敗**のいずれか一方または両方にチェックを付けて、**OK**ボタンをクリックします。

▼グループポリシー管理エディター

4 ポリシー設定が完了しました。

6.3.2　監査エントリの追加

Attention

監査ポリシーが設定されたら、次は監査対象のフォルダーやプリンターに監査の設定を行います。オブジェクトアクセスの監査を定義してから監査の設定を行わないと、ファイルやフォルダーの監査のセットアップでエラーになります。

共有フォルダーに監査を設定する

ここでは、「誰が、どのような操作を行ったか、または行おうとして失敗したか」を記録できるようにします。

▼エクスプローラー

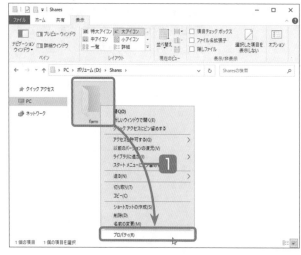

1 エクスプローラーで共有フォルダーを右クリックして、**プロパティ**を選択します。

6.3

ファイルやフォルダーの監査

1
Server での
キーワード

2
導入から
運用まで

3
Active Directory
の基本

4
Active Directory
での準用

5
ポリシーと
セキュリティ

6
ファイル
サーバー

7
仮想化と
仮想マシン

8
サーバーと
クライアント

9
システムの
メンテナンス

10
PowerShell
での管理

▼共有フォルダーのプロパティ

2 プロパティが開いたら、**セキュリティ**タブで**詳細設定**ボタンをクリックします。

Hint

既存のエントリを編集する場合は、編集する監査エントリを選択してから**編集**ボタンをクリックします。何もエントリがない場合は、そのまま**編集**ボタンをクリックします。

▼監査タブ

3 **セキュリティの詳細設定**ダイアログボックスが開いたら、**監査**タブで、**追加**ボタンをクリックします。

▼プリンシパル

4 **プリンシパルの選択**をクリックします。

5 ここで、**選択するオブジェクト名を入力してくだ**
さいボックスに、監査を設定するユーザーやグ
ループを入力し、**OK**ボタンをクリックします。

▼ユーザーまたはグループの選択

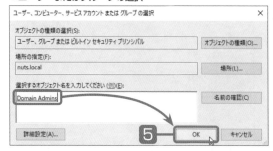

6 監査するアクセスイベントにチェックを付け
て、**OK**ボタンをクリックします。

▼監査エントリ

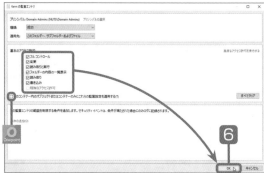

Onepoint
ユーザーやグループ名の一部を入力して、
名前を確認ボタンをクリックして入力するこ
ともできます。

Onepoint
親オブジェクトの監査エントリを継承す
る場合には、ここにチェックを付けます。

7 **OK**ボタンをクリックします。

▼オブジェクトタブ

8 **OK**ボタンをクリックします。

▼セキュリティの詳細設定

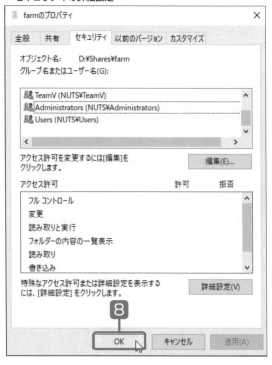

6.3

ファイルやフォルダーの監査

1 Server での キーワード

2 導入から 運用まで

3 Active Directory の基礎

4 Active Directory での管理

5 ポリシーと セキュリティ

6 ファイル サーバー

7 仮想化と 仮想マシン

8 サーバーと クライアント

9 システムの メンテナンス

10 PowerShell での管理

6.3.3　監査の表示

監査記録は、イベントビューアーのセキュリティで見ることができます。また、一覧から任意のイベントを開くと、詳細な内容を別ウィンドウで確認することもできます。

イベントログを表示する

監査結果のログは、**イベントビューアー**の**セキュリティ**ログに表示されます。ただし、ファイルやフォルダーへのアクセスログに関しては、記録を行うと膨大な量のデータとなるので注意が必要です。

▼サーバーマネージャー

1 サーバーマネージャーの**ツール**メニューから**イベントビューアー**を選択します。

2 Windowsログ➡セキュリティを展開します。結果ペインにイベントが表示されます。任意のイベントをダブルクリックします。

▼イベントビューアー

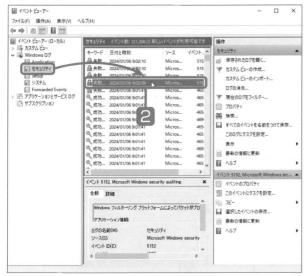

nepoint

操作ペインの現在のログのフィルターをクリックすると、長大なログから必要な部分だけを選び出すためのダイアログボックスが開きます。

現在のログをフィルター

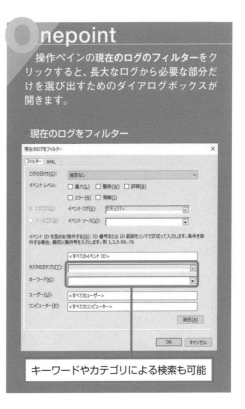

キーワードやカテゴリによる検索も可能

▼イベントプロパティ

イベントプロパティが表示されました。

イベント プロパティ - イベント 5152, Microsoft Windows security auditing.	×

全般　詳細

Windows フィルタリング プラットフォームによってパケットがブロックされました。

アプリケーション情報:
　　プロセス ID:　　　　0
　　アプリケーション名:　-

ネットワーク情報:

ログの名前(M):	セキュリティ		
ソース(S):	Microsoft Windows security ε	ログの日付(D):	2024/01/06 9:02:09
イベント ID(E):	5152	タスクのカテゴリ(Y):	Filtering Platform Packet
レベル(L):	情報	キーワード(K):	失敗の監査
ユーザー(U):	N/A	コンピューター(R):	ShareSrv01.nuts.local
オペコード(O):	情報		
詳細情報(I):	イベント ログのヘルプ		

コピー(P)　　　　　　　　　　　　　　　　　　　　　　　　閉じる(C)

6.3 ファイルやフォルダーの監査

Memo | 主なイベントID（アカウント管理のみ）

主なイベントID（アカウント管理関係のみ）

ID	メッセージ
4720	ユーザーアカウントは、作成されました。
4722	ユーザーアカウントは、有効にされました。
4723	アカウントのパスワードを変更しようとしました。
4724	アカウントのパスワードをリセットしようとしました。
4725	ユーザーアカウントは、無効でした。
4726	ユーザーアカウントは、削除されました。
4727	セキュリティが有効なグローバルグループは、作成されました。
4728	メンバーは、セキュリティが有効なグローバルグループに追加されました。
4729	メンバーは、セキュリティが有効なグローバルグループから削除されました。
4730	セキュリティが有効なグローバルグループは、削除されました。
4731	セキュリティが有効なローカルグループは、作成されました。
4732	メンバーは、セキュリティが有効なローカルグループに追加されました。
4733	メンバーは、セキュリティが有効なローカルグループから削除されました。
4734	セキュリティが有効なローカルグループは、削除されました。
4735	セキュリティが有効なローカルグループは、変更されました。
4737	セキュリティが有効なグローバルグループは、変更されました。
4738	ユーザーアカウントは、変更されました。
4739	ドメインポリシーは、変更されました。
4740	ユーザーアカウントは、ロックアウトされました。
4742	コンピューターアカウントは、変更されました。
4743	コンピューターアカウントは、削除されました。
4744	セキュリティが無効なローカルグループは、作成されました。
4745	セキュリティが無効なローカルグループは、変更されました。
4746	メンバーは、セキュリティが無効なローカルグループに追加されました。
4747	メンバーは、セキュリティが無効なローカルグループから削除されました。
4748	セキュリティが無効なローカルグループは、削除されました。

別ドライブをフォルダーとして連結する

Level ★★★　　　|　Keyword　マウント　シンボリックリンク

エクスプローラーを使って離れた場所にあるボリュームやフォルダー、ファイルを探すとき、階層構造をたどるのが面倒だと感じることはありませんか？　よく使う場所へのリンクを任意の場所に作っておけば、簡単に移動もできます。Windows Server 2008からは、UNIXで利用できる**シンボリックリンク**も作成できるようになりました。

ここがポイント！ 別のボリュームやフォルダーにリンクを張る

別のボリュームやフォルダーに簡単にアクセスできるように、リンクを作成するには、次のような方法があります。

1 ショートカット
2 ネットワークドライブ
3 マウントされたボリューム
4 シンボリックリンク

まず、Windows一般に利用できる方法として**ショートカット**を作成する方法があります。これはエクスプローラーを使って、ショートカット場所のボリュームやフォルダーへ簡単に移動する方法です。ショートカットはどこにでも簡単に作成でき、削除したり名前を変えたりしても、元のボリュームやフォルダーには影響ありません。

ネットワーク共有フォルダーの場合には、**ネットワークドライブ**を作成することができます。ネットワーク上の共有フォルダーへのアクセスにUNCなどの記述を用いることなく、エクスプローラーに表示されるドライブ番号を使ってアクセスすることが可能になります。

マウントされたボリューム機能は、**リパースポイント**とも呼ばれます。設定には、ディスク管理ツールや「mountvol.exe」を使用します。この機能は、任意のパーティション（ボリューム）にフォルダーとして別のパーティションを**リンク**するもので、そのフォルダー（リンクした先のパーティション）の分だけ、実際に利用できるディスク容量を増やすことができます。ただし、別のコンピューターへのリンクはできません。

Windows Server 2022/2019では、シンボリックリンクが使用できます。リンク先は柔軟に選択でき、ほかのサーバー上の共有フォルダーへのリンクが作成できます。

▼リパースポイント

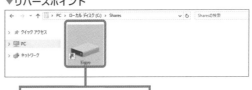

ボリュームをマウントする

　別ドライブをフォルダーとしてマウントする機能が、**リパースポイント**です。この機能は、UNIXのシンボリックリンクと異なり、フォルダー単位でマウントできません。シンボリックリンクの作成方法は、「6.4.2　シンボリックリンク」を参照してください。

▼マウントポイント

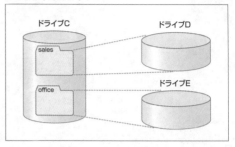

リパースポイントを作成する

　リパースポイントを設定するには、管理ツールにある**コンピューターの管理**を使用します。このツールを使うと、共有フォルダーの設定やディスクのフォーマットなど、ローカルコンピューターを管理するための様々な機能を起動できます。

　コンピューターの管理を起動したら、左ペインから**ディスクの管理**を起動します。ディスクを選択したら、マウントポイントを設定します。なお、マウント先のフォルダーは、NTFSフォーマットされたハードディスク上になければなりません。

▼サーバーマネージャー

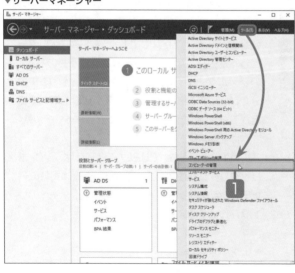

1 サーバーマネージャーの**ツール**メニューから**コンピューターの管理**を選択します。

2 左ペインの**コンピューターの管理（ローカル）**➡**記憶域**➡**ディスクの管理**を選択します。

3 右ペインからマウントポイントに設定するドライブを右クリックして、**ドライブ文字とパスの変更**を選択します。

▼コンピューターの管理

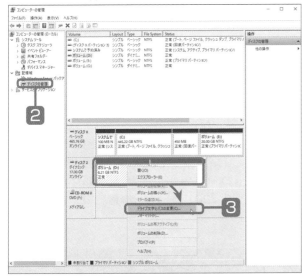

▼ドライブ文字とパスの変更

▼マイコンピューター (PC)

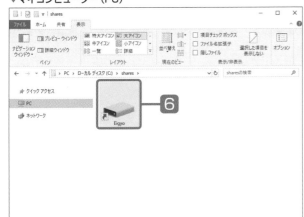

4 追加ボタンをクリックします。

5 次の空のNTFSフォルダーにマウントするにチェックが入っていることを確認して、その下のボックスにマウント先のフォルダーのパスを入力して、OKボタンをクリックします。

Onepoint
参照ボタンをクリックすると、階層表示されるドライブ一覧からフォルダーを選択できます。新規フォルダーを選択する場合もこの操作を行います。

▼ドライブ文字またはパスの追加

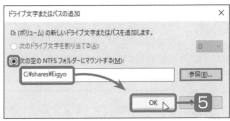
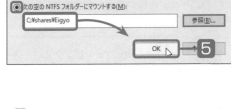

Attention
あらかじめ用意しておいたフォルダーを設定する場合は、必ずフォルダーは空にしておきます。

6 マイコンピューター (PC) で、マウントされたフォルダーを確認します。

Attention
同一のドライブを複数のフォルダーにマウントすると、管理しにくくなります。

Tips
PowerShellやコマンドプロンプトでリパースポイントを作成/削除するためには、「mountvol.exe」を使います。

1 Serverでのキーワード
2 導入から活用まで
3 Active Directoryの基本
4 Active Directoryでの管理
5 ポリシーとセキュリティ
6 ファイルサーバー
7 仮想化と仮想マシン
8 サーバーとクライアント
9 システムのメンテナンス
10 PowerShellでの管理

6.4.2 シンボリックリンク

シンボリックリンクは、Linuxなどで使われるフォルダーやファイルのリンク作成機能です。その意味では、シンボリックリンクは、WindowsのショートカットやmacOSのエイリアスとよく似た機能を持っています。

ショートカットもシンボリックリンクも、それらを削除しても、そのオリジナルは削除されません。しかし、この2つのリンクをコピーしたときの結果に違いがあります。ショートカットをコピーしたときはショートカットが複製されますが、シンボリックリンクではオリジナルが複製されます。また、フォルダーのショートカットをダブルクリックするとリンク先のフォルダーに移動しますが、フォルダーのシンボリックリンクをダブルクリックすると1つ下のフォルダー（サブフォルダー）へ移動します。シンボリックリンクは、Windows Server 2022/2019およびWindows 11/10のNTFS上で利用できます。

シンボリックリンクを作成する

シンボリックリンクの作成には、コマンドプロンプトで**mklink**コマンドを使います。デフォルトはファイルへのシンボリックリンク作成です。対象がフォルダー（ディレクトリ）の場合は「/d」オプションを付けます。なお、作成されたシンボリックは、エクスプローラーで一般のファイルと同じように削除や移動ができます。

 書式

```
mklink /d <リンク名> <ターゲットパス>
```

```
>mklink /d syblink ¥¥winsrv01¥shares
Enter
```

①　コマンドプロンプトを開き、次のような書式でシンボリックリンクを作成します。

Hint
「/d」オプションはフォルダーへのシンボリックリンクを作成します。

Memo
ネットワーク共有フォルダーの指定には、UNCを使用します。

▼コマンドプロンプト

②　シンボリックリンクが作成されました。

1
Server での
キーワード

2
導入から
運用まで

3
Active Directory
の基本

4
Active Directory
での管理

5
ポリシーと
セキュリティ

6
ファイル
サーバー

7
仮想化と
仮想マシン

8
サーバーと
クライアント

9
システムの
メンテナンス

10
PowerShell
での管理

H int | シンボリックリンク情報の表示

シンボリックリンクのフォルダーへ移動するには、コマンドプロンプトのcd（チェンジディレクトリ）コマンドが使えます。コマンドプロンプトで「dir /ad」を実行し、「<SYMLINKD>」表示のあるボリュームがあったら、cdコマンドで移動してみましょう。

▼シンボリックリンクを表示する

```
c:¥>dir /ad
 ドライブ C のボリューム ラベルがありません。
 ボリューム シリアル番号は 0000-AA9A です

 c:¥ のディレクトリ

2019/03/16  17:02    <DIR>          $Recycle.Bin
2019/03/18  19:16    <DIR>          $WINDOWS.~BT
2019/03/03  21:00    <JUNCTION>     Documents and Settings [C:¥Users]
2018/09/15  16:19    <DIR>          PerfLogs
2019/03/10  06:06    <DIR>          Program Files
2019/03/24  10:50    <DIR>          Program Files (x86)
2019/03/28  06:16    <DIR>          ProgramData
2019/03/03  21:01    <DIR>          Recovery
2019/03/28  10:26    <DIR>          shares
2019/03/28  11:32    <SYMLINKD>     syblink [¥¥winsrv01¥shares]
2019/03/24  16:28    <DIR>          System Volume Information
2019/03/15  06:22    <DIR>          UserProfile
2019/03/23  17:54    <DIR>          Users
2019/03/23  18:05    <DIR>          Windows
               0 個のファイル                   0 バイト
              14 個のディレクトリ  332,102,238,208 バイトの空き領域

c:¥>
```

▼シンボリックリンク先へ移動

```
c:¥>cd syblink
```
シンボリックリンク先へ移動

```
c:¥syblink>dir
```
ディレクトリ内を表示

```
 ドライブ C のボリューム ラベルがありません。
 ボリューム シリアル番号は 0000-AA9A です

 c:¥syblink のディレクトリ
```
作成されたリンク
```
2019/03/28  10:26    <DIR>          .
2019/03/28  10:26    <DIR>          ..
2019/03/28  10:26    <JUNCTION>     Eigyo [¥??¥Volume{00-00-00-00}¥]
               0 個のファイル                   0 バイト
               3 個のディレクトリ  332,144,164,864 バイトの空き領域

c:¥syblink>
```

6.5 異なるサーバーの共有フォルダーをまとめる

Level ★★★　　　Keyword　DFS　分散ファイルシステム

　ネットワーク上に分散している共有フォルダーを1つにまとめて、それらを1台のコンピューターのように扱う機能が**分散ファイルシステム（DFS***）**です。DFSを使うと、複数のサーバー上にファイルが分散されている場合でも、それぞれのファイルのパスを指定して利用するといった手間を省くことができます。この機能を使うと、ユーザーは、異なった場所にあるサーバー上のファイルでも簡単に扱うことができます。

分散ファイルシステム（DFS）を利用する

分散ファイルシステム（DFS）を利用するには、次のように設定を行います。

1 役割を追加する

2 DFSルートを作成する

3 共有フォルダーをリンクする

▼DFSルートの作成

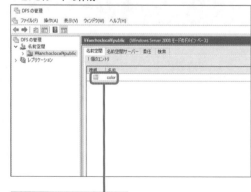

作成されたDFSルート

　分散ファイルシステム（DFS）では、DFS名前空間のもとに複数の共有フォルダーを階層化することができます。Active Directoryを利用したドメインベースのDFSのほかに、Active Directoryがなくても利用可能なスタンドアロンDFSがあり、役割追加時のウィザードで指定できます。

　DFSの構築では、最初にDFSルートを設定し、そのフォルダーにDFSリンクを追加していきます。DFSルートにリンクされる共有フォルダーを**ターゲットフォルダー**といい、UNCパスで指定することができます。

　分散ファイルシステムには、ワークグループやActive Directoryで利用できる**スタンドアロンDFS**と、Active Directoryのみで利用可能な**ドメインDFS**の2つあり、いずれかを選択できます。

　DFSを利用するには、DFS名前空間とDFSレプリケーションをインストールしておいてください。

＊**DFS**　Distributed File Systemの略。本書では、分散ファイルシステムを「DFS」と記述することがある。

1
Serverでの
キーワード

2
導入から
運用まで

3
Active Directory
の基本

4
Active Directory
での管理

5
ポリシーと
セキュリティ

6
ファイル
サーバー

7
仮想化と
仮想マシン

8
サーバーと
クライアント

9
システムの
メンテナンス

10
PowerShell
での管理

6.5.1　分散ファイルシステム

　分散ファイルシステム（**DFS**）は、複数のコンピューター上にある共有フォルダーを任意の共有フォルダーのサブフォルダーとして利用できるようにしたものです。

　フォルダーをまとめるフォルダーを**DFSルート**と呼びます。また、DFSルートの下層にあり、ほかのコンピューターの共有フォルダーを接続するフォルダーを**DFSリンク**と呼びます。DFSリンクが接続している共有フォルダーを特に**DFS共有フォルダー**と呼びます。

▼DFS

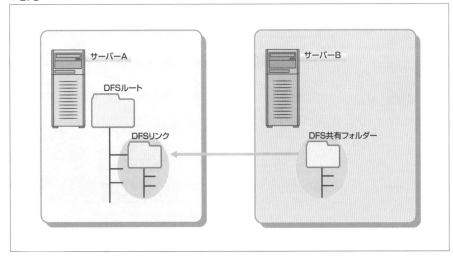

📘 分散ファイルシステム

　分散ファイルシステム（**DFS**）では、複数のコンピューター上のフォルダー群を1つの共有フォルダーの**サブフォルダー**として扱うことができ、実際のフォルダーの構造とは異なった仮想的なフォルダー構造にすることができます。

　クライアントがこのDFSを利用するには、その**DFSルート**に接続するだけで済みます。実際には別々のサーバーに置かれていても、そのことを意識することなく、その下層のフォルダーを利用できるのです。

　Windows Serverでは、DFSルートに接続する場合、パス記述は「¥¥＜DFSのパスが置かれているサーバー名＞¥DFSルート名」のように記述できるほか、Active Directoryドメインサービスを利用していれば「¥¥＜ドメインのFQDN＞¥DFSルート名」のようにも記述できます。

DFSサーバーを設定する

スタンドアロンDFSでもドメインDFSでも、DFSを構成するにはまずDFSルートを作成します。DFSルートを作成するボリュームは、NTFSのほかにFATでも可能です。ここではドメインDFSを構成していきます。

▼サーバーマネージャー

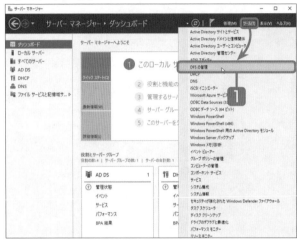

1 サーバーマネージャーの**ツール**メニューから**DFSの管理**を選択します。

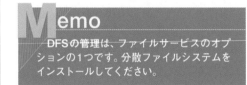

DFSの管理は、ファイルサービスのオプションの1つです。分散ファイルシステムをインストールしてください。

▼分散ファイルシステム

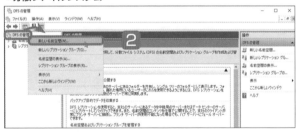

2 DFSの管理をクリックして、**新しい名前空間**を選択します。

操作ペインで、新しい名前空間をクリックしても同じです。

▼新しい名前空間ウィザード

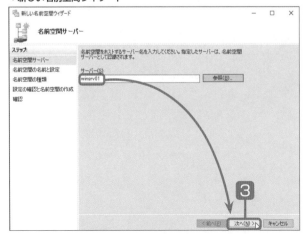

3 **新しい名前空間ウィザード**が開きます。**サーバー**ボックスにDFSサーバーのコンピューター名を入力して、**次へ**ボタンをクリックします。

1 Serverでの
キーワード

2 投入から
運用まで

3 Active Directory
の基本

4 Active Directory
での管理

5 ポリシーと
セキュリティ

6 ファイル
サーバー

7 仮想化と
仮想マシン

8 サーバーと
クライアント

9 システムの
メンテナンス

10 PowerShell
での管理

4 DFSルートのフォルダー名を設定して、**次へ**ボタンをクリックします。

▼ルート名

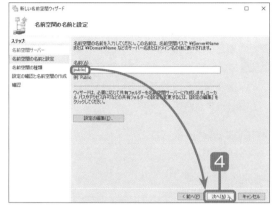

5 名前空間の種類（ここでは**ドメインベースの名前空間**）を指定して、**次へ**ボタンをクリックします。

▼ホストの種類

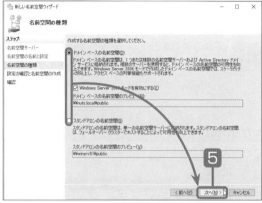

Active Directory を使っている場合は、ド
メインベースの名前空間を選択します。

6 設定内容を確認して、**作成**ボタンをクリックします。

▼作成

7 作成が終了しました。**閉じる**ボタンをクリックします。

▼新しい名前空間ウィザードの完了

DFSリンクを追加する

DFSルートを作成したら、任意の共有フォルダーを**DFSリンク**として追加します。Windows Serverでは、エクスプローラーで新しくフォルダーを作成するような感覚で、**DFSの管理**を使ってDFSリンクを作成します。

1 **DFSの管理**を展開し、**名前空間**を展開し、サーバーを右クリックして、**新しいフォルダー**を選択します。

2 **新しいフォルダー**ダイアログボックスが開きます。**名前**ボックスにリンク名を入力します。名前空間にパスが表示されたら、**OK**ボタンをクリックします。

▼DFSの管理

▼新しいフォルダー

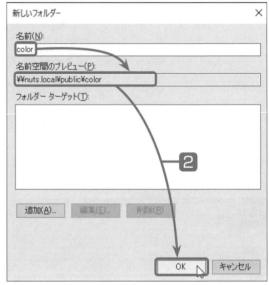

nepoint
操作ペインで**新しいフォルダー**をクリックしても同じです。

▼DFSの管理

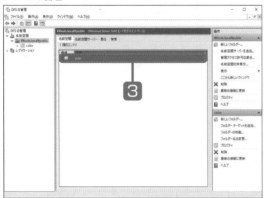

3 DFSリンクが作成されました。

nepoint
ターゲットのフォルダーの指定は、**追加**ボタンをクリックして行います。

nepoint
DFSルートにアクセスすると、リンクしているフォルダーが表示されます。

Section

6.6 ディスクの使用量を制限する

Level ★★★ | **Keyword** : クォータ　クォータのテンプレート

　ユーザーのディスク使用量を監視したり、制限したりする機能が**ディスククォータ**です。ディスククォータを適切に設定することで、ディスク容量の不足によるトラブルを防ぐことができます。Windows Server 2022/2019では、NTFSフォーマットされたボリュームにあるフォルダー単位で設定できます。

ここがポイント！

テンプレートを使ってディスクにクォータを設定する

クォータのテンプレートを使ってクォータを作成するには、次のように操作します。

1 共有フォルダーを作成する

2 クォータテンプレートを選択する

3 クォータを適用する共有フォルダーを指定する

▼クォータの利用

（画面：ファイル サーバー リソース マネージャー）

クォータを設定する

　クォータはディスクの使用量を管理する機能です。例えば、「ユーザーごとに100MBずつのディスクを割り当てる」といった使用法ができます。ファイルサービスのオプションの役割としてファイルサーバーリソースマネージャーをインストールすると、**クォータの管理**が使用できます。

　Windows Serverには、**クォータテンプレート**がいくつか用意されています。ユーザーやグループにこのテンプレートを適用するだけです。**ハードクォータ**では、使用量が制限に達するとそれ以上使用できなくなります。**ソフトクォータ**では、使用量は強制されませんが、超えた時点で通知されます。

　クォータの管理によって、管理者が各自の使用量を確認することができます。

　なお、「ファイルサーバーリソースマネージャー」は「役割と機能の追加ウィザード」からインストールしておいてください。

ディスククォータによるディスク容量の管理は、ファイルの所有権に基づいて監視されています。なお、圧縮は認識されないので、ファイルの非圧縮時の容量が加算されます。そのため、空き容量がまだあるように見えていても、ディスククォータが設定されているとファイルが格納できないことがあります。

ディスククォータが設定されたフォルダーに、制限を設定されたユーザーが制限量を超過したファイルを格納しようとすると、エラーが表示されます。なお、制限量を超過した場合などに、特定のメッセージを表示したり、管理者にメールで知らせたりすることができます。

▼ディスククォータ

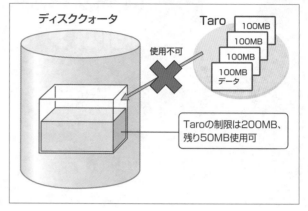

テンプレートを使ってクォータを作成する

Windows Serverでクォータを作成する方法には、テンプレートを使う方法のほかに、管理者が最初から全部を設定する方法があります。もちろん、管理しやすいのはテンプレートを使用する方法です。また、クォータの適用範囲では、任意のフォルダー以下のすべてのサブフォルダーに自動的にクォータを適用する**自動適用クォータ**の機能も便利です。

なお、**クォータの管理**を使用するためには、ファイルサービスのオプションとして「ファイルサーバーリソースマネージャー」をインストールしておいてください。

ディスククォータを設定するためには、ローカルコンピューターのAdministratorsグループのメンバーとしてログオンする必要があります。

▼ファイルサーバーリソースマネージャー

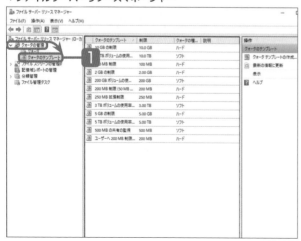

1 ファイルサーバーリソースマネージャーを開き、左ペインで**クォータの管理**を展開して**クォータのテンプレート**をクリックします。

2 登録されているテンプレートの一覧が中央ペインに表示されます。適用するテンプレートを選択して、操作ペインの**テンプレートからのクォータを作成**をクリックします。

▼操作ペイン

1
Server での
キーワード

2
導入から
適用まで

3
Active Directory
の基本

4
Active Directory
での管理

5
ポリシーと
セキュリティ

6
ファイル
サーバー

7
仮想化と
仮想マシン

8
サーバーと
クライアント

9
システムの
メンテナンス

10
PowerShell
での管理

onepoint

テンプレートの内容を確認したりカスタマイズしたりするには、テンプレートのプロパティの編集をクリックして開くプロパティで値を確認・変更します。

▼テンプレートのプロパティ

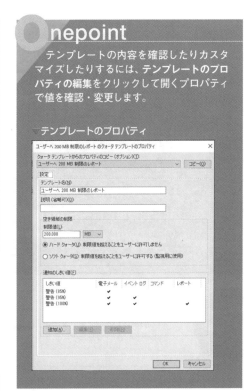

③ **クォータの作成**ダイアログボックスが開きます。**クォータのパス**ボックスに共有フォルダーの場所を指定し、**作成**ボタンをクリックします。

▼クォータの作成

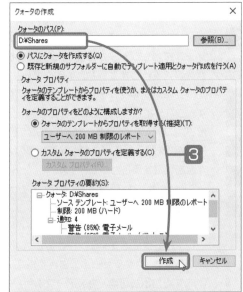

Hint

自動適用クォータ機能をオンにするには、**既存と新規のサブフォルダーに自動で～を**チェックします。

④ クォータの利用状況を確認するには、**共有と記憶域の管理**コンソールで、**ファイルサーバーリソースマネージャー➡クォータの管理➡クォータ**を展開し、結果ペインで確認します。

▼クォータの設定値を確認

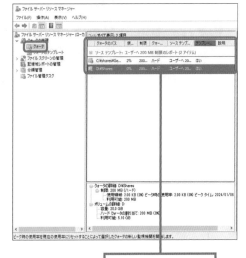

結果ペインで確認する

ディスク使用状況の
レポートを作成する

| Level ★ ★ ★ | Keyword | 記憶域レポートの管理　クォータの使用率　レポートの配信 |

　使用しているサーバーのディスク状況を定期的にチェックするには、ディスクのレポートを作成するのが効率的です。**記憶域レポートの管理**では、現在のディスクの使用状況の傾向をレポートとして作成できます。この記憶域のレポート作成タスクをスケジュールに設定することで、定期的に自動で作成されるようにすることもできます。

記憶域レポートを作成する

ディスクの使用状況をレポート形式で知るには、次のように操作します。

1 共有と記憶域の管理コンソールを開く

2 記憶域レポートの管理を選択する

3 作成するフォルダーやボリュームを指定する

4 レポートの内容を指定する

5 レポートの出力形式を指定する

6 レポートを作成する

▼重複しているファイルのレポート

作成されたレポートの一例。

　記憶域レポートの作成は、**ファイルサーバーリソースマネージャー**から**記憶域レポートの管理**を選択して実行します。生成するレポートの種類は、このプロパティダイアログの**設定**タブで選択します。このダイアログでは、そのほかに、レポートの形式（DHTML、HTML、XML、CSV、テキスト）や、結果を電子メールで配信するためのオプションなどを設定することができます。

　なお、レポートの作成には時間がかかる場合もあるため、レポートの作成をバックグラウンドで行わせる指定も可能となっています。

　レポート作成のタイミングとして、いますぐ作成できるほか、スケジュールによって指定した時刻に作成する指示も可能です。データ項目が多く、ディスク容量やファイル数が多い場合は、実行に時間がかかるため、サーバーの負荷の少ない時間帯にスケジュールするとよいでしょう。

1
Server C(...)
キーワード

2
導入から
運用まで

3
Active Directory
の基本

4
Active Directory
での管理

5
ポリシーと
セキュリティ

6
ファイル
サーバー

7
仮想化と
仮想マシン

8
サーバーと
クライアント

9
システムの
メンテナンス

10
PowerShell
での管理

6.7.1 現在のディスクの状況を知る

いますぐディスクの状況をレポートにするには、**レポートを今すぐ生成する**コマンドを実行します。

レポートをいますぐ生成する

記憶域レポートタスクのプロパティダイアログでは、レポートするディスクや表示するデータ、レポートのファイル形式などを設定します。

▼ファイルサーバーリソースマネージャー

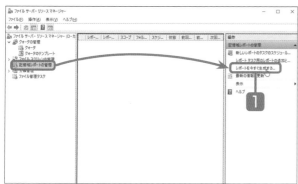

1 ファイルサーバーリソースマネージャーの左ペインから**記憶域レポートの管理**をクリックし、**レポートを今すぐ生成する**を選択します。

2 **記憶域レポートタスクのプロパティ**ダイアログが開きました。**設定**タブで、生成するレポートを選択します。

3 **スコープ**タブを開いて、レポート対象とするデータの種類を選択します。

▼設定タブ

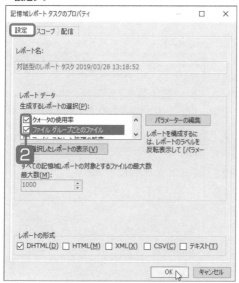

▼フォルダーの参照

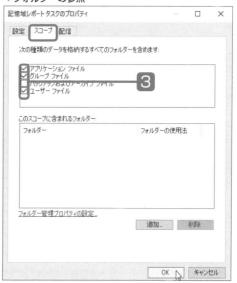

Hint

レポートのファイル形式を選択することもできます。

4 レポートタスクの内容を設定したら、**OK**
ボタンをクリックします。

5 記憶域レポートの生成ダイアログが開きました。バックグラウンドで作成するかどうかを選択して、**OK**ボタンをクリックします。

▼配信タブ

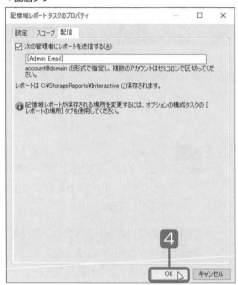

▼記憶域レポートの生成

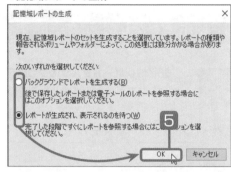

nepoint

レポートを電子メールで送信する場合は、手順**4**で**OK**ボタンをクリックする前に、配信タブで電子メールアドレスを設定します。なお、このためには SMTP サーバーを設定しなければなりません。

6 レポートファイルが作成されると、エクスプローラーが開きます。表示したいファイルをダブルクリックします。

7 Edgeが起動し、指定したレポート形式のレポートが表示されます。

▼エクスプローラー

ダブルクリックする

▼レポート

1
Server での
キーワード

2
導入から
運用まで

3
Active Directory
の基本

4
Active Directory
での管理

5
ポリシーと
セキュリティ

6
ファイル
サーバー

7
仮想化と
仮想マシン

8
サーバーと
クライアント

9
システムの
メンテナンス

10
PowerShell
での管理

6.7.2　新しいレポートのタスクのスケジュール

Onepoint
　　　レポートをスケジュールに従って定期的に生成するには、レポートのタスクのスケジュールを設定します。いますぐレポートを生成する場合と同じように、レポートするボリュームとフォルダー、レポートするデータ、レポートを保存するファイル形式を指定します。

レポートタスクをスケジュールする

Attention
　　　レポートの生成処理ではコンピューターに負荷がかかります。複数のレポートの生成を実行する場合は、レポート処理がサーバーのパフォーマンスに与える影響を最小限に抑えるため、レポートはまとめて同時に生成するようにします。

▼ファイルサーバーリソースマネージャー

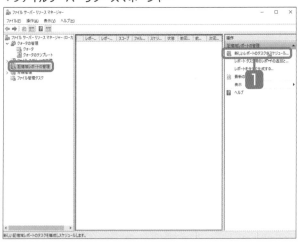

1 ファイルサーバーリソースマネージャーを開いて**記憶域レポートの管理**を選択し、操作ペインで**新しいレポートのタスクのスケジュール**を選択します。

▼設定タブ

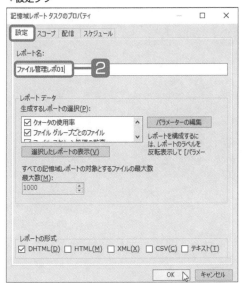

2 記憶域レポートタスクのプロパティダイアログが開きます。**設定**タブでレポート名を入力します。

3 **スケジュール**タブを開いて、タスクのスケジュールを設定します。設定が完了したら、**OK**ボタンをクリックします。

4 スケジュールが設定されました。

▼スケジュールタブ

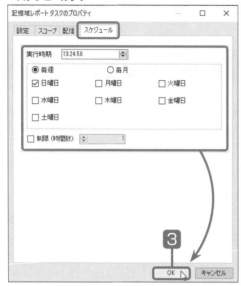

▼スケジュール設定完了

スケジュールが設定された

Tips

スケジュールの内容を変更するには、中央ペインからスケジュールを選択し、右ペインから**レポートタスクのプロパティの変更**をクリックします。

Memo | クラスター

　Windows Serverには、**クラスタリング**と呼ばれる技術があります。これによって、クライアントからの要求に対して複数のサーバーが連携して対処することができます。クライアントは、グループ化されたクラスターを利用しても、実際には分散または共同しているその"しごと"を意識することはありません。

　フェールオーバークラスタリング（WSFC：Windows Server Failover Clustering）は、その名のとおり、クラスターによってネットワークサービスのフェールオーバー（障害迂回機能）を実現しようとするものです。

　フェールオーバークラスタリングの設定は、特別なポリシー（**フェールオーバーポリシー**と**フェールバック**ポリシー）によって定義され、障害発生時と復旧時の動作を詳細に設定できます。

　なお、フェールオーバークラスタリングは、Windows Server 2022/2019 Enterprise/Datacenterでのみ利用できます。

　もう1つのクラスター技術である**ネットワーク負荷分散**（**NLB**：Network Load Balancing）は、主にWebやFTPの役割を担うように構成されているサーバーにクライアントからの接続が集中したときでも、複数のサーバーに負荷を分散することで、継続して稼働させる性能（可用性、**アベイラビリティ**）を高められるようにする機能です。Windows Serverでは機能として追加できます。

Section

6.8

削除した共有ファイルを復活させる

Level ★★★   Keyword   シャドウコピー　以前のバージョン

　ローカルコンピューター上にあるファイルを削除すると、ファイルは**ゴミ箱**に移動し、**ゴミ箱を空にする**を実行するまでは、復活させることができます。しかし、Windows 2000では、ネットワークで共有フォルダーにあるファイルを削除すると、ゴミ箱には残らず、すぐに消えてしまいました。Windows Server 2003以降の**シャドウコピー**は、サーバー上のファイルを定期的にバックアップしておき、必要なときに復元する機能です。

誤って削除されたファイルを回復する

「以前のバージョン」機能を使って、誤って削除されたファイルを回復させるには、次のように操作します。

1 シャドウコピーを有効にする

2 以前のバージョンにアクセスする

3 削除されたファイルを回復させる

　誤って削除されたり上書きされたりしてしまったファイルを元に戻すためには、元のファイルがバックアップされていなければなりません。**シャドウコピー**は、任意のボリューム全体のファイルを定期的にコピーする機能です。なお、2回目からは差分だけをコピーします。デフォルトでは無効になっています。なお、シャドウコピーは定期的なバックアップの代わりにはなりません。重要なファイルは、バックアップユーティリティによるバックアップを行ってください。

　したがって、保存されている限り、シャドウコピーされた**以前のバージョン**まではファイルをさかのぼって復元することができます。この機能は「以前のバージョン」と呼ばれています。

　デフォルトでは、1日2回、定期的にシャドウコ

▼シャドウコピーの設定

ボリュームごとにシャドウコピーを設定できる

ピーを作成します。スケジュール設定を変更して、あまり頻繁にシャドウコピーを行うようにすると、サーバーのパフォーマンスが低下することもあります。格納できるコピーの数の上限は、ボリューム当たり64個で、これを超えると古いものから削除されていきます。管理者はスケジュールやボリュームの空き容量にも注意が必要です。

作業中に特定のフォルダーやボリュームのバックアップをしようとする場合、Windows 2000までは、システムやほかのアプリケーションによって使用されているファイルは、排他制御機能が働くためにバックアップすることができませんでした。**シャドウコピー**は、ボリューム上のファイルやフォルダーをすべてバックアップします。

ただし、シャドウコピーでバックアップされるのは「シャドウコピーを実行した時点」のファイルです。シャドウコピー実行後の変更内容はバックアップには反映されないことに注意しなければなりません。デフォルトでは、シャドウコピーは1日2回（午前7時と正午に）実行されます。

なお、クライアント側でシャドウコピーの機能を使うには、クライアント用のソフトが必要です。あらかじめクライアントコンピューターにインストールしておきます。

▼シャドウコピー

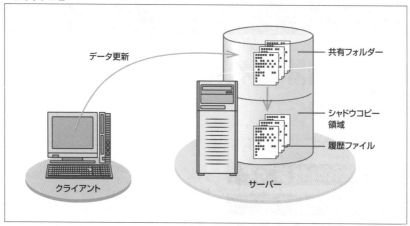

シャドウコピーを設定する

シャドウコピーの設定は、NTFSボリュームのプロパティにある**シャドウコピータブ**で行います。ボリュームのプロパティは、マイコンピューター（PC）や**コンピューターの管理**から開くことができます。

▼コンピューターの管理

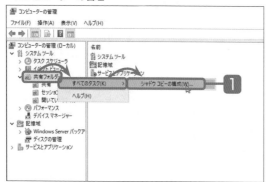

1 コンピューターの管理を開き、**システムツール**➡**共有フォルダー**を右クリックして、**すべてのタスク**➡**シャドウコピーの構成**を選択します。

2 **シャドウコピー**プロパティが開きます。ボリュームを選択して、**有効**ボタンをクリックします。

3 **はい**ボタンをクリックします。

1
Server での
キーワード

2
導入から
運用まで

3
Active Directory
の基本

4
Active Directory
での管理

5
ポリシーと
セキュリティ

6
ファイル
サーバー

7
仮想化と
仮想マシン

8
サーバーと
クライアント

9
システムの
メンテナンス

10
PowerShell
での管理

▼シャドウコピータブ

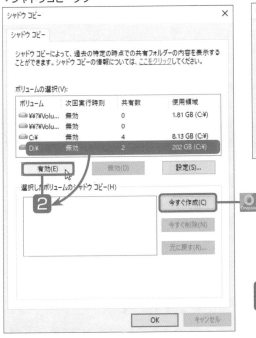

▼シャドウコピーの有効化

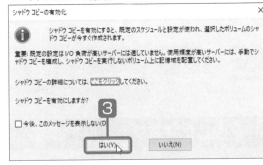

Onepoint
手動でシャドウコピーを作成したいとき
は、**今すぐ作成**ボタンをクリックします。

4 しばらくすると、シャドウコピーが終了します。
シャドウコピーのスケジュールなどを設定する
には、**設定**ボタンをクリックします。

5 最大サイズなどを設定し、**OK**ボタンをクリッ
クします。

▼シャドウコピータブ

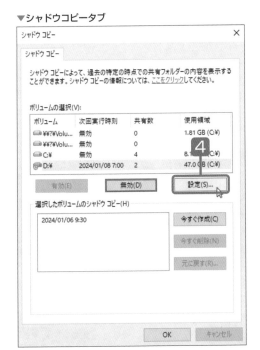

▼設定

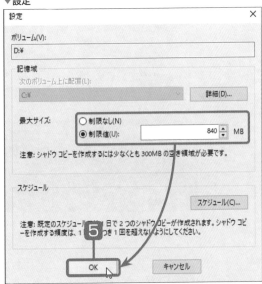

Hint
最大サイズ欄では、シャドウコピーを作成
するための記憶域の制限サイズを設定でき
ます。

Hint
シャドウコピーを作成するスケジュール
を設定するには、**スケジュール**ボタンをク
リックします。

6.8.2　以前のバージョン

以前のバージョンは、シャドウコピーによって保存されている変更前のファイルやフォルダーを復元する機能です。デフォルトの設定で復元すると、シャドウコピー作成以降の変更はすべて失われます。現在のファイルやフォルダーも残したい場合は、コピーを実行します。

削除した共有ファイルを復活させる

シャドウコピーを設定したファイルサーバー内の共有ファイルを削除してしまった場合、エクスプローラーを使ってファイルを復活できます。

任意のフォルダーのプロパティを開き、**以前のバージョン**タブを開いて操作します。

▼エクスプローラー

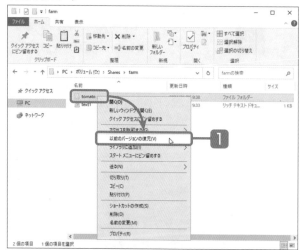

1　エクスプローラーでフォルダーを右クリックし、**以前のバージョンの復元**を選択します。

2　復元するバージョンを選択し、**復元**ボタンをクリックします。

▼以前のバージョンタブ

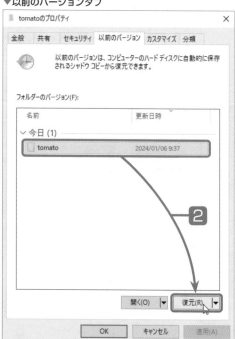

> **M**emo
>
> ここでは、Windows Server 2019で以前のバージョンの操作をしていますが、Windows 10/8/7から共有フォルダーに対して操作するときも同様です。

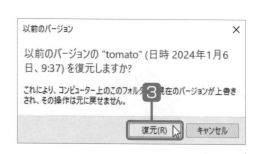

3　**復元**ボタンをクリックします。

6.8

削除した共有ファイルを復活させる

1 Server での
キーワード

2 導入から
運用まで

3 Active Directory
の基本

4 Active Directory
での管理

5 ポリシーと
セキュリティ

6 ファイル
サーバー

7 仮想化と
仮想マシン

8 サーバーと
クライアント

9 システムの
メンテナンス

10 PowerShell
での管理

索引
Index

▼以前のバージョン

4 復元が完了しました。**OK**ボタンをクリックします。

Attention

ネットワーク上の共有ファイルのシャドウコピーを利用する場合、利用するクライアントのOSによっては、別途シャドウコピークライアントをダウンロード➡インストールする必要があるかもしれません。

Attention

シャドウコピーによるファイルの復元で注意しておきたいのは、復元できるのは自動（通常は1日に2回）または手動で保存された時点のバージョンなので、状況によってはごみ箱から削除されたファイルのバージョンより古い可能性もある、ということです。

Memo | OneDriveの「以前のバージョン」機能

OneDriveにも**以前のバージョン**機能があります。Webブラウザーで OneDrive にアクセスして Office ドキュメントファイルを復元したいときには、次のように操作します。

OneDrive にアクセスして、フォルダーを開き、復元したいファイルの先頭にチェックを付けます。チェックは復元したいファイル、ただ1つだけに付けます。複数にチェックすると、**以前のバージョン**機能は表示されません。

チェックを付けたあと、上部のメニューバーに**バージョン履歴**をクリックします。すると、ページ左部に更新履歴が表示されます。

復元したいバージョンをクリックすると、「復元」「ダウンロード」のリンクが表示されます。Office ドキュメントファイルであれば、以前のバージョンファイルの内容がページ右部に表示されます。復元するドキュメントの内容を確認して、復元を実行するかどうかを決定できます。

▼OneDrive

以前のバージョン一覧　　　以前のバージョンのドキュメント内容

Section

6.9 特定の拡張子のファイルが保存されるのを防ぐ

Level ★★★　　　Keyword ファイルスクリーン　ファイルグループ　ファイルスクリーンテンプレート

ファイルスクリーンは、ユーザーがフォルダーやボリュームに保存できるファイルの種類を拡張子によって見分けて制御する機能であり、その管理はファイルサーバーリソースマネージャーで行います。フィルタリングの設定は、ファイルスクリーンテンプレートを使って行うことができるため、設定操作や管理は比較的簡単です。

ここがポイント！

ファイルスクリーンを設定する

任意のフォルダーやボリュームにファイルスクリーンを設定するには、次のように操作します。

1 ファイルグループを定義する

2 ファイルスクリーンテンプレートを作成する

3 ファイルスクリーンを作成する

4 例外を作成する

▼ファイルスクリーンの作成

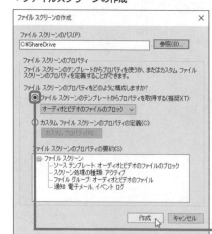

テンプレートからファイルスクリーンを作成

ファイルスクリーンは、ある種のファイルだけを見分けて、保存しないなどの処理をする機能です。そのためには、まず「ある種のファイル」を見分けるためのリストが必要になります。このリストを**ファイルグループ**といいます。ファイルグループは、ファイルの種類によって、例えば「Officeファイル」「Webページのファイル」「オーディオとビデオのファイル」などの名前が付けられています。見分けたい種類のファイルの拡張子をプロパティに保存しておき、それによってファイルを見分けます。

ファイルスクリーンのテンプレートを定義または変更するには、どのファイルグループに対して処理するのかを設定します。処理としては、保存しない、監視して保存させる、の2とおりがあります。

テンプレートをもとにしてファイルスクリーンを定義します。どのフォルダー（ボリューム）に対して設定するのか（ファイルスクリーンのパス）、どのテンプレートを使うのか、を設定します。なお、例外は必要に応じて設定します。

1 Server での キーワード

2 導入から準備まで

3 Active Directory の基本

4 Active Directory での管理

5 ポリシーと セキュリティ

6 ファイル サーバー

7 仮想化と 仮想マシン

8 サーバーと クライアント

9 システムの メンテナンス

10 PowerShell での管理

6.9.1　ファイルスクリーン

ファイルスクリーンの設定手順では、まず監視するファイルの種類を設定します。この操作が**ファイルグループ**の定義です。拡張子によって監視するファイルを設定してグループとします。監視とその処理は、ファイルスクリーンで設定します。ファイルスクリーンは、テンプレートから作成するのが効率的です。

実際の運用では、ファイルスクリーンの設定されているフォルダー内に、例外的に保存を許可しなければならない場合があります。このような特別な場合には、ファイルスクリーンの設定されているフォルダー内のサブフォルダーに**ファイルスクリーン例外**を設定します。

ファイルグループを定義する

ファイルグループを定義するには、ゼロからファイルグループの作成をすることもできますが、すでにあるファイルグループの内容を編集すれば、比較的簡単に目的のファイルグループを作成できます。

すでにあるファイルグループに登録されているファイルの種類を編集するには、次のように操作します。

▼ファイルサーバーリソースマネージャー

1 ファイルサーバーリソースマネージャーを開いて**ファイルスクリーンの管理**を展開し、**ファイルグループ**をクリックします。

Hint

サーバーマネージャーのコンソールツリーから開くには、役割➡**ファイルサービス**➡**共有と記憶域の管理**➡**ファイルサーバーリソースマネージャー**➡**ファイルスクリーンの管理**を展開します。

Onepoint

新しいファイルグループを定義するには、操作ペインから**ファイルグループの作成**をクリックします。なお、既存のファイルグループをコピーし、それをベースにして新しいファイルグループを作成することも可能です。

▼ファイルグループの編集

2 結果ペインにデフォルトのファイルグループが表示されます。編集するファイルグループを選択し、右側の操作ペインから**ファイルグループのプロパティの編集**をクリックします。

▼ファイルグループのプロパティ

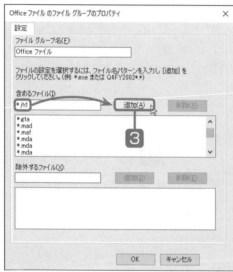

3 プロパティウィンドウが開きます。**含めるファイル**欄にファイルの拡張子を入力し、**追加**ボタンをクリックします。

Onepoint

含めるファイルには、グループに属するファイルを登録します。

▼編集終了

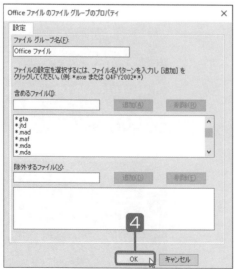

4 ファイルグループの編集が終了したら、**OK**ボタンをクリックします。

Memo

除外するファイルに設定した場合は、それ以外のファイルがすべてグループに含まれることになります。

1
Serverでの
キーワード

2
導入から
運用まで

3
Active Directory
の基本

4
Active Directory
での管理

5
ポリシーと
セキュリティ

6
ファイル
サーバー

7
仮想化と
仮想マシン

8
サーバーと
クライアント

9
システムの
メンテナンス

10
PowerShell
での管理

ファイルスクリーンテンプレートを作成する

ファイルスクリーンテンプレートは、ファイルスクリーン作成のベースになる設定です。ファイルスクリーンテンプレートでは、ブロックまたは監視するファイルグループや実行するスクリーン処理の種類（アクティブまたはパッシブ）、生成される通知のセットを定義します。

テンプレートの設定項目をもれなく設定するのが面倒な場合は、あらかじめ用意されているファイルスクリーンテンプレートをコピーして作成するとよいでしょう。

▼ファイルサーバーの管理

1 **ファイルサーバーリソースマネージャー**を展開し、**ファイルスクリーンテンプレート**を展開し、操作ペインから**ファイルスクリーンテンプレートを作成**をクリックします。

▼設定タブ

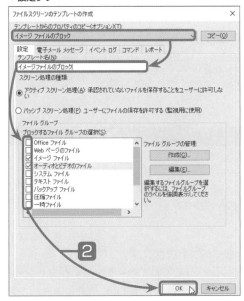

2 **ファイルスクリーンのテンプレートの作成**ダイアログが開きます。既存のテンプレートをベースにしてテンプレートを作成する場合は、**テンプレートからのプロパティのコピー**ボックスの▼をクリックし、ベースにするテンプレートを選択します。**テンプレート名**を入力し、**ファイルグループ**を指定します。**設定**タブ以外のタブの設定についても、次ページからの説明を参考に適宜修正してください。設定が終了したら、**OK**ボタンをクリックします。

Memo

アクティブスクリーン処理とは、保存をブロックする設定です。パッシブスクリーン処理では、保存は許可しますが、そのことを指定のメールで送信します。

▼テンプレートが追加された

3 テンプレートが追加されました。

ファイルスクリーンテンプレートの作成ダイアログの設定項目

ファイルスクリーンのテンプレートの作成ダイアログでは、タブごとに項目を選択して設定します。ここでは**設定**タブ以外のタブについて説明します。

6.9

特定の拡張子のファイルが保存されるのを防ぐ

▼電子メールメッセージタブ

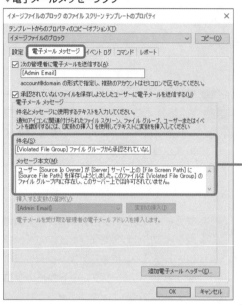

●電子メールメッセージタブ

電子メール通知を設定するには、このタブの項目を設定します。

なお、設定を実行するにはSMTPサーバーが設定されていなければなりません。

> メッセージの件名や本文を設定することができる

▼電子メッセージタブ

設定項目	内容
次の管理者に電子メールを送信する	チェックをオンにして、メールを受け取る管理者の電子メールアドレスを入力します。複数のアドレスは、セミコロンで区切ります。
承認されていないファイルを〜	許可されていないファイルを保存しようとしたユーザーに連絡する場合に、チェックボックスをオンにします。件名行とメッセージ本文を編集することができます。

▼イベントログタブ

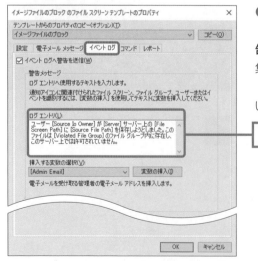

●イベントログタブ

イベントログにエラーを記録するには、**イベントログへ警告を送信**にチェックを付け、必要に応じてログエントリを編集します。

なお、設定を実行するにはSMTPサーバーが設定されていなければなりません。

> ログエントリの内容

1 Server での
キーワード

2 導入から
運用まで

3 Active Directory
の基本

4 Active Directory
での管理

5 ポリシーと
セキュリティ

6 ファイル
サーバー

7 仮想化と
仮想マシン

8 サーバーと
クライアント

9 システムの
メンテナンス

10 PowerShell
での管理

▼コマンドタブ

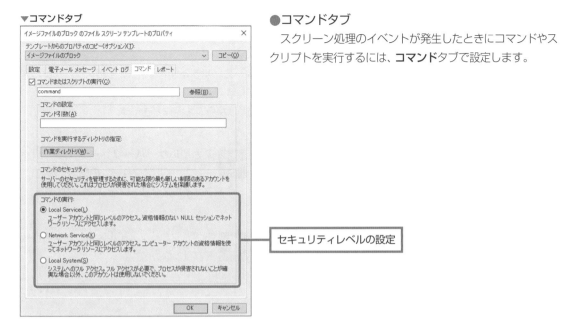

セキュリティレベルの設定

●コマンドタブ

スクリーン処理のイベントが発生したときにコマンドやスクリプトを実行するには、**コマンド**タブで設定します。

▼コマンドタブ

項目	内容
コマンドまたはスクリプトの実行	チェックボックスをオンにします。ボックスには、コマンドを入力するか、スクリプトがある場所を参照します。
コマンドの設定	コマンドに引数がある場合は、ボックスに引数を入力します。
コマンドのセキュリティ	高いセキュリティを保持するには、できるだけ制限のあるアカウントを設定します。

▼レポートタブ

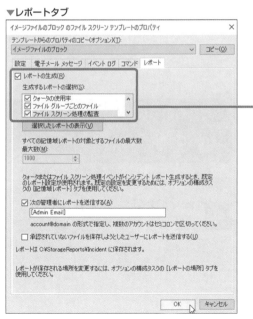

レポートの内容を選択する

●レポートタブ

レポートが自動的に生成されるように指定するには、**レポート**タブで設定します。この機能を使用するには、少なくとも1人の電子メール受信者を指定します。

ファイルスクリーンを作成する

ファイルスクリーンテンプレートを任意のフォルダーに適用する操作が、**ファイルスクリーンの作成**です。

ファイルスクリーンの作成は、テンプレートの一覧表示からでも操作できます。

▼ファイルサーバーリソースマネージャー

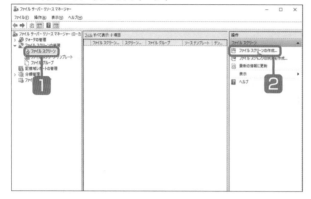

1 ファイルサーバーリソースマネージャー、ファイルスクリーンの**管理**を展開し、**ファイルスクリーン**をクリックします。

2 右ペインから**ファイルスクリーンの作成**をクリックします。

▼ファイルスクリーンの作成ダイアログ

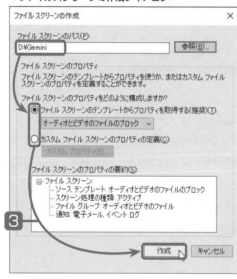

3 **ファイルスクリーンの作成**ダイアログが開きます。**ファイルスクリーンのパス**を入力し、ファイルスクリーンテンプレートを設定して**作成**ボタンをクリックします。

Onepoint

フォルダーのパスは、参照ボタンをクリックして選択することもできます。

▼ファイルスクリーンの作成

4 ファイルスクリーンが作成されました。

1
Server での
キーワード

2
導入から
運用まで

3
Active Directory
の基本

4
Active Directory
での管理

5
ポリシーと
セキュリティ

6
ファイル
サーバー

7
仮想化と
仮想マシン

8
サーバーと
クライアント

9
システムの
メンテナンス

10
PowerShell
での処理

ファイルスクリーン例外を作成する

Onepoint

ファイルスクリーン例外は、必要に応じて設定します。この設定は、すでに設定されたファイルスクリーンに対して、例外を許可するためのものです。

ファイルスクリーン例外は、ファイルスクリーンの設定されているフォルダーには設定できません。通常はサブフォルダーに設定します。

▼ファイルサーバーリソースマネージャー

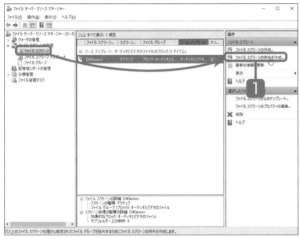

1 **ファイルサーバーリソースマネージャー**を展開し、**ファイルスクリーン**をクリックし、操作ペインから**ファイルスクリーンの例外を作成**をクリックします。

2 **ファイルスクリーンの例外の作成**ダイアログが開きます。**例外のパス**を入力し、例外にするファイルグループを選択して、**OK**ボタンをクリックします。

3 ファイルスクリーン例外が設定されました。

▼ファイルスクリーンの例外の作成

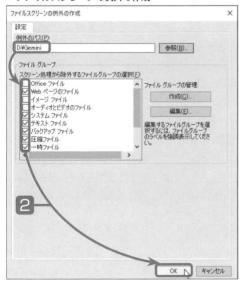

▼ファイルサーバーリソースマネージャー

例外が設定された

Section

6.10 プリンターを共有する

Level ★ ★ ★　　Keyword　プリンター　プリンター共有　プリントサーバー　印刷サービス

　ネットワークに接続しているプリンターや、ネットワークに接続しているコンピューターに接続しているプリンターを使って、プリントアウトすることができます。このようなプリンターを**共有プリンター**と呼びます。

　共有プリンターを使った印刷では、まずプリントサーバー上にある**論理プリンター**に印刷データがスプールされます。その後、共有プリンターによって印刷が実行されます。

共有プリンターを利用する

　ネットワークに接続された共有プリンターを利用して印刷を行うには、次のように操作します。

1 プリンターをインストールする

2 プリンターを共有する

3 プリンターのアクセス許可を設定する

4 共有プリンターを追加する（クライアント）

5 共有プリンターで印刷する（クライアント）

　Windows Server上にプリントサーバーや印刷管理を構成するには、**印刷サービス**という役割を追加設定します。プリンタードライバーを管理し、共有プリンターを利用するクライアントのドライバーを管理することも可能です。プリンターを利用するには、**プリンタードライバー**が必要です。

　通常、プリンタードライバーはプリンターメーカーから配布されますが、クライアント用のプリンタードライバーをWindows Serverが保持しておいてクライアントに供給することも可能です。

　プリンターの使用は、アクセス許可を設定することでコントロールします。通常は、ローカルグループを作成して、それにアクセス許可を設定します。利用するユーザーは、ローカルグループのメンバーに登録し、それをグローバルグループのメンバーに登録します。

　クライアントから共有プリンターを利用するには、そのクライアントから共有できるプリンターを検索し、必要があればプリンタードライバーをインストールします。Active Directoryドメインサービスにプリンターを登録しておくと、ユーザーやコンピューターのように共有プリンターを検索することが可能です。

1
Serverでの
キーワード

2
導入から
運用まで

3
Active Directory
の基本

4
Active Directory
での管理

5
ポリシーと
セキュリティ

6
ファイル
サーバー

7
仮想化と
仮想マシン

8
サーバーと
クライアント

9
システムの
メンテナンス

10
PowerShell
での管理

6.10.1　プリンターのインストール

プリンターを使用するには、プリンターの各機種に固有のプリンタードライバーを、コンピューターにインストールする必要があります。とはいえ、Windowsネットワークを使用するクライアントコンピューターでは、共有プリンターを使用するためのプリンタードライバーがインストールされていなくても、プリンターサーバーから自動的にプリンタードライバーがダウンロードされ、インストールされます。これを**代替ドライバー**といいます。

▼プリンター共有

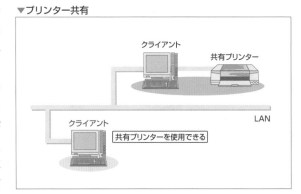

プリンターを追加する

Windows Serverでプリントアウトする場合には、コンピューターに直接接続されているプリンター（**ローカルプリンター**）やネットワーク上にあるプリンター（**ネットワークプリンター**）を、Windows Serverに登録する必要があります。プリンターを登録するには、Windows Updateによってプリンタードライバーを最新にするか、通常はプリンターメーカーのプリンタードライバーのインストール用のプログラムを実行します。

なお、USBやWi-Fi接続のプリンターで、プラグアンドプレイをサポートしているプリンターの場合は、電源をオンにしてWindows Serverに接続するだけで自動的にインストール*を始めるものもあります。

ここでは、Windows Serverがプリンターのデバイスドライバー情報を持っていたと仮定しています。このUSBプリンターを接続すると、自動的にプリンターがインストールされます。

▼コントロールパネル

1 コントロールパネルのホームで**デバイスとプリンターの表示**をクリックします。

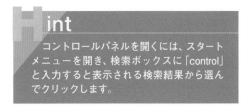

Hint

コントロールパネルを開くには、スタートメニューを開き、検索ボックスに「control」と入力すると表示される検索結果から選んでクリックします。

***接続するだけで自動的にインストール**　新しいハードウェアの検出ウィザードが起動する。

2 **デバイスとプリンター**ウィンドウが表示されます。メニューバーから**プリンターの追加**をクリックします。

▼デバイスとプリンター

3 コンピューターに接続されていたりネットワークに接続されていたりするプリンターの一覧が表示されます。追加するネットワークを選択して、**次へ**ボタンをクリックします。

▼プリンターの選択

4 しばらく待つとプリンターのインストールが完了します。**完了**ボタンをクリックします。

▼プリンターの追加

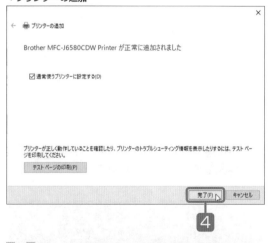

5 プリンターが追加されました。

▼デバイスとプリンター

Hint

通常使うプリンターに設定するにチェックを入れると、デフォルトのプリンターとして登録されます。

テスト印字する

1 Serverでの
キーワード

2 購入から
運用まで

3 Active Directory
の基本

4 Active Directory
での管理

5 ポリシーと
セキュリティ

6 ファイル
サーバー

7 仮想化と
仮想マシン

8 サーバーと
クライアント

9 システムの
メンテナンス

10 PowerShell
での管理

プリンターが正常にインストールされたかどうか調べるには、実際に印刷できるかどうか確認するのがいちばんです。**プリンターのプロパティ**を使ってテスト印刷をすることができます。

1 プリンターを右クリックし、**プリンターのプロパティ**を選択します。

▼デバイスとプリンター

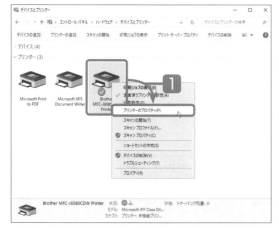

2 全般タブで**テストページの印刷**ボタンをクリックします。

▼プリンターのプロパティ

3 テスト印刷が開始されます。

▼テストページ

Attention

印刷されない場合は、**トラブルシューティング**を
クリックし、その原因を探ることができます。

ファイルサーバーが共有フォルダーを使用したように、プリンターを共有設定すると、クライアントコンピューターを使って印刷できるようになります。

共有フォルダーと同じように、共有プリンターはセキュリティ（アクセス許可）を設定できます。デフォルトの設定では、**Everyone**には印刷する権限がありますが、プリンター管理の権限はありません。

▼セキュリティタブ

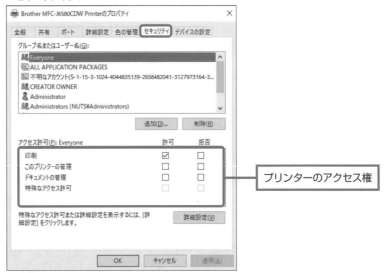

プリンターのアクセス権

▼プリンターのアクセス権（デフォルト）

	印刷	ドキュメントの管理	プリンター管理
Administrators	○	○	○
Print Operators	○	○	○
Server Operators	○	○	○
Creator Owner		○	
Everyone	○		

プリンターを共有する

プリンターを共有する場合の便利な機能が、**追加ドライバー***の機能です。

ネットワークプリンターから印刷しようとするクライアントコンピューターにも、ネットワークプリンター用のプリンタードライバーがインストールされていなければなりません。Windows Server 2022/2019では、あらかじめWindows 11/10などのドライバーを格納しておき、クライアントコンピューターからの要求があると、このドライバーをインストールさせることができます。

1 Server その
キーワード

2 導入から
運用まで

3 Active Directory
の基本

4 Active Directory
での管理

5 ポリシーと
セキュリティ

6 ファイル
サーバー

7 仮想化と
仮想マシン

8 サーバーと
クライアント

9 システムの
メンテナンス

10 PowerShell
での管理

▼プリンターのプロパティ

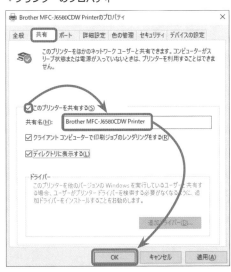

1 プリンターのプロパティの**共有**タブで、**このプリンターを共有する**にチェックを入れ、共有プリンターの名前を入力します。

プリンターのアクセス許可を変更する

Attention

プリンターのアクセス許可には、印刷、プリンターの管理、ドキュメントの管理などがあります。デフォルトでは、**Everyone**に印刷許可があります。ここでは、任意のプリンターのアクセス許可から「Everyone」グループを削除し、ローカルグループに印刷の許可を与えます。

1 **デバイスとプリンター**ウィンドウから共有プリンターを右クリックして、**プリンターのプロパティ**を選択します。

2 プリンターのプロパティが開きます。**セキュリティ**タブを開き、「Everyone」を選択して、**削除**ボタンをクリックします。

▼デバイスとプリンター

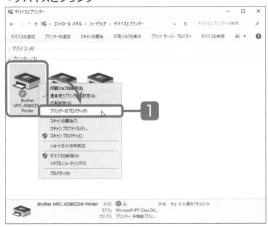

▼プリンターのプロパティ

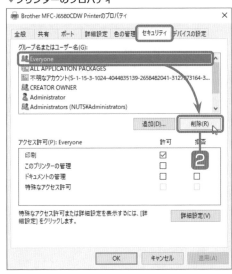

＊**追加ドライバー**　この機能は**代替ドライバー**とも呼ばれる。

3 アクセス許可一覧からEveryoneグループが削除されました。**追加**ボタンをクリックします。

▼セキュリティタブ

4 **選択するオブジェクト名を入力してください**ボックスに、アクセス許可を与えるローカルグループを入力し、**OK**ボタンをクリックします。

▼ユーザー、コンピューター、サービスアカウントまたはグループの選択

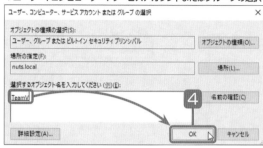

▼セキュリティタブ

5 ローカルグループが追加されました。**OK**ボタンをクリックします。

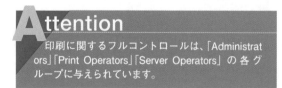

Attention

印刷に関するフルコントロールは、「Administrators」「Print Operators」「Server Operators」の各グループに与えられています。

1 Server-その
キーワード

2 導入から
運用まで

3 ActiveDirectory
の基本

4 ActiveDirectory
での管理

5 ポリシーと
セキュリティ

6 ファイル
サーバー

7 仮想化と
仮想マシン

8 サーバーと
クライアント

9 システムの
メンテナンス

10 PowerShell
での管理

6.10.3 共有プリンターと Active Directory ドメインサービス

小規模な組織では、プリンターを Active Directory ドメインサービスに登録するまでもなく、UNC名を利用して直接指定することもできます。しかし、いくつものプリンターが Active Directory ドメインサービスに散在している環境では、Active Directory ドメインサービスにプリンターを登録しておくことで、ディレクトリの検索機能を使ってプリンターを検索できるようになります。

共有プリンターを Active Directory ドメインサービスに登録する

共有プリンターを Active Directory ドメインサービスに登録する方法は、デフォルトの設定のままプリンターを共有するだけです。**共有**タブで**ディレクトリに表示する**にチェックが付いていることを確認してください。

ただし、**Active Directory ユーザーとコンピューター**では、デフォルトで登録したプリンターを確認できません。ディレクトリに登録されているプリンターを確認するには、次のように操作します。

▼プリンターの共有プロパティ

1 プリンターのプロパティの**共有**タブで、共有設定がオンになっていて、**ディレクトリに表示する**にチェックが付いていることを確認します。

▼ Active Directory ユーザーとコンピューター

2 次に **Active Directory ユーザーとコンピューター**で、**表示**メニューから**コンテナーとしてのユーザー、連絡先、グループ、コンピューター**を選択します。

Memo

先頭にチェックが付いている場合は、すでにオプションが選択されています。

▼ Active Directory ユーザーとコンピューター

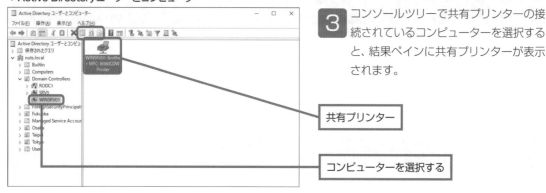

共有プリンター

コンピューターを選択する

3 コンソールツリーで共有プリンターの接続されているコンピューターを選択すると、結果ペインに共有プリンターが表示されます。

Hint | プリンタードライバーの Windows Serverへの対応

Windows Serverに限ったことではないですが、プリンタードライバーはOSに対応しているかどうかが重要な要素になります。これは、OSがプリンターを制御するためです。

プリンタードライバーは、プリンターメーカーが開発・供給するのが基本です。したがって、使用しているプリンターがWindows Server 2022/2019で使えるかどうかの情報は、プリンターメーカーのサポートページなどで探すことになります。

なお、OS側で用意している標準的なプリンタードライバーが使える場合もありますが、メーカーが供給するものよりも機能的に劣ります。できるだけ、メーカーのものを使うようにしましょう。

▼ EPSON社のホームページ

プリンタードライバーの対応情報ページ

6.11 オフライン時でも ネットワーク上の ファイルを使う

Level ★★★　　Keyword　オフラインファイル　同期

ネットワークが切断されても、ネットワーク上にあるファイルを使い続けられる機能が、**オフラインファイル**です。オフラインファイルでは、クライアント*がファイルサーバーを共有使用すると、クライアントコンピューターにファイルがキャッシュされ、ネットワークが切断されたときには、このキャッシュが使用されます。

オフラインファイルを使う

Windows 11/10でオフラインファイルを使うには、次のようにWindows Serverとクライアントを設定します。

1 サーバーのオフライン設定を有効にする

2 画面（ユーザーインターフェイス）の設計

3 クライアントでオフラインファイルを設定する

4 競合を解決する

▼オフラインの同期

　オフラインファイルを利用すると、ネットワークが停止しても作業を継続できます。また、ノートPCを携帯するときにも擬似的にネットワークに接続しているため、作業は中断しません。

　Windows Serverの共有フォルダー（ファイル）は、「クライアント側でオフラインファイルを有効にすれば、オフラインファイルに対応する」ようにデフォルトで設定されています。したがって、デフォルトのままであれば、サーバー側でオフラインファイルの設定をする必要はありません。

　オフラインファイルを利用するクライアント側では、どの共有フォルダー（ファイル）に対してオフラインファイルを設定するかを指示します。すると、指定した共有フォルダーがコピーされ、オフラインファイルになります。オフライン作業中にファイルに変更が加えられた場合には、オンラインになった時点で自動的に同期が行われます。ファイルの競合があると、その解決策を指示します。これで、オフラインファイルの同期が完成します。

***クライアント**　Windows 11/10では、Pro以上のエディションがクライアントとして使用できる。

オフラインファイルを使うと、オフライン時でもネットワーク上のファイルを使った作業を続けることができます。その後、ネットワークに接続してオンラインに復帰すると、ノートパソコンで行ったファイルの変更がファイルサーバー上のファイルにも反映されます。

▼オフラインファイル

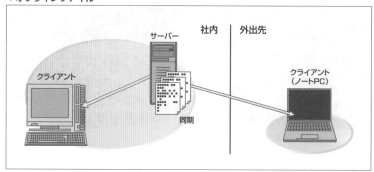

オフラインファイル用にサーバーを設定する

オフラインファイルを設定するためには、ファイルサーバー側の設定とクライアント側の設定の2つが必要です。

管理者は、ネットワーク共有しているフォルダー内のすべてのファイルを自動的にオフライン作業の対象にするか、それとも選択したファイルだけを対象にするか、を設定できます。なお、ファイルサーバー側のデフォルトの設定では、オフラインファイルが使用できるようになっています。

1 サーバーマネージャーで、**ファイルサービスと記憶域サービス➡共有**と選択し、対象とする共有フォルダーを右クリックして、**プロパティ**を選択します。

2 プロパティが開きます。**設定**タブを開いて、オフラインファイルについての設定を行い、**OK**ボタンをクリックします。

▼サーバーマネージャー

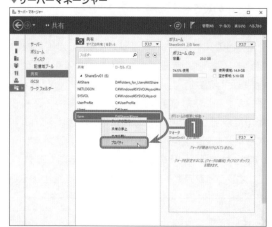

▼オフラインの設定

1
Server での
キーワード

2
ゼロから
活用まで

3
Active Directory
の基本

4
Active Directory
での管理

5
ポリシーと
セキュリティ

6
ファイル
サーバー

7
仮想化と
仮想マシン

8
サーバーと
クライアント

9
システムの
メンテナンス

10
PowerShell
での管理

Windows Server の **ReFS** (Resilient File System) は、Windows NT 以来、Windows Server のために開発され、改良されてきたといっていい NTFS を超える、次世代のファイルシステムとして注目されています。

ReFS は、NTFS よりさらに大容量ボリュームの管理をサポートします。最大ストレージ容量は 4PB (ペタバイト) すなわち 400 万 GB もあります。また、1 ファイルの最大サイズは 2 の 64 乗バイトとなっています。

容量の上限まで利用する機会はまだまだ先でも、信頼性の向上した ReFS はすぐにでも利用したいところです。ReFS のデータの書き換えでは、NTFS のように古いデータを上書きすることをせず、まず別の場所へ新規にデータを保存し、そのあとで古いデータ領域を非利用領域とします。

これによって、データの保存時に電源遮断などのトラブルが起こっても、ファイルの破損が起こりにくくなります。

NTFS との互換性を重視した設計とはなっているものの、現状のバージョンでは、ディスククォータや暗号化ファイルシステム、ファイル単位での圧縮などはできません。

ボリュームのフォーマット

サーバーマネージャーの[ファイルサービスと記憶域サービス]➡[ボリューム]から右クリックして開く

ネットワーク経由でフォルダーにアクセスするときの権限として、**共有アクセス許可**を設定できます。これは、NTFS などのほか FAT でも設定可能です。

この共有アクセス許可には「フルコントロール」「変更」「読み取り」の 3 種類があり、フォルダーのプロパティから共有タブを開いて設定を行います。

「フルコントロール」は文字どおりすべての操作を許可するのですが、「変更」の内容に加えて「ファイル/フォルダーに対するアクセス権の設定」を含みます。したがって、一般のユーザーにアクセス許可を与える場合には、「変更」か「読み取り」のいずれかの設定にして、「フルコントロール」は与えません。

アクセス権の種類	フルコントロール	変更	読み取り
ファイルの読み取り	○	○	○
ファイルの作成と上書き	○	○	×
ファイルの削除	○	○	×
ファイルやフォルダーの一覧表示	○	○	○
フォルダーの作成と削除	○	○	×
ファイル/フォルダーに対するアクセス権設定	○	×	×

常にオフラインで使用する

Attention　クライアントがオフラインファイル機能を使うためには、クライアント側での設定も必要です。ここでは、Windows 11 Proをクライアントとして説明していますが、Windows 10などのPCでも基本的には同じ操作で設定できます。

6.11

オフライン時でもネットワーク上のファイルを使う

▼ネットワーク

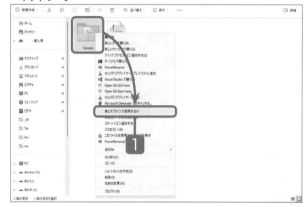

1 ネットワークフォルダーで共有フォルダーに接続し、オフラインで使うフォルダーやファイルを右クリックして、**その他のオプションを確認➡常にオフラインで使用する**を選択します。

nepoint
再度選択すると、オフラインの設定がキャンセルされます。

▼ネットワーク

オフラインファイルが設定されたフォルダー

2 オフラインファイルが作成されました。

emo
Windows 11などでオフラインファイルがオフに設定されている場合には、ショートカットメニューを開いても**常にオフラインで使用する**が表示されません。
オフライン機能をオンにするには、コントロールパネルの**オフラインファイルの管理**を開き、全般タブで**オフラインファイルを有効にする**をクリックします。設定後は再起動する必要があります。

▼オフラインファイルダイアログ

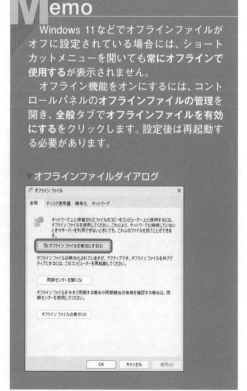

1
Serverでの
キーワード

2
導入から
運用まで

3
Active Directory
の基本

4
Active Directory
での管理

5
ポリシーと
セキュリティ

6
ファイル
サーバー

7
仮想化と
仮想マシン

8
サーバーと
クライアント

9
システムの
メンテナンス

10
PowerShell
での管理

6.11.2　ファイルの同期

Onepoint

オフラインファイルの機能を利用しているクライアントが、「ローカルコンピューター上のファイルとファイルサーバー上のファイルを比べて、変更を反映させる」ことを**ファイルの同期**といいます。なお、サーバー上のファイルがほかのユーザーによって変更されてしまったあとで、オフラインファイルを同期しようとした場合、次の3つから、どの処理を行うか選択しなければなりません。

・両方のファイルを保持する。
・ローカルコンピューター上のファイルを保持し、ファイルサーバー上のファイルを変更する。
・ファイルサーバー上のファイルを保持し、ローカルコンピューター上のファイルを変更する。

ファイルを同期させる

Important

デフォルトでは、ネットワークに接続されると自動的に同期が行われます。手動で行う場合は、エクスプローラーの**同期**ボタンをクリックします。

1 同期センターを起動し、**同期**をクリックします。

▼同期センター

ユーザーの
特別なフォルダーを
サーバーに作成する

Level ★ ★ ★　　**Keyword**　フォルダーリダイレクト　グループポリシー

クライアントコンピューターからネットワークに接続したときに、どのクライアントでも同一のフォルダーを使用できると便利です。例えば、**ドキュメント**フォルダーをファイルサーバー上に持っていれば、どのクライアントからログオンしても同じように作業をすることができます。

フォルダーリダイレクトを設定する

グループポリシーにフォルダーリダイレクトを設定するには、次のように操作します。

1 コンテナーにリンクしたグループポリシーを編集する

2 フォルダーリダイレクト用のフォルダーを選択する

3 グループポリシーを設定する

▼ターゲットフォルダーの指定

ネットワーク上の共有フォルダーにリダイレクトする

指定したフォルダーをネットワーク上の共有フォルダーに配置することで、ユーザーはネットワーク上のどのコンピューターからログオンしても、ネットワーク上の位置を意識することなく、リダイレクトされたフォルダーからファイルを読み書きできるようになります。

特定のOUやドメインなどのコンテナーに関連付けられているグループポリシーを開き、コンソールツリーでフォルダーリダイレクトを選択すると、結果ペインに**フォルダーリダイレクト**の可能な特殊なフォルダーが表示されます。

任意のフォルダーリダイレクトフォルダーを選択して、グループポリシーを設定します。設定に使うダイアログボックスでは、**ターゲット**タブでリダイレクトを設定します。ファイルサーバー上のフォルダーをリダイレクトするには、共有フォルダーを**UNC**名で指定します。

ネットワークに接続できる特定のコンピューターを持たないユーザーでは、フォルダーリダイレクトは非常に効率的な管理方法です。

1
Server での
キーワード

2
導入から
運用まで

3
Active Directory
の基本

4
Active Directory
での管理

5
ポリシーと
セキュリティ

6
ファイル
サーバー

7
仮想化と
仮想マシン

8
サーバーと
クライアント

9
システムの
メンテナンス

10
PowerShell
での管理

6.12.1　フォルダーリダイレクトの設定

フォルダーリダイレクトは、Windowsの特殊なフォルダーをネットワーク上の任意の場所に指定する機能です。フォルダーリダイレクトが設定できるフォルダーには、ドキュメントやPicturesなどのドキュメントファイルを保存する特別なフォルダーのほかに、デスクトップやスタートメニュー、最近使ったファイルなどの情報フォルダーがあります。

フォルダーリダイレクトにドキュメントを設定する

フォルダーリダイレクトは、グループポリシーの**ユーザーの構成**で設定されます。したがって、フォルダーリダイレクトは、ドメインやOU（組織単位）で設定できます。ここでは、任意のグループのドキュメントをファイルサーバー上に移動します。

1 **グループポリシーの管理**を開き、設定するグループポリシーを右クリックして、**編集**を選択します。

2 コンソールツリーで、**ユーザーの構成➡ポリシー➡Windowsの設定➡フォルダーリダイレクト**を展開します。

▼グループポリシーの管理

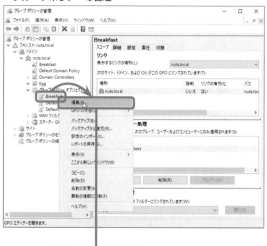

［編集］を選択する

▼グループポリシー管理エディター

［フォルダーリダイレクト］を展開する

3 設定するフォルダー（ここでは**ドキュメント**）を右クリックして、**プロパティ**を選択します。

4 **ターゲット**タブで、**設定**ボックスをクリックし、**基本−全員のフォルダーを〜**を選択します。

▼グループポリシー管理エディター

▼ターゲットタブ

5 対象フォルダーの場所を設定します。設定が完了したら**OK**ボタンをクリックします。

6 **はい**ボタンをクリックします。

▼ターゲットタブ

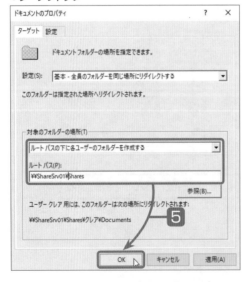

▼警告

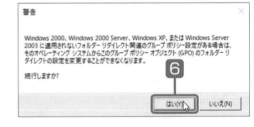

Attention

場所の設定は、UNCパスで設定します。

1
Server での
キーワード

2
導入から
運用まで

3
Active Directory
の基本

4
Active Directory
での管理

5
ポリシーと
セキュリティ

6
ファイル
サーバー

7
仮想化と
仮想マシン

8
サーバーと
クライアント

9
システムの
メンテナンス

10
PowerShell
での管理

Perfect Master Series
Windows Server 2022

Chapter 7

仮想化と仮想マシン

　Windows Server 付属の仮想化サーバーであるHyper-Vは、ハイパーバイザー技術を使った仮想マシン環境を提供します。このHyper-Vは、パフォーマンスをあまり下げることなく、1台のマシン上で複数のゲストOSを仮想化して動かすことができます。

　現在のHyper-Vは、高いパフォーマンスを実現できるため、企業のプライベートクラウドとしても利用されるようになっています。さらに、Windows Server 2022/2019では、Docker社によるコンテナー技術を利用したWindows ServerコンテナーやHyper-Vコンテナーの技術によって、仮想環境でOSやアプリを実行する選択肢が広がっています。

　Chapter 7では、Hyper-Vとはどのような機能なのか、その構成や設定方法などを解説しています。

Hyper-Vを
インストールする

Level ★ ★ ★ | **Keyword** | Hyper-V 仮想マシン サーバーマネージャー 役割の追加

1台のコンピューター内に、Windows Serverに加えて別のOSを混在させるためのMicrosoftの技術が、**Hyper-V**です。Hyper-Vをインストールすると、Windows 11/10やUNIX系OSなどの特定のOSが、Windows Serverの動いているデスクトップ上で同時に別ウィンドウとして開き、ウィンドウ内の操作ができるようになります。まず本節では、Hyper-Vのインストールについて説明しています。

Hyper-Vをインストールする

Hyper-Vをインストールするには、次のような手順で作業します。

1 サーバーマネージャーを開く

2 Windows Serverのエディションを確認する

3 役割を追加する

4 ハードウェア要件を確認する

▼Hyper-V

　Hyper-Vは、Windows ServerやWindowsで利用できる仮想化の仕組みです。これを利用すると、1台の物理的なWindowsコンピューター上で複数の仮想的なコンピューターを動かすことができます。

　Hyper-Vを使用するコンピューターには高いスペックが求められますが、複数のコンピューターを別々に用意することを考えれば、管理面やコスト面でHyper-Vにはメリットがあります。「サーバー上の仮想コンピューターをテレワークから使用する」といった使われ方もされています。

　Hyper-Vインストールの準備が整えば、あとはサーバーマネージャーによる役割の追加操作を実行するだけです。これによって、**ホストOS**（Windows Server）側の設定は終了です。

1 Server でのキーワード

2 導入から運用まで

3 Active Directory の基本

4 Active Directory での管理

5 ポリシーとセキュリティ

6 ファイルサーバー

7 仮想化と仮想マシン

8 サーバーとクライアント

9 システムのメンテナンス

10 PowerShell での処理

7.1.1 Hyper-V

Windows Server上でHyper-Vを使用する最大の意味は、**管理コストの軽減**です。一般的なWindows Serverコンピューターの利用において、コンピューターのリソース使用率は100%には遠く及ばないといわれています。Hyper-Vは、高価なサーバーコンピューターの利用率を上げる1つの方法です。

例えば、コンピューター3台分の作業を1台に集約できたら、設備費や消耗品費の軽減はもちろんのこと、総合的な管理費も相当な削減を期待できるでしょう。

さらに、サーバーを仮想化した場合、システムに何らかの障害が発生しても、仮想化したOS分のファイルに対して、コピーや移動などの処理を行うことが可能であり、別のコンピューター上での復元が簡単に行えます。

▓ Hyper-Vの特徴

かつてのMicrosoftの仮想化商品としては、デスクトップPC向けの**Virtual PC**およびサーバー向けの**Virtual Server**がありました。Hyper-Vは、このVirtual Serverの後継になるわけですが、Virtual ServerがアドオンによってWindows上にハードウェアの仮想化を提供するのとは異なり、Hyper-VではWindows自体が仮想化をサポートしています。

Hyper-Vでは、ハードウェアと仮想サーバーの間にWindows Serverと一体化した**Hypervisor**の非常に薄いレイヤーが挟まれます。仮想サーバーは、Hypervisor上にパーティションと呼ばれる単位で構成されます。Windows Server自身は、**親パーティション***として再構成されます。また、この親パーティションによって管理される仮想サーバーを**子パーティション**と呼びます。

Virtual Serverではハードウェアをエミュレートしていたため、**ゲストOS**を簡単に構成できたという面はあったとしても、性能面での不満がありました。Hyper-Vでは、親パーティションのデバイスドライバーが代表してハードウェアを制御するため、子パーティションは**VMBus**を通して親パーティションのデバイスドライバーを使うことになり、信頼性と共にパフォーマンスの向上が見込めます。

Hyper-Vのインストール自体はx64CPUのコンピューターにしかできませんが、子パーティションのゲストOSとしては、32ビットOSをインストールすることもできます。

▼Hyper-Vの構造

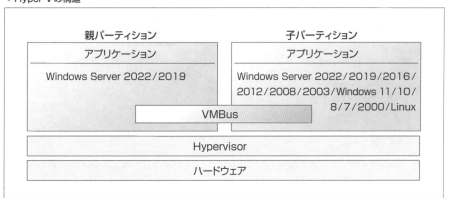

***親パーティション**　親パーティションにインストールされているOSを**ホストOS**、子パーティションのOSを**ゲストOS**という。

7.1.2　Hyper-Vのインストール

　　1台のコンピューターを何台分にも使える便利なHyper-Vですが、現在一般に使用されているコンピューターならどれでもインストールできるかといえば、そうではありません。Hyper-V対応のコンピューターでなくてはなりません。

■ Hyper-Vのインストール要件

　　Hyper-Vをインストールするためのサーバーとしては、**Intel VT**または**AMD Virtualization**（AMD-V）を備えたx64ベースのプロセッサであることが必須条件です。また、**DEP**（ハードウェアデータ実行防止）機能が使用でき、それがBIOSの設定で有効になっていなければなりません。新しくHyper-V用のサーバーコンピューターを購入する際は、メーカーに確認するようにしてください。

▼Hyper-Vのインストール要件

項目	説明
OS	Windows Server 2022/2019
CPU	x64ベースプロセッサ (Intel 64、AMD64) ハードウェア仮想化 (Intel VT、AMD Virtualization〈AMD-V〉)
ハードウェア	DEPが使用可能で設定有効。
データ実行防止 (DEP)	BIOS設定によって、Intel XDビット (execute disable bit) またはAMD NXビット (no execute bit) を有効にする。

Hyper-Vをインストールする

　　Hyper-Vのインストール作業自体は簡単です。
　　サーバーマネージャーのダッシュボードから**役割と機能の追加**を使って、Hyper-Vのインストール作業を進めるだけです。役割の追加に関する操作の詳細は、「2.7　サーバーマネージャーによるサービス管理」を参照してください。

▼役割の追加

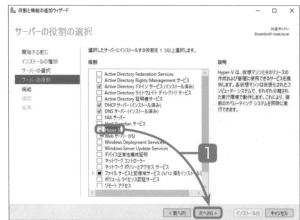

1 サーバーマネージャーを開き、**サーバーの役割➡Hyper-V**を選択して、**次へ**ボタンをクリックします。

Hint

Hyper-Vを役割として追加すると、機能として**リモートサーバー管理ツール—役割管理ツール—Hyper-Vツール**が追加されます。

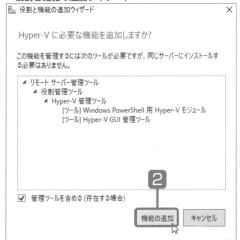

2 機能の追加ボタンをクリックします。

3 次へボタンをクリックします。

▼役割と機能の追加ウィザード

▼サーバーの役割

4 同時にインストールする機能を選択して、次へボタンをクリックします。

5 次へボタンをクリックします。

▼機能の選択

▼Hyper-V

Hyper-Vの使用可能言語

Memo

Hyper-Vは、日本語のほか、下の11の言語でも使用することができます。

英語 (EN-US)、ドイツ語 (DE-DE)、フランス語 (FR-FR)、スペイン語 (ES-ES)、香港中国語 (ZH-HK)、簡体字中国語 (ZH-CN)、韓国語 (KO-KR)、ポルトガル語 (ブラジル) (PT-BR)、繁体字中国語 (ZH-TW)、イタリア語 (IT-IT)、ロシア語 (RU-RU)

1 Server でのキーワード
2 ④入力から運用まで
3 Active Directory の基本
4 Active Directory での管理
5 ポリシーとセキュリティ
6 ファイルサーバー
7 仮想化と仮想マシン
8 サーバーとクライアント
9 システムのメンテナンス
10 PowerShell での管理

6 仮想ネットワークに使用するネットワークアダプターを指定してチェックを付け、**次へ**ボタンをクリックします。

▼仮想スイッチの作成

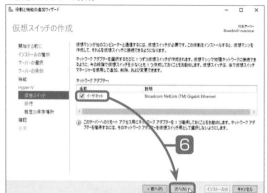

7 ライブマイグレーション用のプロトコルを指定して、**次へ**ボタンをクリックします。

▼仮想マシンの移行

8 ファイルの保存場所を指定し、**次へ**ボタンをクリックします。

▼既定の保存場所

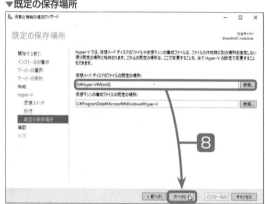

9 **インストール**ボタンをクリックします。

▼インストールオプションの確認

10 インストールが終了しました。**閉じる**ボタンをクリックします。

Memo

インストール後、システムを再起動する必要があります。

▼結果

Hyper-Vゲ ストOSを 構成する

Level ★★★ | Keyword | Hyper-V　パーティション　ホストOS　ゲストOS

　ゲストOSをHyper-Vのパーティションにインストールするには、Hyper-Vから仮想マシンの新規作成操作を行います。その際、ゲストOSに必要なメモリ量やディスク容量を確認し、ほかのパーティションとの兼ね合いを考えて割り当てなければなりません。インストール終了後には、統合サービスをインストールしておきましょう。

ここが
ポイント!

Hyper-VにゲストOSを インストールする

Hyper-VにゲストOSとしてWindows 11/10などをインストールするには、次のように操作します。

1 ゲストOSのセットアップディスク を用意する

2 Hyper-Vを起動する

3 仮想マシンの新規作成を行う

4 ゲストOSをインストールする

5 統合サービスをインストールする

▼Hyper-V

11:14
4月16日（日）

　ゲストOSを仮想マシンとしてHyper-Vのパーティションにインストールします。作業に際して、ゲストOSのセットアップディスクまたはイメージファイルを準備しておきます。

　ゲストOSのインストールは、Hyper-Vの仮想ディスクの新規作成操作から始めます。仮想マシンに割り当てるメモリ量やハードディスク容量を指定します。どちらも、インストールするOSの要件を満たすものでなければなりません。

　OSのインストーラープログラムが起動したら、その後のインストール手順は各OSのマニュアルに従って行います。

　ゲストOSがインストールされたら、インストールしたOSのデスクトップがHyper-Vのウィンドウ内に開きます。この状態では、Windows Serverで使用していたマウスカーソルがゲストOSのデスクトップ上で使用できないかもしれません。このようなときには、**統合サービス**をインストールしてください。

Hyper-VにWindowsをインストールする

Onepoint

Hyper-Vの最初のパーティションがホストOSで、Windows Serverです。これ以降、Hyper-Vによって管理される**子パーティション**上のOSが**ゲストOS**です。

インストールのために、ゲストOSのセットアップディスクを準備してください。

仮想マシンを新規作成する

Hyper-Vに仮想マシンを構成します。ここでは、Hyper-V対応のゲストOSとしてWindows 10をインストールします。ゲストOSの内容については、「7.1.1　Hyper-V」を参照してください。

▼サーバーマネージャー

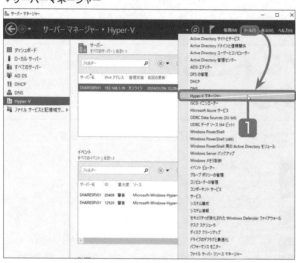

1 サーバーマネージャーの**ツール**メニューから**Hyper-Vマネージャー**を選択します。

▼Hyper-Vマネージャー

2 Hyper-Vマネージャーが開きました。左ペインで構成するコンピューターを選択し、**操作**ペインから、**新規➡仮想マシン**を選択します。

1 Server での
キーワード

2 WAN から
準備する

3 Active Directory
の基本

4 Active Directory
での管理

5 ポリシーと
セキュリティ

6 ファイル
サーバー

**7 仮想化と
仮想マシン**

8 サーバーと
クライアント

9 システムの
メンテナンス

10 PowerShell
での管理

3 仮想マシンの新規作成ウィザードが開きます。次へボタンをクリックします。

▼仮想マシンの新規作成ウィザード

4 仮想マシンの名前を入力し、次へボタンをクリックします。

▼名前と場所の指定

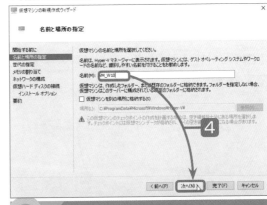

Onepoint

デフォルト以外の場所に仮想マシンのファイルを保存するには、仮想マシンを別の場所に格納するにチェックを付けて、その場所のパスを指定します。

5 仮想マシンの世代を選択し、次へボタンをクリックします。

▼世代の指定

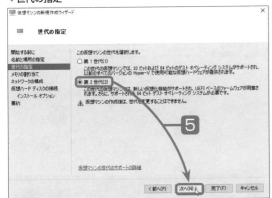

6 仮想マシンに割り当てるメモリ量を設定し、次へボタンをクリックします。

▼メモリの割り当て

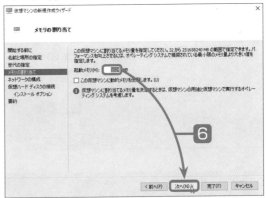

Attention

Windows 8、Windows Server2012以降の64bit版 Windows は第2世代をサポートしています。32bit版 Windows は第1世代を選択してください。

Attention

ゲストOSのインストール要件を満たす量を設定しなければなりません。

7 ネットワーク構成を設定して、**次へ**ボタンをクリックします。

8 仮想ハードディスクを設定し、**次へ**ボタンをクリックします。

▼ネットワーク構成

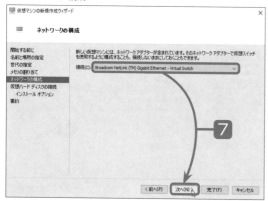

▼仮想ハードディスクの接続

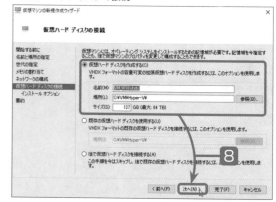

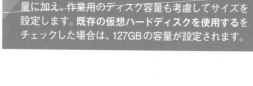

Onepoint

OSをインストールするために必要なディスク容量に加え、作業用のディスク容量も考慮してサイズを設定します。既存の仮想ハードディスクを使用するをチェックした場合は、127GBの容量が設定されます。

9 セットアップメディアを指定して、**次へ**ボタンをクリックします。

10 仮想マシンの作成内容を確認して、**完了**ボタンをクリックします。

▼インストールオプション

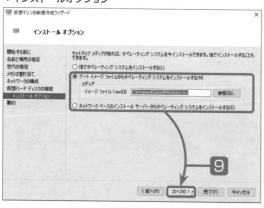

▼完了

Hint

iso形式のイメージファイルを使用するには、保存されているパスとファイル名を指定します。

Onepoint

自動でインストールが始まらないときは、セットアップディスクを確認し、操作ペインの接続をクリックしてください。

Attention

各OSのインストール手順に従って作業してください。

仮想マシンにWindowsをインストールする

Hyper-Vマネージャーによって仮想マシンが作成されたら、そこにWindowsなどのOSをインストールします。

1 Hyper-Vマネージャーで作成した仮想マシンを選択し、操作ペインで**接続**をクリックします。

2 仮想マシンウィンドウで**起動**ボタンをクリックします。

▼ Hyper-Vマネージャー

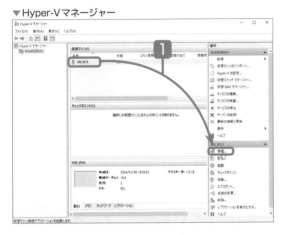

▼ 起動

3 インストールするOSのディスクイメージがセットされていると、インストールが開始されます。

4 インストールが終了して、Windowsが起動しました。

▼ セットアップ

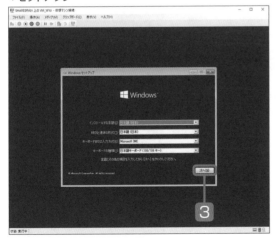

▼ Windows

1 Serverのキーワード
2 導入から運用まで
3 Active Directoryの基本
4 Active Directoryでの管理
5 ポリシーとセキュリティ
6 ファイルサーバー
7 仮想化と仮想マシン
8 サーバーとクライアント
9 システムのメンテナンス
10 PowerShellでの管理

Memo | **Hyper-V のゲストOS**

Hyper-V のゲストOSとしては、本書執筆時点で下表のようなものがあります。これ以外にも作動するOSがあるかもしれません。

下表「第1世代」「第2世代」列の「○/×」は、Hyper-V の仮想マシンを作成するときの世代指定が「できる/できない」を表しています。

ゲストOS	第1世代	第2世代
Windows Server 2022	○	○
Windows Server 2019	○	○
Windows Server 2016	○	○
Windows Server 2012 R2	○	○
Windows Server 2012	○	○
Windows Server 2008 R2	○	×
Windows Server 2008	○	×
Windows 11	×	○
Windows 10　(64bit)	○	○
(32bit)	○	×
Windows 8.1　(64bit)	○	○
(32bit)	○	×
Windows 8　(64bit)	○	○
(32bit)	○	×
Windows 7　(64bit)	○	×
(32bit)	○	×
RHEL/CentOS 8.x シリーズ	○	○
RHEL/CentOS 7.x シリーズ	○	○
RHEL/CentOS 6.x シリーズ	○	○
RHEL/CentOS 5.x シリーズ	○	×
Debian 10.x (buster) シリーズ	○	○
Debian 9.x (stretch) シリーズ	○	○
Debian 8.x (jessie) シリーズ	○	○
Debian 7.x (wheezy) シリーズ	○	×
FreeBSD 12 から 12.1	○	○
FreeBSD 11.1 から 11.3	○	○
FreeBSD 11	○	×
FreeBSD 10 から 10.3	○	×
FreeBSD 9.1 および 9.3	○	×
FreeBSD 8.4	○	×
Red Hat Oracle Linux 8.x シリーズ	○	○
Red Hat Oracle Linux 7.x シリーズ	○	○
Red Hat Oracle Linux 6.x シリーズ	○	×
Unbreakable Enterprise Oracle Linux UEK R3 QU3	○	×
Unbreakable Enterprise Oracle Linux UEK R3 QU2	○	×
Unbreakable Enterprise Oracle Linux UEK R3 QU1	○	×
SUSE Linux Enterprise Server 15 シリーズ	○	○
SUSE Linux Enterprise Server 12 シリーズ	○	○
SUSE Linux Enterprise Server 11 シリーズ	○	×
Open SUSE 12.3	○	×
Ubuntu 20.04	○	○
Ubuntu 18.04	○	○
Ubuntu 16.04	○	○
Ubuntu 14.04	○	○
Ubuntu 12.04	○	×

1
Starter DVD

2

3
Active Directory

4
Active Directory

5
ポリシーと
セキュリティ

6
ファイル
サーバー

7
仮想化と
仮想マシン

8
サーバーと
クライアント

9
システムの
メンテナンス

10
PowerShell
での管理

Tips | 仮想ディレクトリ

Windows Server 付属のIISでWebサイトを構築したとき、Webページを表示するのに使用されるHTMLファイルなどのファイルは、初期設定ではC:¥inetpub¥wwwrootフォルダー以下に作成するようになっています。しかし、Webページのコンテンツが増えるとファイル容量も増えるので、システムファイルが保存されるCドライブのパフォーマンスが低下する恐れもあります。そこで、IISにはWebページ用のディレクトリを別ドライブに作成する機能があります。これが**仮想ディレクトリ**です。

仮想ディレクトリを設定するための**仮想ディレクトリの追加ウィザード**を起動するには、インターネットインフォメーションサービス（IIS）マネージャーの左ペインで「Default Web Site」を選択し、操作ペインから**仮想ディレクトリの表示**を選択します。中央の表示が「仮想ディレクトリ」に変わったら、右ペインから**仮想ディレクトリの追加**を選択します。

▼ IISマネージャーから
仮想ディレクトリの追加ウィザードを起動

仮想ディレクトリの
追加ウィザード

Memo | Windows Server のサポートは いつまでですか？

Windows Server 2022は2031年10月までサポートされます。

Windows Server 2022/2019のバージョンアップサイクルは、Microsoftからすでに発表されています。これに従って、サポートの期限も決まっています。メインストリームサポートでは、セキュリティ更新プログラムのほかに、一部の仕様変更や新機能の追加なども行われます。延長サポートはセキュリティ更新が中心です。

Windows Serverの次のメジャーバージョンアップは、2025年ごろと予想されています。

▼ Windows Serverのサポート期限

Windows Server	サービス オプション	エディション	公開日	メインストリーム サポート終了日	延長サポート 終了日
Windows Server 2022	長期間のサービス チャネル（LTSC）	Datacenter, Standard	2021/08/18	2026/10/13	2031/10/14
Windows Server 2019 （バージョン1809）	長期間のサービス チャネル（LTSC）	Datacenter, Standard	2018/11/13	終了済み	2029/01/09
Windows Server 2016 （バージョン1607）	Long-Term Servicing Branch（LTSB）	Datacenter, Essentials, Standard	2016/08/02	終了済み	2027/01/12

Tips | 404エラーページを変更する

　WebブラウザーからリクエストのあったWebページのファイルがない場合、Webサーバーは**404エラー**を発します。「404」というのは、**HTTP状態コード**と呼ばれるものの1つで、404は「ファイルが見付からない」というときのエラーコードです。

　IISでは、デフォルトで「%SystrwmDrive%¥intpub¥custerr」フォルダーに、状態コード表示用のWebページファイルが用意されています。これらのファイルを編集すれば、表示ページのデザインや内容を変更することも可能です。

▼サーバーエラー

デフォルトの
404エラーページ。

▼主なHTTP状態コード

状態コード	説明
401	権限がありません。
401.1	資格情報が無効なため、ログオンに失敗しました。ユーザー名またはパスワードが無効です。
403	アクセスが拒否されました。
403.4	このページを表示するにはSSLが必要です。
403.5	このページを表示するにはSSL_128が必要です。
403.6	クライアントのIPアドレスが拒否されました。
403.7	SSLクライアント証明が必要です。
404	アクセスするファイルが見付かりません。
404.2	ロックダウンポリシーによりこの要求は処理できません。
404.4	この要求を処理するモジュールハンドラーはありません。
405	無効なメソッドでアクセスされました。
406	ページのMIMEをWebブラウザーが受け付けません。
412	必須条件に失敗しました。
500	サーバー側のエラーです。
500.13	Webサーバーがビジー状態です。
500.14	Webサーバーに無効なアプリケーション構成が含まれています。
500.19	このファイルのデータ構成は不適切です。
501	ヘッダー値が無効な構成を指定しています。
502.2	CGIアプリケーションでエラーが発生しました。

Section
7.3 仮想マシン上のゲスト OSに対する基本操作

Level ★★★　　　**Keyword** ┆ Hyper-Vマネージャー　仮想マシン接続

　仮想マシンを起動すると、仮想マシン接続ウィンドウが開き、その中にゲストOSが表示されます。このウィンドウがゲストOSのデスクトップです。デスクトップ内の操作は、それぞれのWindowsの操作方法と同じです。それぞれのOS上で、プログラムを起動したり、インターネットにアクセスしたりできるようになります。古いプログラムもゲストOSを選択することで、最新のマシン上で動かすことが可能です。

ゲストOS上のプログラムを 起動／終了する

ゲストOS上にあるプログラムを起動するには、次のように操作します。

1 仮想マシンを設定する

2 仮想マシンを起動する

3 Hyper-Vマネージャーを開く

4 プログラムを起動する

5 仮想マシンにログオンする

　Hyper-Vマネージャーで、仮想マシンを起動します。このとき、ログオン操作が必要なWindowsでは、ユーザー名とパスワードの入力が必要です。Active Directoryが利用できるバージョン／エディションのWindowsでは、ドメインを指定して、Active Directory用のログオンアカウントで認証できます。

　仮想マシン接続ウィンドウ内のゲストOSのデスクトップでは、一般的なWindows操作と同じようにプログラムの起動や、コンテンツの作成、ファイル操作、システム管理などを行うことができます。ネットワークやインターネットを使うことも比較的簡単です。なお、統合サービスをインストールできない古いWindowsでは、**レガシーネットワーク**を追加してください。

　なお、リモートデスクトップ環境でHyper-Vによる仮想マシン制御を行おうとした場合、マウスやキーボードが正常に使用できないことがあります。もともと、リモートデスクトップ環境での仮想マシン使用はサポートされていません。

▼仮想マシンが起動した

仮想マシンのWindows 10

Hyper-Vマネージャーは、子パーティションのゲストOSを制御したり、管理したりするためのコンソールです。サーバーマネージャーから起動することもできますが、別ウィンドウでHyper-Vマネージャーだけを開けば、広いウィンドウで操作できます。

仮想マシンを起動する

　　仮想マシンの起動は、Hyper-Vマネージャーから操作します。通常はオフになっている仮想マシンを起動すると、Hyper-Vマネージャーには「オン」と表示されるようになります。

　　ここでは、ゲストOSとしてインストールしたWindows 10を例にして操作を説明します。このWindows 10には、統合サービスがインストールされています。

▼サーバーマネージャー

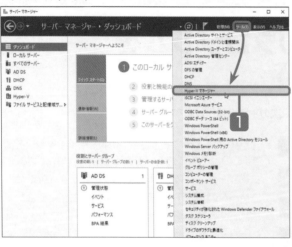

1 サーバーマネージャーの**ツール**メニューから**Hyper-Vマネージャー**を選択します。

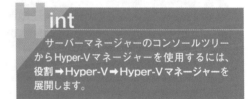

Hint

サーバーマネージャーのコンソールツリーからHyper-Vマネージャーを使用するには、**役割➡Hyper-V➡Hyper-Vマネージャー**を展開します。

▼Hyper-Vマネージャー

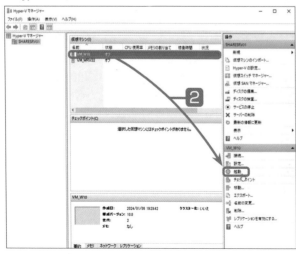

2 **Hyper-Vマネージャー**の結果ウィンドウの仮想マシンから、起動するゲストOSを選択し、**操作**ペインで**起動**をクリックします。

1 Server での
キーワード

2 導入から
運用まで

3 Active Directory
の基本

4 Active Directory
での管理

5 ポリシーと
セキュリティ

6 ファイル
サーバー

7 仮想化と
仮想マシン

8 サーバーと
クライアント

9 システムの
メンテナンス

10 PowerShell
での管理

3 結果ペインのゲストOS名の付いたウィンドウには、ゲストOSの起動画面のプレビューが表示されます。

4 操作ペインで、**接続**をクリックします。

▼プレビュー

▼操作ペイン

5 ゲストOSのウィンドウが開きました。

▼仮想マシン接続

Onepoint
ゲストOSを右クリックして、起動を選択しても同じです。

Hint
ゲストOSにログオンする際に、ボックスへの文字入力ができない場合は、ボックスをクリックして、ゲストOSにマウスカーソルを移動してから、ログオン操作を行ってください。

Onepoint
ゲストOSで Ctrl + Alt + Delete キーを押す必要があるときは、操作メニューを開いて操作します。

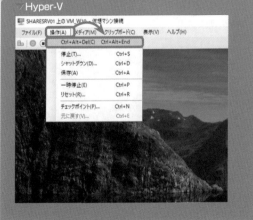

ShortCut
Ctrl + Alt + Delete に代わるショートカットキーは、Ctrl + Alt + End キーです。

仮想マシンをシャットダウンする

仮想マシンのシャットダウンの際は、Hyper-Vマネージャーから操作するのではなく、通常の Windowsの操作と同じように、**スタート**メニューを開いてシャットダウンの操作を行います。ログアウトや再起動の操作も同様に行うことができます。

ここではWindows 10を例に終了操作を説明していますが、バージョンや設定によって操作が多少異なります。各Windowsのマニュアルを参照してください。

▼Hyper-V（Windows 10）

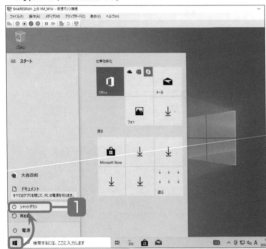

1 開いているゲストOSの終了操作を行います。スタートメニューを開き、**シャットダウン**ボタンをクリックします。

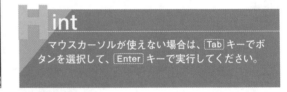

int

マウスカーソルが使えない場合は、Tab キーでボタンを選択して、Enter キーで実行してください。

2 シャットダウンが開始されました。

3 ゲストOSがシャットダウンしました。

▼お待ちください

シャットダウンしています

▼シャットダウン終了

仮想マシン "VM_W10" はオフになっています

仮想マシンを起動するには、[操作] メニューの [起動] をクリックします

起動

nepoint

真っ黒になった仮想マシンウィンドウは、閉じるボタンなどで閉じてもかまいません。

7.4 Hyper-Vで仮想マシンを設定する

Level ★★★　　Keyword　仮想マシン　マウスリリースキー　ハードウェアの追加　BIOS

　仮想マシンは文字どおり1つのコンピューターと考えることができます。実際のコンピューターを、仮想マシンに対して**物理コンピューター**と呼ぶことにします。物理コンピューターでは、電源をオンにするとBIOSが読み込まれます。仮想マシンでは、仮想マシンの設定ダイアログボックスに、物理コンピューターのBIOS設定に当たる設定機能があります。この仮想マシンの設定機能を使って、仮想マシンごとに詳細に設定することができます。

仮想マシンの設定を行う

仮想マシンごとにハードウェアに関するいくつかの設定を行うには、次のように操作します。

1. Hyper-Vマネージャーを開く
2. 対象の仮想マシンをシャットダウンする
3. 仮想マシンの設定を開く
4. 項目を選択して値を設定する
5. 設定を更新する

　仮想マシンのハードウェアの設定を変更するには、Hyper-Vマネージャーを開きます。**仮想マシンの設定**ダイアログボックスでは、ハードウェアの追加や割り当てるメモリ量の変更、BIOSの設定、IDEコントローラー、ネットワークアダプターなどのハードウェアに関する設定を行うことができます。このほか、同ダイアログボックスでは、仮想マシンの名前の変更や、チェックポイントを保存する場所などの設定を行うことができます。

　同ダイアログボックスでは、設定する項目が多いため、変更した値は、左ウィンドウに太字で表示されています。設定がすべて終了したら、ダイアログボックスの**OK**または**更新**ボタンをクリックします。これで設定の変更が実行されます。

▼Hyper-Vの設定

仮想プロセッサ数の割り当て変更も可能

7.4.1 Hyper-Vの設定

Hyper-Vマネージャーの操作ペインにある**Hyper-Vの設定**項目では、仮想ハードディスクと仮想マシンのデフォルトの場所などを指定する**サーバー設定**、およびマウスを解放するためのキー（マウスリリースキー）やWindowsキーの設定などを行う**ユーザー設定**を行うことができます。

Hyper-Vの設定を変更する

各仮想マシンの設定ではなく、Hyper-V全体に関わる設定は、**Hyper-Vの設定**で行います。なお、この設定を変更するには、ローカルAdministratorsグループ以上の権限が必要です。

▼操作ペイン

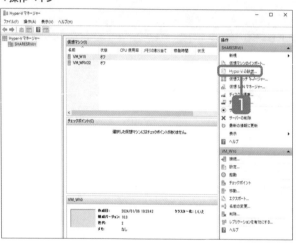

> 1 Hyper-Vマネージャーを起動し、**操作ペ**インで**Hyper-Vの設定**をクリックします。

▼仮想ハードディスク

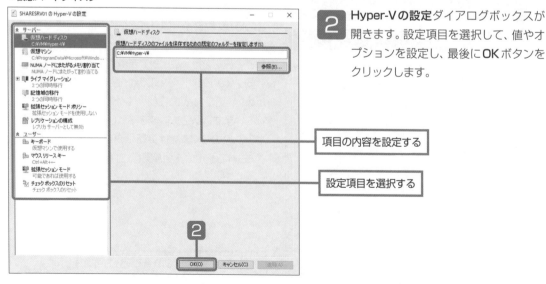

> 2 **Hyper-Vの設定**ダイアログボックスが開きます。設定項目を選択して、値やオプションを設定し、最後に**OK**ボタンをクリックします。

項目の内容を設定する

設定項目を選択する

7.4

Hyper-Vで仮想マシンを設定する

1 Server での
キーワード

2 導入から
運用まで

3 Active Directory
の基本

4 Active Directory
での認証

5 ポリシーと
セキュリティ

6 ファイル
サーバー

7 仮想化と
仮想マシン

8 サーバーと
クライアント

9 システムの
メンテナンス

10 PowerShell
での管理

●仮想ハードディスク

仮想ハードディスクは、Hyper-Vによって作成されたディスクイメージで、仮想マシンごとに用意されます。これらの仮想ハードディスクのサイズは、Windowsの場合で10GBほどあります。これらのディスクイメージをマウントすると、仮想ハードディスクという特殊なフォルダー内にセットアップされたゲストOSやそこにインストールしたアプリのファイル、データファイルなどを操作できるようになります。

▼仮想ハードディスク

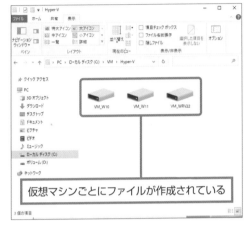

仮想マシンごとにファイルが作成されている

●仮想マシン

仮想マシンの構成ファイルを保存するデフォルトのフォルダーを指定します。デフォルト値は「C:¥ProgramData¥Microsoft¥Windows¥Hyper-V」。フォルダー内には、仮想マシンの設定ファイル用のフォルダーや、チェックポイントフォルダーがあります。また、権限設定ファイル (InitialStore.xml) も保存されています。

▼仮想マシン

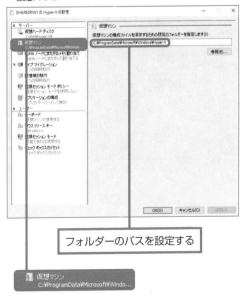

フォルダーのパスを設定する

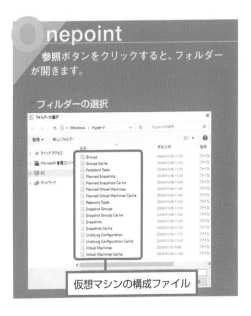

nepoint

参照ボタンをクリックすると、フォルダーが開きます。

仮想マシンの構成ファイル

●NUMAノードにまたがるメモリ割り当て

NUMA*では、メモリへのアクセスを構成するCPUを数個程度のグループ（ノード）に分け、高速なアクセスを実現します。

NUMAノードをまたいでメモリを割り当てる機能をオンにすると、仮想マシンの数を増やすことができるようになりますが、大容量のメモリが割り当てられた場合、パフォーマンスが低下する恐れもあります。

▼NUMAノードにまたがるメモリの割り当て

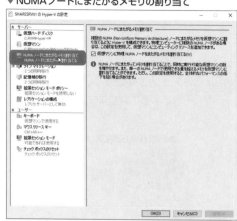

●ライブマイグレーション

ライブマイグレーションとは、仮想マシンを止めることなく、Hyper-Vホストコンピューターから別のコンピューターへ移動させる機能です。

●記憶域の移行

記憶域の移行機能では、ライブマイグレーションを使い、仮想マシンに接続している仮想ハードディスクを実行したまま、別の場所に移動します。Hyper-Vの設定でのこの項目では、同時に移行する仮想ハードディスクの上限数を設定します。

▼ライブマイグレーション

ライブマイグレーションをオン／オフにする

▼記憶域の移行

同時移行の上限数を指定する

＊**NUMA** Non-Uniform Memory Accessの略。CPUバスを共有する型のマルチプロセッサ構成の1つ。

●拡張セッションモードポリシー

オンにすると、リモートデスクトップで接続したときと同じように、クリップボードなどの機能を使えるようになります。

拡張セッションモードのオン/オフを指定する

●レプリケーションの構成

不慮のトラブルへの対策として有効なのが、**Hyper-Vレプリカ**です。ただし、この機能を使用するには、ホストコンピューターとしてネットワークで接続された2台のコンピューター（プライマリとレプリカ）が必要です。この設定は、レプリカ側のコンピューターでオンにします。

●キーボード

Windowsキーをwindows Serverで使うか、仮想マシンで使うかを設定できます。デフォルトでは、「仮想マシンが全画面表示の場合のみ、仮想マシンで使用する」設定になっています。

▼レプリケーションの構成

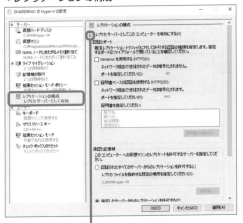

レプリカ側で有効／無効を指定する

▼キーボード

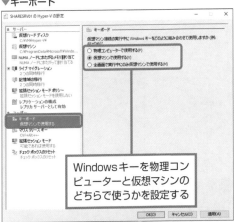

Windowsキーを物理コンピューターと仮想マシンのどちらで使うかを設定する

nepoint

Hyper-Vの設定ダイアログボックスの左側のメニューバーの項目を展開/たたむには、「➕アイコン」「➖アイコン」をクリックします。

1 Serverでのキーワード
2 導入から運用まで
3 ActiveDirectoryの基本
4 ActiveDirectoryでの管理
5 ポリシーとセキュリティ
6 ファイルサーバー
7 仮想化と仮想マシン
8 サーバーとクライアント
9 システムのメンテナンス
10 PowerShellでの管理

Onepoint

●マウスリリースキー

統合サービスが使用できないWindowsが仮想マシンの場合、仮想マシンウィンドウ内のマウスカーソルを解放するキー操作を設定します。デフォルトは「[Ctrl]+[Alt]+[←]キー」です。ノートコンピューターの場合などでは、デフォルトのマウスリリースキーがほかの機能に割り当てられている場合もあります。その場合、「[Ctrl]+[Shift]+[Alt]+[←]キー」で解放できるものもあります。

▼マウスリリースキー

マウスリリースキーを指定する

▼拡張セッションモード

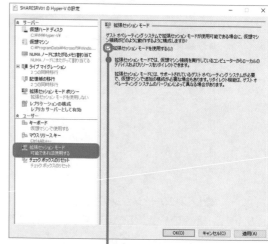

ユーザーに拡張セッションモードの
使用を許可する

●チェックボックスのリセット

Onepoint

リセットボタンをクリックすると、以前の設定によって非表示になっていたHyper-Vの確認メッセージとウィザードが復元されます。

▼チェックボックスのリセット

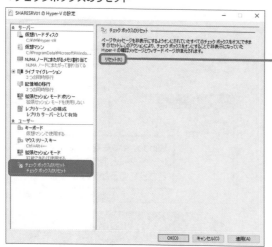

Hyper-Vの確認メッセージなど
の表示をデフォルトに戻す

1
Server での
キーワード

2
導入から
運用まで

3
Active Directory
の基本

4
Active Directory
での管理

5
ポリシーと
セキュリティ

6
ファイル
サーバー

7
仮想化と
仮想マシン

8
サーバーと
クライアント

9
システムの
メンテナンス

10
PowerShell
での管理

7.4.2　仮想マシンの設定

仮想マシンごとに設定値を変更することで、仮想マシンのパフォーマンスの調整が可能です。**仮想マシンの設定**では、ブートデバイス順を変更したり、ネットワークデバイスなどの追加を行ったり、起動してしまってからは変更できないハードウェアに関する設定を行うことができます。

仮想マシンを設定する

仮想マシンの設定では、仮想マシンのパフォーマンスに関係するようなハードウェアに関する重要な設定のほかに、仮想マシン名などHyper-Vの管理上の設定項目も変更できます。

なお、仮想マシンが実行中の場合、いくつかの項目の値が変更できません。仮想マシンをシャットダウンしてから値の変更を行ってください。

1 Hyper-Vマネージャーを起動し、設定する仮想マシンを選択し、**操作**ペインで**設定**をクリックします。

2 **仮想マシンの設定**ダイアログボックスが開きます。設定項目を選択して、値やオプションを設定し、最後に**OK**ボタンをクリックします。

▼操作ペイン

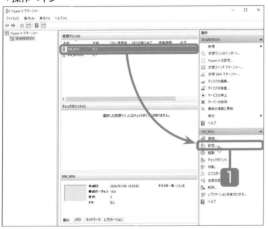

ゲストOSごとの
設定項目を選択する

▼ハードウェアの追加

項目内容を設定する

Tips

ハードウェアの追加では、SCSIコントローラー、ネットワークアダプター、ファイバーチャネルアダプターのデバイスを仮想マシンに追加することができます。ネットワークアダプターやファイバーチャネルアダプターの追加を行う場合は、同じウィンドウ内の**ネットワークアダプター**を選択したときと同じ結果になります。

●BIOS／ファームウェア

仮想マシンを作成するときに「第1世代」を選択した場合は、「BIOS」と表示されて、起動時のブートデバイスの順序が設定できます。「第2世代」を選択した仮想マシンでは「ファームウェア」として表示されます。ファームウェアでは、UEFIブートファイルからのブートがデフォルトになっています。

●セキュリティ

Windows Server 2022/2019のDatacenterエディションでは、「シールドされた仮想マシン」機能を使用できます。仮想マシンを第2世代で作成すると、シールドされた仮想マシンになり、仮想TPMが搭載されたBitLockerによって暗号化されるため、仮想マシンのセキュリティが高まります。

▼BIOS／ファームウェア

ブート順

セキュアブートオプション

シールドオプション

Onepoint

⬆、⬇ボタンを操作して、ブート順を入れ替えます。

●メモリ

仮想マシンに割り当てるメモリサイズを設定します。表示されるのは、現在の設定値です。

動的メモリは、物理メモリ以上のメモリ量を仮想マシンに割り当てるための仕組みです。パフォーマンスの低下を抑えつつ、**最大RAM**で指定する量までメモリ量が拡張されます。

▼メモリ

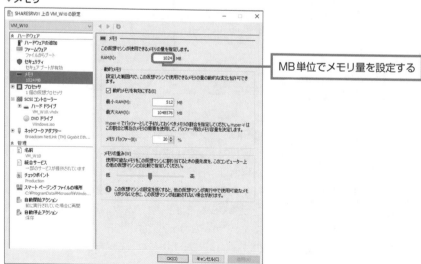

MB単位でメモリ量を設定する

●プロセッサ

複数のプロセッサを利用しているシステムでは、仮想マシンに割り当てる**仮想プロセッサの数**を設定できます。

リソースコントロールの**仮想マシンの予約**では、仮想マシンに予約するリソースの割合を指定します。**仮想マシンの限度**では、仮想マシンで使用するリソースの最大の割合を指定します。**相対的な重み**では、複数の仮想マシンのリソースが競合している場合の割り当て方法を指定します。

●SCSIコントローラー

仮想マシンにハード（ディスク）ドライブやDVDドライブを追加することができます。デフォルトでは、SCSIコントローラーにハードドライブとDVDドライブ、共有ドライブが設定されています。仮想マシンに物理ディスクを追加する前に、ディスクマネージャーでオフラインにしてください。

▼プロセッサ

▼SCSIコントローラー

●ネットワークアダプター

ネットワークアダプターとして使用するのは、**物理ネットワーク**か、**仮想ネットワーク**か、それとも使用しないか、を指定します。なお、ネットワークアダプターを正しく動作させるためには、統合サービスによる仮想マシンドライバーが必要です。

統合サービスが使用できない場合は、レガシーネットワークアダプターを追加します。**レガシーネットワークアダプター**は、「マルチポートDEC 21140 10/100TX 100 MB」をエミュレートします。

1 Server CO キーワード

2 ゼロから運用まで

3 Active Directory の基本

4 Active Directory での管理

5 ポリシーとセキュリティ

6 ファイルサーバー

7 仮想化と仮想マシン

8 サーバーとクライアント

9 システムのメンテナンス

10 PowerShell での管理

●名前

仮想マシンの名前を変更できます。操作ペインから**名前の変更**をクリックした場合は、Hyper-V マネージャーの仮想マシンウィンドウ内の仮想マシン名を直接変更できます。

▼ネットワークアダプター　　　　　　　　　　　　　　　　　　**▼名前**

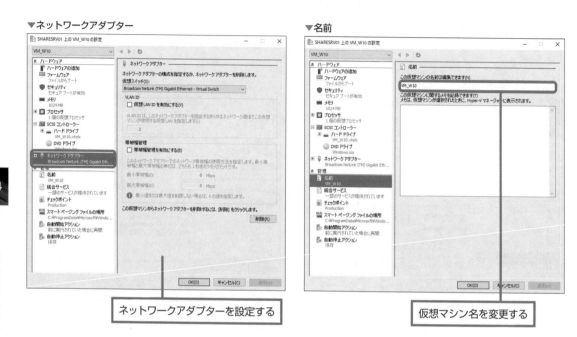

ネットワークアダプターを設定する　　　　　　　　　　　　　　仮想マシン名を変更する

●統合サービス

Hyper-Vに提供する統合サービスの内容を指定できます。

▼統合サービス

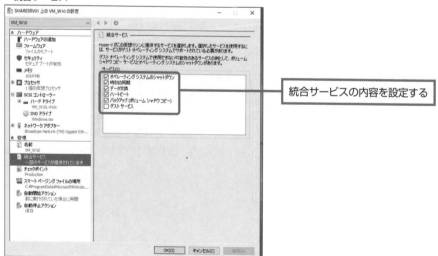

統合サービスの内容を設定する

1
Server での
キーワード

2
導入から
運用まで

3
Active Directory
の基本

4
Active Directory
での管理

5
ポリシーと
セキュリティ

6
ファイル
サーバー

7
仮想化と
仮想マシン

8
サーバーと
クライアント

9
システムの
メンテナンス

10
PowerShell
での管理

●チェックポイント

チェックポイント機能の有効/無効を設定できます。また、有効にする場合、それを**運用チェックポイント**にするか**標準チェックポイント**にするかを指定できます。

運用チェックポイントは、仮想マシン上のボリュームシャドウコピーサービスやファイルシステムのバックアップシステムを使用して、データ整合性のある状態で作成されます。 このオプションがデフォルトになっています。これに対して、標準チェックポイントでは、チェックポイントの開始時に、仮想マシンのチェックポイントとメモリ状態を取得します。

▼チェックポイント

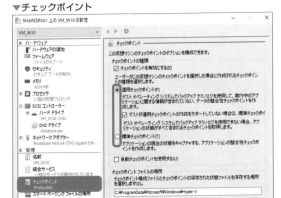

nepoint

チェックポイントファイルの場所は、Hyper-Vの設定の仮想マシンの項目で設定されている場所がデフォルトです。

●スマートページングファイルの場所

物理メモリが不足したとき、一時的に仮想マシンが利用するディスク領域(スマートページング)の場所を設定します。

●自動開始アクション

Windows Serverが起動したときに、仮想マシンを再起動するかどうかを指定できます。

▼スマートページングファイルの場所

▼自動開始アクション

仮想マシンが一時的に利用する
ディスク領域の場所を設定する

親パーティションのOS起動時の
ゲストOSの動作を設定する

Onepoint

Hyper-VのゲストOSでWindows Server 2016以降が動いていれば、その仮想マシンのネットワークアダプターの設定（高度な機能）でNICチーミングを設定することができます。

Memo

設定項目ウィンドウでは、設定項目の下に現在の設定値が表示されます。また、設定を変更した場合は、設定値が太文字で表示されます。

●自動停止アクション

Windows Serverがシャットダウンしたときの仮想マシンの挙動を指定します。

▼自動停止アクション

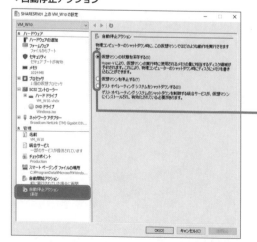

ゲストOSを閉じずに親パーティションOSを
シャットダウンしたときの動作を設定する

仮想マシンの状態を保存する

Level ★ ★ ★ | **Keyword** | 保存　チェックポイント　適用

　仮想マシンならではの機能として、ゲストOSの状態を保存することができます。通常のPCのスリープや休止状態とよく似た仮想マシンの状態を保存するほかに、任意の状態を保存する**チェックポイント**があります。設定の途中でチェックポイントを保存しておけば、設定を元に戻したり、テストしたりするときに、保存したチェックポイントを選んで適用できます。

 ここがポイント！

チェックポイントで仮想マシンの状態を保存する

Hyper-Vのチェックポイント機能を使って、仮想マシンの状態を保存するには、次のように操作します。

1 仮想マシンで作業を行う

2 任意のタイミングでチェックポイントを保存する

3 戻したいチェックポイントを適用する

4 不要なチェックポイントは削除する

▼チェックポイントの保存

チェックポイントに名前を付けて保存

　仮想マシンを起動して作業を行います。途中の状態を残しておいたり、テストのためにいくつかの設定を試してみたりしたい場合は、適当なタイミングでチェックポイントを保存します。保存する**チェックポイント**には、名前を付けることもできます。

　あとで状態を戻したり、設定を確認したりする場合には、保存してあるチェックポイントの中から選んで、適用を実行します。

　なお、チェックポイントが不要になったら、Hyper-Vマネージャーの操作ペインを使って適宜、チェックポイントを削除できます。

　通常の使用で、仮想マシンでの作業状態を中断し、次回には中断したところから再開したい場合は、チェックポイントではなく、単純に保存を実行します。

　Hyper-VマネージャーをWindows 11/10などのクライアントコンピューターにインストールすれば、仮想マシンサーバーとしてWindows Serverを利用することができます。

動作中の仮想マシンの制御では、停止、シャットダウン、保存、一時停止、リセットができます。仮想マシンの**一時停止**は通常のPCの「スリープ」、仮想マシンの**保存**は通常のPCの「休止状態」に当たります。

仮想マシンの状態を保存する

仮想マシンで作業をしていて、次回の起動時にその続きを行いたい場合は、仮想マシンの**保存**を行います。ちなみに**停止**は、通常のPCの「電源オフ」に当たる機能です。制御ボタンの扱いには注意してください。

▼仮想マシン接続

1 起動している**仮想マシン接続**ウィンドウの**操作**メニューから、**保存**を選択します。

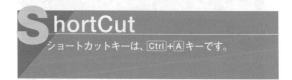

Onepoint

Hyper-Vマネージャーの操作ペインで、保存をクリックしても同じです。

ShortCut

ショートカットキーは、Ctrl+Aキーです。

2 保存が開始されます。

3 仮想マシンの状態が保存されました。**仮想マシン接続**ウィンドウが黒くなり、仮想マシンがオフになっている旨が表示されます。

▼保存中

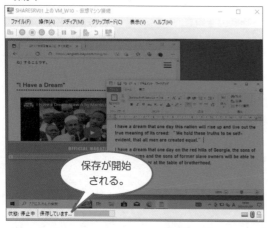

保存が開始される。

▼仮想マシン接続

仮想マシンがオフになった。

保存されている仮想マシンを起動する

保存されている仮想マシンを再開する操作としては、**仮想マシン接続**ウィンドウでは、**操作**メニューから**開始**を選択するか、またはツールバーから**開始**ボタンをクリックします。Hyper-Vマネージャーを使って、任意の保存されている仮想マシンを再開することもできます。

▼Hyper-Vマネージャーの操作ペインから起動

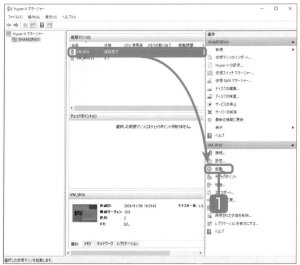

1 Hyper-Vマネージャーを開き、保存状態の仮想マシンを選択し、**操作**ペインで**起動**をクリックします。

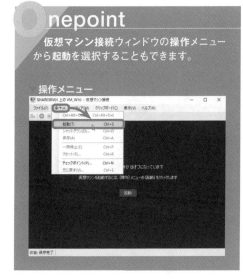

nepoint

仮想マシン接続ウィンドウの操作メニューから起動を選択することもできます。

▼仮想マシン接続

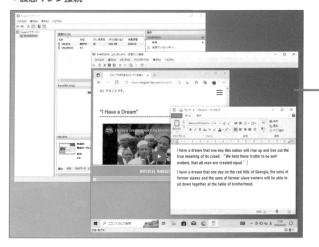

2 仮想マシンが、保存した状態から起動しました。

仮想マシンが起動した

1 Serverでのキーワード

2 導入から運用まで

3 Active Directoryの基本

4 Active Directoryでの接続

5 ポリシーとセキュリティ

6 ファイルサーバー

7 仮想化と仮想マシン

8 サーバーとクライアント

9 システムのメンテナンス

10 PowerShellでの管理

Onepoint
　保存を実行した場合は、その時点の状態を保存したあと仮想マシンがオフになります。一方、**チェックポイント**では、その時点の状態を保存したあとも仮想マシンは動作を続行するので、任意のタイミングで状態をいくつでも保存でき、あとでその中から選択して適用できます。

チェックポイントを保存する

Onepoint
　チェックポイントは、「任意の状態を保存しておき、適当なときにチェックポイントを適用することで、状態をさかのぼることができる」というHyper-Vの機能です。設定途中の状態をチェックポイントとして保存しておくことで、のちに設定を元に戻すことが簡単にできます。

▼仮想マシン接続

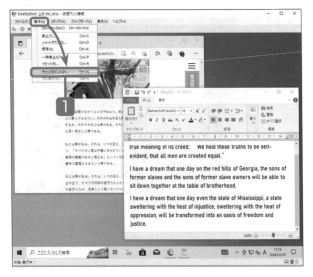

1. 仮想マシンを起動して設定や作業を行い、**操作**メニューから**チェックポイント**を選択します。

ShortCut
ショートカットキーは、[Ctrl]+[N]キーです。

Onepoint
Hyper-Vマネージャーでチェックポイントを作成するには、**結果ペイン**で仮想マシンを選択した状態で、**操作ペイン**から**チェックボイント**を選択します。結果ペインで任意のチェックポイントが選択されている場合は、対象の**仮想マシン接続**ウィンドウから操作します。

▼チェックポイント名

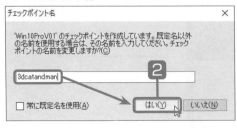

2. チェックポイント名を入力して、**はい**ボタンをクリックします。

Hint
いいえボタンをクリックすると、タイムスタンプをもとにしたデフォルト名になります。

▼Hyper-Vマネージャー

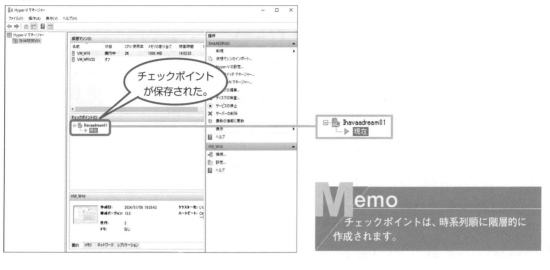

過去のチェックポイントを適用する

Important

仮想マシンで設定や作業を進め、以前の状態に戻したい場合には、保存してあるチェックポイント
を選択して適用します。

▼チェックポイントの適用前

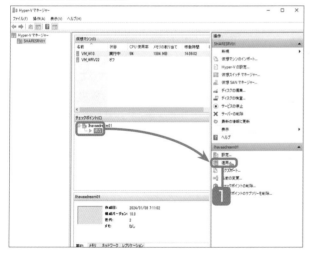

1 Hyper-Vマネージャーの**結果**ペインの
チェックポイントウィンドウで、適用し
たいチェックポイントを選択し、**操作**ペ
インで**適用**をクリックします。

2 **チェックポイントの適用**ダイアログボッ
クスが開きます。**適用**ボタンをクリック
すると、チェックポイントの時点の状態
に切り替わります。

▼チェックポイントの適用

Hint

チェックポイントを作成して適用ボタンを
クリックすると、現時点のチェックポイント
を作成したあとで適用されます。

7.**6**

Windows Serverで Linuxコマンドを実行する

Level ★ ★ ★　　**Keyword**　WSL　Ubuntu　仮想化

Windows Serverでは、Hyper-Vなどの仮想マシンにLinuxをインストールすることができます。ただし、この方法よりも簡単にLinuxを実行する方法があります。しかも、起動などシステムにかかる負荷も少なくなります。WSLは、仮想的にコマンドベースの各種Linuxディストリビューションを Windows Serverで使用する仕組みです。

WSLを使ってUbuntuを 実行するには

Windows ServerでLinuxを動かすには、次のようにしてWSLを使うのが簡単です。

1 WSLをインストールする

2 Linuxをインストールする

3 Linuxコマンドを実行する

4 Linuxからログアウトする

5 Linuxを終了する

```
🐧 Ubuntu
PowerShell 7.4.0

A new PowerShell stable release is available: v7.4.1
Upgrade now, or check out the release page at:
  https://aka.ms/PowerShell-Release?tag=v7.4.1

PS C:¥Users¥Administrator.SHARESRV01.000> wsl --install
ダウンロード中: Ubuntu
インストール中: Ubuntu
Ubuntu がインストールされました。
Ubuntu を起動しています...
Installing, this may take a few minutes...
```

WSL（Windows Subsystem for Linux）は、 Windows ServerやWindows 11/10などで、簡単にLinuxを使えるようにした仕組みです。

Windows ServerにWSLをインストールするには、PowerShell（またはコマンドプロンプト）でインストール用のコマンドを実行するだけです。このとき、ディストリビューションの種類を指定しなければ、Ubuntuがインストールされます。

インストール後、PowerShellでLinuxコマンドを実行できるようになります。これらのコマンドの実行は、すべてPowerShellのウィンドウ内でのテキスト入力で行います。

1
Server での
キーワード

2
導入から
運用まで

3
Active Directory
の基本

4
Active Directory
での管理

5
ポリシーと
セキュリティ

6
ファイル
サーバー

7
仮想化と
仮想マシン

8
サーバーと
クライアント

9
システムの
メンテナンス

10
PowerShell
での管理

7.6.1 WSLでUbuntuをインストールする

Windows Serverで手軽にLinuxを使用するには、**WSL**を利用するのがお勧めです。ネットワーク管理やサーバー管理でどうしてもLinuxを使用しなければならない場合や、Linuxサーバーを併用していたり、これまで使っていた管理者は、Windows ServerのPowerShellやコマンドプロンプトを使用して、Linuxコマンドを使用できるようになります。

WSLによるLinuxディストリビューションのインストールは、非常に簡単です。なお、本書執筆時点で2つのバージョン（**WSL 1**、**WSL 2**）が存在し、デフォルトはWSL 2です。バージョンを指定せずにインストールすると、WSL 2にUbuntuがインストールされます。

1 PowerShellを管理者として開き、プロンプトに続いて、次図のようにコマンドを入力して、[Enter]キーを押します。インターネットにつながっていれば、自動でUbuntuのダウンロードが開始されます。

▼PowerShell

▼WSLのインストール

```
PS > wsl --install [Enter]
```

2 しばらく待つと、自動でUbuntuのインストールが開始されます。インストール後には、「new UNIX Username」（Ubuntu用の管理者となるユーザー名）ならびにパスワードを入力します（パスワードは2回入力）。

Ubuntu用の管理者アカウントの設定が成功し、「Installation successful!」と表示されれば完了です。その後、プロンプトがUbuntu用のものになります。

パスワードを2回入力する

▼PowerShell

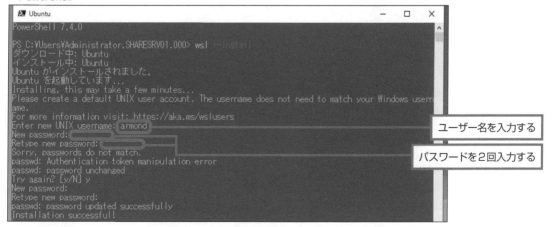

ユーザー名を入力する

パスワードを2回入力する

```
PS > wsl --install Enter
ダウンロード中: Ubuntu
インストール中: Ubuntu
Ubuntu がインストールされました。
Ubuntu を起動しています...
Installing, this may take a few minutes...
Please create a default UNIX user account. The username does not need to match
your Windows username.
For more information visit: https://aka.ms/wslusers
Enter new UNIX username: armond Enter
New password: (パスワード入力) Enter
Retype new password: (パスワード入力) Enter
Installation successful!
To run a command as administrator (user "root"), use "sudo <command>".
See "man sudo_root" for details.


Welcome to Ubuntu 22.04.1 LTS (GNU/Linux 5.15.133.1-microsoft-standard-WSL2
x86_64)


 * Documentation:  https://help.ubuntu.com
 * Management:      https://landscape.canonical.com
 * Support:         https://ubuntu.com/advantage


This message is shown once a day. To disable it please create the
/home/armond/.hushlogin file.
armond@ShareSrv01:~$
```

入力したパスワードは
見えない。

7.6

Windows ServerでLinuxコマンドを実行する

Hint ハイパーバイザー型と コンテナー型による仮想化

　Hyper-Vは、ホストOS上に仮想マシンを作成して、それを動かすためのソフトです。この種のソフトは、一般には**ハイパーバイザー**と呼ばれます。Hyper-Vは、Windows Server（Standard、Datacenter）に付属しているハイパーバイザーというわけです。

　ハイパーバイザーによる仮想化では、仮想的なコンピューター（**仮想マシン**）を構成します。「ホストOSが起動しているコンピューター中に、別のゲストOSで動くコンピューターが何台かある」といったイメージになります。

　これに対してコンテナー技術を使った仮想化は、「ホストOS上で直接動いているアプリケーションとは異なるOS環境を、コンテナーエンジンによって仮想化し、その上で別のアプリケーションを動かす」仕組みです。コンテナー技術はもともとLinux上で開発された仮想化技術です。コンテナーによる仮想化で

は、共通のコンテナーエンジン上でアプリが動くため、ハイパーバイザー型に比べると環境の分離レベルが劣ります。

ところで、ハイパーバイザー型の仮想化では、仮想マシンごとに完全まるごとのOSを実行する必要があります。そのため、アプリの実行に必要なサービスだけをコンテナーごとに装備すればよいコンテナー型の仮想化に比べて、多くのシステムリソースを必要と

することになります。逆にいえば、コンテナー型の仮想化では、システムへの負担が少なくて済みます。つまり、ハイパーバイザー型仮想化に比べて軽快に動く可能性があります。

コンテナーを提供するコンテナーエンジンが存在します。Windows ServerやWindowsでは、Linuxの仮想環境用Dockerをサポートしています。

▽ハイパーバイザー型仮想化

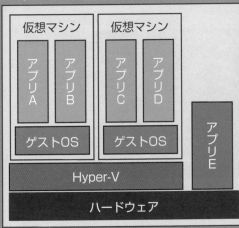

▽コンテナー型仮想化

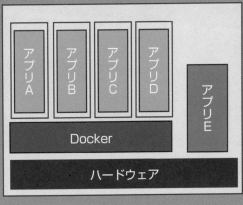

1 Serverでのスタート

2 導入から運用まで

3 Active Directoryの基本

4 Active Directoryでの登録

5 ポリシーとセキュリティ

6 ファイルサーバー

7 仮想化と仮想マシン

8 サーバーとクライアント

9 システムのメンテナンス

10 PowerShellでの管理

Memo｜WSLのバージョン

Windows ServerからWSLを実行した場合、デフォルトで**WSL 2**が起動します。WSLは前バージョンのWSL 1を改良したものですが、執筆時点で両方

のバージョンが併存しています。これは、機能的に劣るWSL 1ですが、パフォーマンスでは優れているためだと思われます。

▽WSL 1と2の機能比較

機能	WSL 1	WSL 2
WindowsとLinuxの統合	○	○
起動時間の短縮	○	○
マネージドVM	×	○
完全なLinuxカーネル	×	○
システムコールの完全な互換性	×	○
OSファイル・システム全体のパフォーマンス	○	×
systemdサポート	×	○
IPv6のサポート	×	○

WSLで動いているUbuntuなどのLinuxディストリビューションのバージョンを確認したいときは、各ディストリビューションのプロンプトで、「lsb_release -a」コマンドを実行します。

1 Ubuntuのバージョンを表示するコマンド「lsb_release -a」を入力して、Enter キーを押します。

▼PowerShell

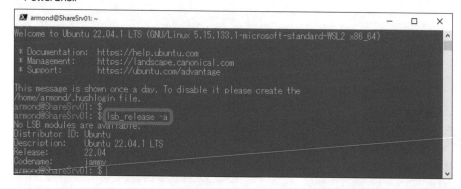

▼ディストリビューションの確認

Linuxディストリビューション情報

1
Server での
キーワード

2
NXから
乗換えまで

3
Active Directory
の基本

4
Active Directory
での管理

5
ポリシーと
セキュリティ

6
ファイル
サーバー

7
仮想化と
仮想マシン

8
サーバーと
クライアント

9
システムの
メンテナンス

10
PowerShell
での管理

Memo | WSLのUbuntuのバージョンアップ

WSLのLinuxディストリビューションをアップ
デート、アップグレードするには、WSL上の各ディス
トリビューションにログオンし、スーパーユーザー
「sudo」として更新コマンドを実行します。

Linuxのアップグレード

```
PS > wsl -d Ubuntu
To run a command as administrator (user "root"), use "sudo <command>".
See "man sudo_root" for de

$ sudo apt update
[sudo] password for armond:
Hit:1 http://archive.ubuntu.com/ubuntu jammy InRelease
Get:2 http://security.ubuntu.com/ubuntu jammy-security InRelease [110 kB]
  |
 （省略）
  |
Building dependency tree... Done
Reading state information... Done
138 packages can be upgraded. Run 'apt list --upgradable' to see them.
$ sudo apt upgrade
Reading package lists... Done
Building dependency tree... Done
Reading state information... Done
Calculating upgrade... Done
The following NEW packages will be installed:
  ubuntu-pro-client-l10n
  |
 （省略）
  |
Processing triggers for ca-certificates (20230311ubuntu0.22.04.1) ...
Updating certificates in /etc/ssl/certs...
0 added, 0 removed; done.
Running hooks in /etc/ca-certificates/update.d...
done.
$
```

Ubuntu を起動

WSLでディストリビューションを選んで起動するには、「-d」オプションを指定して実行します。

WSLで起動しているLinuxディストリビューションからログアウトするには、「exit」と入力して Enter キーを押すだけです。しかし、WSLが起動している間は、Linuxディストリビューションも残っています。メモリから完全に削除するには、WSLコマンドの実行が必要です。

1 PowerShellのプロンプトから、インストールされているディストリビューションを実行するには、「wsl -d（ディストリビューション名）Enter」とします。

▼WSLの操作例

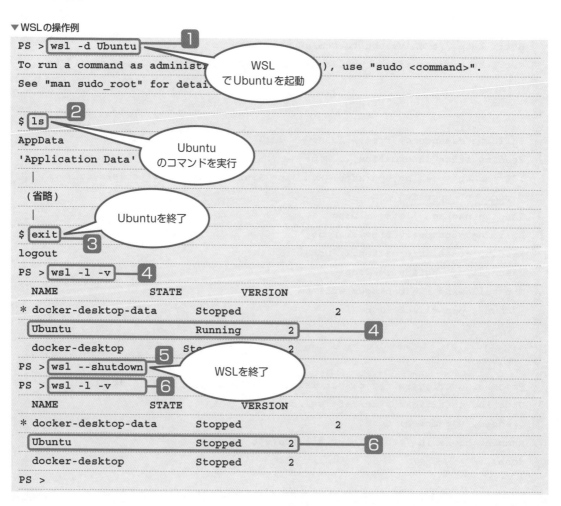

```
PS > wsl -d Ubuntu                                              1   ← WSLでUbuntuを起動
To run a command as administr...              ), use "sudo <command>".
See "man sudo_root" for detai...

$ ls                          2                                     ← Ubuntuのコマンドを実行
AppData
'Application Data'
 |
 (省略)
 |                                                                  ← Ubuntuを終了
$ exit                        3
logout
PS > wsl -l -v                4

  NAME                  STATE         VERSION
* docker-desktop-data   Stopped           2
  Ubuntu                Running       2                            4
  docker-desktop        Sto...            2
PS > wsl --shutdown           5                                    ← WSLを終了
PS > wsl -l -v                6

  NAME                  STATE         VERSION
* docker-desktop-data   Stopped           2
  Ubuntu                Stopped       2                            6
  docker-desktop        Stopped           2
PS >
```

2 Linuxディストリビューション（Ubuntuなど）が起動すると、プロンプトが変化し、Linuxコマンドを実行できるようになります。

3 UbuntuのプロンプトをPowerShellプロンプトに戻すには、「exit」を入力して、Enter キーを入力します。これでUbuntuからログアウトします。

1
Server での
キーワード

2
導入から
運用まで

3
Active Directory
の基本

4
Active Directory
での管理

5
ポリシーと
セキュリティ

6
ファイル
サーバー

7
仮想化と
仮想マシン

8
サーバーと
クライアント

9
システムの
メンテナンス

10
PowerShell
での管理

4 「現在、WSLが管理しているLinuxディストリビューションの状態を確認する」ためには、「wsl -l -v」コマンドを実行します。「STATE」欄に「Running」と表示されているディストリビューションは起動中です。

5 WSLを終了すると、起動中のディストリビューションも終了します。WSLを終了するには、「WSL --shutdown」コマンドを実行します。

6 再度、「wsl -l -v」コマンドを実行して、Linuxディストリビューションの「STATE」欄が「Stopped」と表示されていることを確認してください。

Memo

「VERSION」番号の「2」は、WSLのバージョンが「WSL 2」であることを示しています。

Hint

「WSL」には、本書執筆時点で「WSL 1」「WSL 2」の2バージョンが併存していて、ディストリビューションごとに選択することが可能です。

▼ PowerShell

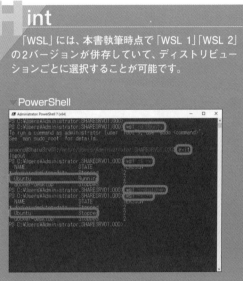

Hint

既存のWSLのバージョンを WSL 2 から WSL 1に変更するには、「wsl --set-default-version 1」を実行します。

Hint ディストリビューションのWSLバージョンを変更する

「wsl -l -v」コマンドでは、インストールされているLinuxディストリビューションのバージョンや状態（STATE）が表示されます。このとき、ディストリビューションを管理しているWSLのバージョン（VERSION）も表示されます。Ubuntuを管理するWSLのバージョンを1に変更するには、次のように実行してください。

```
PS C:\Users\Administrator.SHARESRV01.000> wsl --set-version Ubuntu 1
変換中です。これには数分かかる場合があります。
この操作を正しく終了しました。
PS C:\Users\Administrator.SHARESRV01.000> wsl -l -v
  NAME                   STATE           VERSION
* docker-desktop-data    Stopped         2
  Ubuntu                 Stopped         1
  docker-desktop         Stopped         2
```

Hint Hyper-Vで実行できる仮想インスタンスの数

Hyper-Vによる仮想化では、Windows Server上にWindows Serverを仮想マシンとしてインストールすることも可能です。このような仮想マシンとしてのWindows Serverを利用する権利を**仮想インスタンス**といっています。

仮想インスタンスの数は、Windows Serverのエディションによって異なっていて、Windows Server 2022／2019 Standardでは「2」となっています。つまり、物理的なサーバーにWindows Serverを1つインストールしたとして、そのコンピューターには2つまでWindows Serverの仮想マシンをインストールできるということです。このとき、仮想インスタンスにもサーバーライセンスが必要です。

仮想インスタンスの数

エディション	物理インスタンス	仮想インスタンス
Windows Server 2022／2019 Standard	1	2
Windows Server 2022／2019 Essentials	1	1
Windows Server 2022／2019 Datacenter	1	無制限

Onepoint Live Migration

Windows ServerのHyper-Vでは、仮想マシンの**Live Migration**がサポートされます。Live Migrationは、実行中の仮想マシンをダウンさせることなく、そのままの状態で別のHyper-Vホストに移行する機能です。Live Migrationは、Hyper-VでサポートされるゲストOSであれば、WindowsだけでなくSuSEやRed HatなどのゲストOSでもサポートされます。

Live Migrationを設定するには、まずHyper-Vマネージャーを使用して、クラスター共有ボリューム領域に仮想マシンを作成します。

フェールオーバークラスターマネージャーの左ペインでクラスター名を右クリックして、**サービスまたはアプリケーションの構成**を選択します。ウィザードが起動するので、仮想マシンを登録します。

Live Migrationを実行するには、サーバーマネージャーの左ペインで、**機能➡フェールオーバークラスターマネージャー**を展開して、**クラスター名**から**サービスとアプリケーション**を選択します。Live Migrationを実行する仮想マシンを選択して、操作ペインから**仮想マシンの開始**を選択します。

1
Serverでの
キーワード

2
導入から
運用まで

3
Active Directory
の基本

4
Active Directory
での管理

5
ポリシーと
セキュリティ

6
ファイル
サーバー

7
仮想化と
仮想マシン

8
サーバーと
クライアント

9
システムの
メンテナンス

10
PowerShell
での管理

Memo | **WSL でインストール可能な Linux**

　WSL で Ubuntu 以外の Linux ディストリビューション
をインストールするには、「wsl --install (ディストリ
ビューション)」を実行します。
　インストール可能な Linux ディストリビューションを
確認するには、「wsl --list --online」を実行します。

▼ Windows Server で簡単に利用できる Linux の種類

```
PS > wsl --list --online
インストールできる有効なディストリビューションの一覧を次に示します。
'wsl.exe --install <Distro>' を使用してインストールします。


NAME                                   FRIENDLY NAME
Ubuntu                                 Ubuntu
Debian                                 Debian GNU/Linux
kali-linux                             Kali Linux Rolling
Ubuntu-18.04                           Ubuntu 18.04 LTS
Ubuntu-20.04                           Ubuntu 20.04 LTS
Ubuntu-22.04                           Ubuntu 22.04 LTS
OracleLinux_7_9                        Oracle Linux 7.9
OracleLinux_8_7                        Oracle Linux 8.7
OracleLinux_9_1                        Oracle Linux 9.1
openSUSE-Leap-15.5                     openSUSE Leap 15.5
SUSE-Linux-Enterprise-Server-15-SP4    SUSE Linux Enterprise Server 15 SP4
SUSE-Linux-Enterprise-15-SP5           SUSE Linux Enterprise 15 SP5
openSUSE-Tumbleweed                    openSUSE Tumbleweed.
```

Q&A

質問と回答

Chapter 7

question

Microsoft Extra IDとは
何ですか？

クラウドを使ったID管理です answer

　Active Directoryドメインサービスがオンプレミスのディレクトリサービスだとすると、クラウドのディレクトリサービスが**Microsoft Extra ID**です。

　なお、Microsoft Entra ID は、2023年10月より前は、「Microsoft Azure Active Directory（Azure AD）」と呼ばれていました。

　Microsoft Extra IDは具体的には、Microsoft 365やMicrosoft IntuneといったMicrosoftが提供するクラウドサービスのID管理に利用されます。さらに、Microsoft Extra IDはActive Directoryドメインサービスとも統合可能です。オンプレミスで使用することの多かったWindows Serverですが、Windows Server 2022/2019ではActive DirectoryドメインフェデレーションサービスとWebアプリケーションプロキシ（WAP）を使用することによって、ハイブリッドなディレクトリサービスをサポートしています。

　技術的には、オンプレミスとクラウドという異なるID管理技術を統合するという高度な技術力を必要としているのですが、ユーザーとしては使用するコンピューターに1回ログオンするだけで、どちらの環境でもシームレスに作業ができます。

　Microsoft Extra IDの機能は、次表のように5つに大別することができます。

認証	アプリケーションやリソースにアクセスするためのID認証機能。
シングルサインオン（SSO）	複数のアプリへのアクセスが、1つのIDと1つのパスワードで可能になる。
アプリケーション管理	Azure ADアプリケーションプロキシやSaaSアプリを使用して、ハイブリッドにアプリを管理する。
企業間（B2B）IDサービス	企業と消費者間（B2C）IDサービスを管理する。
デバイス管理	デバイスが企業データにアクセスする方法を管理する。

1 Serverでの
キーワード

2 導入から
運用まで

3 Active Directory
の基本

4 Active Directory
での管理

5 ポリシーと
セキュリティ

6 ファイル
サーバー

7 仮想化と
仮想マシン

8 サーバーと
クライアント

9 システムの
メンテナンス

10 PowerShell
での管理

Perfect Master Series
Windows Server 2022

Chapter 8

サーバーとクライアントの管理

　Chapter 8では、主にサーバー管理のための便利なツールについて解説しています。特に、ネットワークを介してサーバーをリモート管理するための構成や、Windows ServerのインストールオプションのServer Core、PowerShellは、管理者にとって日常の業務を効率化してくれるものです。

　Windows Server 2019で新しく取り入れられた遠隔管理ツールのWindows Admin Centerは、Webベースの管理コンソールを提供してくれます。Windows 11/10などからインターネット経由またはネットワーク経由で、簡単にWindows Serverの管理を行うことができます。

リモートデスクトップ接続でサーバーを管理する

Level ★★★　　**Keyword**　リモートデスクトップ接続

サーバー管理をリモートで行う場合に、サーバーのデスクトップをクライアントコンピューターのデスクトップに開くことのできる**リモートデスクトップ接続**は便利なツールです。リモートデスクトップ接続では、クライアントコンピューターでの作業と同じように、マウス操作やキー入力ができます。

リモートデスクトップ接続を構成する

　クライアントPCからWindows Serverにリモートデスクトップ接続をするには、次のように操作します。

1 システムのプロパティを開く

2 リモートタブで設定をオンにする

3 クライアントPCでリモートデスクトップ接続を実行する

4 ユーザーアカウントによる認証を通過する

▼リモートデスクトップ接続にユーザーを設定

　Windows Server側でリモートデスクトップ接続を有効にするスイッチは、**システムのプロパティ**ダイアログボックスの**リモート**タブにあります。システムのプロパティの表示方法はいくつもありますが、サーバーマネージャーには、「リモートデスクトップの構成」というリンクがあります。

　Windows Server側でリモートデスクトップが有効になったら、クライアント側からはサーバーのFQDNやIPアドレスで、接続するWindows Serverを指定します。

　接続には、ドメインアカウントまたはローカルアカウントによる認証が必要になります。

　表示されたWindows Serverのデスクトップ内は、通常のWindows Serverのそれと同じように操作できます。なお、リモートデスクトップ接続ウィンドウを閉じても、Windows Serverはシャットダウンされません。ただし、適切なユーザーアカウントでログオンしていれば、リモートデスクトップ接続でも、Windows Serverをシャットダウンさせることは可能です。

リモートデスクトップ接続は、ネットワークを介してほかのパソコンを遠隔操作するためのツールです。リモートデスクトップ接続をすると、クライアント側には、接続先のパソコンのデスクトップが表示されます。そのデスクトップは、マウスやキーボードで直接操作できます。つまり、ローカルなパソコンのモニターとキーボード、マウスを使って、遠隔地にあるパソコンを操作できるのです。例えば、リモートデスクトップを使うと、自宅のパソコンからネットワーク経由で会社のパソコンを使うことが可能になります。

なお、ルーター経由で接続する場合には、3389番のポートを開けておかなければなりません。リモートデスクトップによって遠隔地のWindows Serverを操作するためには、Windows Serverのグローバルな IP アドレス、またはインターネット上の DNS によって知ることのできるホスト名、ドメイン名が必要です。ネットワークの帯域幅が太いほうが、あまりストレスを感じることなく操作できるでしょう。

▼リモートデスクトップ

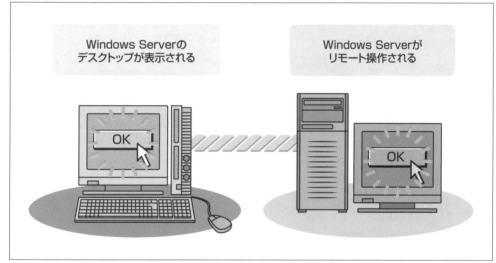

リモートデスクトップを利用するには、まずWindows Serverでリモートデスクトップを許可しなければなりません。リモートデスクトップは、デフォルトでは許可されていません。リモートデスクトップの許可は、**システムのプロパティ**の**リモート**タブで設定します。利用できるユーザーを指定することも可能です。

▼サーバーマネージャー

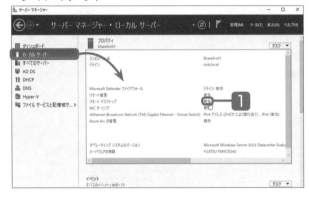

1　サーバーマネージャーの左ペインで**ローカルサーバー**を選択し、**プロパティ**欄の**リモートデスクトップ**の**無効**をクリックします。

2　**リモート**タブで、**リモートデスクトップ**欄の**このコンピューターへの接続を許可する**にチェックを入れ、**OK**ボタンをクリックします。

3　サーバーマネージャーの**更新**ボタンをクリックします。

▼リモートタブ

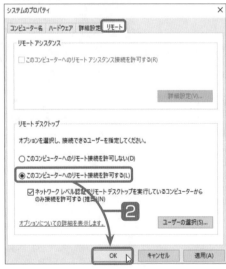

▼サーバーマネージャー

8.1

リモートデスクトップ接続でサーバーを管理する

Onepoint

コンピューターがスリープまたは休止になる設定になっていると、注意メッセージウィンドウが表示されます。

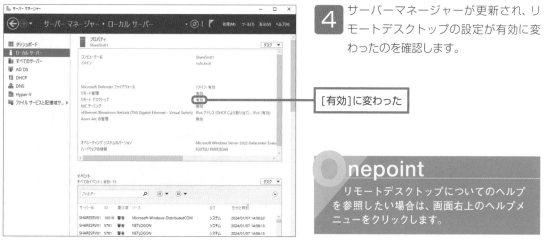

4 サーバーマネージャーが更新され、リモートデスクトップの設定が有効に変わったのを確認します。

[有効]に変わった

○nepoint

リモートデスクトップについてのヘルプを参照したい場合は、画面右上のヘルプメニューをクリックします。

クライアントからリモートデスクトップで接続する

Windows 7以降ならば、簡単にリモートデスクトップに接続することができます。ここでは、Windows 10 ProからWindows Server 2022にリモートデスクトップ接続を行います。

▼Windows 10

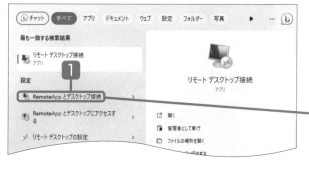

1 Windows 10 Proのスタート画面または**すべてのアプリ**から、**RemoteAppとデスクトップ接続**を選択します。

RemoteApp とデスクトップ接続

2 接続するコンピューター名またはIPアドレスを指定し、ユーザー名を確認して**接続**ボタンをクリックします。

▼リモートデスクトップ接続

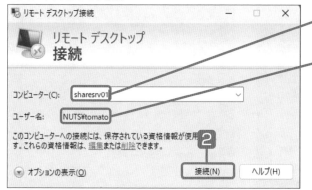

コンピューター名

ユーザー名

○nepoint

デフォルトではログオンしているユーザーアカウントでリモートデスクトップ接続をしますが、ユーザーを変更する場合は、オプションの表示をクリックして、適切なユーザー名に変えてください。

右側ナビゲーション:
1 Serverでのキーワード
2 導入から運用まで
3 Active Directoryの基本
4 Active Directoryでの管理
5 ポリシーとセキュリティ
6 ファイルサーバー
7 仮想化と仮想マシン
8 サーバーとクライアント
9 システムのメンテナンス
10 PowerShellでの管理

▼Windows セキュリティ

3 パスワードボックスにパスワードを入力し、**OK**ボタンをクリックします。

Tips

このアカウントを記憶するにチェックを付けると、次回から、全般タブのログオン設定欄で資格情報を常に確認するがオフになっていると、このパスワード入力を省くことができます。

▼リモートデスクトップ

4 Windows Server 2022にリモートデスクトップ接続されました。

nepoint

リモートコンピューターの証明書の信頼が確認できないときには、その旨のメッセージウィンドウが表示されます。接続してもよい場合は、はいボタンをクリックします。

証明書エラー

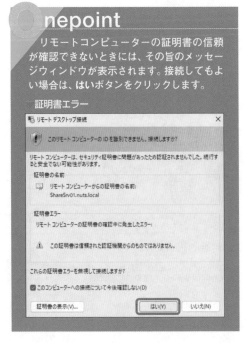

nepoint

リモートデスクトップ接続を切断するには、リモートデスクトップウィンドウ上部の「×」をクリックします。なお、切断してもサーバー上のプログラムは実行されたままです。

切断の確認イメージ

1
Serverでの
キーワード

2
導入から
運用まで

3
Active Directory
の基本

4
Active Directory
での管理

5
ポリシーと
セキュリティ

6
ファイル
サーバー

7
仮想化と
仮想マシン

8
サーバーと
クライアント

9
システムの
メンテナンス

10
PowerShell
での管理

Memo｜セッションシャドウイング

セッションシャドウイングとは、リモートデスクトップを拡張させたもので、2つのリモートデスクトップから1つのセッションに接続する機能です。

Windows Serverでは、「ファイルとプリンターの共有」を有効にしたり、グループポリシー設定を変更したりする必要があります。

ユーザーセッションを
オンにする

Hint｜匿名アクセス可能なWebサイトと限定Webサイト

Windows Serverによって構成できるWebサイト（IIS）は、デフォルトで誰もが閲覧可能なWebサイトで、これを**匿名アクセス可能なWebサイト**と呼びます。このWebサイトを閲覧するには、特別なIDやパスワードは不要です。

それとは反対に、アカウントによる認証を通過しなければページにアクセスできないようなWebサイトが、**限定Webサイト**と呼ばれるものです。

Windows Server付属のIISでは、比較的弱い暗号によるパスワード認証を使用した基本認証のほか、SSLを利用した専用のログオンページのフォームから認証を行うフォーム認証、ASP.NETによる認証プロセスを利用したWindows認証などが利用できます。

リモートデスクトップサービスで管理する

リモートで Windows Server のプログラムを実行する方法には、リモートデスクトップ接続がありますが、これは1対1の接続でしか作業できません。**リモートデスクトップサービス**では、サーバー側のアプリケーションを複数のクライアントから実行し、その画面だけをクライアントのデスクトップに表示することができます。この機能は、以前はターミナルサービスと呼ばれていました。

RemoteApp プログラムを利用する

クライアントコンピューターでリモートデスクトップサーバーの RemoteApp プログラムを操作します。

1. リモートデスクトップサービスを追加する
2. RemoteApp プログラムを追加する
3. クライアントで RemoteApp プログラムを実行する

　まずはじめにサーバーマネージャーを使って、**リモートデスクトップサービス**の役割をインストールします。追加するオプションの役割サービスによっては、ほかの役割や機能のインストールが同時に行われることもあります。

　インストールは、ウィザードによって行われますが、設定をあとで行えるものもあります。メッセージやヘルプを熟読して、作業を進めます。

　アプリケーションのインストールがすでに終わり、実際に利用したり、環境設定を特殊なものに変更したりしている場合など、あとからリモートデスクトップサービスをインストールして **RemoteApp** を実行すると、アプリケーションが正常に動作しなくなることがあります。そのため、リモートデスクトップサーバーへのアプリケーションの追加は、作業の最後に行います。

　RemoteApp マネージャーに RemoteApp プログラムを追加したら、その Windows インストールパッケージを作成し、共有フォルダーに保存します。クライアントは、共有フォルダーにアクセスして、このインストールパッケージファイルを実行します。すると、クライアントコンピューターのスタートメニューなどに RemoteApp プログラム実行用のショートカットが作成されます。

8.2.1 リモートデスクトップサービスの役割

リモートデスクトップサービス（RDS）をWindows Serverへインストールするには、サーバーマネージャーによる役割の追加を行います。

役割のオプションとしては、サービスの中核的な役割である**リモートデスクトップサーバー**、RDS CAL*の管理を一元的に行う**RDライセンス**、複数のリモートデスクトップサーバーによって負荷を分散させる**RD接続ブローカー**、HTTP（SSL）を使用して遠隔地からリモートデスクトップサーバーに接続するためのゲートウェイである**RDゲートウェイ**、Webベースでリモートデスクトップサーバーを管理できる**RD Webアクセス**があります。必要な役割を選択し、サーバーに余裕があれば分散させるなどして運用してください。

■ リモートデスクトップサービス

リモートデスクトップサービスは、Windows Serverのデスクトップで動かしているアプリケーションを、リモートによりクライアント側で制御・利用する仕組みです。

リモートデスクトップ接続とは異なり、一度に複数のクライアントがアクセスできます。また、デスクトップを共有するのではなく、クライアントの操作した結果をリモートデスクトップサーバーのプログラムが処理し、その結果のウィンドウをクライアントのデスクトップに表示します。このため、リモートデスクトップサービスは、**プレゼンテーション層の仮想化**または**仮想クライアント**と呼ばれます。

例えば、処理能力の劣るクライアントPCでリモートデスクトップサービスを利用すれば、処理速度はサーバーコンピューターの性能で決まるため（ネットワークのスピードの問題はあるとしても）、大量のデータ処理が必要なプログラムなどでは、リモートデスクトップサービスの恩恵が受けられます。また、ファイル自体をクライアントコンピューターにコピーして処理する場合と比較すると、リモートデスクトップサービスではデータはネットワークを流れないため、安全性の面でも有利です。

▼ RemoteAppマネージャー

RDS CAL リモートデスクトップサービス用のクライアントアクセスライセンス。リモートデスクトップサービスを利用するクライアントのためのライセンスで、Windows Server 2022/2019のCALのほかに購入が必要です。ただし、Windows Serverには、管理目的でターミナルサービスを利用するためとして、同時に2セッションまでの接続が許可されます。また、導入開始から120日間は試用期間として無料で使用できます。

リモートデスクトップサービスを追加する

実際の運用では、利用環境に応じてサーバーの負荷を考慮した配置が必要になります。また、RDゲートウェイやRD Webアクセスの追加にはIISが必要になります。ドメインコントローラーへのインストールは推奨されていません。

なお、本書では「セッションベース」でインストールを行っています。

▼サーバーマネージャー

1 サーバーマネージャーを開き、**役割と機能の追加**をクリックします。**役割と機能の追加ウィザード**が起動したら、**インストールの種類の選択**ページで、**リモートデスクトップサービスのインストール**をオンにして、**次へ**ボタンをクリックします。

nepoint

インストールにあたっては、Domain Adminsグループのメンバーアカウントでログオンしてください。

▼展開の種類の選択

2 リモートデスクトップサービスの展開の種類を選んで、**次へ**ボタンをクリックします。

▼展開の種類

オプション	説明
標準の展開	リモートデスクトップ関係の3つのサービスを、サーバーを指定して構成することができます。
クイックスタート	1台のコンピューターに3つのサービスを集約させる構成が簡単に実行できます。

▼展開シナリオの選択

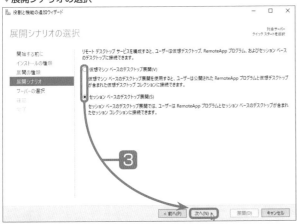

3 展開シナリオを選択し、**次へ**ボタンをクリックします。

▼展開シナリオ

オプション	説明
仮想マシンベース	VDI仮想マシンへのリモートデスクトップ接続を構成します。ユーザーごとにゲストOSを割り当てられます。
セッションベース	コンピューターへのログオン（セッション）からリモートデスクトップ接続するものです。

4 RD接続ブローカーをインストールするサーバーを選択（追加）して、**次へ**ボタンをクリックします。

5 選択内容を確認します。**必要に応じてターゲットサーバーを自動的に再起動する**にチェックを付けて、**展開**ボタンをクリックします。

▼RD接続ブローカーサーバーの指定

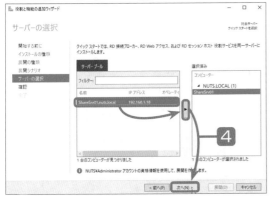

▼選択内容の確認

1 Server でのキーワード

2 導入から運用まで

3 Active Directory の基本

4 Active Directory での管理

5 ポリシーとセキュリティ

6 ファイルサーバー

7 仮想化と仮想マシン

8 サーバーとクライアント

9 システムのメンテナンス

10 PowerShell での管理

6 インストールが開始されます。

7 リモートデスクトップサービスのインストールが完了しました。

▼進行状況の表示

▼完了

8.2

リモートデスクトップサービスで管理する

Onepoint

リモートデスクトップサービスのインストールの途中で、自動的に再起動が実行されることがあります。

Hint

リモートデスクトップサービスのインストール後、ダッシュボードではサービスに注意表示 (赤) が現れることがあります。サービスを開始するとこの表示は消えます。

Memo｜リモートデスクトップサービスのメリットとデメリット

リモートデスクトップサービス (RDS) では、「様々な情報処理は会社に設置したサーバーが行っているのに、実行結果は遠く離れた営業マンのクライアントのコンピューターのモニターに表示される」といったように、文字どおり端末は実行指示と表示だけを行うようになります。

このような RDS を運用すると、次のようなメリットがあるといわれています。

・端末のローカルコンピューターにデータを保存しないので、重要な情報を保護することに役立ちます。

・携帯端末による現場での案件処理、自宅でのテレワークなど、これまでのオフィスの形態を柔軟に変えることができます。

・端末数が多くなればなるほど、1台1台に同じアプリケーション環境を構築するのに比べて、業務の効率性・経済性が高まります。

反面、独立した端末に比べると、できることが制限されることがあります。制限事項の最大のものは、ネットワーク接続が必須条件だということです。ネットワーク回線の状態に業務が左右される場合がある、ということを覚えておきましょう。

Section

8.3

Windows Admin Centerでリモート管理する

Level ★★★　　**Keyword** Windows Admin Center　WAC　リモート管理

Windows Admin Center（**WAC**）は、WebブラウザーからWindows Serverをリモート管理することのできるツールです。WACはWindows Serverの様々な管理ツールをすっきりと1つにまとめた新しいコンソールと考えることができます。WACはWindows 11/10にインストールすることが可能で、一般業務をしながらでもWindows Serverを監視したり、管理したりすることができます。

ここがポイント！

Window Admin Centerでできること

WACを使うと、次のようなWindows Serverの管理操作をリモートで行うことができます。

- ● リソース使用率の表示
- ● デバイスの管理
- ● イベントビューアー
- ● ファイアウォール管理
- ● アプリの管理
- ● ローカルユーザーとグループの管理
- ● ネットワーク設定
- ● リモート デスクトップ接続

　Windows Admin Center（**WAC**）は、Windows Serverの管理業務を、Webブラウザー上にデザインされた1つの管理コンソールから行えるようにしたものです。Windows Serverの状態の監視をはじめとして、役割や機能の追加・削除、ネットワークやボリュームの管理などもできます。

　WACのメリットの1つは、日常使い慣れたWebブラウザー上で操作できる管理コンソールだということです。本書執筆時点では、いまだ試作段階を脱したばかりという印象はありますが、この先もWindows Serverのバージョンアップに従ってスピード感を持って拡張されていくと考えられます。

▼Windows Admin Center

> Windows 11/10からWACを使ってリモート管理ができる

Windows Admin CenterからWindows Serverをリモート管理するには、まずWindows Admin Centerにサーバーを追加しなければなりません。

Windows Admin CenterをインストールしたPCでWindows Admin Centerを起動すると、Webブラウザー（Microsoft Edgeなど）から「https://localhost:6516」への接続が開始されます。

接続が成功すると、最初に「すべての接続」ページが表示されます。いちばん上に表示されるのが現在操作しているコンピューターです。もちろん、最初は表示されるコンピューターは1つしかありません。ここでは、Windows 11/10（gerax.nuts.local）からWindows Admin CenterでWindows Server（nuts.localのwinsrv01）のリモート管理を行います。

Windows Serverを追加するには、「すべての接続」ページで**追加**をクリックします。すでにWindows Admin Centerで別のコンピューターに接続しているときは、Windows Admin Centerのメニューバーから「サーバーマネージャー」ページに切り替えてください。

さて、「すべての接続」ページで**追加**をクリックすると、右側に操作ウィンドウが開きます。そこから「サーバー接続の追加」をクリックして、接続するWindows Serverのコンピューター名を「サーバー名」に入力します。入力したコンピューターが検出されたら、**送信**ボタンをクリックします。その後、使用する資格情報の入力が促されます。

▼ Windows Admin Center

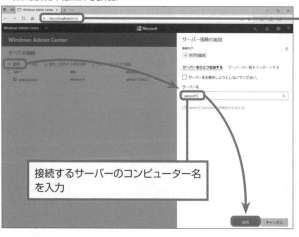

Windows 11/10では「https://localhost:6516」

接続するサーバーのコンピューター名を入力

Onepoint

追加済みのサーバーに接続するためには、Windows Admin Centerの「すべての接続」ページを開き、接続したいコンピューターをクリックします。

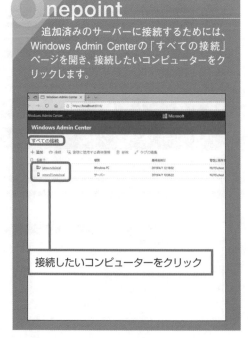

接続したいコンピューターをクリック

1 Server のキーワード

2 導入から運用まで

3 Active Directory の基本

4 Active Directory での管理

5 ポリシーとセキュリティ

6 ファイルサーバー

7 仮想化と仮想マシン

8 サーバーとクライアント

9 システムのメンテナンス

10 PowerShell での管理

8.3.2 Windows Admin Center のサーバー管理

Windows Admin Centerからリモート管理できる操作は、メニューフレームに表示され、ここから選択します。以下、メニューの各項目について説明します。なお、接続先のOSがWindows 11/10の場合は、メニュー項目が異なります。

●概要

Windows Serverのハードウェア情報やネットワークパフォーマンスの現在の状況（CPU、メモリ、ネットワーク、ディスクアクセス）を確認することができます。

また、サーバーの再起動、停止などを実行することもできます。

▼概要

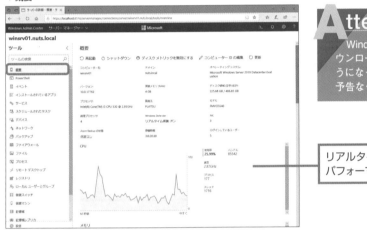

Attention
Windows Admin Center は Microsoft のダウンロードセンターからインストールするようになっているため、そのデザインや機能は予告なく変更される可能性があります。

リアルタイムのCPUのパフォーマンス状況

●PowerShell

Windows Admin Centerを通して、Windows ServerのPowerShellを利用できます。

▼PowerShell

Onepoint
Windows Admin Center から PowerShell を使用する場合、コピー＆ペーストがサポートされています。

「Get-WindowsFeature」コマンドレットを実行したところ

▼イベント

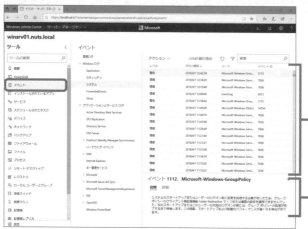

●**イベント**

Windows Serverのシステムログなどを取得することができます。

システムログを表示している

選択しているイベントの詳細な情報

▼インストールされているアプリ

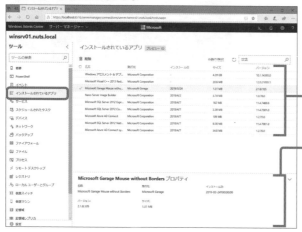

●**インストールされているアプリ**

Windows Serverにインストールされているアプリの情報を一覧で表示します。

Windows Serverにインストールされているアプリの一覧

選択しているアプリの詳細な情報

Onepoint

「インストールされているアプリ」に表示されている任意のアプリを削除することもできます。

▼サービス

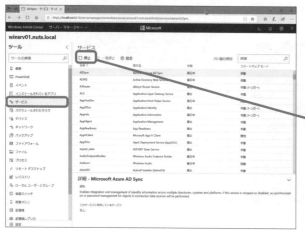

●**サービス**

Windows Serverで実行可能なサービスを表示します。また、任意のサービスを選んで、それを開始／停止、一時停止、設定することができます。

任意のサービスを開始／停止することができる

▼スケジュールされたタスク

●スケジュールされたタスク

　Windows Serverのスケジュールされたタスクを確認することができます。また、タスクのスケジュールを作成することもできます。

Backupタスクをスケジューリングした例

▼デバイス

●デバイス

　Windows Serverに接続されているデバイスの情報を知ることができます。また、任意のデバイスを無効にしたり、ドライバーを更新したりすることができます。

Windows Serverに接続されているデバイスの一覧

選択しているデバイスの情報

▼ネットワーク

設定ボタン

選択可能なネットワーク一覧

アドレスを変更できる

●ネットワーク

　Windows Serverで利用可能な物理的イーサネットと仮想イーサネットの両方の情報を確認できます。

nepoint

　任意のネットワークアダプターの設定を変更するには、設定をクリックします。

1 Server での
キーワード

2 収入から
準備まで

3 Active Directory
の基本

4 Active Directory
での管理

5 ポリシーと
セキュリティ

6 ファイル
サーバー

7 仮想化と
仮想マシン

8 サーバーと
クライアント

9 システムの
メンテナンス

10 PowerShell
での管理

▼バックアップ

●バックアップ

　Azure Backupにより、サーバーのバックアップを行います。

▼ファイアウォール

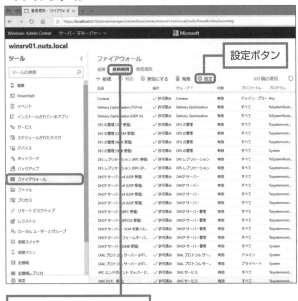

着信規則の状態が表示される

●ファイアウォール

　Windows Serverのファイアウォール機能を設定できます。**着信規則**では着信に関しての情報、**送信規則**では送信に関しての情報が表示されます。

onepoint

ファイアウォールの設定を変更するには、一覧から任意の通信を選択して、設定をクリックします。すると、設定ができるフォームが表示されます。

▼ファイル

●ファイル

　Windows Server上のフォルダーやファイルを、エクスプローラーのような視覚的な階層構造によって確認できます。ただし、実行することはできません。

> **nepoint**
>
> ファイル機能では、アクセス権があれば、新しいフォルダーの作成、ファイルの名前の変更、アップロード、ダウンロード、削除、プロパティの表示などができます。これらの操作は、**アクション**をクリックすると表示されるメニューから実行します。

▼プロセス

●プロセス

　Windows Serverで実行されているプロセスを確認できます。また、任意のプロセスを開始したり、終了したりすることができます。

> プロセスのPIDや状態などの一覧表示

> 選択しているプロセスの詳細な情報

1 Serverでの キーワード
2 導入から 運用まで
3 Active Directory の基本
4 Active Directory での認証
5 ポリシーと セキュリティ
6 ファイル サーバー
7 仮想化と 仮想マシン
8 サーバーと クライアント
9 システムの メンテナンス
10 PowerShell での管理

▼リモートデスクトップ

●リモートデスクトップ

Windows Serverのデスクトップ画面を表示して、マウスやキーボードなどでリモート操作できるようにします。メニューフレームでリモートデスクトップを選択すると、右側に操作ウィンドウが開きます。リモートデスクトップ接続用のアカウント情報を入力して、接続ボタンをクリックします。

接続したコンピューターのデスクトップ画面

▼レジストリ

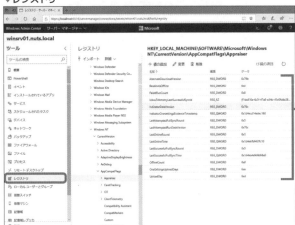

●レジストリ

Windows Serverのレジストリキーを表示します。また、任意のレジストリキーを変更することもできます。

Windows Serverのレジストリ

Attention

レジストリキーを変更したことで、システムが正常に動かなくなる可能性もあります。レジストリキーの変更は、必ずレジストリキーをバックアップしてから、慎重に行うようにしてください。

▼ローカルユーザーとグループ

●ローカルユーザーとグループ

ローカルユーザーやそのグループを確認したり、変更したりすることができます。

Attention

ドメインコントローラーに接続しているときには、この操作項目は使用できません。

▼仮想スイッチ

●仮想スイッチ

　Hyper-Vで使用する仮想スイッチを確認できます。また、任意の仮想スイッチの設定内容を変更することもできます。

任意の仮想スイッチの設定ページ

▼仮想マシン

●仮想マシン

　Hyper-V上の仮想マシンを管理します。仮想マシンページには、現在、Hyper-V上で実行されている仮想マシン数、作成されているが実行されてはいない仮想マシン数などのほか、最近あったイベントの内容、CPUやメモリのパフォーマンスの様子などを確認することができます。

nepoint

　イベントページでは、新規の仮想マシンの追加、削除、開始、強制終了（**オフにする**）、シャットダウンのほか、詳細メニューから**接続**を選択することで、リモートデスクトップ接続によって仮想マシン上のデスクトップあるいは操作ウィンドウを開いて管理操作を行うことができます。

1 Serverでの
キーワード

2 導入から
運用まで

3 Active Directory
の基本

4 Active Directory
での管理

5 ポリシーと
セキュリティ

6 ファイル
サーバー

7 仮想化と
仮想マシン

8 サーバーと
クライアント

9 システムの
メンテナンス

10 PowerShell
での活用

●記憶域

　物理ドライブやボリュームの情報を確認できます。「ボリューム」ページでは、ボリュームのフォーマットのほか、クォータの作成や編集、削除を行うことができます。また、「ファイル共有」ページでは、共有フォルダーの設定を行うことができます。

> Windows Serverに接続されているボリュームの一覧

> 選択されたボリュームの詳細情報

▼記憶域レプリカ

●記憶域レプリカ

　記憶域レプリカは、障害復旧用にボリュームのレプリケーションを行う機能です。

> 新規に記憶域レプリカを設定するウィンドウ

▼更新プログラム

●更新プログラム

　Windows ServerのWindows Updateを管理できます。

> 更新できるプログラムの一覧

> 更新プログラムのインストールを実行できる

▼証明書

●証明書

　各種の電子署名や電子証明書を管理できます。

Windows Serverに保存されている
デジタル証明書の一覧

▼役割と機能

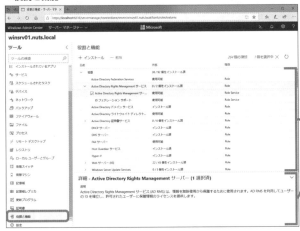

●役割と機能

　Windows Serverにインストールされている役割と機能を確認したり、追加したりできます。また、任意の役割や機能を削除することもできます。

Windows Serverの役割と機能の一覧

任意の役割や機能にチェックを付けると
詳細な内容が表示される

Onepoint

「使用可能」と表示されている項目は、インストールされていないものです。

8.4 ネットワークの
トラブル箇所を特定する

Level ★★★　　　　**Keyword** ping nslookup tracert route

　ネットワークにトラブルが生じた場合、その箇所をまず特定するのが最初の仕事になります。ネットワークアダプター、ハブ、ネットワークケーブル、サーバーなど、トラブルを起こす可能性のある箇所は多々あります。ネットワークの物理的な構成図を横に置いて、トラブル箇所を特定します。ここでは、トラブル箇所の特定に役立つ、**PowerShell**や**コマンドプロンプト**から利用できるネットワーク関係のコマンドを紹介します。これらのコマンドは、クライアントPCでも利用できます。

ネットワークのトラブルを調査するコマンド

　ネットワークのトラブルを調査するために使えるコマンドプロンプトのコマンドには、下表に示したものがあります。

　Windows Serverには、ネットワーク管理のコマンドがいくつか用意されていますが、下表のコマンドは主にネットワークのトラブル箇所を特定するのに使われるコマンドです。UNIX系のコマンドと同じなので、戸惑うことは少ないはずです。

　なお、コマンドの使用は、外部からWindows ServerにTelnet接続した場合には、Telnetクライアントから使うことができます。ローカルコンピューターでは、PowerShellやコマンドプロンプトを使用できます。

　ネットワーク接続フォルダーを開くと、物理ネットワークの接続アイコンが表示されます。アイコンをダブルクリックすると、接続状態のダイアログボックスが開きます。

　ネットワーク接続ウィンドウで、ネットワークデバイスを選択して、ツールバーにある**この接続を診断する**を選択すると、自動でネットワーク診断が実行されます。

▼ネットワークのトラブル箇所の特定に利用できるコマンド

コマンド	機能
ping	特定のネットワーク機器に送信できるかどうか確認できます。
nslookup	DNSの機能や状態を調べます。
ipconfig	TCP/IPの設定状態などを調べます。
tracert	通信経路を調べます。
route	ルーティングテーブルの状態を調べます。

▼ネットワーク接続

仮想ネットワークも表示される。

1 Server での
キーワード

2 導入から
運用まで

3 Active Directory
の基本

4 Active Directory
での管理

5 ポリシーと
セキュリティ

6 ファイル
サーバー

7 仮想化と
仮想マシン

8 サーバーと
クライアント

9 システムの
メンテナンス

10 PowerShell
での管理

索引
Index

8.4.1 ping

pingは、特定のサーバーやネットワーク機器に小さなデータ*を送り、それが送られているかどうかを確認できます。外部から、サーバーが動いているかどうかを確認する場合などに使われます。

pingコマンドの書式

pingはネットワーク管理ではよく使われるコマンドです。例えば「インターネットに接続できない」トラブルが発生した場合、Windows Serverからのpingによって、どこに原因があるのかをある程度突き止めることもできます。まず、Windows Serverから自分自身のネットワークアダプター(NIC)にpingします。次にルーターまで、次にDNSサーバーまで……というように、ネットワークに接続している機器に順にpingすることで、どの機器が正常ではないのか、あるいはケーブルやハブが破損していないかどうかを見付けることもできます。通常、何もオプションを付けずに実行すると、1秒おきに4回だけpingが送信され、信号が返ってくるまでの時間が計測されます。pingを実行して、相手のネットワーク機器が確認できることを、**pingが通る**と表現します。

▼pingの書式

```
PING [-t] [-a] [-n count] [-l size] [-f] [-i TTL] [-v TOS]
     [-w  timeout] 通信相手先
```

▼pingオプション

オプション	説明
−t	pingを、Ctrl+Cで止めるまで継続させます。
−a	ホスト名を通信相手先として指定します。
−n count	pingを「count」回だけ送信します。
−l size	「size」Byteのパケットを送信します。
−f	パケット中のフラグを破片にしません。
−i TTL	パケットの生存時間を設定します。
−v TOS	Type Of Service（サービスタイプ）。
−w timeout	返信されるまでの待ち時間（ミリ秒）を指定します。

Hint | PowerShellの起動

Windows Server 2022/2019やWindows 11/10でPowerShellを起動するには、まず⊞+Xキーを押します。タスクバーの左端に**システムコマンドメ**ニューが表示されるので、その中から**PowerShell**または**PowerShell（管理者）**を選択します。ただし、設定によってはこのメニューにPowerShellではなくコマンドプロンプトが表示されます。

---

*小さなデータ　32バイトのASCIIデータ。

pingでネットワークの開通を確認する

サーバーから他のホストまでのネットワークが開通しているかどうかを、pingを使って確認しましょう。

▼PowerShell

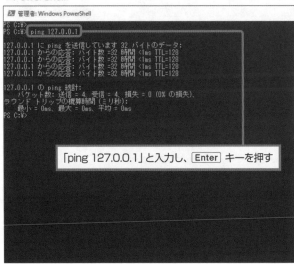

「ping 127.0.0.1」と入力し、Enter キーを押す

1 PowerShellやコマンドプロンプトを起動し、TCP/IPを確認するためにpingを実行します。これで、TCP/IPが正常に動作しているかどうかを知ることができます。

Memo
127.0.0.1はローカルループバックアドレスといい、自分自身を示します。

▼ping

```
PS C:¥>ping 127.0.0.1
```

▼PowerShell

コマンドを入力し、Enter キーを押す

2 次に、自分自身のネットワークアダプター (NIC) のIPアドレスにpingを実行します。

Onepoint
自分自身のネットワークアダプターのIPアドレスを、ここでは「192.168.1.18」としています。このアドレスは、ipconfigコマンドで調べることができます。

8.4 ネットワークのトラブル箇所を特定する

1 Server での
キーワード

2 IP から
運用まで

3 Active Directory
の基本

4 Active Directory
での管理

5 ポリシーと
セキュリティ

6 ファイル
サーバー

7 仮想化と
仮想マシン

8 サーバーと
クライアント

9 システムの
メンテナンス

10 PowerShell
での管理

索引
Index

▼NICへのping

```
PS C:¥> ping 192.168.1.18


192.168.1.18 に ping を送信しています 32 バイトのデータ：
192.168.1.18 からの応答：バイト数 =32 時間 <1ms TTL=128
192.168.1.18 からの応答：バイト数 =32 時間 <1ms TTL=128
192.168.1.18 からの応答：バイト数 =32 時間 <1ms TTL=128
192.168.1.18 からの応答：バイト数 =32 時間 <1ms TTL=128


192.168.1.18 の ping 統計：
    パケット数：送信 = 4、受信 = 4、損失 = 0 (0% の損失)、
ラウンド トリップの概算時間 （ミリ秒）：
    最小 = 0ms、最大 = 0ms、平均 = 0ms
```

3 同じLAN上にあるホストへのpingを実行します。DNSサーバーがある場合は、FQDN宛にpingすることもできます。

▼LAN上の別ホストへのping

```
PS C:¥> ping srv3


srv3.nuts.local [2400:4160:e03:e600:7571:45ad:4cc0:9d2c]に ping を送信しています 32 バイトのデータ：
2400:4160:e03:e600:7571:45ad:4cc0:9d2c からの応答：時間 <1ms
2400:4160:e03:e600:7571:45ad:4cc0:9d2c からの応答：時間 <1ms
2400:4160:e03:e600:7571:45ad:4cc0:9d2c からの応答：時間 <1ms
2400:4160:e03:e600:7571:45ad:4cc0:9d2c からの応答：時間 <1ms


2400:4160:e03:e600:7571:45ad:4cc0:9d2c の ping 統計：
    パケット数：送信 = 4、受信 = 4、損失 = 0 (0% の損失)、
ラウンド トリップの概算時間 （ミリ秒）：
    最小 = 0ms、最大 = 0ms、平均 = 0ms
```

4 ルーターへpingします。

▼ルーターへのping

```
PS C:¥> ping 192.168.1.1


192.168.1.1 に ping を送信しています 32 バイトのデータ：
192.168.1.1 からの応答：バイト数 =32 時間 <1ms TTL=64
192.168.1.1 からの応答：バイト数 =32 時間 <1ms TTL=64
192.168.1.1 からの応答：バイト数 =32 時間 <1ms TTL=64
192.168.1.1 からの応答：バイト数 =32 時間 <1ms TTL=64
```

```
192.168.1.1 の ping 統計：
    パケット数：送信 = 4、受信 = 4、損失 = 0 (0% の損失)、
ラウンド トリップの概算時間 (ミリ秒)：
    最小 = 0ms、最大 = 0ms、平均 = 0ms
```

 インターネット上のWebサイトやDNS
サーバーにpingします。

▼インターネット上のサーバーへのping

```
PS C:¥> ping microsoft.com

microsoft.com [40.113.200.201]に ping を送信しています 32 バイトのデータ：
要求がタイムアウトしました。
要求がタイムアウトしました。
要求がタイムアウトしました。
要求がタイムアウトしました。

40.113.200.201 の ping 統計：
    パケット数：送信 = 4、受信 = 0、損失 = 4 (100% の損失)、
```

Memo
サイトには、pingを返さないように設定さ
れているところがあります。

Memo | Webサーバーを安定化させる1つの方法

　IISを安定したWebサーバーとして運営したいな
ら、ワーカープロセスを分離する機能を使うことがで
きます。

　通常でもIISは、1つのモジュールとしてシステムと
分離されて動いていますが、Windows Server
2022/2019のIISは、さらにWebサーバーに関する
アプリケーションを処理するプロセス（**ワーカープロ
セス**）を分離することができます（**プロセス分離モー
ド**）。この機能では、クライアントからWebサーバー

を開くようにリクエストがあるたびにワーカープロセ
スが起動するため、いずれかのワーカープロセスにト
ラブルがあっても、ほかのワーカープロセスに影響が
及ぶことを防止でき、Webサーバーの安定化に寄与
します。

　さらにプロセス分離モードでは、アプリケーション
がエラーの発生など何らかの理由で実行を停止した
場合、IISによってアプリケーションが自動で再起動
されます。

1
Server での
キーワード

2
導入から
運用まで

3
Active Directory
の基本

4
Active Directory
での管理

5
ポリシーと
セキュリティ

6
ファイル
サーバー

7
仮想化と
仮想マシン

8
サーバーと
クライアント

9
システムの
メンテナンス

10
PowerShell
での管理

8.4.2　nslookup

nslookupコマンドは、「コンピューターがDNSサーバーと正しく通信ができているか」、「DNSサーバーの応答は正しいか」などを確認することができます。

例えば、「インターネットには接続しているはずなのに、Webブラウザーにホームページが表示されない」といった場合には、nslookupコマンドによって「WebページのFQDNからIPアドレスが検索できるかどうかを確認する」といったこと使用されます。

nslookupでDNSサービスを確認する

nslookupコマンドは、DNSサーバーが機能しているかどうかを確認するために使用されます。nslookupは、オプションを付けずに起動すると、プロンプトが表示される対話型になります。ホスト名を入力するとDNSサーバーからIPアドレスが返され、IPアドレスを入力するとホスト名が返されます。次の操作例では、プライマリDNSサーバーは、ネットワーク内に置かれ、セカンダリがインターネット上にあります。

▼PowerShell

1　PowerShellやコマンドプロンプトを起動し、**nslookup**と入力して、Enterキーを押します。「>」が表示されたら、ネットワーク上、またはインターネット上のサーバーのホスト名やFQDNを入力して、Enterキーを押します。

> 「nslookup」と入力し、Enter キーを押す

▼nslookupの起動

```
C:¥>nslookup Enter ——————1
```

2　DNSサーバーが正しく機能していると、サーバーのIPアドレスが表示されます。

▼FQDNからIPアドレスを検索する

```
> ibm.com
サーバー:   localhost6.localdomain6

Address:   ::1


権限のない回答:

名前:    ibm.com

Address:   129.42.38.10
```

3　次に、IPアドレスを入力して、Enterキーを押すと、DNSサーバーに登録されているサーバー名が表示されます。

▼IPアドレスからFQDNを検索

```
> 129.42.38.1
サーバー:   localhost6.localdomain6

Address:   ::1


名前:    redirect.www.ibm.com

Address:   129.42.38.1
```

▼nslookupの終了

```
> exit Enter ────4

C:¥>
```

4 nslookupを終了するには、**exit**と入力
し、Enter キーを押します。

Memo | SMTPサーバー

SMTP（Simple Mail Transfer Protocol）は、メール
を送信するプロトコルです。Windows Server
2022/2019では、SMTPサーバーの構成はIISの互
換機能の1つに位置付けられているため、構成するに
は、IISの機能としてIIS管理互換の管理ツールもイン
ストールする必要があります。

> リモートサーバー管理ツールの
> 機能としてインストールする

役割と機能の追加ウィザード

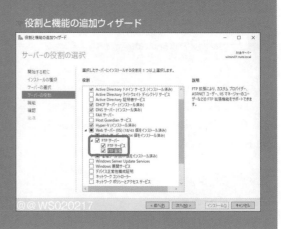

Memo | FTPサーバー

FTP（File Transfer Protocol）は、Webサーバーに
HTMLテキストファイルや画像ファイルを転送すると
きに利用することの多い機能です。Webページを更
新したりするためには、Webサーバーのコンピュー
ターにFTPサーバーをインストールするのがよいで
しょう。

Windows Server 2022/2019でFTPを利用すると
きは、IISの役割（機能）としてインストールします。

役割と機能の追加ウィザード

8.4.3 ipconfig

ipconfigは、Windowsネットワークの構成を簡単に確認できるコマンドです。コンピューターのネットワークアダプターやゲートウェイのIPアドレスを確認することができます。

ipconfigでTCP/IPの設定を確認する

ipconfigコマンドは、コンピューターのTCP/IPの設定内容を確認するのに使用できます。自身のIPアドレスを確認したり、設定されているDNSサーバーを確認したりするのに使えます。

通常は、「**ipconfig /all**」とオプションを付けて使用します。Windows用のドメイン設定とNICの情報 (IPアドレス、サブネットマスク)、設定されているDNSサーバーなどが表示されます。

▼コマンドプロンプト (結果)

1 PowerShellやコマンドプロンプトを起動し、「ipconfig /all」と入力して Enter キーを押します。

2 情報が表示されました。

▼ipconfigの起動

```
PS C:¥>ipconfig /all Enter ──1
```

▼ipconfigの結果 (例)

```
PS C:¥> ipconfig /all


Windows IP 構成


    ホスト名 . . . . . . . . . . . . . . . . . . . . . . . . . : ShareSrv01

    プライマリ DNS サフィックス. . . . . . . . . . . . . : nuts.local

    ノード タイプ . . . . . . . . . . . . . . . . . . . . . . : ハイブリッド

    IP ルーティング有効 . . . . . . . . . . . . . . . . . . : いいえ

    WINS プロキシ有効 . . . . . . . . . . . . . . . . . . . : いいえ

    DNS サフィックス検索一覧 . . . . . . . . . . . . . . : nuts.local

                                                            west.jp

                                                            ip.jp


イーサネット アダプター vEthernet (vswt1):
```

接続固有の DNS サフィックス............... :	
説明 ....:	Hyper-V Virtual Ethernet Adapter #2
物理アドレス ....:	00-00-00-00-00-00
DHCP 有効 ....:	はい
自動構成有効 ....:	はい
リンクローカル IPv6 アドレス............. :	fe80::0000:0000:0000:3064%11(優先)
自動構成 IPv4 アドレス .... :	169.254.48.100(優先)
サブネット マスク ....:	255.255.0.0
デフォルト ゲートウェイ.................. :	
DHCPv6 IAID ....:	469760000
DHCPv6 クライアント DUID .... :	00-01-00-00-01-00-00-01-00-26-2D-1B-3E-49
DNS サーバー ....:	::1
	127.0.0.1
NetBIOS over TCP/IP .... :	有効

イーサネット アダプター vEthernet (vswt2):

接続固有の DNS サフィックス............... :	west.jp
説明 ....:	Hyper-V Virtual Ethernet Adapter
物理アドレス ....:	00-00-00-00-3E-49
DHCP 有効 ....:	いいえ
自動構成有効 ....:	はい
IPv6 アドレス ....:	2400:0000:e03:0000:a47e:0000:d79e:59ef(優先)
リンクローカル IPv6 アドレス............. :	fe80::a47e:0000:d79e:59ef%6(優先)
IPv4 アドレス ....:	192.168.1.18(優先)
サブネット マスク ....:	255.255.255.0
デフォルト ゲートウェイ.................. :	fe80::3ae0:8eff:0000:9f33%6
	192.168.1.1
DHCPv6 IAID ....:	318770000
DHCPv6 クライアント DUID .... :	00-01-00-01-00-00-00-00-00-26-2D-1B-3E-49
DNS サーバー ....:	::1
	127.0.0.1
NetBIOS over TCP/IP .... :	有効
接続固有の DNS サフィックス検索の一覧:	
	west.jp
	ip.jp

Hint

DHCP有効が「いいえ」で、IPアドレスが設定されていれば、静的IPアドレスが設定されていると確認できます。

Memo

上記の表示結果では、イーサネットアダプターの物理アドレス（NICアドレス）やIPv6アドレスなどを実際のものから変更しています。

1
Serverでの
キーワード

2
導入から
運用まで

3
Active Directory
の基本

4
Active Directory
での管理

5
ポリシーと
セキュリティ

6
ファイル
サーバー

7
仮想化と
仮想マシン

8
サーバーと
クライアント

9
システムの
メンテナンス

10
PowerShell
での管理

8.4.4 tracert

tracertを使うと、「任意のコンピューターへのTCP/IPパケットがどのような経路で送信されるか」を順に示した結果を得ることができます。

tracertで経路の障害を調べる

TCP/IPでは、パケットはバケツリレー方式で送られるため、「次はどのサーバーに受け渡されたのか」を追跡調査すれば、「経路のどこまではパケットが流れているか」、「どこから先が流れていないのか」を調べることができます。

▼PowerShell

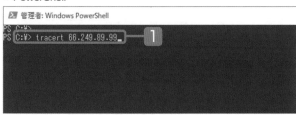

1 PowerShellやコマンドプロンプトを起動し、「tracert (IPアドレスまたはコンピューター名のFQDN)」を入力して[Enter]キーを押します。

▼tracertの起動

```
PS C:¥>tracert 66.249.89.89  [Enter]────1
```

▼PowerShell

2 目的サーバーまでの経路と到達時間が表示されます。

結果が表示される

```
PS C:¥> tracert 66.249.89.99

rate-limited-proxy-66-249-89-99.google.com [66.249.89.99] へのルートをトレースしています
経由するホップ数は最大 30 です:

  1    <1 ms     <1 ms     <1 ms   ntt.setup [192.168.1.1]
  2    11 ms      7 ms      7 ms   61.112.54.229
  3     6 ms      6 ms      6 ms   61.112.54.37
  4     7 ms      7 ms      7 ms   125.206.159.113
  5     7 ms      6 ms      6 ms   153.146.148.73
  6    10 ms     10 ms      9 ms   153.149.219.21
  7    10 ms     10 ms      9 ms   153.149.219.146
  8     9 ms      9 ms      9 ms   153.149.219.154
  9     9 ms      9 ms      9 ms   61.199.135.194
 10     *         *         *      要求がタイムアウトしました。
 11    10 ms     10 ms      9 ms   108.170.235.42
 12    10 ms     10 ms     10 ms   108.170.243.131
 13    19 ms     19 ms     20 ms   108.177.3.255
 14    20 ms     20 ms     20 ms   209.85.244.185
 15   106 ms    106 ms    106 ms   108.170.235.220
 16   130 ms    130 ms    130 ms   108.170.235.196
 17   144 ms    144 ms    144 ms   72.14.237.134
 18   162 ms    162 ms    162 ms   209.85.243.161
 19   172 ms    174 ms    173 ms   216.239.56.82
 20   172 ms    172 ms    172 ms   64.233.175.229
 21     *         *         *      要求がタイムアウトしました。
 22     *         *         *      要求がタイムアウトしました。
 23     *         *         *      要求がタイムアウトしました。
 24     *         *         *      要求がタイムアウトしました。
 25     *         *         *      要求がタイムアウトしました。
 26     *         *         *      要求がタイムアウトしました。
 27     *         *         *      要求がタイムアウトしました。
 28     *         *         *      要求がタイムアウトしました。
 29     *         *         *      要求がタイムアウトしました。
 30   171 ms    171 ms    171 ms   rate-limited-proxy-66-249-89-99.google.com [66.249.89.99]

トレースを完了しました。
```

8.4.5 ルーティングテーブル

ネットワークで使われるTCP/IPは、IPアドレスに基づいてパケットデータの受け渡しを行います。これをルーティングといいます。

ルーティングのために、パケットデータの宛先となる**ルーティングテーブル**が作成されています。ルーティング処理では、パケットの宛先のIPアドレスがルーティングテーブルのどのエントリに合致するかを調べます。合致するものがあれば、パケットを指定されたネットワークインターフェイスへと送信します。合致するものがなければ、**デフォルトゲートウェイ**に送られます。

ルーティングテーブルは、ルーターには特に重要なものですが、ネットワークカードが1枚だけのコンピューターでも、内部処理ではルーティングテーブルが使われます。

Windows Serverをルーターとして使用する場合には、ルーティングテーブルの変更が必要になります。

route

route コマンドは、ルーティングのためのルーティングテーブルの内容表示や設定ができます。ルーティングテーブルの設定とは、経路の追加、経路の削除、経路の変更です。

▼routeコマンドのオプション

```
route [-f] [-p] [PRINT|ADD|DELETE|CHANGE] [MASK netmask] [gateway]
      [METRIC metric] [IF interface]
```

▼routeコマンドのオプション

オプション	説明
-f	ルーティングテーブルの経路情報をすべてクリアします。
-p	ADD時に指定すると、追加した経路は次回のOS起動時に自動的に追加されます。指定しない場合は、今回限りの設定となります。PRINT時に指定すると、このオプションで追加した経路のみを表示します。
PRINT	ルーティングテーブルを表示します。
ADD	経路を追加します。
DELETE	経路を削除します。
CHANGE	登録されている経路を変更します。
MASK netnask	経路のサブネットマスクを設定します。
gateway	経路のゲートウェイIPアドレスを指定します。
METRIC metric	経路のメトリック値*を1〜9999の範囲で指定します。
IF interface	経路が割り当てられるインターフェイスを指定します。

***経路のメトリック値**　メトリックは、経路を決定する場合の判断材料となる重み。

1 Server での キーワード
2 導入から 運用まで
3 Active Directory の基本
4 Active Directory での管理
5 ポリシーと セキュリティ
6 ファイル サーバー
7 仮想化と 仮想マシン
8 サーバーと クライアント
9 システムの メンテナンス
10 PowerShell での処理

routeでルーティングテーブルを管理する

routeコマンドは、ルーティングテーブルの内容表示と設定を行うコマンドです。**ルーティングテーブル**とは、ルーティング情報のテーブルです。

▼PowerShell

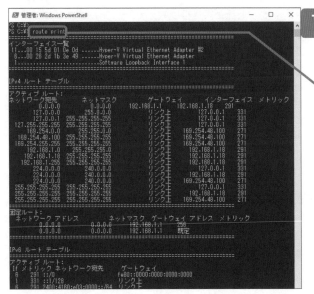

1 PowerShellやコマンドプロンプトを起動し、route printと入力し、[Enter]キーを押します。

「route print」と入力し、[Enter]キーを押す

Attention

ルーティングテーブルで、「ネットワーク宛先」が「127.0.0.0」のものは、ローカルループバックの経路を示しています。つまり、「127.0.0.0（ネットマスク255.0.0.0）」のアドレスのパケットは、ホスト以外へは出ません。

▼ルーティングテーブルの表示

```
C:¥>route print [Enter]————1
```

2 ルーティングテーブルが表示されました。

▼ルーティングテーブル

```
PS C:¥> route print
===========================================================================
インターフェイス一覧
 11...00 15 5d 01 0e 0d ......Hyper-V Virtual Ethernet Adapter #2
  6...00 26 2d 1b 3e 49 ......Hyper-V Virtual Ethernet Adapter
  1...........................Software Loopback Interface 1
===========================================================================

IPv4 ルート テーブル
===========================================================================
アクティブ ルート：
```

ネットワーク宛先	ネットマスク	ゲートウェイ	インターフェイス	メトリック
0.0.0.0	0.0.0.0	192.168.1.1	192.168.1.18	291
127.0.0.0	255.0.0.0	リンク上	127.0.0.1	331

```
       127.0.0.1   255.255.255.255       リンク上          127.0.0.1   331
 127.255.255.255   255.255.255.255       リンク上          127.0.0.1   331
     169.254.0.0       255.255.0.0       リンク上     169.254.48.100   271
  169.254.48.100   255.255.255.255       リンク上     169.254.48.100   271
 169.254.255.255   255.255.255.255       リンク上     169.254.48.100   271
     192.168.1.0     255.255.255.0       リンク上       192.168.1.18   291
    192.168.1.18   255.255.255.255       リンク上       192.168.1.18   291
   192.168.1.255   255.255.255.255       リンク上       192.168.1.18   291
       224.0.0.0         240.0.0.0       リンク上          127.0.0.1   331
       224.0.0.0         240.0.0.0       リンク上       192.168.1.18   291
       224.0.0.0         240.0.0.0       リンク上     169.254.48.100   271
 255.255.255.255   255.255.255.255       リンク上          127.0.0.1   331
 255.255.255.255   255.255.255.255       リンク上       192.168.1.18   291
 255.255.255.255   255.255.255.255       リンク上     169.254.48.100   271
===========================================================================
固定ルート:
 ネットワーク アドレス           ネットマスク   ゲートウェイ アドレス   メトリック
        0.0.0.0           0.0.0.0       192.168.1.1   256
        0.0.0.0           0.0.0.0       192.168.1.1   既定
===========================================================================

IPv6 ルート テーブル
===========================================================================
アクティブ ルート:
 If メトリック ネットワーク宛先          ゲートウェイ
  6    291 ::/0                      fe80::0000:0000:0000:0000
  1    331 ::1/128                   リンク上
  6    291 2400:4160:e03:0000::/64   リンク上
  6    291 2400:4160:e03:0000:a47e:a6e0:d79e:59ef/128
                                     リンク上
  6    291 fe80::/64                 リンク上
 11    271 fe80::/64                 リンク上
 11    271 fe80::90ac:0000:56a9:3064/128
                                     リンク上
  6    291 fe80::a47e:0000:d79e:59ef/128
                                     リンク上
  1    331 ff00::/8                  リンク上
  6    291 ff00::/8                  リンク上
 11    271 ff00::/8                  リンク上
===========================================================================
固定ルート:
 なし
```

1 Serverでの
キーワード

2 導入から
運用まで

3 Active Directory
の基本

4 Active Directory
での管理

5 ポリシーと
セキュリティ

6 ファイル
サーバー

7 仮想化と
仮想マシン

8 サーバーと
クライアント

9 システムの
メンテナンス

10 PowerShell
での管理

Section

8 5 コマンドでネットワークを 管理する

Level ★ ★ ★　　　Keyword : net netstat ポート

Windows Serverには、ネットワーク管理用のコマンドが用意されています。ネットワークのトラブルを解決するためのpingなど、いくつかのコマンドについては「8.4　ネットワークのトラブル箇所を特定する」で解説しました。ここでは、ネットワーク管理に利用できるその他のコマンドをいくつか紹介します。

ここが
ポイント！

ネット管理に利用できる主なコマンド

ネット管理に利用できるものには、次のようなコマンドがあります。

- net user
- net config
- net time
- netstat
- tasklist
- taskkill

　net userは、ユーザーアカウントを設定するコマンドです。net configは、サービス構成情報を表示します。

　net timeは、コンピューターの時刻の設定に使用できます。netstatでは、「サーバーでどのようなネットワークサービスが実行されているか」などの情報を知ることができます。tasklistで、動いているプロセスIDを確認できます。taskkillは、特定のプロセスを強制的に終了させることができます。

▼net userコマンド

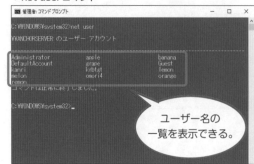

ユーザー名の
一覧を表示できる。

▼tasklistコマンド

tasklistコマンドで
プロセスIDを知る。

pingやtracertなどのコマンドのほかにも、ネットワークに関する作業を効率よく行うため、Windows Serverにはいくつかのコマンドが用意されています。

▼ネット管理用によく利用されるコマンド

コマンド	説明
net user	ネットユーザーに関する設定をします。
net config	ページ、ドキュメント、テーマ、共有枠の表示や追加、変更が可能です。

net user コマンド

net userコマンドのパラメーターとオプションの内容を以下に示します。パラメーターとオプションは大文字でも小文字でもかまいません（以下同様）。なお、net userのヘルプを表示するには、「net help user」と入力します。

▼net userの書式

```
net user [username {password | *} [options]] [/DOMAIN]
net user [username {password | *} /ADD [options] [/DOMAIN]]
net user [username [/DELETE] [/DOMAIN]]
```

▼net userのパラメーターとオプション

設定項目	説明
username	追加、削除、修正または表示するユーザーアカウント名を設定します。ユーザーアカウント名は、半角で2文字以上です。
password	ユーザーアカウントのパスワードを設定します。パスワードは半角で14文字以内です。
*	パスワードの入力を求めます。
/DOMAIN	このパラメーターを付けると、現在のドメインのドメインコントローラー上で処理を実行します。付けないと、ローカルコンピューター上で処理を実行します。
/ADD	ユーザーアカウントを追加します。
/DELETE	ユーザーアカウントを削除します。
/ACTIVE:{YES | NO}	アカウントを有効または無効にします。
/COMMENT:"テキスト"	アカウントに関する説明のコメントを指定します。
/COUNTRYCODE:nnn	ヘルプやエラーメッセージの言語ファイルに適用されるOSのカントリコードを指定します。「0」は、既定のカントリコードを表します。
/EXPIRES:{日付 | NEVER}	アカウントの有効期間を指定します。「NEVER」は、アカウントに有効期間を設定しません。日付の形式はmm/dd/yy(yy)です。
/FULLNAME:"名前"	ユーザーの氏名をフルネームで入力します。
/HOMEDIR:パス名	ユーザーのホームディレクトリのパスを指定します。
/PASSWORDCHG:{YES | NO}	ユーザーが自分のパスワードを変更できるかどうかを指定します。
/PASSWORDREQ:{YES | NO}	パスワードがなければならないかどうかを指定します。
/PROFILEPATH[:パス]	ユーザーのログオンプロファイルのパスを指定します。
/SCRIPTPATH:パス名	ユーザーのログオンスクリプトの場所を指定します。

（次ページに続く）

設定項目	説明
/COMMENT:"テキスト"	アカウントに関する説明のコメントを指定します。
/TIMES:{時間 | ALL}	ログオン時間を指定します。時間は、曜日[-曜日][,曜日[-曜日]],時刻[-時刻][,時刻[-時刻]]です。
/USERCOMMENT:"テキスト"	管理者がアカウントに対するユーザーのコメントを追加または変更できるようにします。

net userでユーザーアカウントを設定する

　　net userコマンドは、ネットワークユーザーに関していくつかの設定を行うことができるコマンドです。例えば、net userコマンドを使えば、多数のユーザーを一度に登録したり、ユーザーのログオンできる時間を設定したりできます。

　　ここでは、net userコマンドを使ってユーザーを登録してみます。一度に多くのユーザーを登録するには、「/add」パラメーターを付けたユーザー登録行を人数分だけ記述したテキストを用意し、バッチファイルにして実行します。

　　PowerShellやコマンドプロンプトは、管理者として起動してください。

▼PowerShell

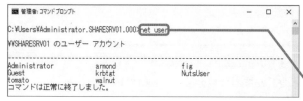

1　PowerShellかコマンドプロンプトを起動し、**net user**と入力して Enter キーを押します。登録されているユーザー名の一覧が表示されます。

> 「net user」と入力し、Enter キーを押す

▼ユーザーの表示

```
PS C:\> net user


\\SHARESRV01 のユーザー アカウント


-------------------------------------------------------------------------------
Administrator            armond                       fig

Guest                    krbtgt                       NutsUser

tomato                   walnut

コマンドは正常に終了しました。
```

▼コマンドプロンプト

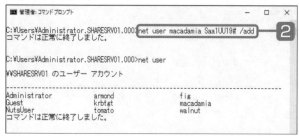

2　net userを使ってユーザーを追加するには、**/add**パラメーターを用います。「net user macadamia Sas1UU19# /add」と入力し、Enter キーを押します。

▼ユーザーを追加する

```
PS C:¥> net user macadamia sasIUU29# /add
コマンドは正常に終了しました。
```

3 ユーザーが登録されたかどうかを**net user**コマンドで確認します。

▼追加したユーザーの確認

```
PS C:¥> net user


¥¥SHARESRV01 のユーザー アカウント


-------------------------------------------------------------------------------
Administrator              armond                    fig
Guest                      krbtgt                    macadamia
NutsUser                   tomato                    walnut
コマンドは正常に終了しました。
```

net config

　net configコマンドに「server」または「workstation」を付けることで、それぞれのサービスの設定を表示したり、変更したりできます。

▼net configの書式

```
net config [SERVER | WORKSTATION]
net config SERVER [/AUTODISCONNECT:分]
                  [/SRVCOMMENT:"テキスト"] [/HIDDEN:{YES | NO}]
```

▼net configのパラメーター

パラメーター	説明
/AUTODISCONNECT:分	セッションを切断するまでのアクティブでない状態の最長時間を設定します。範囲は−1～65535分で、既定値は15分です。
/SRVCOMMENT:"テキスト"	Windowsの画面上やnet viewコマンドで表示されるコメントを設定します。コメントは48文字以内です。
/HIDDEN:{YES	NO}	サーバーのコンピューター名をサーバーの一覧に表示するかどうかを指定します。「YES」を指定すると、サーバー名が隠されます。

1 ライセンスとエディション

2 導入から運用まで

3 Active Directory の基本

4 Active Directory の管理

5 ポリシーとセキュリティ

6 ファイルサーバー

7 仮想化と仮想マシン

8 サーバーとクライアント

9 システムのメンテナンス

10 PowerShell での管理

net configでサーバーの構成情報を表示する

net configコマンドの後ろに「server」または「workstation」を記述して、それぞれのサーバー構成を表示させます。また、隠しサーバーを作る場合にも、このコマンドを使います。

▼PowerShell

1 PowerShellかコマンドプロンプトを起動し、**net config server**と入力して[Enter]キーを押します。

nepoint
サーバーの情報が表示されます。

▼PowerShell

2 次に、**net config workstation**と入力して[Enter]キーを押します。

nepoint
ワークステーションの情報が表示されます。

8.5 コマンドでネットワークを管理する

1 Server での
キーワード

2 導入から
運用まで

3 Active Directory
の基本

4 Active Directory
での管理

5 ポリシーと
セキュリティ

6 ファイル
サーバー

7 仮想化と
仮想マシン

8 サーバーと
クライアント

9 システムの
メンテナンス

10 PowerShell
での管理

8.5.2 net time

ネットワークに接続されているコンピューターのシステムタイムがまちまちでは、共同作業に支障をきたすことがあります。ファイルにはタイムスタンプが押されていて、その日時を見て、新しいか古いかを判断することがあるからです。ネットワーク上で時間を合わせるためには、**タイムサーバー**を設定する必要があります。

net timeコマンドを使うと、ドメインコントローラーの時計に同期させることができます。これで、ネットワーク上のコンピューターの時間が統一されることになります。

▼net timeの書式

```
net time [{¥¥computer | /DOMAIN[:domain] | /RTSDOMAIN[:domain]}] [/SET]
         [/QUERYSNTP [/SETSNTP:NTPサーバー一覧]
```

▼net timeのパラメーター

パラメーター	説明
¥¥computer	同期させたり、時刻を確認したりするコンピューター名を設定します。
/DOMAIN[:domain]	ドメイン名で指定したドメインのプライマリドメインコントローラーの時刻と同期するように設定します。
/RTSDOMAIN[:domain]	ドメイン名の信頼できるタイムサーバーと同期するように設定します。
/SET	設定したコンピューターまたはドメインの時刻に同期させます。
/QUERYSNTP	コンピューターのために構成されたNTPサーバーを表示します。
/SETSNTP[:NTPサーバー一覧]	NTPタイムサーバーを設定します。IPアドレスまたはDNS名をスペースで区切って一覧にします。

タイムサーバーと時刻を同期する

LAN上のあるコンピューターがNTPサーバーによって定期的に時刻を合わせているとします。同じLANに接続しているクライアントは、**net time**コマンドを使って、このコンピューターの時刻に同期させます。

▼PowerShell

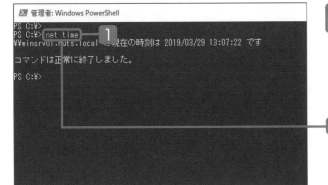

1 クライアントコンピューターで、Power Shellかコマンドプロンプトを起動し、「**net time**」と入力して[Enter]キーを押します。

▼コンピューターの時刻に同期する

```
PS C:¥> net time ─── 1
```

```
¥¥winsrv01.nuts.local の現在の時刻は 2019/03/29 13:07:22 です
```

```
コマンドは正常に終了しました。
```

▼PowerShell

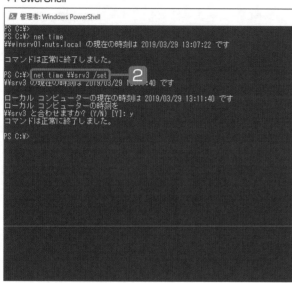

2 「net time ¥¥(LAN上のタイムサーバーのコンピューター名) /set」と入力し、Enter キーを押します。

3 指定したコンピューターの時刻に同期するかどうか尋ねてくるので、「y」を入力します。

```
PS C:¥> net time ¥¥srv3 /set ─── 2
```

```
¥¥srv3 の現在の時刻は 2019/03/29 13:11:40 です
```

```
ローカル コンピューターの現在の時刻は 2019/03/29 13:11:40 です
```

```
ローカル コンピューターの時刻を
```

```
¥¥srv3 と合わせますか? (Y/N) [Y]: y ─── 3
```

```
コマンドは正常に終了しました。
```

Memo｜グリッドコンピューティング

　多くの家庭では、パソコンの稼働率は決して多くはないでしょう。インターネットに接続された、このように"遊んでいる"コンピューターを活用する仕組みに、**グリッドコンピューティング**と呼ばれるものがあります。

　ある統計によると、パソコンは1日のうち90％以上の時間は稼働していません。その空き時間のパソコンの演算機能を使うと、スーパーコンピューターをも超える仕事ができるのです。もちろん、1台ではダメです。何万台ものパソコンをインターネットで接続し、膨大な計算の一部をそれぞれのパソコンに割り当てることで、スーパーコンピューターにも匹敵する能力を引き出すことができるのです。

1
Serverでの
キーワード

2
導入から
運用まで

3
Active Directory
の基本

4
Active Directory
での管理

5
ポリシーと
セキュリティ

6
ファイル
サーバー

7
仮想化と
仮想マシン

8
サーバーと
クライアント

9
システムの
メンテナンス

10
PowerShell
での管理

8.5.3　ポート

　Webサーバーとして利用される場合には80番の入り口を使い、FTPサーバーを利用するには21番の入り口を使う——というように、サービスによって識別される異なる値を**ポート番号**と呼んでいます。ポート番号は、TCPのものとUDPのものとは異なります。TCPの80番は一般にはWebに予約されています。1023番までの値は、Webのようによく使われるサービスで予約されています。1024〜49151番は、ほかのアプリケーションに割り当てられているポートですが、登録されているアプリケーション以外で使用しても大きな問題にはなりません。49152〜65535番のポートは自由に使用することができます。

　ポートは、アプリケーションごとに、有効／無効に設定できます。ポートを有効にすることを**ポートを開ける**といい、無効にすることを**閉める**と表現します。

　ポートが開いていると、アクセスを許可することになるため、あまり使わないアプリケーションのポートは、閉めておくほうがセキュリティを高めることができるのです。

■ netstatコマンド

　サーバー管理者としては、「不正なアクセスがないか？」、「不正に設置されたプログラムが動いていないか？」などを監視しなければなりません。TCPポートが不正に開かれていないかどうか、あるいはTCPポートやUDPポートが不注意により開いたままになっていないかどうか、netstatコマンドで確認します。

　netstatコマンドは、コネクション状況やルーティング情報など、どのようなネットワークが動いているのかを調査するためのコマンドです。

▼netstatの書式

```
netstat [-a] [-e] [-n] [-o] [-s] [-r]
```

▼netstatのパラメーター

パラメーター	説明
-a	コネクション状況が「LISTENING」のものを含むすべての接続の情報を表示します。
-e	Ethernet統計情報を表示します。
-n	アドレスとポート番号を表示します。
-o	プロセスIDを付けて表示します。
-s	特定のプロトコルに関する統計情報を表示します。
-r	ルーティングテーブルを表示します。

netstatでポートを使っているプログラムを見付ける

Onepoint netstatコマンドによって表示される結果を見ると、状態が**ESTABLISHED**と表示されている接続が確立しています。**TIME_WAIT**はクライアント接続の終了、**LISTENING**は接続待ち受け中を示しています。

▼PowerShell

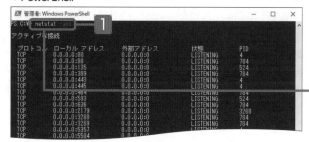

1 コマンドプロンプトを起動し、「netstat -ano」と入力して[Enter]キーを押します。

> netstat -ano

▼netstat

```
PS C:¥> netstat -ano ── 1
```

アクティブな接続

プロトコル	ローカル アドレス	外部アドレス	状態	PID
TCP	0.0.0.0:80	0.0.0.0:0	LISTENING	4
TCP	0.0.0.0:88	0.0.0.0:0	LISTENING	784
TCP	0.0.0.0:135	0.0.0.0:0	LISTENING	524
TCP	0.0.0.0:389	0.0.0.0:0	LISTENING	784
TCP	0.0.0.0:443	0.0.0.0:0	LISTENING	4
TCP	0.0.0.0:445	0.0.0.0:0	LISTENING	4
TCP	0.0.0.0:464	0.0.0.0:0	LISTENING	784
TCP	0.0.0.0:593	0.0.0.0:0	LISTENING	524
TCP	0.0.0.0:636	0.0.0.0:0	LISTENING	784
TCP	0.0.0.0:2179	0.0.0.0:0	LISTENING	3268
TCP	0.0.0.0:3268	0.0.0.0:0	LISTENING	784
TCP	0.0.0.0:3269	0.0.0.0:0	LISTENING	784
TCP	0.0.0.0:5357	0.0.0.0:0	LISTENING	4
TCP	0.0.0.0:5504	0.0.0.0:0	LISTENING	4888
TCP	0.0.0.0:5985	0.0.0.0:0	LISTENING	4
TCP	0.0.0.0:9389	0.0.0.0:0	LISTENING	1580
TCP	0.0.0.0:47001	0.0.0.0:0	LISTENING	4
TCP	0.0.0.0:49664	0.0.0.0:0	LISTENING	636
TCP	0.0.0.0:49665	0.0.0.0:0	LISTENING	1436
TCP	0.0.0.0:49667	0.0.0.0:0	LISTENING	784
TCP	0.0.0.0:49669	0.0.0.0:0	LISTENING	784

TCP	0.0.0.0:49670	0.0.0.0:0	LISTENING	784
TCP	0.0.0.0:49671	0.0.0.0:0	LISTENING	1280
TCP	0.0.0.0:49673	0.0.0.0:0	LISTENING	1632
TCP	0.0.0.0:49701	0.0.0.0:0	LISTENING	3212
TCP	0.0.0.0:60969	0.0.0.0:0	LISTENING	3368
TCP	0.0.0.0:60978	0.0.0.0:0	LISTENING	3384
TCP	0.0.0.0:60986	0.0.0.0:0	LISTENING	756
TCP	0.0.0.0:61520	0.0.0.0:0	LISTENING	3988
TCP	127.0.0.1:53	0.0.0.0:0	LISTENING	3212
TCP	127.0.0.1:62761	127.0.0.1:5357	TIME_WAIT	0
TCP	169.254.48.100:53	0.0.0.0:0	LISTENING	3212
TCP	169.254.48.100:139	0.0.0.0:0	LISTENING	4
TCP	192.168.1.18:53	0.0.0.0:0	LISTENING	3212
TCP	192.168.1.18:139	0.0.0.0:0	LISTENING	4
TCP	192.168.1.18:61481	40.90.190.179:443	ESTABLISHED	3336
TCP	192.168.1.18:62759	192.168.1.16:80	TIME_WAIT	0
TCP	192.168.1.18:62768	52.114.32.8:443	TIME_WAIT	0
TCP	[::]:80	[::]:0	LISTENING	4
TCP	[::]:88	[::]:0	LISTENING	784
TCP	[::]:135	[::]:0	LISTENING	524
TCP	[::]:389	[::]:0	LISTENING	784
TCP	[::]:443	[::]:0	LISTENING	4
TCP	[::]:445	[::]:0	LISTENING	4
TCP	[::]:464	[::]:0	LISTENING	784
TCP	[::]:593	[::]:0	LISTENING	524
TCP	[::]:636	[::]:0	LISTENING	784
TCP	[::]:2179	[::]:0	LISTENING	3268
TCP	[::]:3268	[::]:0	LISTENING	784
TCP	[::]:3269	[::]:0	LISTENING	784
TCP	[::]:5357	[::]:0	LISTENING	4
TCP	[::]:5504	[::]:0	LISTENING	4888
TCP	[::]:5985	[::]:0	LISTENING	4
TCP	[::]:9389	[::]:0	LISTENING	1580
TCP	[::]:47001	[::]:0	LISTENING	4

1 Server での
キーワード

2 導入から
運用まで

3 Active Directory
の基本

4 Active Directory
での管理

5 ポリシーと
セキュリティ

6 ファイル
サーバー

7 仮想化と
仮想マシン

8 サーバーと
クライアント

9 システムの
メンテナンス

10 PowerShell
での管理

tasklistでプロセスIDの中身を知る

netstatを使うと、動いているプロセスの**プロセスID**がわかります。そのプロセスIDがどのプログラムなのかを知るには、**tasklist**でプロセスIDの一覧を表示します。

▼PowerShell

1 PowerShellやコマンドプロンプトを起動し、「**tasklist**」と入力して Enter キーを押します。

▼タスクを知る

PS C:¥> tasklist ——— **1**

イメージ名	PID	セッション名	セッション#	メモリ使用量
System Idle Process	0	Services	0	8 K
System	4	Services	0	980 K
Secure System	56	Services	0	13,316 K
Registry	104	Services	0	35,492 K
smss.exe	424	Services	0	1,080 K
csrss.exe	532	Services	0	3,428 K
csrss.exe	612	Console	1	4,092 K
wininit.exe	636	Services	0	3,156 K
winlogon.exe	684	Console	1	5,920 K
services.exe	756	Services	0	12,140 K
LsaIso.exe	776	Services	0	1,908 K
lsass.exe	784	Services	0	66,988 K
svchost.exe	1016	Services	0	2,236 K
（途中省略）				
ServerManager.exe	3252	Console	1	51,692 K
mmc.exe	7124	Console	1	28,024 K
WmiPrvSE.exe	2056	Services	0	7,468 K
vmconnect.exe	3596	Console	1	9,412 K
vmwp.exe	5316	Services	0	34,860 K
WmiPrvSE.exe	5592	Services	0	24,616 K
wordpad.exe	1152	Console	1	19,620 K
svchost.exe	5804	Services	0	13,588 K
dllhost.exe	2892	Services	0	12,224 K
svchost.exe	6760	Services	0	11,236 K
tasklist.exe	7308	Console	1	7,852 K

8.5

コマンドでネットワークを管理する

432

taskkillで特定のタスクを終了させる

起動しているプログラムファイル名がわかったところで、特定のプログラムをコマンドを使って終了させるには、**taskkill**コマンドを使います。「/f」はプロセスを強制終了させます。「**/pid（プロセスID）**」でファイル名を指定します。「**/t**」で子プロセスも終了させます。

▼PowerShell

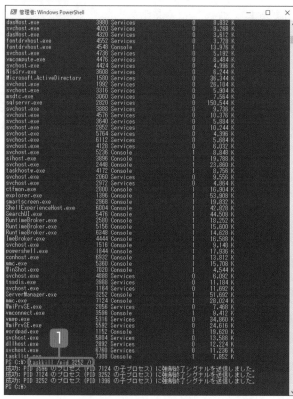

1 「taskkill /pid（プロセスID）/t」と入力し、Enter キーを押します。

nepoint

プロセスIDの代わりにプログラムファイル名を使用するときは、「/im（ファイル名）」とします。

▼taskKill

```
PS C:¥> taskkill /pid 4496 /t Enter
成功: PID 4496 のプロセス (PID 996 の子プロセス) を終了しました。
```

ポートを閉じる

netstatコマンドを使って開いているポートが見付かったら、不要なポートを閉めます。netstatを使って調べたポートのいくつかは、現在は開いていなかったり、Windowsのネットワークに利用されていたりと、簡単に閉じるわけにはいかないものもあります。高いセキュリティを持ったインターネットサーバーにするには、例えば、Web用の80と8080、FTP用の20、21を残して、不要なポートを閉じるようにします。

IISのアプリケーションのポートを閉じるには、IISマネージャーを使って、そのアプリケーションを停止させるか、削除してしまいます。

1
Serverでの
キーワード

2
導入から
運用まで

3
Active Directory
の基本

4
Active Directory
での管理

5
ポリシーと
セキュリティ

6
ファイル
サーバー

7
仮想化と
仮想マシン

8
サーバーと
クライアント

9
システムの
メンテナンス

10
PowerShell
での管理

索引
Index

Server Coreで
作業する

Level ★★★   **Keyword** Server Core コマンドプロンプト

Server Coreは、Windows Serverの新しいインストール形態です。GUIによる管理ツールを省き、コマンドプロンプトによる管理や制御をメインにしたサーバーを構築できます。サーバーの負担を軽減できるほか、セキュリティ面でも攻撃されにくくなります。

Server Coreで初期設定する

Server Coreをインストールしたサーバーを初期設定するには、次のような手順で作業します。

1 Server Coreインストールを行う

2 Administratorのパスワードを設定する

3 IPアドレスを設定する

4 DNSサーバーを設定する

5 ああああああああああああ

6 役割をインストールする

▼Server Coreデスクトップ

Server Coreウィンドウ

Server Coreデスクトップ

Windows Serverをコンピューターにインストールするときのインストールの種類の1つに、**Server Coreインストール**があります。Windows ServerからServer Coreにダウングレードしたり、Server CoreをWindows Serverにアップグレードしたりすることはできません。

Server Coreをインストールするのに必要なハードウェア要件はWindows Serverほど高くはなく、DNSサーバー、RODCサーバーなどの特別な用途のサーバーを構築する場合に適します。

インストール後の最初のログオン時に管理者ユーザーアカウントの作成を行います。Server Coreにログオンすると、タスクバーもないシンプルなデスクトップにコマンドプロンプトウィンドウが1つだけ開きます。

静的IPアドレスの設定やDNSサーバーの設定、ドメインへの参加なども、コマンドで行います。

役割や機能のインストールやアンインストールに、サーバーマネージャーは使用できません。すべての操作は、コマンドを入力して行います。

1 Serverでの
キーワード

2 導入から
準備まで

3 Active Directory
の基本

4 Active Directory
での管理

5 ポリシーと
セキュリティ

6 ファイル
サーバー

7 仮想化と
仮想マシン

8 サーバーと
クライアント

9 システムの
メンテナンス

10 PowerShell
での管理

8.6.1 Server Coreのインストール

Server Coreは、Windows Serverのインストールオプションの1つです。したがって、Server Coreのインストールは、Windows Serverのインストール過程とほぼ同じです。

Server Coreをインストールする

Server Coreをフルインストールするには、ハードディスクの初期化から行う必要があります。仮想マシンにする方法もありますが、基本的にはインストール作業において、Windows Serverのフルインストールか、それともServer Coreかを選択してインストールします。

▼Windowsのインストール

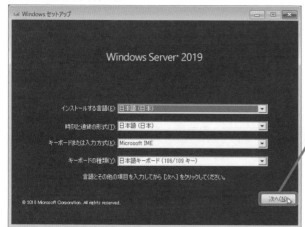

1 コンピューターを再起動して、Windows ServerのインストールDVDから起動します。インストール言語やキーボードの種類などを設定して、**次へ**ボタンをクリックします。

設定して、[次へ]ボタンをクリックする

▼今すぐインストール

2 **今すぐインストール**をクリックします。

3 エディションの選択で、**Windows Server 20xx Standard Evaluation**を選択して、**次へ**ボタンをクリックします。

4 ライセンス条項に目を通して**同意します**にチェックを付け、**次へ**ボタンをクリックします。

▼**エディションの選択**

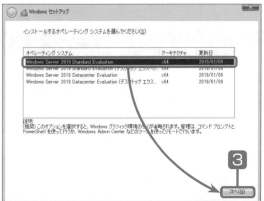

▼**ライセンス条項**

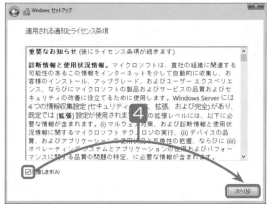

5 **カスタム**をクリックします。

6 インストールするボリュームを選択して、**次へ**ボタンをクリックします。

▼**インストールの種類**

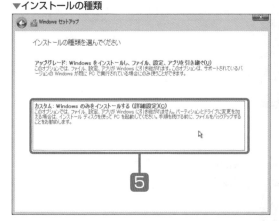

▼**インストールの場所**

7 インストールが開始します。

▼**インストール中**

Memo

インストール完了後の初回起動時のログオンでは、ユーザー名に「Administrator」と入力し、パスワードは空白のままにします。パスワードの有効期限が切れている旨のメッセージが表示されたら、適切な新しいパスワードを決めて入力します(手順**8**)。

8.6

Server Coreで作業する

8 Adinistrator用のパスワードを2回入力します。

9 インストールが終了し、Administratorのパスワード設定が完了すると、Server Core用のデスクトップとServer Coreウィンドウが表示されます。

▼インストールの場所

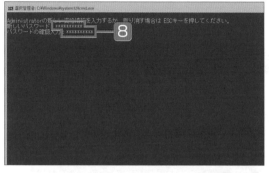

▼Server Core

「OK」と表示されたら、Enterキーを押す

Onepoint

1回目のパスワードを入力したあとは、Enterキーで2回目の入力に移動します。

▼Server Core

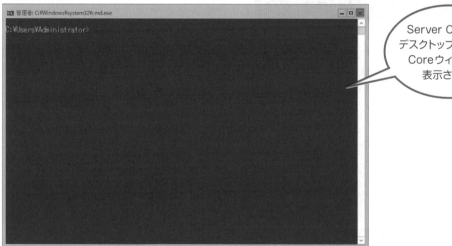

Server Core用のデスクトップとServer Coreウィンドウが表示される。

1 Serverでの
キーワード

2 導入から
運用まで

3 Active Directory
の基本

4 Active Directory
での管理

5 ポリシーと
セキュリティ

6 ファイル
サーバー

7 仮想化と
仮想マシン

8 サーバーと
クライアント

9 システムの
メンテナンス

10 PowerShell
での管理

Server CoreとしてインストールされたWindows Serverでは、役割や機能のインストールもコマンドで行います。

なお、Server Coreがサポートしている役割や機能については、「1.4 Server Core」を参照してください。

静的IPアドレスを設定する

DHCPサーバーによってIPアドレスが割り振られているかもしれませんが、DNSサーバーなどの役割をインストールするには、前もって静的IPアドレスを設定しておきます。

▼静的IPアドレスの設定

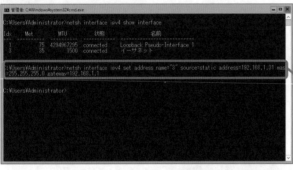

静的IPを設定する

1 コマンドプロンプトで、次のコマンドを実行し、ネットワークアダプターのIDを確認しておきます。

```
netsh interface ipv4 show interface
```

```
netsh interface ipv4 set address name="<ID>"
   source=static address=<静的IPアドレス>
   mask=<サブネットマスク>
   gateway=<デフォルトゲートウェイのIPアドレス>
```

2 左に示すコマンドを実行して、ネットワークアダプターに静的IPアドレスを割り当てます。

```
netsh interface ipv4 add dnsserver
   name="<ID>" address=<DNSサーバーのIPアドレス>
   index=1
```

3 左に示すコマンドを実行して、DNSサーバーを設定します。

▼DNSサーバーの設定

DNSサーバーを設定する

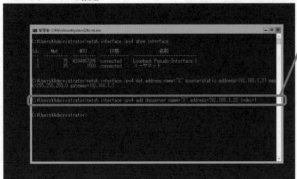

nepoint

DNSサーバーが複数ある場合は、手順3のコマンドを繰り返し実行します。そのとき、「index」の値は1つずつ増やします。

1
Serverでの
キーワード

2
導入から
運用まで

3
ActiveDirectory
の基本

4
ActiveDirectory
での管理

5
ポリシーと
セキュリティ

6
ファイル
サーバー

7
仮想化と
仮想マシン

8
サーバーと
クライアント

9
システムの
メンテナンス

10
PowerShell
での管理

Memo | Windows ADK

Windows ADK（Assessment and Deployment Kit）は、Windowsの大規模なインストールやカスタマイズ、自動化をするためのインストールキットです。Microsoftのダウンロードセンターから無料で入手できます。

Windows ADKには、**ACT**（Application Compatibility Tool kit）が含まれています。このACTは、現在のクライアントにインストールされているアプリケーションやハードウェアについて、インストールしようとするWindowsとの互換性がどの程度あるかを検証します。

▼ダウンロードセンター

クリックするとダウンロードできる

Tips | Sconfig

Server Coreでは、サーバーマネージャーのようなGUIの管理コンソールが利用できません。その代わりとして「**Sconfig**」があります。

コマンドプロンプトから「Sconfig」を実行すると、「サーバー構成」が起動します。設定項目の番号を入力して[Enter]キーを押すと、設定するためのダイアログボックスが開きます（コマンドプロンプト内で設定変更が可能なものもある）。

▼サーバー構成

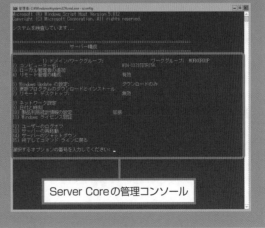

Server Coreの管理コンソール

Hint **｜ PowerShellでIPアドレスを設定する**

Server Coreにサインインしたとき、最初に表示されるのは**コマンドプロンプト**です。Server Coreのデフォルトの設定では、コマンドプロンプトを使って、サーバーの設定や管理を行うようになっているわけです。

ところで、コマンドプロンプトではなく、**PowerShell** を使うという選択肢もあります。

PowerShellでは、コマンドレットで管理タスクを実行します。Server Coreのコマンドプロンプトで

「powershell」 と入力して Enter キーを押すと、PowerShellが起動します。

PowerShellのプロンプトで、「Get-NetIPInterface」と入力して Enter キーを押します。すると、ネットワークアダプターについての情報が一覧表示されます。静的IPアドレスの設定には、「ifIndex」の値が必要になります。ここでは、「イーサネット IPv4」の値（3）をメモします。

▽PowerShell（Server Core）

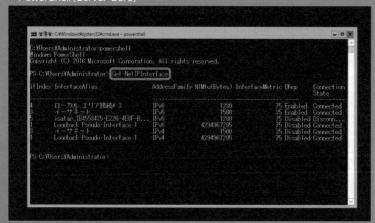

静的IPアドレスを設定するには、次のようなNew-NetIPAddressコマンドレットを実行します。

```
PS > New-NetIPAddress -InterfaceIndex <ifIndexの値> -IPAddress -<静的IPアドレス>
                -PrefixLength <プレフィックス長：サブネットマスクの長さ>
                -DefaultGateway <ゲートウェイのIPアドレス>
```

さらに、DNSサーバーにコンピューターを登録するには、次のようにSet-DNSClientServerAddressコマンドレットを実行します。

```
PS > Set-DNSClientServerAddress -InterfaceIndex <ifIndexの値>
                        -ServerAddress -<静的IPアドレス>
```

Server Coreコンピューターをドメインに参加させる

IPアドレスやDNSサーバーの設定が終了したら、Server Coreコンピューターはドメインに参加できます。なお、設定にはコンピューター名（ホスト名）が必要なので、ドメインへの参加に先立ってコンピューター名を調べます。

▼コマンドプロンプト

コンピューター名を確認する

1 コマンドプロンプトで、次のコマンドを実行し、コンピューター名を確認しておきます。

```
hostname
```

2 次のコマンドを実行して、ドメインに参加させます。

 書式

```
netdom join <コンピューター名> /domain:<ドメイン名> /userd:<ユーザー名>
            /passwordd:<パスワード>
```

Onepoint
入力したパスワードは見える状態で表示されます。

Onepoint
コンピューターを再起動するには、次のコマンドを実行します。

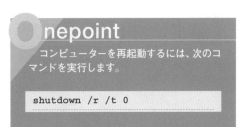

```
shutdown /r /t 0
```

1 Serverでの
キーワード

2 導入から
運用まで

3 Active Directory
の基本

4 Active Directory
での設定

5 ポリシーと
セキュリティ

6 ファイル
サーバー

7 仮想化と
仮想マシン

8 サーバーと
クライアント

9 システムの
メンテナンス

10 PowerShell
での管理

Server Coreの初期設定コマンド

Server Coreの初期設定に関係するいくつかのコマンドは、次のように実行します。

● ドメインユーザーアカウントをローカルのAdministratorsグループに追加する

```
net localgroup administrators /add <ドメイン名>¥<ユーザー名>
```

● サーバー名を変更する

```
netdom renamecomputer <現在のコンピューター名> /NewName:<新しいコンピューター名>
```

● ライセンス認証を行う

```
slmgr.vbs -ato
```

● Windows Updateの設定（自動更新を有効にする）

```
cscript %windir%¥system32¥SCRegEdit.wsf /AU 4
```

● デバイスドライバーの一覧表示

```
sc query type= driver | more
```

● デバイスドライバーのインストール

```
pnputil -i -a <ドライバーパッケージファイル（パス付）>
```

Server Coreに役割や機能をインストールする

Server Coreでは、サーバーの役割や機能をインストールするのにサーバーマネージャーは使えません。PowerShellに切り替えて、**Install-WindowsFeature**コマンドレットを使います。

▼PowerShell

1 コマンドプロンプトで「powershell [Enter]」を実行してPowerShellに切り替わったら、次のようにコマンドレットを入力して、Server Coreにインストール可能な役割や機能の一覧を表示します。

```
Get-WindowsFeature
```

▼PowerShell

2 役割や機能をインストールするには、Install-WindowsFeatureコマンドレットを使い、そのパラメーターに先の操作で一覧表示された「Name」の値を使って実行します。

```
Install-WindowsFeature
    ServerEssentialsRole
```

Server Coreコンピューターをシャットダウンする

Server Coreには**スタート**メニューがないので、シャットダウンや再起動が必要になったときに戸惑うかもしれません。システム制御ももちろん、コマンドで行うことができます。

▼shutdown

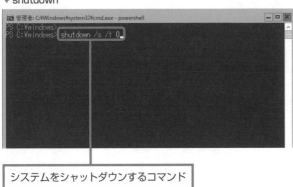

システムをシャットダウンするコマンド

1 システムをシャットダウンするには、PowerShellやコマンドプロンプトで、次のコマンドを入力します。

```
shutdown /s /t 0
```

nepoint

このshutdownコマンドの引数の意味は、「待ち時間なしにすぐにシャットダウンを実行せよ」です。

1 Serverでの
キーワード

2 導入から
運用まで

3 Active Directory
の基本

4 Active Directory
での管理

5 ポリシーと
セキュリティ

6 ファイル
サーバー

7 仮想化と
仮想マシン

8 サーバーと
クライアント

9 システムの
メンテナンス

10 PowerShell
での管理

▼ shutdownコマンドのオプション

引数	説明
/s	シャットダウンします。
/r	再起動します。
/t	シャットダウンや再起動などのコマンドによる待ち時間を設定します（デフォルトは30秒）。
/l	ログオフします。
/h	休止状態にします。
/i	GUIによるダイアログが表示されます。
/f	警告なしに実行中のアプリケーションを強制終了します。

Tips | Server Coreのウィンドウを閉じてしまったら

　Server Coreのデスクトップは、非常にシンプルです。タスクバーやスタートボタンもありません。あるのは、コマンドプロンプトウィンドウだけです。

　そのウィンドウを間違って閉じてしまったら、どうすればよいのでしょうか。いったんログオフして、再ログオンする方法もありますが（通常のWindowsと同様に Ctrl + Alt + Delete キーから操作します）、次のように操作しても、コマンドプロンプトが開きます。

▼ Windowsのタスクマネージャー

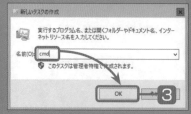

1　Ctrl + Shift + Esc キーを押します。

2　タスクマネージャーが起動したら、**ファイルメ ニューから新しいタスクの実行**を選択します。

Onepoint

Ctrl + Alt + Delete キーで表示される画面を使って、シャットダウン、ログオフを行うこともできます。

▼ 新しいタスクの作成

3　「cmd」と入力して、**OK**ボタンをクリックします。

1
Server での
キーワード

2
導入から
準備まで

3
Active Directory
の基礎

4
Active Directory
での運用

5
ポリシーと
セキュリティ

6
ファイル
サーバー

7
仮想化と
仮想マシン

8
サーバーと
クライアント

9
システムの
メンテナンス

10
PowerShell
での管理

8.6.3　Server Coreのリモート操作

Onepoint

Server Coreによる制御や管理をリモート操作によって行うには、Server Coreにリモートデスクトップ接続する方法のほかにも、RemoteAppを使用してcmd.exeを発行する方法があります。ここでは前者の方法のみ説明しています。ターミナルサービスについては「8.2　リモートデスクトップサービスで管理する」を参照してください。

Server Coreにリモートデスクトップ接続する

Onepoint

クライアントコンピューターから Server Core をリモート操作する比較的簡単な方法は、**リモートデスクトップ**です。通常の Windows Server にリモートデスクトップ接続する手順と、基本的には同じです。まず、Server Core でリモートデスクトップを有効にし、クライアントからコンピューター名または IP アドレスを指定して接続します。

▼Server Core

1 Server Coreで次のコマンドを実行して、リモートデスクトップを有効にします。

```
cscript %windir%¥system32¥SCRegEdit.wsf /ar 0
```

2 クライアントからリモートデスクトップ接続します。

3 Server Coreにリモートデスクトップ接続されました。

Attention

ドメインユーザーアカウントあるいはローカルユーザーアカウントの認証が必要になる場合もあります。

Onepoint

「/ar 1」はリモートデスクトップ接続を無効にするオプションです。

Q&A

質問と回答

Chapter 8

question

Azure と Windows Server の
関係は？

answer

重なる機能が多くあります

Azure（アジュール）は、Microsoftが提供するビジネス用クラウドです。

Azureでは、仮想マシン、仮想ネットワーク、ストレージサービス、Web、データベース、データ分析、IoTなどのソリューションが提供されます。

AzureをWindows Serverと比較すると、仮想マシンやストレージサービス、Webなど、いくつかの機能が重なっているのがわかります。

▼Azure（リソースとして仮想マシンを作成する）

question

「オンプレミス」「SAML」とは
何ですか

answer

Active Directory と Azure に
関係した用語です

Active Directoryドメインサービスは、企業内のWindowsプラットフォームのネットワーク（**オンプレミス**）に、シングルサインオンを提供してくれます。Windows 2000 Serverから二十数年、今ではWindows Serverのメイン機能ともいえるものになりました。Windows 11/10などのWindowsファミリーにはもちろん、MacOSやAndroidなどにもディレクトリサービスを提供しています。

このようなオンプレミスのディレクトリサービスに対して、クラウドを使ったID管理システムはオフプレミスなシステムと呼ばれることがあります。これがAzure Active Directoryです。

Active Directoryがシングルサインオンを提供するときには、KerberosやLDAPという特別なプロトコルを使ってIDの認証を行っています。

近年は、オンプレミスな環境からでもクラウドを利用する機会が増えました。オンプレミスとクラウドのハイブリッドサーバーを標榜しているWindows Server 2022/2019では、Active Directoryとクラウドをシームレスに接続できます。それを実現しているのが、**SAML**（Security Assertion Markup Language）なのです。

SAMLでは、ユーザーのIDを管理するだけでなく、ユーザーに関する情報や属性などをXML形式で記述してやり取りします。これをアサーションといいます。SAMLは、アサーションによってシングルサインオンを実現しています。

▼SAMLの仕組み

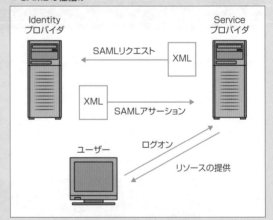

1 Server での
キーワード

2 導入から
運用まで

3 Active Directory
の基本

4 Active Directory
での管理

5 ポリシーと
セキュリティ

6 ファイル
サーバー

7 仮想化と
仮想マシン

8 サーバーと
クライアント

9 システムの
メンテナンス

10 PowerShell
での管理

Perfect Master Series
Windows Server 2022

Chapter 9

システムのメンテナンス

　Windows Serverは、Active Directoryドメインサービスや IISなどの高度なネットワーク
サービスが付属していますが、基本的にはWindowsと同じようにコンピューターの基本ソフト、
つまりOSです。そのため、クライアントであるコンピューターにサービスを提供するサーバーで
あっても、適切なメンテナンスが必要になります。

　Chapter 9では、各種デバイスの管理やシステムのメンテナンスについて解説します。
Windows ServerもWindowsファミリーの一員なので、これまでWindows 11/10などクライ
アント向け、デスクトップ版のWindowsを使い続けてきたユーザーにとって目新しい機能はない
かもしれませんが、OS管理、サーバー管理の基本として参考にしてください。

サーバーをバックアップする

システム管理の基本は**バックアップ**です。調子よく動いているときのデータをバックアップしておくと、何かのトラブルが発生した場合には、最後の復元手段になります。Windows Serverには、ファイルやデータをバックアップするツールとして**バックアップ**ツールが付属しています。バックアップは、ウィザード形式で起動することもできます。

ここがポイント！

サーバーを定期的にバックアップする

サーバーの内容を定期的にバックアップするには、次のように操作します。

1 Windows Server バックアップをインストールする

2 バックアップ用のユーザーアカウントを準備する

3 Windows Server バックアップを起動する

4 バックアップ用ディスクを準備する

5 バックアップスケジュールを設定する

6 バックアップ（1回限り）を実行する

Windows Server バックアップは、サーバーのシステムやデータをバックアップするためのツールです。小中規模のネットワークシステム、WebサーバーやWindows Exchangeサーバーなどのバックアップに利用することができます。

Windows Serverバックアップを使用した最も効果的なバックアップは、外付けHDを数個用意し、順番を定めてバックアップに使用することです。

Windows Serverバックアップのスケジュール設定では、1日1回または複数回のバックアップの時刻を30分刻みで指定できます。バックアップするボリュームでは、システムのあるボリュームを除外することはできません。

スケジュールを設定したら、最初の1回目はすぐに手動で行うのがよいでしょう。スケジュールが設定されていれば、手動でのバックアップは同じ設定で簡単に実行できます。

▼バックアップ

サーバーのバックアップオプションはウィザードによって設定する

1
Server での
キーワード

2
ぬ入から
運用まで

3
Active Directory
の基礎

4
Active Directory
での管理

5
ポリシーと
セキュリティ

6
ファイル
サーバー

7
仮想化と
仮想マシン

8
サーバーと
クライアント

9
システムの
メンテナンス

10
PowerShell
での管理

9.1.1　Windows Serverバックアップの設定

Windows Serverバックアップは、機能の追加によってインストールされます。機能に追加されていない間は、Windows Serverバックアップコンソールが開いたとしても、使用することはできません。

なお、Windows ServerバックアップをServer Coreで実行する際には、Windows Serverバックアップコンソールは利用できません。Server Coreがインストールされたコンピューターをバックアップするには、コマンドラインを使用するか、リモートによって別のコンピューターから実行します。

Windows Serverバックアップを追加する

Windows Serverバックアップでは、Windowsシステムのほか、ボリューム、ファイル、アプリケーションデータのバックアップを行うことができます。バックアップ先には、ハードディスク、DVD、リムーバブルメディア、ネットワーク上の共有フォルダーを指定できます。

▼役割と機能の追加

1 サーバーマネージャーを開き、機能の追加操作によって開く**役割と機能の追加ウィザード**の**機能の選択**ページで、**Windows Serverバックアップ**を選択します。

nepoint

機能オプションの**コマンドラインツール**をインストールすると、PowerShellで使用可能なバックアップのコマンドレットがインストールされます。

バックアップ用のユーザーアカウントを準備する

システムをバックアップする場合には、バックアップ専用のユーザーアカウントで作業をするようにします。このため、通常は**Backup Operators**グループのメンバーとなるローカルユーザーアカウントを新たに作成し、そのアカウントを使って再ログオンしてバックアップ作業を行います。

なお、バックアップ作業は、**Backup Operators**グループのほかに**Administrators**グループでも行えます。

Backup Operatorsグループに所属するユーザーアカウントの作成では、**Active Directory ユーザーとコンピューター**または**コンピューターの管理**を使い、新規にユーザーアカウントを作成し、それをビルトイングループの**Backup Operators**グループに所属させる作業を行います。

▼ Active Directory ユーザーとコンピューター

> 1
>
> Active Directory ユーザーとコンピューターで、バックアップ作業用のユーザーアカウントを**Backup Operators**グループのメンバーに登録します。

Attention

Administratorsを使って作業をする場合は、Backup Operatorsの準備は不要です。

サービスを停止する

Backup Operatorsユーザーアカウントでログオンし直します。起動していたプログラムは終了しておきます。

ログオンしたら、**サービス**コンソールを使って、動いているサービスをできる限り停止させます。

▼サービス

> 1
>
> **サービス**コンソールの**サービス**ページで任意のサービスを選択し、**サービスの停止**を選択します。

Attention

ショートカットメニューに停止が表示されないものは、停止できません。また、removal Strageは停止させられません。

1
Server での
キーワード
2
導入から
運用まで
3
Active Directory
の基本
4
Active Directory
での管理
5
ポリシーと
セキュリティ
6
ファイル
サーバー
7
仮想化と
仮想マシン
8
サーバーと
クライアント
9
システムの
メンテナンス
10
PowerShell
での管理

システムのバックアップ（1回限り）を行う

Windows Server バックアップでは、サーバー全体をバックアップしなくても、任意のボリュームだけを選択してバックアップできます。ここでは、サーバー全体を手動でバックアップしますが、通常はバックアップスケジュールを設定してから（「9.1.2　バックアップスケジュール」参照）、最初の1回目を手動で行います。このようにすると、スケジュール設定での設定のまま、手動でのバックアップを行うことができます。

なお、バックアップファイルの保存先のボリュームは、「システムボリュームとは異なる、ローカルに接続された空のボリューム」または「ネットワーク共有フォルダー」でなければなりません。ここでは、ローカルコンピューターに接続されているボリュームにバックアップします。

▼ Windows Server バックアップ

1 Windows Server バックアップを起動し、操作ペインの**単発バックアップ**をクリックします。

Memo

Windows Server バックアップのショートカットは、**スタートメニューの管理ツールフォルダー**にあります。

Hint

Windows Server バックアップコンソールの起動は、ディスクのプロパティの**ツールタブ**からも実行できます（「9.4　ディスクをメンテナンスする」参照）。

2 **単発バックアップウィザード**が開きます。**次へ**ボタンをクリックします。

3 今回は初めてのバックアップなので、**別のオプション**しか選択できません。**次へ**ボタンをクリックします。

▼ 単発バックアップウィザード

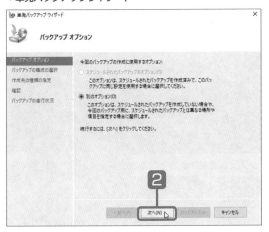

Memo｜システム情報

システム情報では、システムについての様々な情報を一括して知ることができます。システム情報を開くには、次のように操作します。

1 スタートボタンを右クリックして、**ファイル名を指定して実行**を選択します。

2 ファイル名を指定して実行ウィンドウが開いたら、名前欄に「msconfig」を入力して**OK**ボタンをクリックします。

▼システム情報

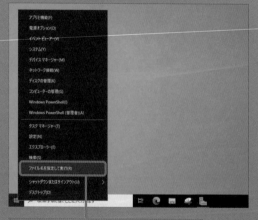

[ファイル名を指定して実行] を選択する

▼ファイル名を指定して実行

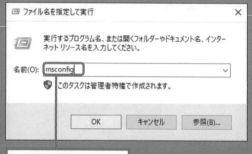

「msconfig」と入力する

▼システム情報

システム情報が表示される

3 システム構成ウィンドウが開いたら、**ツール**タブに切り替えて、**システム情報**を選択し、起動ボタンをクリックします。

4 システム情報ウィンドウが開きます。

1 Serverでの
キーワード

2 導入から
運用まで

3 Active Directory
の基本

4 Active Directory
での管理

5 ポリシーと
セキュリティ

6 ファイル
サーバー

7 仮想化と
仮想マシン

8 サーバーと
クライアント

9 システムの
メンテナンス

10 PowerShell
での管理

4 サーバー全体をバックアップするか、選択した
ボリュームだけにするかを指定し、**次へ**ボタン
をクリックします。

▼バックアップの構成の選択

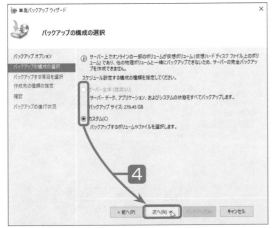

nepoint
ここでは、**カスタム**を選択しています。

5 バックアップする項目を選択し（必要があれば
項目の追加ボタンで項目を追加）、**次へ**ボタン
をクリックします。

▼バックアップする項目を選択

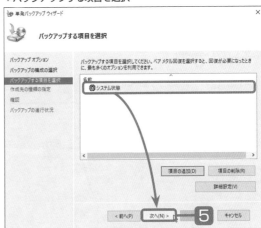

6 バックアップ用のボリュームの場所を指定し
て、**次へ**ボタンをクリックします。

▼作業先の種類の指定

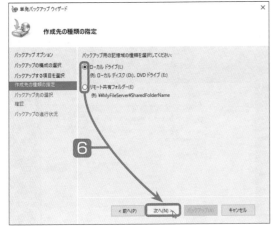

nepoint
ここでは、ローカルコンピューターに接続されて
いる、十分な容量のある空のボリュームを指定しま
す。ネットワーク上の共有フォルダーを指定する場
合については、後述の「ネットワーク上の共有フォ
ルダーにバックアップする場合」を参照してくださ
い。

Attention
外付けHDの場合には、ディスク全体が再フォー
マットされて、保存されているファイルがすべて消
されます。また、フォーマット後には、エクスプロー
ラー（コンピューターフォルダー）から、このディス
クは見えなくなります。

nepoint
リモート共有フォルダーをバックアップ用に指定
する場合は、場所を「¥¥（コンピューター）¥（共有
フォルダー名）」として設定します。

7 ローカルコンピューターに接続されていて空き
容量が十分なボリュームを選択し、**次へ**ボタン
をクリックします。

8 バックアップの内容を確認して、**バックアップ**
ボタンをクリックします。

▼バックアップ先の選択

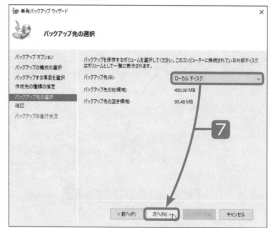

▼確認

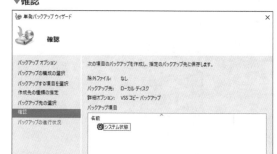

9 バックアップが開始されました。

▼進行状況

バックアップが
開始された。

nepoint
バックアップ作業はバックグラウンドで行われる
ので、このウィンドウは閉じることができます。

nepoint
バックアップの進行情報はローカルバックアップ
ペインで確認できます。

9.1

サーバーをバックアップする

1
Serverでの
キーワード

2
導入から
運用まで

3
Active Directory
の基本

4
Active Directory
での管理

5
ポリシーと
セキュリティ

6
ファイル
サーバー

7
仮想化と
仮想マシン

8
サーバーと
クライアント

9
システムの
メンテナンス

10
PowerShell
での管理

ネットワーク上の共有フォルダーにバックアップする場合

Windows Serverバックアップを使って、ネットワーク共有しているボリュームに手動でバックアップする手順は、ローカルコンピューターに接続されているボリュームへのバックアップと同じように、**単発バックアップウィザード**によって設定できます。

進行するページで異なるのは、保存先の指定ページだけです。**作成先の種類の指定**ページで**ローカルドライブ**を指定した場合は、次の**バックアップ先の選択**ページでローカルコンピューターに接続されているボリュームからバックアップ先を指定しました（先ほどの「システムのバックアップ（1回限り）を行う」参照）。**リモート共有フォルダー**を指定した場合には、**リモートフォルダーの指定**ページが表示されるので、共有フォルダーの場所を**UNC**形式で指定します。

なお、リモートフォルダーにバックアップを行う場合は、**ボリュームシャドウコピーサービス**（**VSS**）のスナップショットは作成されず、完全バックアップが上書きされます。また、スケジューラーによる自動バックアップもできません。

▼リモートフォルダーの指定

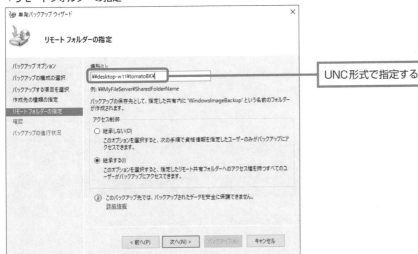

UNC形式で指定する

Hint | Windows拡張オプションメニュー

システムが不安定化する原因は様々で、特別に何らかの対策をしなくても、再起動するだけで安定化することもあります。多くのトラブルは、新規にハードウェアを接続したり、ソフトをインストールしたりしたときに発生します。管理者が新規インストールの管理を行っていれば、どのソフトやハードウェアを追加したために不安定になったかを特定することは、比較的容易です。しかし、原因が推定できてもWindows Serverが安定して起動しなければ、どうしようもありません。そこで、なんとかシステムを起動します。

「コンピューターを起動したとき、何もしなければ自動的にWindows Serverのログオン画面が表示される」という構成にしてあるコンピューターがほとんどです。なんとかシステムを起動させるには、このログオン画面が表示されてしまうまでの間に、特定のキー操作を行います。

BIOSによるチェックが終了した時点で、F8 キーを押します。複数のOSがインストールされている場合は、オペレーティングシステムの選択画面で押すことができます。この操作によって、**Windows拡張オプションメニュー**が起動します。

▽ Windows拡張オプションメニュー

Windows 拡張オプションメニュー

オプションを選択してください：

セーフ モード

セーフ モードとネットワーク

セーフ モードとコマンド プロンプト

ブートのログ作成を有効にする

VGAモードを有効にする

前回正常起動時の構成（正しく動作した最新の設定）

ディレクトリ サービス復元モード（Windows ドメインコントローラーのみ）

デバッグモード

システム障害時の自動的な再起動を無効にする

ドライバー署名の強制を無効にする

起動時マルウェア対策ドライバーを無効にする

Windowsを通常起動する

▽ Windows拡張オプションメニューのメニュー項目

オプション	説明
セーフモード	最低限のデバイスドライバーでシステムを起動します。
セーフモードとネットワーク	セーフモードの構成にネットワークコンポーネントを追加して起動します。
セーフモードとコマンドプロンプト	セーフモードの構成をした上にコマンドプロンプトを起動します。
ブートのログを有効にする	起動時に読み込みを行ったドライバーとサービスを記録します。ログの保存先は、「%systemroot%Intbtlog.txt」です。
低解像度ビデオを有効にする	ビデオドライバーに問題がある場合に、最低限のビデオ機能で起動します。
前回正常起動時の構成（詳細）	前回正常に起動したときの情報を参考にしてシステムを起動します。
ディレクトリサービス復元モード	「SYSVOL」フォルダーとアクティブディレクトリを復元します。
デバッグモード	システム起動の情報を、シリアルケーブルを使って別のパソコンに送信します。
システム障害時の自動的な再起動を無効にする	クラッシュしたとき自動的に再起動しないようにします。
ドライバー署名の強制を無効にする	ドライバー署名が不適切であっても読み込みます。
起動時マルウェア対策ドライバーを無効にする	マルウェア対策ドライバーの初期化を許可します。
Windowsを通常起動する	特定のオプションを選ばずにシステムを起動します。

1
Server での
キーワード

2
導入から
運用まで

3
Active Directory
の基本

4
Active Directory
での開発

5
ポリシーと
セキュリティ

6
ファイル
サーバー

7
仮想化と
仮想マシン

8
サーバーと
クライアント

9
システムの
メンテナンス

10
PowerShell
での管理

9.1.2　バックアップスケジュール

通常は、バックアップスケジュールを設定して、自動的にバックアップ作業を実行させます。頻繁にバックアップが必要な場合には、外付けHDを取り換えながら、ハードウェアトラブルにも備えます。なお、HDの容量は、少なくともバックアップする容量の2.5倍程度は必要です。

バックアップをスケジュールする

スケジュールバックアップの設定にはウィザードを用います。設定内容は「9.1.1　Windows Serverバックアップの設定」で行ったバックアップの実行ウィザードとよく似ています。

▼Windows Serverバックアップ

1 Windows Serverバックアップの**操作**ペインで、**バックアップスケジュール**をクリックします。

2 **バックアップスケジュールウィザード**が開きます。**はじめに**ページで、**次へ**ボタンをクリックします。

▼はじめに

3 **バックアップの構成の選択**ページで、サーバー全体か一部のボリュームかを指定し、**次へ**ボタンをクリックします。

▼バックアップの構成の選択

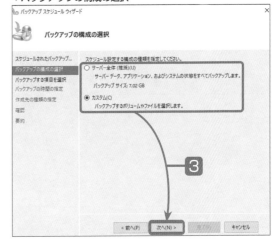

4 バックアップする項目（ディスクやフォルダーなど）を設定して、**次へ**ボタンをクリックします。

▼バックアップする項目を選択

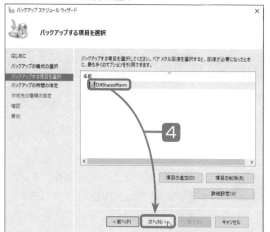

5 **バックアップの時間の指定**ページが開きます。バックアップのスケジュールを設定して、**次へ**ボタンをクリックします。

▼バックアップの時間の指定

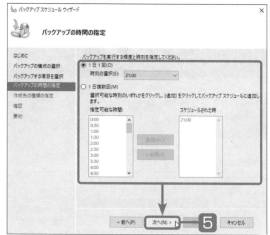

6 バックアップ先の場所を指定して**次へ**ボタンをクリックします。

▼作成先の種類の指定

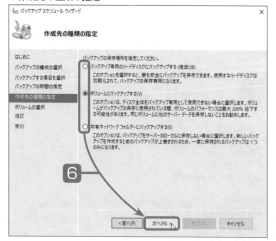

7 バックアップ先のディスクを選択し、**次へ**ボタンをクリックします。

▼作成ディスクの選択

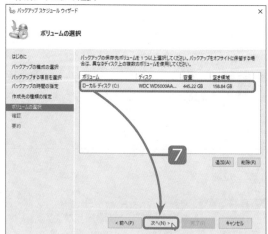

1
Serverでの
キーワード

2
導入から
適用まで

3
Active Directory
の基本

4
Active Directory
での管理

5
ポリシーと
セキュリティ

6
ファイル
サーバー

7
仮想化と
仮想マシン

8
サーバーと
クライアント

9
システムの
メンテナンス

10
PowerShell
での管理

nepoint

ディスク全体がフォーマットされてファイルが削除されることと、エクスプローラーには表示されなくなる旨のメッセージが表示されます。

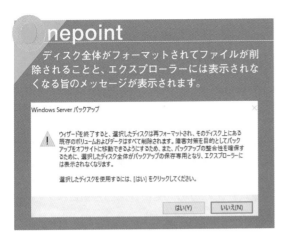

8 ディスクのフォーマットが終了すると、スケジュールが完成します。**完了**ボタンをクリックします。

▼確認

9 **閉じる**ボタンをクリックします。

▼要約

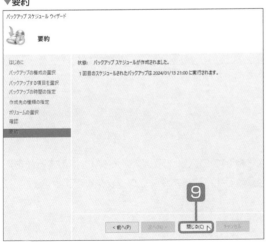

10 スケジュールの内容は、**Windows Server バックアップ**コンソールの**スケジュールされたバックアップ**欄に表示されます。

▼Windows Server バックアップ

スケジュールの
内容が表示された。

バックアップファイルがあれば、**回復ウィザード**によってファイルやフォルダー、アプリケーション、ボリュームを回復させることできます。また、Windowsセットアップディスクから起動したコンピューターでは、Windowsオペレーティングシステムやサーバー全体を回復させることもできます。

ファイルやフォルダーを回復させる

物理的なトラブルがあった場合には、直近のバックアップファイルを使うことで、重要なファイルをできるだけ回復させることが可能です。

1 Windows Serverバックアップを起動し、**操作**ペインで**回復**をクリックします。

2 **回復ウィザード**が起動します。回復させるサーバーを選択して、**次へ**ボタンをクリックします。

▼操作ペイン

▼はじめに

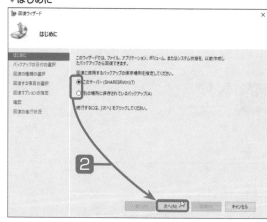

▼バックアップの日付の選択

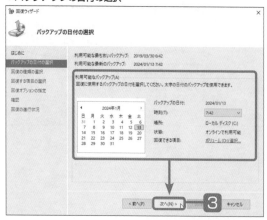

3 いつのバックアップファイルを使用するかを指定し、**次へ**ボタンをクリックします。

1
Server での
キーワード

2
導入から
運用まで

3
Active Directory
の基本

4
Active Directory
での管理

5
ポリシーと
セキュリティ

6
ファイル
サーバー

7
仮想化と
仮想マシン

8
サーバーと
クライアント

9
システムの
メンテナンス

10
PowerShell
での管理

4 回復させる項目を選択して、**次へ**ボタンをクリックします。

▼回復の種類の選択

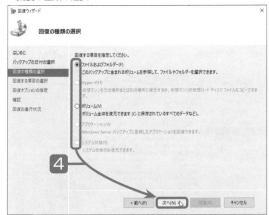

5 回復させるファイルやフォルダーを指定して、**次へ**ボタンをクリックします。

▼回復する項目の選択

nepoint

ここでは、**ファイルおよびフォルダー**を選択しています。

nepoint

複数の項目をまとめて選択することも可能です。

6 回復させる場所や、その場所に同じ項目があった場合の処置などを設定して、**次へ**ボタンをクリックします。

▼回復オプションの指定

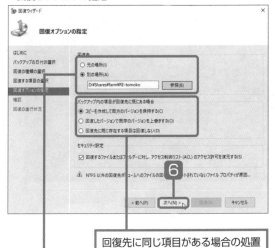

回復先に同じ項目がある場合の処置

回復させたファイルを保存する場所

7 **回復**ボタンをクリックすると、回復が実行されます。

▼確認

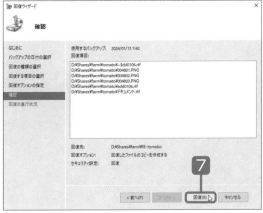

8 回復の実行中です。**閉じる**ボタンをクリックしてウィザードを終了しても、回復の処理はバックグラウンドで続行されます。

9 回復が完了すると、その旨のメッセージが表示されます。**閉じる**ボタンをクリックします。

▼回復の進行状況

▼回復の完了

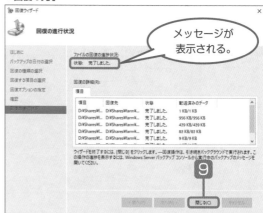

メッセージが表示される。

Hint | **前回正常起動時の構成**

Windows Serverが正常な状態で動いているときに、ハードウェアの追加、アプリケーションの追加や設定の変更はできるだけ行いたくありません。サーバー管理の大原則が「動いているなら、そのままにしておけ！」だといわれることもあるように、もっとよくしようとして、反対にシステムが不安定になったり動きが遅くなったりすることもあります。

「前は問題なく動いていたのに！」と感じ、時間をかけずにトラブルを解消したいなら、以前の、問題なく動いていたそのときの状態にシステムを戻してみましょう。

Windows Serverを再起動し、BIOSが起動してWindowsのファイルが読み込まれるまでの間にコンピューターの F8 キーを押します。すると、**詳細ブートオプション**が表示されます。矢印キーで**前回正常起動時の構成**を選択して、 Enter キーを押します。

なお、このブートオプションからは、セーフモードによる起動を行うことができます。セーフモードでは、余分なプログラムやデバイスファイルを読み込まずにシステムが起動します。

詳細ブートオプション

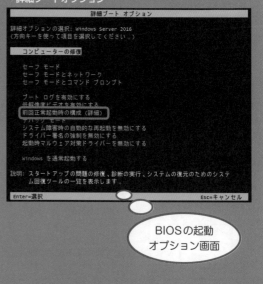

BIOSの起動オプション画面

1
Server での
キーワード

2
導入から
運用まで

3
Active Directory
の基本

4
Active Directory
での管理

5
ポリシーと
セキュリティ

6
ファイル
サーバー

7
仮想化と
仮想マシン

8
サーバーと
クライアント

9
システムの
メンテナンス

10
PowerShell
での管理

システムを回復させる

システムのバックアップファイルを使ってWindows Serverを修復するには、DVDドライブでの
Windows Server 2022/2019のセットアップディスクによる起動から始めます。

▼セットアップ画面

[コンピューターを修復する]をクリックする

1 Windows Server 2022/2019の
セットアップディスクをDVDドライブ
にセットして、DVDからコンピュー
ターを起動します。Windows Server
のセットアップの2画面目で**トラブル
シューティング**を、3画面目で**イメージ
でシステム回復**をクリックします。

nepoint
以降、**Windows Completer PC復元**を
選択し、ウィザードに従って作業を進めま
す。

nepoint
Windows Serverのisoイメージからでも
回復は可能です。

Tips　｜　セーフモードで起動する

　最低限のドライバーで起動する**セーフモード**は、な
んとかシステムを起動し、不安定化の原因となってい
るネットワークやハードウェア、プログラムなどの問
題を取り除くための起動方法です。なお、セーフモー
ドでは、画面解像度が低く制限されます。

　セーフモードで起動するには、Windows Serverの
起動で、BIOSの処理が終了したら[F8]キーを押しま
す。**詳細ブートオプションメニュー**画面が表示された
ら、**セーフモード**を選択して[Enter]キーを押します。
これで、セーフモードで起動します。

　なお、異常終了したときには、自動で**Windowsエ
ラー回復処理**メニューの画面が表示されるので、起動
するモードを選択します。

▼セーフモード

```
            詳細ブート オプション

詳細オプションの選択: Windows Server 2012
(方向キーを使って項目を選択してください。)

   コンピューターの修復

   セーフ モード
   セーフ モードとネットワーク
   セーフ モードとコマンド プロンプト

   ブート ログを有効にする
   低解像度ビデオを有効にする
   前回正常起動時の構成 (詳細)
   デバッグ モード
   システム障害時の自動的な再起動を無効にする
   ドライバー署名の強制を無効にする
   起動時マルウェア対策ドライバーを無効にする

   Windows を通常起動する

説明: スタートアップの問題の修復、診断の実行、システムの復元のためのシステ
      ム回復ツールの一覧を表示します。

Enter=選択                                  Esc=キャンセル
```

セーフモードを選択して、[Enter]キーを押す

ハードウェアを増設する

ハードウェアをWindows Serverに認識させる作業が、デバイスドライバーのインストール作業です。デバイスドライバーは、ハードウェアに添付されてメーカーから供給されますが、Windows ServerのセットアップDVDやWindows Updateにより、コンピューターに取り付けただけで自動的にインストールされる場合がほとんどです。

ハードウェアのドライバーを最新のものに更新する

Windows Serverコンピューターを構成しているハードウェアのデバイスドライバーを最新のものに変更するには、次のように操作します。

1 デバイスマネージャーを起動する

2 デバイスのプロパティを開く

3 ドライバーの更新を行う

▼デバイスドライバーの更新

```
← ■ ドライバー ソフトウェアの更新 - Microsoft 基本ディスプレイ アダプター                    ×

どのような方法でドライバー ソフトウェアを検索しますか?

→ ドライバー ソフトウェアの最新版を自動検索します(S)
  このデバイス用の最新のドライバー ソフトウェアをコンピューターとインターネットから検索します。ただ
  し、デバイスのインストール設定でこの機能を無効にするよう設定した場合は、検索は行われ
  ません。

→ コンピューターを参照してドライバー ソフトウェアを検索します(R)
  ドライバー ソフトウェアを手動で検索してインストールします。

                                                        キャンセル
```

通常はオンラインで最新のドライバーが入手できる

ハードウェアを取り付けたために、システムが不安定になったり、正常に動作しなくなったりした場合は、まず、デバイスドライバーのトラブルを疑います。

ハードウェアの取り付けによってシステムが不安定になるようなら、デバイスドライバーを最新のものに更新したほうがよい場合があります。

メーカーのホームページなどでデバイスドライバーとWindows Serverの相性その他の情報を収集することも可能ですが、まずはデバイスドライバーのプロパティから更新作業を行ってみるのがよいでしょう。

結果としてすでにデバイスドライバーが最新のものだった場合は、デバイスドライバーを停止して様子を見たり、ハードウェア自体を取り外したりします。

1
Server での
キーワード

2
導入から
応用まで

3
Active Directory
の基本

4
Active Directory
での管理

5
ポリシーと
セキュリティ

6
ファイル
サーバー

7
仮想化と
仮想マシン

8
サーバーと
クライアント

9
システムの
メンテナンス

10
PowerShell
での管理

9.2.1 USBデバイス

USB*は、取り扱いが簡単な周辺機器増設用のインターフェイスです。Windows Serverでは、**USB 1.1**のほか、転送速度の速い**USB 2.0/3.x**もサポートしています。

USB対応の周辺機器の多くは、プラグアンドプレイ、ホットプラグに対応しています。ただし、USB大容量記憶デバイスでは、いきなり取り付けや取り外しをしないほうがよいでしょう。これらのデバイスでは、それぞれのマニュアルを参照してください。

▼USB機器

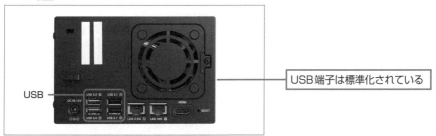

USB端子は標準化されている

USBデバイスを追加する

ほとんどのUSBデバイスは**プラグアンドプレイ**に対応していて、Windows Serverコンピューターに接続するだけで使用できます。Windows Serverでは、バックアップ用に外付けのHDやDVDドライブなどのUSB対応のディスクドライブを使用する機会が頻繁にあるかもしれません。USB接続を完了して電源をオンにすると、自動的にデバイスドライバーがインストールされ、ディスクが使えるようになります。

▼ドライバーソフトウェアのインストール

デバイスが表示される

1 Windows Serverを起動した状態で、USBデバイスをコンピューターのUSB端子に接続します。デバイスが認識されると、自動的にデバイスドライバーのインストールが開始します。デバイスドライバーのインストールが終了すると、エクスプローラーのPCにデバイスが表示されます。

Attention
いつ電源をオンにするかについては、各機器のマニュアルを参照してください。

*USB Universal Serial Busの略。

USBメモリの追加

USBメモリ*は、コンピューター間のちょっとしたファイルのやり取りによく利用されます。すでにデバイスドライバーが認識されているUSBメモリをコンピューターに差し込むと、デスクトップ画面右下に通知が表示されます。

1 USBメモリをコンピューターに差し込みます。デスクトップ右下の通知をクリックします。

2 USBメモリを開くには、**フォルダーを開いて表示**をクリックします。

▼通知トースト

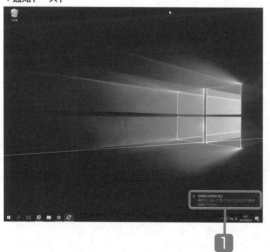

▼処理の選択

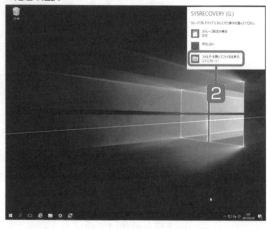

USBデバイスを安全に取り外す

接続されているUSBデバイスを取り外す場合、USBデバイスをコンピューターから引き抜くだけでは、最悪の場合、USBデバイスを傷めたり、内部のファイルが使えなくなったりします。デバイス内のファイルやフォルダーを開いている場合には、それらを閉じなければなりません。その後、「安全に取り外し」の操作を行います。

＊**USBメモリ**　Microsoftでは**リムーバブルドライブ**と呼んでいます。

1
Serverでの
キーワード

2
導入から
運用まで

3
Active Directory
の基本

4
Active Directory
での管理

5
ポリシーと
セキュリティ

6
ファイル
サーバー

7
仮想化した
仮想マシン

8
サーバーと
クライアント

9
システムの
メンテナンス

10
PowerShell
での管理

1 エクスプローラーでPCを開いてUSBデバイスを選択し、**管理タブ**を開いて**取り出す**ボタンをクリックします。

2 安全に取り外せる旨のメッセージが表示されたら、USBデバイスを引き抜くことができます。

▼エクスプローラー

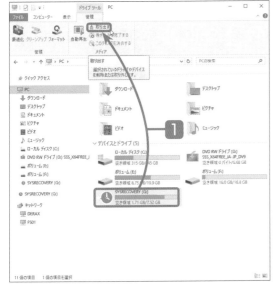

▼ハードウェアの取り外し

このメッセージが表示されたら、USBデバイスを引き抜く

H int | USBデバイスを使用停止にする

USBメモリやUSBで接続するハードディスクなどのUSBデバイスをWindows PCに接続すれば、通常は簡単にUSBドライブにアクセスできるようになります。このため、Windows Serverに保存されている重要なデータも簡単にUSBデバイスにコピーすることが可能です（その逆に、USBデバイスのファイルも簡単にWindows Serverにコピーできる）。

Windows Server 2022/2019では、USBデバイスへのアクセス権をローカルグループポリシーで簡単に制御することができます。

ファイル名を指定して実行ウィンドウから「gpedit.msc」を実行して、ローカルグループポリシーエディターを開いたら、**コンピューターの構成➡管理用テンプレート➡システム➡リムーバブル記憶領域へのアクセス**を選択して、**ポリシーの設定の編集**を実行します。

すると、ポリシー設定用のウィンドウが開きます。デフォルトは**未構成**になっています。これを**有効**に設定して**OK**ボタンをクリックします。これで、USBデバイスへのアクセス権が拒否されます。**無効**または**未構成**では読み取りアクセス権は許可されます。

ローカルグループポリシーエディター

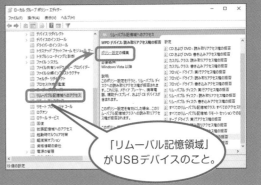

「リムーバブル記憶領域」がUSBデバイスのこと。

周辺機器や増設ボード、そしてコンピューターの基本的なデバイスであるキーボード、マウス、ディスクドライブなどの状況を一括して知るには、**デバイスマネージャー**を使います。

デバイスマネージャーでは、デバイス情報の確認、デバイスのプロパティの設定、デバイスのインストールとアンインストール、デバイスドライバーのアップデートなどの操作を行うことができます。

デバイスドライバーを更新する

デバイスマネージャーを使って、デバイスドライバーを更新します。最新版のデバイスドライバーは、通常、**Windows Update**ページやメーカーのホームページからダウンロードします。

▼デバイスマネージャー

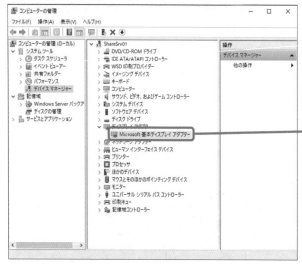

ダブルクリックする

管理ツールにある**コンピューターの管理**を開き、左ペインで**デバイスマネージャー**を選択し、中央ペインでデバイスドライバーを更新したいデバイスのノードをダブルクリックします。

nepoint

⊞ + X キーを押して、デバイスマネージャーを選択することもできます。

1
Server での
キーワード

2
導入から
運用まで

3
Active Directory
の基本

4
Active Directory
での管理

5
ポリシーと
セキュリティ

6
ファイル
サーバー

7
仮想化と
仮想マシン

8
サーバーと
クライアント

9
システムの
メンテナンス

10
PowerShell
での管理

▼ドライバータブ

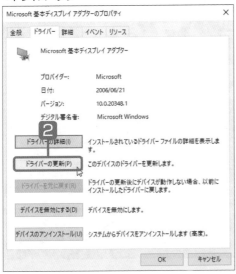

2 デバイスのプロパティが開きます。**ドライバータブ**を開き、**ドライバーの更新**ボタンをクリックします。

▼ドライバーソフトウェアの更新

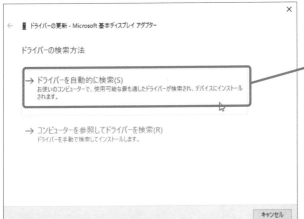

3 通常は**ドライバーを自動的に検索**をクリックします。

[ドライバーを自動的に検索]をクリックする

Hint

ドライバーを自動的に検索ボタンをクリックすると、インターネットを通して最新版のデバイスドライバーが自動的に検索され、インストールされます。

▼更新終了

4 デバイスドライバーがインストールされます。すでに最新版がインストールされているときは、その旨が表示されます。

デバイスドライバーが
インストール済みである
ことが確認された。

Section

9.3 ハードディスクを増設する

Level ★★★　　Keyword　　ハードディスク　ディスクの管理　ダイナミックディスク

サーバーでは、現時点では空き容量に余裕があるように思えても、ハードディスクの容量不足という問題は必ず直面するであろう切実なものです。サーバーとして使い始めると、空き容量が増えることはまずありません。ログファイルだけでも毎日増加していきます。ディスククォータを導入してユーザーの使用するディスク容量を監視するにも限界があります。この最大の解決策は、ハードディスクの増設です。

ここがポイント！

ハードディスクを増設する

ハードディスクを増設して使えるようにするには、次のように作業を行います。

1 コンピューターの電源をオフにする

2 ハードディスクを増設する

3 コンピューターの電源をオンにする

4 ハードディスクを初期化する

5 ボリュームを作成する

ハードディスクは内蔵型と外付け型に大きく分けることができます。内蔵型の場合、増設作業ではコンピューターの電源をオフ（電源ケーブルも抜く）にして作業を行います。

USB接続タイプの外付けハードディスクでは、コンピューターの電源がオンの状態でも、簡単に認識させられます。

外付け型のハードディスクは、バックアップ時に便利です。また、ディスク容量が不足した場合に簡単に増設できます。ただし、ダイナミックディスクにすることはできないため、ディスクサイズを変更することができません。

内蔵型と外付け型を問わず、新しいディスクを増設したら、フォーマットによるディスクの掃除が必要です。また、1つのディスクを複数のボリュームに区切る作業も行えます。ダイナミックディスクの場合は、ディスク内にデータがある状態でもサイズ変更ができます（外付けのベーシックディスクではできません）。

▼コンピューター管理コンソール

ボリュームを設定する

470

9.3.1 シリアルATA（SATA）

Windows Server用の内蔵ハードディスクとしては、現在、**シリアルATA**が一般化しています。シリアルATAでは旧来での**パラレルATA**（UltraATA/133など）に比べて、転送速度が圧倒的に速くなっています。最新の規格であるシリアルATA3では、1秒間に600MBの高速転送が可能になっています。

パラレルATAの内蔵ハードディスクでは、マザーボードに接続した1つのケーブルを、**マスター**と**スレーブ**に設定した2台のディスクに接続し、合計4台までの設置ができました。これらの設定は、ディスクのジャンパスイッチを差し替えることで行っていました。シリアルATA対応のディスクには、マスターやスレーブの設定はありません。マザーボード上のシリアルATA専用のポートに、コンパクトになったケーブルで直接接続するだけです。

▼デバイスマネージャー

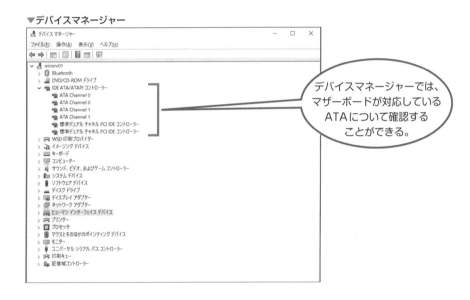

> デバイスマネージャーでは、マザーボードが対応しているATAについて確認することができる。

ハードディスクを増設する

マザーボードのシリアルATA用のポートが空いていれば、専用の接続ケーブルを用意して、シリアルATAディスクと接続します。

内蔵用のポートがいっぱいになっていたら、外部にハードディスクを増設することも可能です。この場合、USB 3.xポートを使って増設することもできますが、**eSATA**（external Serial ATA）ポートがある場合、まずはここに接続しましょう。なお、コンピューターにeSATAポートがない場合には、eSATA拡張カードを挿すことでポートの増設も可能です。

コンピューター内部にハードディスクを増設する際は、コンピューターの電源をオフにし、できれば電源コードもコンセントから抜いておきます。ケースを開いたら、専用のケーブルを使って増設用のポートにハードディスクを増設します。ハードディスクには、データ転送用のケーブルのほかに、電源ケーブルを接続しなければなりません。それぞれの接続ポートや接続の向きを間違えないように、しっかりと接続してください。

471

ハードディスクの増設が完了したら、内蔵の場合にはケースを閉じて電源を入れ、Windows
Serverを起動します。

1 管理ツールにある**コンピューターの管理**を開き、左ペインで**ディスクの管理**をクリックします。

2 新しいディスクに区画を作成します。中央ペインの下側で新しいディスクを右クリックし、**新しいシンプルボリューム**を選択します。

▼コンピューターの管理

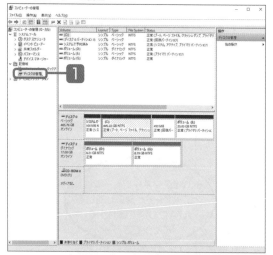

▼ディスクの管理

onepoint
サーバーマネージャーのコンソールツリーでは、記憶域を展開すると見付かります。

onepoint
ディスクの区画のことを、ベーシックディスクでは**パーティション**、ダイナミックディスクでは**ボリューム**といいます。

3 **新しいシンプルボリュームウィザード**が開きます。**次へ**ボタンをクリックします。

4 ボリュームサイズを設定し、**次へ**ボタンをクリックします。

▼新しいシンプルボリュームウィザードの開始

▼ボリュームサイズの指定

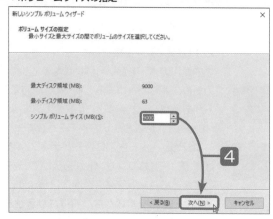

1
Server での
キーワード

2
導入から
運用まで

3
Active Directory
の基本

4
Active Directory
での処理

5
ポリシーと
セキュリティ

6
ファイル
サーバー

7
仮想化と
仮想マシン

8
サーバーと
クライアント

9
システムの
メンテナンス

10
PowerShell
での管理

5 ドライブ文字を設定し、**次へ**ボタンをクリックします。

▼ドライブ文字またはパスの割り当て

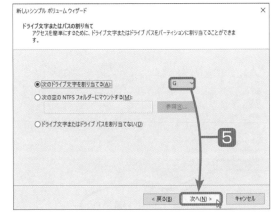

6 このパーティションのフォーマットの方法を設定し、**次へ**ボタンをクリックします。

▼パーティションのフォーマット

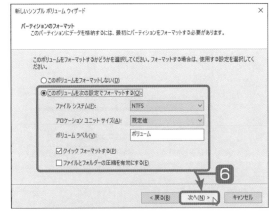

nepoint

ファイルシステムは、通常はNTFSを選択します。ボリュームラベルは任意のわかりやすい名前を入力します。

7 **完了**ボタンをクリックします。

▼新しいシンプルボリュームウィザードの完了

8 フォーマットが開始されます。フォーマット終了までには、しばらく時間がかかります。

▼コンピューターの管理

「フォーマット中」と表示される

⁹ フォーマットが終了しました。新しいボリュームを右クリックして、**開く**を選択します。

▼コンピューターの管理

右クリックして、[開く]を選択する

10 エクスプローラーでボリュームが開きました。

▼エクスプローラー

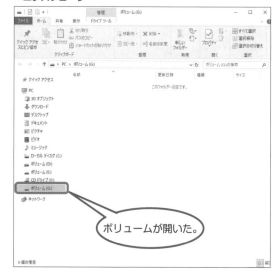

ボリュームが開いた。

Hint | SSDをサーバーに使うメリットとデメリット

SSD（Solid State Drive）とHDDを比べて、SSDをサーバーに使うかどうかを決めるとよいでしょう。

まず、SSDはHDDと比べて速いです。これは、サーバーとしてメリットです。また、衝撃や耐久性に優れているのもSSDの方です。消費電力を比較しても、圧倒的にSSDに軍配が上がります。しかし、容量に対する価格で比べると、まだHDDにメリットがあります。

一般的な企業用のサーバーであれば、SSDを搭載したコンピューターまたは外付けの記憶装置としてSSDを使用することも検討してみるとよいでしょう。

Memo | マウントポイント

増設したディスクまたは分割したパーティションには、通常、C〜Zのドライブ番号（**ドライブレター**）が付けられます。Windowsからは、あるフォルダーを作成してそのフォルダーにボリュームを割り当てることができます。こうすると、ドライブレターが足りなくなるという心配はなくなります。この機能を**マウントポイント**といいます。

マウントポイントの設定は、**コンピューターの管理**を使って行います。

左ペインで**記憶域➡ディスクの管理**を選択し、中央ペインでマウントするボリュームを選択し、操作メニューから**すべてのタスク➡ドライブ文字とパスの変更**を選択します。表示されたダイアログで**追加**ボタンをクリックし、**次の空のNTFSフォルダーにマウントする**にチェックを入れ、フォルダーのパスを入力して**OK**ボタンをクリックします。

エクスプローラーで確認すると、フォルダーアイコンがディスクに変化しています。なお、このマウントされたフォルダーを移動することはできません。

9.3

ハードディスクを増設する

1
Server CD
キーワード

2
導入から
運用まで

3
Active Directory
の基本

4
Active Directory
での管理

5
ポリシーと
セキュリティ

6
ファイル
サーバー

7
仮想化と
仮想マシン

8
サーバーと
クライアント

9
システムの
メンテナンス

10
PowerShell
での管理

9.3.2 ダイナミックディスク

ハードディスクに作成する区画は、**ベーシックディスク**の場合には**パーティション**と呼ばれ、**ダイナミックディスク**では**ボリューム**と呼ばれます。

ダイナミックディスクとして作成されたハードディスク領域は、コンピューターの再起動をしなくても区画を作成したり削除したりすることができます。

ダイナミックディスクになると、ディスク構成の変更後でも、再起動の必要がなくなります。サーバーでは再起動はなるべく避けたいものです。その意味で、ディスクの増設時にはダイナミックディスクによる処理が有効です。

また、ダイナミックディスクでは、設定したディスク構成情報をこれまでのようにレジストリに保存せず、ダイナミックディスク中に論理ディスクマネージャーのサブシステムを作り、そこで管理します。したがって、仮にシステムがインストールされているドライブにトラブルがあっても、再インストール後でもそのディスク構成が保持されます。

ベーシックディスクをダイナミックディスクに変換する

ここでは、Windows Serverのシステムのあるベーシックディスクを**ダイナミックディスク**に変換します。なお、複数のWindowsをコンピューターの起動時に選択して起動している場合、Windows Server以外では起動できなくなります。

▼コンピューターの管理

1 管理ツールにある**コンピューターの管理**を開き、左ペインで**ディスクの管理**を選択し、中央ペイン下で**ダイナミックディスク**に変換するディスク名を右クリックして、**ダイナミックディスクに変換**を選択します。

Onepoint
USBやIEEE 1394で接続するハードディスクやノートパソコンのハードディスクは、ダイナミックディスクにすることはできません。

2 変換するディスクにチェックが入っているのを
確認して、**OK**ボタンをクリックします。

3 **変換**ボタンをクリックします。

▼ダイナミックディスクに変換

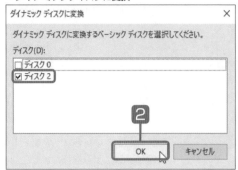

▼変換するディスク

4 注意内容を読んで、**はい**ボタンをクリックします。

▼ディスクの管理

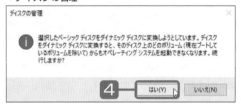

nepoint

Hyper-Vの仮想マシンへの影響はありません。

ダイナミックディスクを拡張する

ダイナミックディスクでは、内部にデータが保存されている状態で、未割り当てのボリュームを使ってボリュームサイズを拡張することができます。

▼ディスクの管理

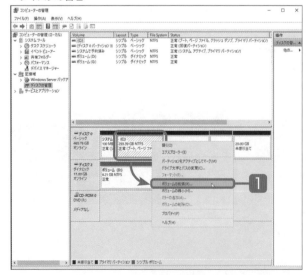

1 **ディスクの管理**を開き、拡張したいボリュームを右クリックして、**ボリュームの拡張**を選択します。

nepoint

異なるディスクでも、ダイナミックディスク同士なら1つのボリュームとして拡張することが可能です。

ttention

同じディスク上に未割り当てのボリュームがあるか、もしくは別のダイナミックディスクに未割り当てのボリュームがなければなりません。

▼ボリュームの拡張ウィザードの開始

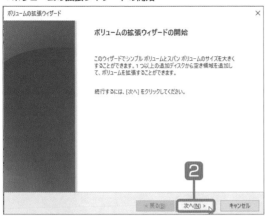

2 **ボリュームの拡張ウィザード**が開きました。**次へ**ボタンをクリックします。

3 **選択されたディスク**欄には、同じディスク内の未割り当てボリュームが表示されています。**ディスク領域を選択**ボックスで拡張するサイズを指定し、**次へ**ボタンをクリックします。

▼ディスクの選択

Tips

利用可能なディスクからディスクを指定し、追加ボタンをクリックすると、**選択されたディスク欄**に拡張可能なディスクサイズが移動して、設定できるようになります。ただし、ダイナミックディスクに変換できないディスクの場合には、結果的には拡張対象から外されることになります。

4 **完了**ボタンをクリックすると、ボリュームの拡張が実行されます。

5 ボリュームサイズが増加しました。

▼完了

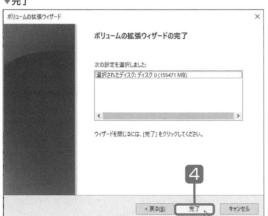

▼コンピューターの管理

1 Server での
キーワード

2 導入から
運用まで

3 Active Directory
の基本

4 Active Directory
での管理

5 ポリシーと
セキュリティ

6 ファイル
サーバー

7 仮想化と
仮想マシン

8 サーバーと
クライアント

9 システムの
メンテナンス

10 PowerShell
での管理

ダイナミックディスクを縮小する

ダイナミックディスクでは、サイズを縮小できます。これは、まだ使われていない容量を未割り当てに変換する機能です。内部のデータは消されませんが、内部のファイルの総量によって、縮小できるサイズが限定されます。

▼コンピューターの管理

1 コンピューターの管理でディスクの管理を選択し、中央ペイン下で縮小するボリュームを右クリックして、ボリュームの縮小を選択します。

9.3

ハードディスクを増設する

2 縮小する領域のサイズボックスでサイズを指定し、縮小ボタンをクリックします。

▼縮小

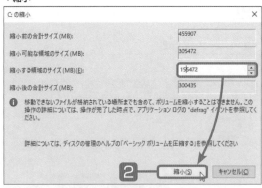

3 ボリュームが縮小されました。

▼コンピューターの管理

ボリュームが縮小された。

Memo
縮小したサイズ分の領域は、未割り当てになります。

1
Server での
キーワード

2
導入から
運用まで

3
Active Directory
の基本

4
Active Directory
での運用

5
ポリシーと
セキュリティ

6
ファイル
サーバー

7
仮想化と
仮想マシン

8
サーバーと
クライアント

9
システムの
メンテナンス

10
PowerShell
での管理

パーティション分割方式の違いについて

OSが備えている基本的なディスク管理方式として、ハードディスク領域（**パーティション**）の分割情報の記録方式（パーティション形式または**パーティションスタイル**と呼ぶ）には、**MBR**と**GPT**があります。Windows Serverでは、1つのパーティションサイズの上限が実質的に制限されないことなどからGPTの使用が推奨されます。ベーシックディスクでもダイナミックディスクでも、MBRとGPTのどちらかを選択します。

ディスクの分割方式の違いでは、**ベーシックディスク、ダイナミックディスク**の2方式があります。

ベーシックディスクは古くからある方式ですが、今でもWindowsでも一般に使用される分割方式です。ベーシックディスクでは、**プライマリパーティション**と

拡張パーティションの最大で4つのメインパーティションまたは3つのメインパーティションと1つの拡張パーティションを作成できます（拡張パーティションを使用すると、さらに複数のパーティションを作成可能）。

これに対して「ダイナミックディスク」では、異なるパーティションを1つのボリュームとして利用することもできます。例えば、異なる物理ディスクにある複数のパーティションをまとめて1つのボリュームとして使用することも可能です。

なお、Windows Serverでは、上記のようなダイナミックディスクの使用法は現在、推奨されておらず、代わりに**記憶域スペース**が推奨されています。

▼パーティションスタイル

パーティションスタイル （パーティション形式）	MBR	最大ディスク容量は2TBまで。
	GPT	32bit OSでは使用不可。ディスク容量には実質的に制限なし。

▼ディスク分割方式

ディスク分割方式	ベーシックディスク	Windows既定のディスク管理方法。拡張パーティションを使用すると、多数のパーティションに分割可能。
	ダイナミックディスク	基本となる「シンプルボリューム」のほか、3種類のディスク管理オプションがある。

NTFSの自己修復機能

次節で紹介するチェックディスクの機能を使用しなくても、一時的で規模の小さい破損なら、**NTFS**の自己修復機能によって継続的に自動で修正されます。

NTFS機能で自動修復が有効かどうかは、「fsutil repair query（ドライブ番号）」を実行するとわかります。自動修復機能（一般復旧）が有効の場合は、「0x9」が表示されます。

　ハードディスクなどの記憶装置をどのように使用するかは、ファイルを読み書きする機能を担当するOS、つまりWindows Serverがサポートする**ファイルシステム**によって異なります。

　Windows Serverは、以下に述べる5種類のファイルシステムをサポートしています。ディスクを初期化（フォーマット）するときに、ファイルシステムを選択することになります。初期化すると、それまでディスクに書き込まれていたデータはすべて消えてしまいます。そのため、ディスクの用途をよく考えてファイルシステムを使い分けましょう。

●NTSF

　NTFS（NT Fike System）は、Windows Serverの前身のWindows NTで採用されたものです。Windows Serverをインストールするディスク（HDDやSSDなど）は、NTFSで初期化して使用します。

　NTFSは、長期間にわたりバージョンアップが図られていて、ファイル使用に関する機能が強化され続けています。例えば、Windows Server 2022のNTFSでは、最大で8ペタバイトまでのボリュームがサポートされます。

　このほか、ファイルごとに所有権やアクセス権が設定できたり、ディスククォータが設定できたりします。NTFSは信頼性も高くなっていて、停電などで突然、システム障害が発生しても、ファイルに対してそれまでに実行された操作をログファイルに保存しておき、再起動時にこのログを使ってファイルの整合性を復元するようになっています。また、保存域内に不良セクタによるエラーが発生すると、NTFSが自動的に保存域を再マッピングします。

　このように、セキュリティや信頼性が高いため、Windows Serverで使用するにはもってこいのファイルシステムですが、汎用性で問題になることがあります。macOS等では、NTFS上のファイルを読み込むことはできても書き込むことができません。

●FAT

　FAT（File Allocation Table）もMicrosoftによって開発されたファイルシステムです。何度かバージョンアップをしていますが、現在よく使用されているのは、**FAT 16**と**FAT 32**の2つです。

　FAT 16はWindows 3.1から利用されている古い規格です。1つの領域として確保できる容量は最大2047MB（2GB）までです。対して、FAT 32はWindows 95 OSR 2.0から利用され、1つの領域として確保できる容量は最大2TB（テラバイト）まで、1ファイルの最大は4GBまでです。

　NTFSのような圧縮機能やアクセス権などはありませんが、汎用性が高く、データを共有する用途に向いています。

●exFAT

　FAT 32よりも大きなサイズが利用できるように改良したのが**exFAT**です。名前は似ていますが、従来のFATとの互換性はありません。また、Windows Server 2008やWindows Vistaより前のWindowsでは使用できないなど、汎用性も高くありません。

　exFATは、容量の大きなリムーバブルディスクのフォーマットとして使用されることが多いようです。

●ReFS

　ReFS（Resilient File System）は、Windows Server 2012で導入された新しいファイルシステムです。データの可用性が高く、NTFSよりさらに大規模なデータセットにも対応できるほか、破損に対する回復機能を備えています。

●CDFS/UDF

　CDFS（CD-ROM File System）は、主にCD-ROMのファイルシステムであり、CD-ROMの標準論理フォーマット（ISO 9660）を含みます。

　UDF（Universal Disk Format）は、光ディスク（Blu-ray、DVD-RAM、DVD±R／RWを含む）のファイルシステムです。

　音楽CDをPCのディスクドライブにセットし、PowerShellやコマンドプロンプトで「fsutil fsinfo volumeinfo（ドライブ番号）」コマンドを入力すると、ファイルシステムが「CDFS」だと確認できます。

▼PowerShellでファイルシステムを確認する

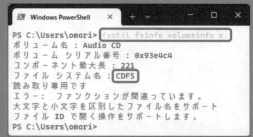

1
Server での
キーワード

2
導入から
運用まで

3
Active Directory
の基本

4
Active Directory
での管理

5
ポリシーと
セキュリティ

6
ファイル
サーバー

7
仮想化と
仮想マシン

8
サーバーと
クライアント

9
システムの
メンテナンス

10
PowerShell
での管理

ダイナミックディスクを使った ボリュームの種類

Onepoint

ベーシックディスクでは、最大で4つのパーティション（つまり、最大で4つのボリューム）にディスクを分割できます。ベーシックディスクに設定されるボリュームは、Windowsのストレージ管理における最も単純な構成になり、これを**シンプルボリューム**と呼びます。後述する、複数のボリュームを使って分散記録などを行う機能はありません。シンプルボリュームは、**ダイナミックディスク**にも設定することができます。

ダイナミックボリュームでは、シンプルボリューム以外に、以下のような特殊な分散記憶機能を設定することもできます。

●スパムボリューム

スパムボリュームとは、複数のボリュームを結合させて、1つのボリュームとして使用するための機能です。結合するボリュームは、別のディスク上のものでもかまいません。ただし、同一のスパムボリュームに属する任意のボリュームが破損すると、ボリューム全体が被害を受けることがあります。

●ストライプボリューム

ストライプボリュームは、異なるボリュームに同量の記憶域を設定して、それらを結合してファイル内容を分散保存します。このとき、同時に複数のディスクが作動すると、読み書きが高速化されることがあります。ただし、ストライプボリューム内のいずれかのボリュームが破損すると、ボリューム全体が被害を受けます。

●ミラーボリューム

ミラーボリュームでは、異なるボリュームに同量の記憶域を用意し、そこにメインのボリュームと同じ内容を複製して書き込みます。このため、1つのボリュームに書き込むよりも速度が落ちることがあります。ただし、メインのボリュームが破損しても、同じ内容が別のボリュームに複製されているため、データ類の復旧に役立てることができます。

●RAID-5ボリューム

RAID（Redundant Arrays of Inexpensive Disks）とは、複数のハードディスクをまとめて1台の記憶装置として管理する方式です。「RAID 5」はRAID技術の1つで、データを3台以上のHDDに分散して格納することで読み書きを高速化し、同時にパリティ（誤り訂正符号）データを生成することで耐障害性も高めています。

9.4 ディスクを
メンテナンスする

Level ★★★ | **Keyword** | チェックディスク デフラグ 最適化

ハードディスクは、磁性体の塗られた円盤が高速で回転し、それに読み書きするためのヘッドが塗装面からは少し浮いた状態でアクセスしています。したがってハードディスクには、精密機械並の精密さが要求されています。しかし、データの読み書き中、物理的な理由などによって、データの塗装面がダメージを受けることもあります。このようなディスクの不良な箇所を見付け、適切な処置を行う機能が**チェックディスク**です。

ここが
ポイント！

ディスクのメンテナンスを行う

サーバーのディスクをメンテナンスするには、次のように作業します。

1 不要なフィルやフォルダーを削除する

2 バックアップする

3 ディスクのエラーチェックをする

4 ディスクの最適化をする

ディスクのメンテナンスの基本は、ディスク内の整理整頓です。ファイルが物理的に整理されているほど、読み書きにかかる時間を短縮することができるからです。

そのためには、不要なファイルを削除し、ごみ箱も空にします。Windowsで利用できる**ディスククリーンアップ**は、スタートメニューの**検索**ボックスに「ディスククリーンアップ」と入力して、アプリを検索してください。

Windowsのツールを使うディスクメンテナンスでは、ボリュームをファイルの種類ごとにした整理法があります。システム用、ログ用、共有フォルダー用などに分けておくと、メンテナンスしやすくなります。

ディスクのエラーチェックでは、チェックディスクツールを使います。不良セクターを見付けた場合には、回復させる機能もあります。ただし、システムボリュームのチェックディスクは、次回の起動時に行われるようにスケジュールされます。

ディスクに保存されるファイルは、物理的につながっているとは限らず、ときには小さな単位（フラグメント）に分割されて保存されることがあります。こうなると、読み出すにも次回書き込むにも時間がかかることになります。メンテナンスに余裕を見付けて、ディスクの最適化を行うディスクデフラグツールを実行すると、スピードが数パーセントほど改善されることもあります。

1
Server での
キーワード

2
導入から
運用まで

3
Active Directory
の基本

4
Active Directory
での管理

5
ポリシーと
セキュリティ

6
ファイル
サーバー

7
仮想化と
仮想マシン

8
サーバーと
クライアント

9
システムの
メンテナンス

10
PowerShell
での管理

9.4.1　チェックディスク

Important

チェックディスクの機能では、ハードディスク上にファイルシステムのエラーや不良セクターがないかどうか確認することができます。また、不良セクターが発見された場合は、そこを使用できないように処理することもできます。

チェックディスクを実行する

チェックディスクは、特定のドライブに対して実行されます。PCフォルダーで目的のドライブのプロパティを表示し、その**ツール**タブにある**チェック**を起動します。

1 PCフォルダーを開き、チェックディスクを実行するドライブを右クリックして、**プロパティ**を選択します。

2 ドライブのプロパティの**ツール**タブで**チェック**ボタンをクリックします。

▼ツールタブ

▼PC

Hint

システムボリュームに対して実行すると、次回の起動時に実行されるようタスクスケジューラーに予約されます。

▼ディスクのチェック

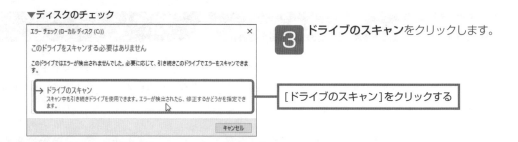

3 ドライブのスキャンをクリックします。

[ドライブのスキャン]をクリックする

▼チェック中

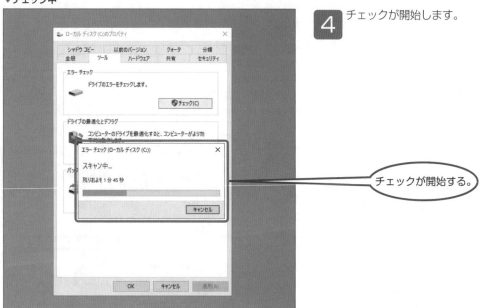

4 チェックが開始します。

チェックが開始する。

▼詳細表示

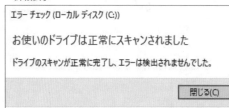

5 チェックが終了しました。

O nepoint

詳細の表示をクリックすると、イベント
ビューアーが開き、チェックディスクの内容
を確認することができます。

9.4

ディスクをメンテナンスする

1 Server 2020 キーワード

2 導入から運用まで

3 Active Directory の基本

4 Active Directory での管理

5 ポリシーと セキュリティ

6 ファイル サーバー

7 仮想化と 仮想マシン

8 サーバーと クライアント

9 システムの メンテナンス

10 PowerShell での管理

9.4.2　ディスクデフラグツール

　ハードディスクには、磁気によってデータが書き込まれます。連続したデータであっても、ハードディスク上では、とびとびに保存されることがあります。このようなデータの断片化を**フラグメンテーション**といいます。フラグメンテーションが頻発すると、ディスクを読み書きするための時間が余分にかかり、結果として処理速度が低下します。

　フラグメンテーションを解消するためのツールが、**ディスクデフラグツール**です。ディスクデフラグツールを使うと、断片化されていたデータが、できる限り連続して保存されます。これをデータの**最適化**ともいいます。最適化されたディスクは、データの読み書きが高速化されます。したがって、コンピューターの処理速度が上がります。

ディスクデフラグツールを実行する

　ディスクデフラグツールは、**チェックディスク**と同じように、ドライブのプロパティの**ツールタブ**から起動します。ディスクデフラグツールの終了には多少の時間がかかります。なお、通常は最適化を行う前にチェックディスクを行います。

1 いずれかのドライブのプロパティを開き、**ツール**タブで**最適化**ボタンをクリックします。

▼ツールタブ

2 **ディスクデフラグツール**が開きました。**分析**ボタンをクリックして選択したドライブを分析したあと、断片化しているドライブを選んで、**最適化**ボタンをクリックします。

▼ディスクデフラグツール

nepoint

どのドライブからでも同じディスクデフラグツールが開きます。

3 分析から最適化が実行されます。しばらくすると、最適化が完了します。

▼ディスクデフラグツール

最適化が行われる。

9.4

ディスクをメンテナンスする

Memo | **Device Guard と Credential Guard**

「**Device Guard**」および「**Credential Guard**」は、Windows Server 2019 と Windows 10 Enterprise/Education から採用された新しいセキュリティ技術です。

従来のウイルス対策としては、今でも多くのOSで悪意あるソフトウェアを見破るために、署名ベースによる検出が行われています。しかし、1日に数千も作成されているといわれるこれらの悪意あるファイルのすべてを、効果的に排除できるとは限りません。

そこで Device Guard では、基本的に「何も信頼しない」をベースとし、コンピューター内に作成されるコード整合性ポリシーに照らして、整合性を確認したコードだけを実行するというものです。

Credential Guard は、以前、**LSA**（ローカルセキュリティ機関）に格納していた機密情報を仮想化してほかから分離します。

これらを有効にするためには、「ローカルグループポリシーエディター（gpedit.msc）」を起動し、「コンピューターの構成」➡「管理用テンプレート」➡「システム」➡「Device Guard」を選択して、それぞれの項目を有効にします。

Credential Guard は非常に強力なセキュリティソリューションですが、これを実現する仮想ベースのセキュリティ（**VBS**）を構築するためには、セキュアブートのサポート、Intel VT-d または AMD RVI 機能などのシステム要件を満たさなければなりません。また、Active Directory ドメインサービスのドメインコントローラーでは設定できないなどの制限もあります。

▼ローカルグループポリシーエディター

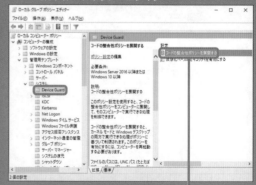

「有効」に設定する

9.5

システムの
パフォーマンスを
監視する

Level ★★★　　**Keyword**：パフォーマンス　信頼性　データコレクターセット　レポート

リソースモニターは、システムの現在の状況を表示するリソースの概要ページとモニターツール（パフォーマンスモニターと信頼性モニター）、データコレクターセット、レポートから成る管理者用コンソールです。これらは、「実行されるプログラムによって、コンピューターのパフォーマンスがどのように影響を受けるか」を調べるためのものです。

システムの状況を分析する

パフォーマンスとシステムの状況について分析するには、次のように操作します。

1 リソースモニターを開く

2 パフォーマンスカウンターを設定する

3 データコレクターセットを設定する

4 レポートを分析する

▼システムパフォーマンスレポート

システムのパフォーマンスの状況を把握するツールが、**リソースモニター**コンソールです。このツールを使うと、リアルタイムにシステムリソースの状況を確認することができます。

また、詳細なデータを収集するには、カウンターごとにグラフ化することもできます。例えば、「Maximum Connections」カウンターは、Webサービスで確立した接続数の最大値を表示させるものです。

これらのカウンターをセットにして、データ収集を行い、それをレポートにできます。既定では3種類のデータコレクターセットがあり、これらを使えば、簡単にシステムの状況を分析できます。

システムの稼働状態についての様々な情報がレポートされる

リソースモニターは、システムの状況をリアルタイムに監視する機能に加え、あとからデータを分析するためにパフォーマンスデータを保存する**データコレクターセット**およびレポート機能から成るコンソールです。

リソースの概要を監視する

リソースモニターコンソールを開くと、すぐにリソースの概要ページが表示されます。このページでは、CPU、ディスク、ネットワーク、メモリの使用状況がリアルタイムにグラフ化されて表示されます。さらに、それぞれのリソースの詳細表示を見ると、プロセスごとの負荷値を確認することもでききます。

▼リソースモニター

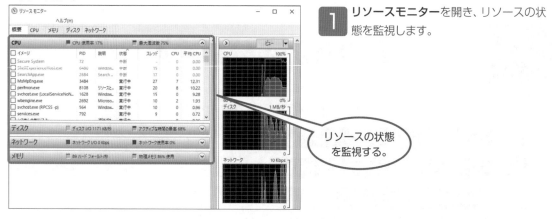

リソースの状態を監視する。

> 1 **リソースモニター**を開き、リソースの状態を監視します。

▼リソースの詳細

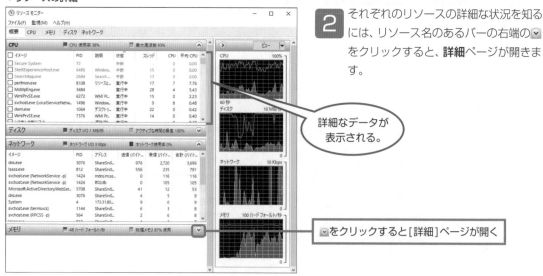

詳細なデータが表示される。

をクリックすると[詳細]ページが開く

> 2 それぞれのリソースの詳細な状況を知るには、リソース名のあるバーの右端のをクリックすると、**詳細**ページが開きます。

モニターツールを表示する

モニターツールは、**パフォーマンスモニター**から成ります。

Onepoint

パフォーマンスモニターは、パフォーマンスカウンターをリアルタイムにグラフ化または数値化して表示します。例えば、Web ServiceのMaximum Connectionsでは、Webサービスに接続している匿名のユーザー数の最大値を表示できます。

1 **コンピューター管理**から**パフォーマンス**を開き、コンソールツリーで**モニターツール➡パフォーマンスモニター**を選択します。中央ペインのコマンドツリーから「＋」をクリックします。

2 **カウンターの追加**ウィンドウが開きます。**使用可能なカウンター**欄で、カウンターの種類を選択し、さらに必要ならば追加するインスタンスを指定して、**追加**ボタンをクリックします。カウンターがすべて追加されたら、**OK**ボタンをクリックします。

▼パフォーマンスモニター

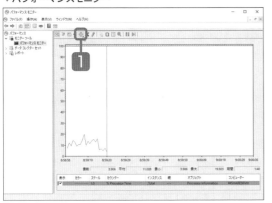

▼カウンターの追加

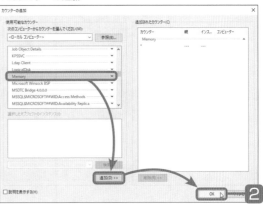

3 カウンターの値がリアルタイムに表示されます。

▼パフォーマンスモニター

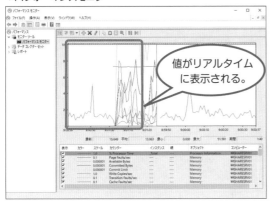

値がリアルタイムに表示される。

1 Serverでの
キーワード

2 導入から
運用まで

3 Active Directory
の基本

4 Active Directory
での運用

5 ポリシーと
セキュリティ

6 ファイル
サーバー

7 仮想化と
仮想マシン

8 サーバーと
クライアント

9 システムの
メンテナンス

10 PowerShell
での管理

ShortCut

ショートカットキーは Ctrl + I です。

Hint

説明を表示するにチェックを付けると、カウンターの説明が表示されます。

データコレクターセットとレポート

データコレクターセットは、パフォーマンスモニターのシナリオに沿ってデータを収集する機能です。既定のデータコレクターセットとして、「システム診断」「システムパフォーマンス」などがあります。ユーザーがデータコレクターセットを定義することも可能です。なお、データコレクターセットによって収集されたデータは、レポートとして評価され表示されます。

1 **コンピューター管理**から**パフォーマンス**を開き、コンソールツリーで**データコレクターセット➡システム**を展開して、「**System Performance（システムパフォーマンス）**」を選択し、ツールバーから**起動**ボタンをクリックします。

2 データ収集が始まります。コンソールツリーで**レポート➡システム**を展開し、「**System Performance**」ノードの下階層に作成されたレポートノードを選択します。

▼データコレクターセット　　　　　　　　　　▼レポート

[起動]ボタンをクリックする

レポートノードを選択する

3 しばらく待つと、レポートの内容が表示されます。

▼レポート

レポートの内容が表示された。

9.5

システムのパフォーマンスを監視する

490

1
Server その
キーワード

2
導入から
活用まで

3
Active Directory
の基本

4
Active Directory
での管理

5
ポリシーと
セキュリティ

6
ファイル
サーバー

7
仮想化と
仮想マシン

8
サーバーと
クライアント

9
システムの
メンテナンス

10
PowerShell
での管理

9.5.2　ネットワークセッション

共有フォルダーの**セッション**を確認すると、ネットワーク共有しているユーザーやコンピューターの情報を見ることができます。**ユーザー**欄には、ログオンに使用したユーザー名が表示されます。Windows 11/10 Home Editionなどドメインに参加できないコンピューターからアクセスした場合は、ユーザー名として**Guest**が表示されます。

共有フォルダーのセッションを閉じる

コンピューターの管理で**セッション**を見ると、ネットワークを介してアクセスしているユーザーを知ることができます。また、特定のユーザーのセッションだけを切断したり、すべてのセッションを一度に切断したりできます。

同じ操作は、管理ツールフォルダーの**共有と記憶域の管理**コンソールでも可能です。

1 **コンピューターの管理**を開き、左ペインで**システムツール➡共有フォルダーのセッション**をクリックします。

2 セッションを切断したいユーザーを右クリックして、**セッションを閉じる**をクリックします。

▼コンピューターの管理

▼セッション

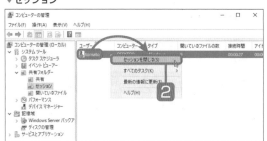

3 **はい**ボタンをクリックします。

4 セッションが閉じました。

▼共有フォルダー

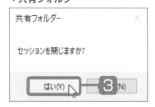

▼セッション

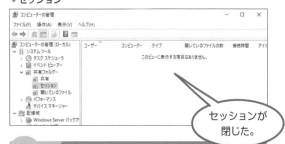

セッションが
閉じた。

nepoint

セッションを閉じても、クライアントからのアクセスが継続すると、セッションは再度つながります。macOSでは、セッションが切断された旨のメッセージウィンドウが開きます。

サーバーの無駄な電力を
カットする

Level ★★★　　　**Keyword**　電源オプション　POWERCFG

　インターネットに接続されているWindows Serverの場合は、アクセスがあればいつでもすぐに対応できなければならないでしょう。しかし、中には「ある時間帯はほとんどアクセスがない」というサーバーもあります。そんなサーバーでは、モニターやハードディスクなどの電源を一時的にオフにする省エネ運転を考慮してもよいでしょう。

サーバーの電力消費を抑える

サーバーの電力消費量をカットするには、次のように操作します。

1 電源オプションを起動する

2 省電力プランを設定する

3 詳細設定を行う

▼電源オプション（詳細設定）

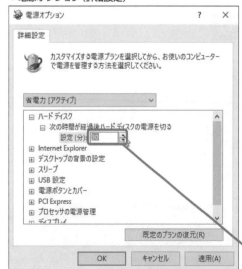

電源プランについて詳細な設定が可能

　バッテリーを使ったノート型のコンピューターの場合には、DC電源による稼働時間を延ばすために電源オプションの設定が必要な場合もあります。一方、デスクトップ型でAC電源利用がほとんどのWindows Serverの場合は、省エネ目的で**電源オプション**を設定することになります。

　運用する環境に応じて、モニターとハードディスクの電源のオフまでの時間を設定するのは、Windows 11/10などと同じです。スリープモードでは、少ない電源が供給され続けます。休止状態になると、消費電力は最小になりますが、ハードディスクに保存されているシステムの状態を読み出して復旧するので、時間がかかることになります。

　コマンドラインから電源オプションを設定するには、「powercfg.exe」をオプション付きで実行します。

1
Server での
キーワード

2
導入から
運用まで

3
Active Directory
の基本

4
Active Directory
での管理

5
ポリシーと
セキュリティ

6
ファイル
サーバー

7
仮想化と
仮想マシン

8
サーバーと
クライアント

9
システムの
メンテナンス

10
PowerShell
での管理

9.6.1　電源オプション

　Windows Serverコンピューターの電源管理は、Windows 11/10と同じようにコントロールパネルの**電源オプション**パネルで行うことができます。

電源オプションを変更する

　設定パネルには、Windows 11/10と同じように設定項目を検索する機能があります。**設定**パネルの検索ボックスにキーワードを入力すると、設定項目を素早く見付けられます。

▼設定➡システム

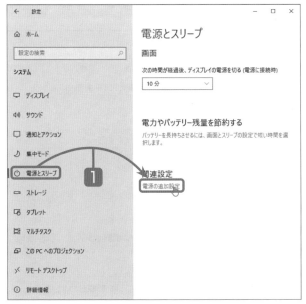

1 　**設定**パネルを開き、**システム➡電源とスリープ**をクリックすると、電源オプションに関係した設定項目が表示されます。ここで**電源の追加設定**をクリックします。

▼電源オプションパネル

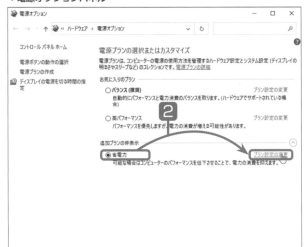

2 　**電源オプション**パネルが表示されます。省電力設定にするには、**省電力**をチェックし、**プラン設定の変更**をクリックします。

One point

電源プランの作成をクリックすると、デフォルトの電源オプションはそのままにして、新しく電源プランを作成することも可能です。

▼ディスプレイの電源を切る

3 省電力プランの中で、ディスプレイの電源を切るまでの時間設定を変更することができます。さらに詳細な設定をするには、**詳細な電源設定の変更**をクリックします。

[詳細な電源設定の変更]をクリックする

4 **電源オプション**ダイアログボックスが開きます。項目を展開して、設定値を変更します。

▼詳細設定

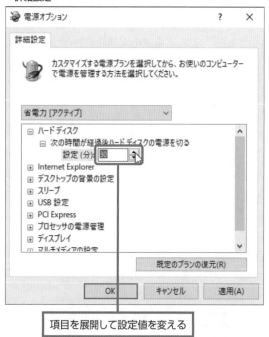

項目を展開して設定値を変える

5 変更が終了したら、**OK**ボタンをクリックします。

▼詳細設定

5

onepoint
既定のプランの復元ボタンをクリックすると、設定を元に戻すことができます。

1
Server での
キーワード

2
や入から
運用まで

3
Active Directory
の基本

4
Active Directory
での管理

5
ポリシーと
セキュリティ

6
ファイル
サーバー

7
仮想化と
仮想マシン

8
サーバーと
クライアント

9
システムの
メンテナンス

10
PowerShell
での管理

9.6.2 POWERCFG

「powercfg.exe」を使用すると、コントロールパネルの**電源オプション**と同じようにシステムの電源設定を管理できます。PowerShellやコマンドプロンプトから実行することで、電源オプションを変更することが可能です。また、複数の設定をバッチファイルにしておけば、オプション設定の切り替えも簡単になります。

コマンドで電源設定を管理する

powercfg.exeには様々な機能がありますが、電源オプションを変更するには「-x」オプションを使います。なお、powerdfg.exeの使用方法の詳細は、PowerShellかコマンドプロンプトで「powercfg /?」を実行して表示されるヘルプを参照してください。

▼ PowerShell

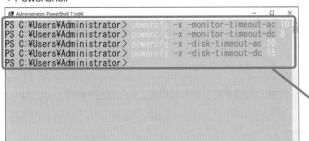

コマンドを入力する

① PowerShellかコマンドプロンプトを開き、次のようなコマンドを入力します。1行に変更オプションは1つしか設定できないため、設定項目の数だけ入力します。

```
powercfg -x -monitor-timeout-ac <m>
```
```
powercfg -x -monitor-timeout-dc <m>
```
```
powercfg -x -disk-timeout-ac <m>
```
```
powercfg -x -disk-timeout-dc <m>
```
```
powercfg -x -standby-timeout-ac <m>
```
```
powercfg -x -standby-timeout-dc <m>
```
```
powercfg -x -hibernate-timeout-ac <m>
```
```
powercfg -x -hibernate-timeout-dc <m>
```

▼電源オプション変更の項目

設定項目	説明
-monitor-timeout-ac <m>	<m>分間のアイドリング後にモニターのAC電源をオフにします。
-monitor-timeout-dc <m>	<m>分間のアイドリング後にモニターのDC電源をオフにします。
-disk-timeout-ac <m>	<m>分間のアイドリング後にハードディスクのAC電源をオフにします。
-disk-timeout-dc <m>	<m>分間のアイドリング後にハードディスクのDC電源をオフにします。
-standby-timeout-ac <m>	<m>分間のアイドリング後にスタンバイ状態に移行します（AC電源の場合）。
-standby-timeout-dc <m>	<m>分間のアイドリング後にスタンバイ状態に移行します（DC電源の場合）。
-hibernate-timeout-ac <m>	<m>分間のアイドリング後に休止状態に移行します（AC電源の場合）。
-hibernate-timeout-dc <m>	<m>分間のアイドリング後に休止状態に移行します（DC電源の場合）。

システム起動時の
トラブルの原因を探る

Level ★★★ | **Keyword** システム構成　スタートアップ

　システムが不安定になる原因はいくつか考えられますが、ある特定のプログラムやデバイスドライバーを実行させたときに起こっているのなら、原因追究も簡単です。しかし、Windows Serverでは、起動時にあらかじめいくつものサービスや特定のプログラムを起動していて、それらが不具合の原因である場合もあります。

システム起動時のトラブルの原因を特定する

　システム起動時に読み込まれるプログラムに不具合の原因がありそうな場合、その原因を特定するには次のように操作します。

① システム構成ユーティリティを起動する

② 基本的なデバイスとサービスだけで起動する

③ 読み込む項目を選択して起動する

▼ブートオプション

起動時の余分なプログラムの読み込みを制御することができる

　Windows Serverシステムを起動する場合、多くのサービスやスタートアッププログラムが自動的に読み込まれています。システムがいつも同じような使用状況で不安定になるようであれば、これらのプログラムのいずれかに問題があるかもしれません。

　問題の箇所を特定する方法としては、まず最小限のシステムで起動させ、問題が起こらないことを確認します。次に、通常の起動時に読み込まれるサービスやスタートアッププログラムを少しずつ増やしながら、システムの起動を繰り返します。こうすると、どの時点でシステムが不安定になるのかがわかり、問題の特定が可能となります。

　このような作業を行うために、システム構成ユーティリティが利用できます。**システム構成ユーティリティ**では、次回の起動モードを明示的に**セーフブート**にすることも可能です。

1
Server での
キーワード

2
導入から
運用まで

3
Active Directory
の基本

4
Active Directory
での管理

5
ポリシーと
セキュリティ

6
ファイル
サーバー

7
仮想化と
仮想マシン

8
サーバーと
クライアント

9
システムの
メンテナンス

10
PowerShell
での管理

9.7.1 システム構成ユーティリティ

Onepoint　システムを再起動しても同じように不具合が起きる場合は、システムの起動時に読み込まれるファイルのいずれかに問題があると考えられます。

サービスとスタートアップを選択する

Onepoint　最初は、ほとんどのサービスと全部のスタートアッププログラムをカットした**診断スタートアップ**での起動を行い、システムが安定していることを確認してください。その後、読み込む項目を増やしていきます。

▼システム構成ユーティリティ

1 システム構成ユーティリティを起動し、**全般**タブで**診断スタートアップ**を選択して、**OK**ボタンをクリックします。

2 再起動するかどうかをたずねるウィンドウが開きます。**再起動**ボタンをクリックします。

▼システム構成

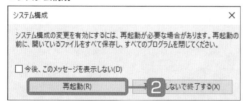

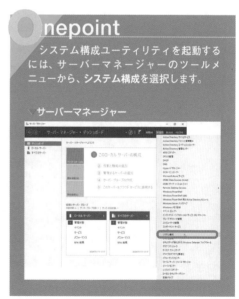

Onepoint　システム構成ユーティリティを起動するには、サーバーマネージャーのツールメニューから、**システム構成**を選択します。

▼サーバーマネージャー

▼システム構成

3 再起動後、再びシステム構成ユーティリティを起動して**サービス**タブを開き、特定のサービスをチェックして、**OK**ボタンで再起動します。

497

9.7.2 ブートオプション

システム構成ユーティリティの**ブートオプション**では、Windows Serverの構成を制限できると共に、ネットワークを無効にしたセーフブートや、コマンドプロンプトによる起動を行うことができます。

セーフブートのオプションを設定する

システム構成ユーティリティの**ブート**タブでは、Active Directoryドメインサービスを実行するセーフモードで起動させることも可能です。

▼ブートタブ

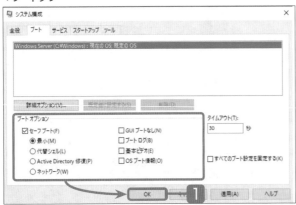

1 システム構成ユーティリティの**ブート**タブを開き、**セーフブート**にチェックを付けて、オプションを設定し、**OK**ボタンをクリックします。

▼ブートオプション

ブートオプション	説明
セーフブート／最小	重要なシステムサービスのみを実行する、GUIによるセーフブートです。ネットワークは無効です。
セーフブート／代替シェル	重要なシステムサービスのみを実行する、コマンドプロンプトによるセーフブートです。ネットワークは無効です。
セーフブート／Active Directory修復	重要なシステムサービスとActive Directoryを実行する、GUIによるセーフブートです。
セーフブート／ネットワーク	重要なシステムサービスのみを実行する、GUIによるセーフブートです。ネットワークは有効です。
GUIブートなし	Windowsスプラッシュ画面（起動中の画面）なしのブートです。
ブートログ	ブートログを「%SystemRoot%Ntbtlog.txt」に保存します。
基本ビデオ	最小のVGAモード（標準）でGUIシステムをブートします。
OSブート情報	ブート過程のデバイスドライバー情報を表示します。

9.7 システム起動時のトラブルの原因を探る

Q&A

質問と回答
Chapter 9

question

Windows Admin Centerですべての管理作業ができますか？

answer

いいえ。従来のものと併せて使用してください

　Windows Server 2019からの新機能として注目されているWindows Admin Centerですが、Active DirectoryやDHCP、DNS、IISなどの役割の中には、まだWindows Admin Centerではできないものもあります。この先、これらの複雑な作業のいくつかがWindows Admin Centerで管理できるようになる可能性はあると思われます。

　現在のバージョンで可能な管理作業には、次のものがあります。

> リソースとリソース使用率の表示、証明書の管理、デバイスの管理、イベントビューアー、エクスプローラー、ファイアウォール管理、インストールされているアプリの管理、ローカルユーザーとグループの構成、ネットワーク設定、プロセスの表示/終了およびProcess Dumpの作成、レジストリの編集、スケジュールされたタスクの管理、Windowsサービスの管理、役割と機能の有効化/無効化、Hyper-V VMと仮想スイッチの管理、記憶域の管理、記憶域レプリカの管理、Windows Updateの管理、PowerShellコンソール、リモートデスクトップ接続、コンピューターの管理、フェールオーバークラスターマネージャー、ハイパーコンバージドクラスターマネージャー

question

「SaaS」とは何ですか

answer

インターネットアプリ仕様の1つです

　スマホのアプリの中には、設定オプションと元データをサーバーに送信すると、サーバーでデータを加工して結果を送り返すものがあります。このように、「サーバー上にあるソフトウェアを、インターネットやネットワーク経由でユーザーの手元のデバイスから操作する」タイプのサービスを**SaaS**（Software as a Service）と呼んでいます。

　SaaSの中には、ソフトウェアのユーザーインターフェイス自体もインターネット経由で送信するものもあります。このタイプの多くはWebブラウザーをプラットフォームとして利用します。

　SaaSには多くのメリットがあります。まず、開発側ではOSやデバイスに合わせてソフトウェアを開発する手間が省けます。

　一方、利用者もソフトウェアのダウンロードやインストール作業、更新の手間を省くことができます（スマホアプリには、Webブラウザーの役割に当たるユーザーインターフェイス部分だけをインストールさせるものが多いようです）。誰もが簡単に利用できることから、ソフトウェアを手軽に試すことが可能になります。

　Azure Active Directoryは、Windows以外にも多くのSaaSアプリケーション用のシングルサインオンを提供できます。

▼ Azure Active Directoryページ

Azure Active DirectoryでシングルサインオンをサポートするSaaS

question Windows Updateの自動更新を無効にしたい

answer 無効にできますが、一時停止も検討してください

Windows Serverに限らずOSは一般に、プログラムの不具合対策やセキュリティ確保などの理由から、インターネットを通じてUpdateを行うことが推奨されます。Windows ServerのUpdateでOS用のパッチプログラムがインストールされたとき、インストール後にシステムを再起動しなければならないことがあります。この再起動のタイミングが運用上不都合なときは、再起動のタイミングをずらしたり、手動で再起動したりすることができます。初期設定では、必要なUpdateが生じると、システムが比較的暇な時間（利用者が少ない時間帯）に再起動されます。

Windows Updateの自動更新を無効化するには、次のようにします。

ファイル名を指定して実行ウィンドウから「gpedit.msc」を実行してローカルグループポリシーエディターを起動し、**コンピューターの構成➡管理用テンプレート➡Windowsコンポーネント➡Windows Update➡自動更新を構成する**をクリックします。**自動更新を構成する**を**無効**に変更して、**適用**ボタンをクリックします。

しかしながら、Windows Updateを行わないことは推奨されません。自動で更新されるのが困るというときには、Windows ServerのUpdateを一時停止する、または手動で更新することを考えたほうがよいでしょう。Windows Serverでは、**設定**パネルによって、「とりあえず1週間、更新を先延ばしする」、「指定した日まで更新を先延ばしする（一時停止する）」といった設定ができます。

更新を1週間延ばすには、**設定**パネルのホームから**Windows Update**を選択し、**更新を7日間一時**

停止を選択します。

▼更新を1週間延期する

更新を指定日まで停止するには、**設定**パネルのホームから**Windows Update**を選択し、パネル下方の**詳細オプション**を選択します。**詳細オプション**パネルで更新のオプションを設定します。指定日まで更新を延ばすには、いちばん下の**更新の一時停止**を設定します。

▼更新を一時停止する

Perfect Master Series
Windows Server 2022

Chapter 10

PowerShellで
システム管理

1 Serverでの キーワード
2 導入から 運用まで
3 Active Directory の基本
4 Active Directory での管理
5 ポリシーと セキュリティ
6 ファイル サーバー
7 仮想化と 仮想マシン
8 サーバーと クライアント
9 システムの メンテナンス
10 PowerShell での管理

Windows Serverを日々、管理するときにはGUIツールを使用するという選択肢のほか、キャラクターベースのシェルを使用するという方法も、Windows Server 2022/2019には用意されています。Windowsではおなじみのコマンドプロンプトには、ネットワーク関連のコマンドもいくつか用意されています。

PowerShellでも、コマンドプロンプトと同じコマンドをそのまま使える場合が多く、どちらを使っても同じような作業ができます。さらに、PowerShellには「複雑な作業を1つのスクリプトに記述しておいて自動で行わせる」といった機能もあります。これからWindows Serverのネットワーク管理者になるのなら、できればPowerShellを使いこなせるようになりましょう。

　PowerShell（正式名称は「Windows PowerShell」）は、Windows ServerやWindows 11/10などに同梱されているシェルです（「1.7　PowerShell」参照）。PowerShellでは、**コマンドレット**という特別な記述を行いますが、**エイリアス**機能によって、コマンドプロンプトやUNIXのシェル機能で使われているおなじみのコマンドをそのまま使用することも可能です。

PowerShellでファイル操作

PowerShellを使って、ファイルの移動や削除、コピーなどのファイル操作をするには、次のように操作します。

1 PowerShellをインストールする

2 PowerShellを起動する

3 コマンドレットを実行する

4 スクリプトを実行する

　PowerShellは、コマンドレットに加えてスクリプトも実行できるシェルです。コマンドプロンプトではできなかった、オブジェクト指向のスクリプトを組むことも可能です。

　PowerShellは、Windows Serverの通常のインストールによって自動的にインストールされ、デスクトップ画面のタスクバーには、PowerShellアイコンがピン留めされます。このアイコンを操作することで、PowerShellやPowerShell ISEを起動することができます。

　PowerShellのウィンドウは、コマンドプロンプトと大差ありませんが、プロンプト記号が「PS>」となっています。このプロンプトに続いてコマンドレットを1行で入力し、[Enter]キーを押すと実行されます。長いコマンドレットを入力するのに、PowerShellの補完機能を使うこともできます。PowerShell ISEでは、さらに強力な補完機能があり、自動的にコマンドレットの一覧を表示します。

▼画面の色を変更したPowerShell

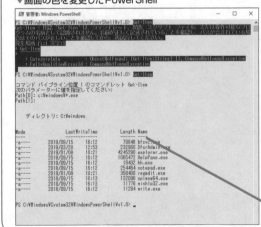

プロパティで画面の色を設定できる

1
Serverでの
キーワード

2
めｲﾝｽﾄｰﾙから
運用まで

3
Active Directory
の基本

4
Active Directory
での管理

5
ポリシーと
セキュリティ

6
ファイル
サーバー

7
仮想化と
仮想マシン

8
サーバーと
クライアント

9
システムの
メンテナンス

10
PowerShell
での管理

10.1.1　PowerShellの基本操作

Onepoint

Windows Serverには、**PowerShell**が組み込まれていて、PowerShellウィンドウのほかに、よりGUI機能が豊富な**PowerShell ISE**を使うこともできます。

PowerShellから利用できるコマンドには、コマンドレットのほか、「エイリアス」、関数コマンド、スクリプト、実行ファイルがあります。

PowerShellを起動／終了する

Windows Serverの通常のインストールで、PowerShellはデスクトップ画面のタスクバーにピン留めされます。また、スタート画面にはアプリタイルとしても標準で配置され、そこから実行することが可能です。以下では、スタートメニューから実行してみます。

▼PowerShellの起動

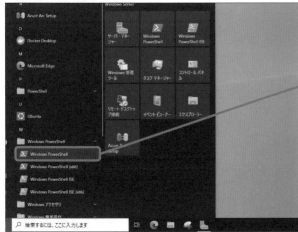

1 スタートメニューから**Windows Power Shell**➡**Windows PowerShell**を選択します。

[Windows PowerShell]をクリックする

Onepoint
ここではAdministratorアカウントでWindows Serverにサインインしているとします。

▼PowerShell

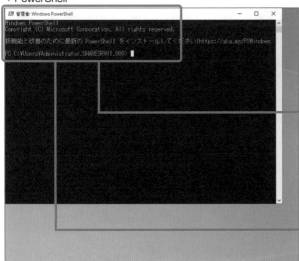

2 PowerShellが起動しました。Power Shellを終了するには、プロンプトに続いて「exit」と入力し、Enterキーを押します。

「exit」と入力し、Enterキーを押すと終了する

コマンドレットはPowerShellのコマンド体系です。すべて「動詞-名詞」という形式をとります。例えば、現在の時間を表示するなら、コマンドレットは「Get-Date」です。これを実行すると、現在の年月日と時刻が表示されます。

コマンドレットは、「.NET Framework」のCmdletクラスの派生クラスオブジェクトになっています。

▼Get-Location コマンドレット

```
PS C:\Users\Administrator> Get-Location
```

1 PowerShellのプロンプトに続いて、「Get-Location」と入力して Enter キーを押します。なお、この例題では、Administratorとしてサインインしているものとします。

Onepoint

PowerShell のプロンプトには、「PS」に続いてカレントディレクトリのパスが表示されます。初期状態では、サインインしているユーザーのフォルダーになります。なお、本書では、カレントディレクトリのパスを明示しなくてもよい場合は、パス表示を省略しプロンプトを簡略化して「PS >」と表示しています。

2 すると、「Path／----／C:\Users\Administrator.~」（／で改行）と表示されます。

▼カレントディレクトリの表示形式

```
Path
----
C:\Users\Administrator.(サーバー名)
```

▼Get-Location コマンドレットの実行

「Get-Location」と入力して Enter キーを押す

カレントパスが表示された

Onepoint

Get-Location コマンドレットは、「Get」（得る）「Location」（場所）ということで、カレントディレクトのパスを取得するコマンドレットです。

3 続いて、次のコマンドレットを入力して実行します。

▼Set-Location コマンドレット

```
PS C:\Users\Administrator> Set-Location $pshome
```

▼ Set-Location コマンドレットの実行結果

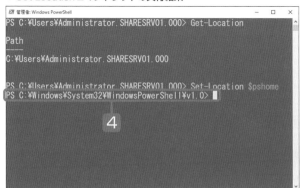

▼ 移行時のカレントディレクトのパス

```
PS C:\Windows\System32\WinodwsPowerShell\v1.0>
```

Onepoint

「$pshome」はPowerShellのホームフォルダーを示しています。ちなみに、元に戻すには、「$pshome」のところを「$home」に変えて、Set-Locationコマンドレットを実行します。

4 PowerShellの実行ファイルなどが保存されているフォルダーに、カレントディレクトが移行し、プロンプト表示が変わりました。

Onepoint

Set-Locationコマンドレットは、「Set」(置き換える、セットする)「Location」(場所)ということで、カレントディレクトリを移行するコマンドレットです。

Hint | PowerShell ISE を起動するには

　PowerShell ISE を起動するには、スタートメニューからWindows PowerShellを開き、**ISEを管理者として実行する**または**Windows PowerShell ISE**を選択します。

　ところで、PowerShellの最新版(PowerShell 7など)をGitHubなどから入手してインストールした場合には、Windows Server 付属のWindows PowerShell、Windows PowerShell ISEと共に3種類の同種のアプリが存在することになります。あとからインストールしたPowerShellは、スタートメニューの「Windows PowerShell」フォルダー内にショートカットが作成されます。

▼ スタートメニュー

* **ISE** Integrated Scripting Environmentの略。

1 Server での
キーワード

2 導入から
運用まで

3 Active Directory
の基本

4 Active Directory
での管理

5 ポリシーと
セキュリティ

6 ファイル
サーバー

7 仮想化と
仮想マシン

8 サーバーと
クライアント

9 システムの
メンテナンス

10 PowerShell
での管理

Memo Getコマンドレットと Set コマンドレット

GetとSetから始まるコマンドレットは、数も多く、またよく利用します。UNIX系のサーバー用のシェルコマンドとの操作上の互換性を持たせるため、エイリアスも設定されています。

Getから始まる主なコマンドレット

Getコマンドレット	エイリアス	説明
Get-Acl	なし	アクセス制御リスト（ACL）を取得します。
Get-Alias	なし	エイリアスを取得します。
Get-ChildItem	gci	フォルダーやレジストリからのアイテム*を取得します。指定する親アイテムによって、取得される子アイテムの種類は異なります。
Get-Content	gc	テキストファイルを出力します。
Get-Date	なし	日付と時刻を取得します。
Get-Host	なし	PowerShellのバージョンなど、ホスト情報を表示します。
Get-Item	gi	「-Path」パラメーターで指定するパスのフォルダーやレジストリキーそのもののアイテム（項目）を取得します。
Get-Location	gl、pwd	ロケーションを取得します。パラメーターを指定しないとカレントディレクトリが取得されます。
Get-Process	gps	実行中のプロセスの情報を取得します。
Get-Service	gsv	インストールされているサービス情報を取得します。
Get-WmiObject	gwmi	WMIクラスのオブジェクトを取得します。
Get-Command	gcm	コマンドレットの一覧を表示します。

Setから始まる主なコマンドレット

Setコマンドレット	エイリアス	説明
Set-Acl	なし	アクセス制御リスト（ACL）を設定します。
Set-Alias	なし	エイリアスを設定します。
Set-Date	なし	日付と時刻を設定します。
Set-Item	si	アイテムの値を設定します。
Set-Location	cd、chdir、sl	ロケーションを設定します。カレントディレクトリの移動に使用できます。

---

*アイテム　PowerShellで扱う階層構造のリソース（ドライブ）に含まれる項目のこと。なお、子アイテムとして内包する親アイテムを**コンテナー**と呼ぶ。

1
Server での
キーワード

2
導入から
運用まで

3
Active Directory
の基本

4
Active Directory
での管理

5
ポリシーと
セキュリティ

6
ファイル
サーバー

7
仮想化と
仮想マシン

8
サーバーと
クライアント

9
システムの
メンテナンス

10
PowerShell
での管理

10.1.2　PowerShellの画面

PowerShellはキャラクターベースのシェルで、基本的には「コマンドレットを1行に打ち込み、Enterキーを押すと実行される」というものです。UNIXサーバーなどでキャラクターベースでのサーバー管理を行っている人には、サーバーマネージャーのようなGUI環境よりもPowerShellのほうが慣れていることでしょう。

といっても、PowerShellウィンドウにも最低限の編集機能や画面設定機能が付いています。なお、PowerShellよりもずっと使い勝手をよくした**PowerShell ISE**については、次項で紹介します。

PowerShellコンソールのキー入力と編集

PowerShellコンソールには、素早く間違わずにコマンドレットやスクリプトを入力するための機能が備わっています。ただし、これらの機能はGUIのようにボタンやメニューから表示されるものではありません。各機能はキーボードのキーに割り当てられているため、使って覚えるしかありません。

▼PowerShell

```
PS >get-
```

1 PowerShellのプロンプトに続いて、次のようにコマンドレットを途中まで入力します。

> ### nepoint
> 本書では、掲載したコンピューター画面表示と例題のコマンドレットのプロンプトが異なることがありますが、見やすさの観点から、支障のない場合はプロンプトに表示されるカレントディレクトリパスを省略し、「PS >」だけにします。

2 Tabキーを押します。すると、Get-の続きが補完されたコマンドレットが表示されます。Tabキーを押すと、候補のコマンドレットが順に切り替わります。

▼補完機能

```
PS > Get-Acl
```

↓ Tabキー

```
PS > Get-ADAccountAuthorixstionGroup
```

↓ Tabキー

```
PS > Get-ADAccountResultPasswordReplicationPolicy
```

> ### nepoint
> 小文字で入力した「get-」が「Get-」に修正されているのも、PowerShellの入力を補助する機能によるものです。ただし、PowerShellのコマンドレットは小文字と大文字は区別しない仕様になっています。見やすさの観点から、単語の最初を大文字にしています。

▼ Get-ChildItem コマンドレット

```
PS >Get-ChildItem  Enter
```

▼ PowerShell

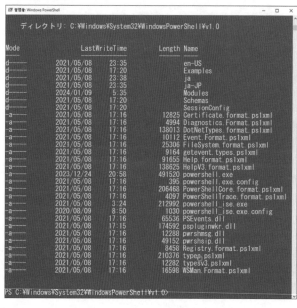

▼ CLS コマンド

```
PS >cls  Enter
```

▼ PowerShell

画面の表示結果が
消去された。

▼ PowerShell

実行したコマンドレットが
逆順で表示される。

3 コンソールに表示されているコマンド
レットを実行せず、Back space キーを必要なだ
け押して表示されているコマンドレット
を消去します。そして、左に示すコマン
ドレットを入力し、今度は Enter キーを
押して実行します。

nepoint

「Get-ChildItem」コマンドレットは、指定した
場所にあるアイテム (項目) を取得します。指定
する場所がディレクトリパスの場合には、その
フォルダーにあるファイルやフォルダーが子ア
イテムとして取得されます (省略した場合はカレ
ントディレクトリが対象になります)。また、指定
する場所がレジストリの場合は、指定したレジ
ストリパスからレジストリキーが取得されます
(レジストリエントリを取得するには「Get-Item」
コマンドレットを使用します)。

4 続けて、プロンプトに続いて「cls」と入
力して Enter キーを押します。

5 すると、画面にあったコマンドや表示結
果がきれいに消去されます。

nepoint

「cls」コマンドはエイリアスと呼ばれます。
実際には「Clear-Host」コマンドレットが実
行されています。エイリアスの詳細な説明
は、「10.1.4　エイリアス」をお読みください。

6 続いて、キーボードの↑キーを押しま
す。↑キーを押すたびに、以前のコマン
ドレットが実行の逆順に表示されます。

1
Server での
キーワード

2
導入から
運用まで

3
Active Directory
の基本

4
Active Directory
での参照

5
ポリシーと
セキュリティ

6
ファイル
サーバー

7
仮想化と
仮想マシン

8
サーバーと
クライアント

9
システムの
メンテナンス

10
PowerShell
での管理

PowerShell の対話的な表示

ここでは、まずわざと間違ったつづりのコマンドレットを実行して、その結果を見ます。さらに、コマンドレットに付加するパラメーターが足りない状態でも実行してみます。

▼間違ったつづり

つづりが違っている。

> **1** PowerShell コンソールに、誤ったつづりのコマンドレットを入力して、[Enter] キーを押します。

▼エラーメッセージ

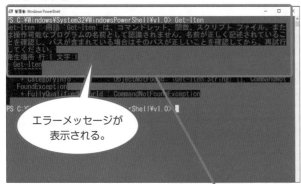

エラーメッセージが
表示される。

nepoint

例題では、「Get-Item」とするところ「Get-Iten」と間違ったつづりで入力しています。

> **2** PowerShell では、コマンドレットが実行されず、赤字でエラーメッセージが表示されます。

▼Get-Item

```
PS >Get-Item [Enter]
```

正しいつづりを入力。

> **3** 正しいつづりの「Get-Item」を入力し直して、[Enter] キーを押します。

> **4** すると、今度はパラメーターを指定するように促すプロンプトが表示されます。

▼パラメーター入力メッセージ

```
コマンド　パイプライン位置1のコマンドレット　Get-Item
次のパラメーラーに値を指定してください：
Path[0]：
```

▼パラメーターの入力

```
Path[0]: c:¥Windows¥*.exe [Enter]
Path[1] [Enter]
```

> **5** これは、「Get-Item」コマンドレットでパラメーターを省略した場合に、対話形式でパラメーターの入力を促してくるという仕様になっているためです。そこでここでは、左に示すように入力して [Enter] キーを押します。

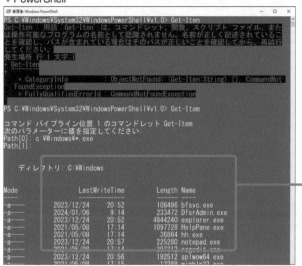

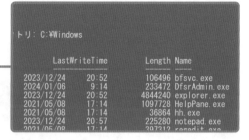

6 Get-Itemコマンドレットが実行され、指定したディレクトリパスにある、拡張子が「.exe」のファイルの一覧が表示されます。

拡張子「.exe」の
ファイルの一覧が
表示される

H int | PowerShellのショートカットキー

PowerShell コンソールウィンドウのキー操作の多くは、ほかのWindowsアプリと同じです。コマンドラインの補完機能を覚えると、タイプミスを減らすことができます。

PowerShellで使えるショートカットキー

ショートカットキー	説明
↑キー、Escキー	コマンド履歴を逆順に表示します。
↓キー	コマンド履歴を順に表示します。
PgUpキー	最初に入力したコマンドを表示します。
PgDnキー	最後に入力したコマンドを表示します。
→キー	最後に入力したコマンドを1文字ずつ補完して表示します。
Homeキー	カーソルをコマンドラインの先頭へ移動します。
Endキー	カーソルをコマンドラインの最後へ移動します。
Ctrl+←キー	カーソルを単語の先頭へ移動します。
Ctrl+→キー	カーソルを単語の最後へ移動します。
Ctrl+Cキー	実行中のコマンドを強制終了します。
F7キー、F9キー	コマンド履歴の一覧をダイアログボックスに表示します。
Tabキー	入力途中のコマンドを補完します。
Enterキー	コマンドを実行します。
Escキー	コマンドを削除します。

1
Server での
キーワード

2
導入から
運用まで

3
Active Directory
の基本

4
Active Directory
での管理

5
ポリシーと
セキュリティ

6
ファイル
サーバー

7
仮想化と
仮想マシン

8
サーバーと
クライアント

9
システムの
メンテナンス

10
PowerShell
での管理

10.1.3 PowerShell ISE

PowerShell ISEは、PowerShellスクリプトを作成・編集するためのツールです。もちろん、1行のコマンドラインの実行もできます。また、PowerShellよりも高度なコマンド補完機能を備えています。

Windows Serverをインストールすると、同時にインストールされています。スタートメニューからの起動のほか、タスクバーのPowerShellアイコンを右クリックして起動することもできます。

PowerShell ISEの基本画面

PowerShell ISEのデフォルト表示は、2つのウィンドウで構成されています。また、コマンドバーからコマンドアドオンを表示ボタンをクリックすると、コマンドアドオンウィンドウが開きます。

▼PowerShell ISEのデフォルト表示

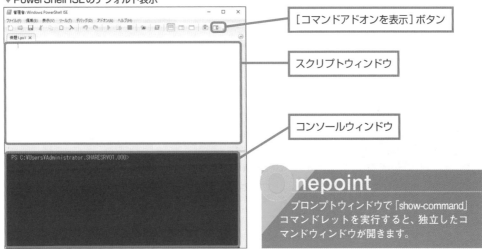

［コマンドアドオンを表示］ボタン

スクリプトウィンドウ

コンソールウィンドウ

nepoint

プロンプトウィンドウで「show-command」コマンドレットを実行すると、独立したコマンドウィンドウが開きます。

▼コマンドアドオンウィンドウが開いたところ

コマンドアドオンウィンドウ

PowerShell ISEで簡単なコマンドレットを実行する

PowerShell ISEのコンソールウィンドウを使い、簡単なコマンドレットを実行させてみましょう。
コマンドレットの補完機能は、PowerShellよりも強力です。
ここでは、環境変数の一覧を表示します。

▼コンソールウィンドウへの入力

```
PS C:¥Users¥kanri > set-l
```

1 PowerShell ISEを起動し、コンソール
ウィンドウのプロンプトに続いて、左に
示すように入力して Enter キーを押し
ます。

▼コンソールウィンドウへの入力

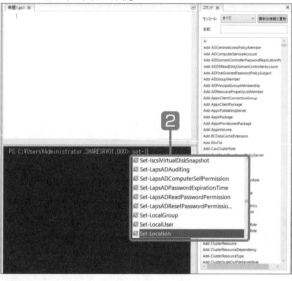

nepoint

最初の操作時のカレントディレクトリは
どこでもかまいません。

2 すると、補完機能がはたらいて、コマンド
レットの候補ウィンドウが開きます。この
ウィンドウで、入力したいコマンドレット
を ↑ ↓ キーで選択して、 Enter キーを押
します。

▼コンソールウィンドウ

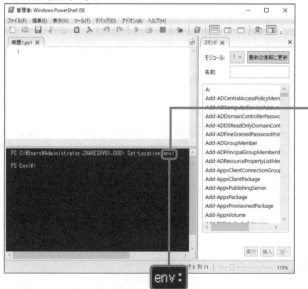

半角スペース＋「env:」と入力して
Enter キーを押す

3 完全なコマンドレットが入力されます。
続いて、パラメーターを入力します。半
角スペースを1つ入力し、「env:」と入力
したら、 Enter キーを押します。

nepoint

「env:」は、環境変数ドライブを示します。

1
Session での
キーワード

2
導入から
運用まで

3
Active Directory
の基本

4
Active Directory
での管理

5
ポリシーと
セキュリティ

6
ファイル
サーバー

7
仮想化と
仮想マシン

8
サーバーと
クライアント

9
システムの
メンテナンス

10
PowerShell
での管理

▼カレントディレクトリパスの表示が変わった

```
PS C:¥Users¥kanri > Set-Location env: Enter
PS Env: >
```

```
4
```
カレントドライブは環境変数ドライブに
移動しました。

▼コンソールウィンドウへの入力

```
PS Env: > Get-ChildItem Enter
```

```
5
```
続いて、左に示すように入力して
Enter キーを押します。

nepoint

ここでもコマンドレットの補完機能がは
たらきます。

▼コンソールウィンドウ

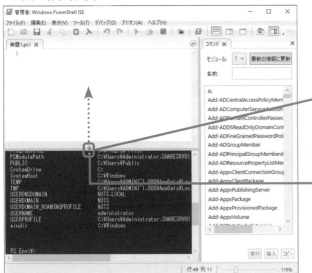

```
6
```
環境変数の一覧が表示されました。コン
ソールウィンドウを広げたいときは、ス
クリプトウィンドウとの境をドラッグし
て上に移動させます。

ウィンドウの枠を上にドラッグする

▼コンソールウィンドウ

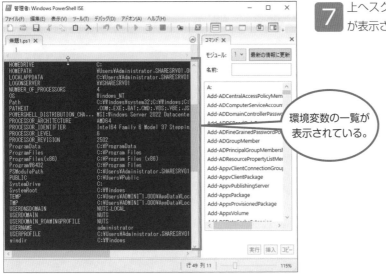

```
7
```
上へスクロールすると、環境変数の一覧
が表示されていることがわかります。

環境変数の一覧が
表示されている。

10.1.4　エイリアス

エイリアスは、コマンドレットやスクリプトファイル、実行ファイル、関数などの名前の代替名です。エイリアスを利用することで、長いコマンドレット名を短縮して入力できるようになります。

また、UNIX系のコマンドと同じはたらきをするコマンドレットにUNIX系コマンドのエイリアス名を付けることで、操作性の互換性を高めることもできます。実際、「cd」や「chdir」などは、「Set-Location」のエイリアスとして登録されています。

エイリアスを利用する

使用できるエイリアス一覧を表示するには、**Get-Alias**コマンドレットを実行します。また、Set-Aliasコマンドレットを使って、エイリアスを自分で設定することも可能です。なお、パラメーターを含んだコマンドレットをエイリアスにすることはできません。

主なコマンドレットとエイリアスの一覧を次に示します。

▼ PowerShellの主なコマンドレットとエイリアス

コマンドレット	エイリアス	用途
Add-Content	ac	ファイルに文字データを追加します。
Clear-Content	clc	ファイルの中身だけを削除します。
Copy-Item	cpi	ファイルまたはフォルダーを新しい場所にコピーします。
Convert-Html	■	HTMLファイルに出力します。
Invoke-Expression	iex	スクリプトを実行します。
Invoke-Item	ii	実行可能ファイルを実行したり、ファイルを開いたりします。
Measure-Command	■	コマンドまたはスクリプトの実行時間をミリ秒単位で計測します。
Move-Item	mi	ファイルまたはフォルダーを移動します。
New-Alias	nal	エイリアスを新規作成します。
New-Item	ni	新規にファイルまたはフォルダーを作成します。
Remove-Item	ri	ファイルまたはフォルダーを削除します。
Rename-Item	rni	ファイルやフォルダーの名前を変更します。
Resume-Service	■	一時停止しているサービスを再開します。
Stop-Process	spps	プロセスを停止します。
Stop-Service	spsv	実行中のサービスを停止します。
Tee-Object	tee	コマンドの実行内容をファイルに保存します。

■：エイリアスなし

1
Serverでの①
キーワード

2
導入から
運用まで

3
Active Directory
の基本

4
Active Directory
での管理

5
ポリシーと
セキュリティ

6
ファイル
サーバー

7
仮想化と
仮想マシン

8
サーバーと
クライアント

9
システムの
メンテナンス

10
PowerShell
での管理

10.1.5　PowerShellのリモート操作

Onepoint

Windows ServerのPowerShellをリモートで実行するには、**PowerShell 2.0**以上が必要です。

WindowsのPowerShellでリモート操作する

Onepoint

Windows Serverでは、Windows Remote Managementを起動し、AdministratorとしてPower Shellを実行して、winrmを使って設定します。

作業するコンピューターとしてはWindows 11/10を使用します。

▼サービス

|1| Windows Serverで、**サービス**コンソール を 起 動 し、**Windows Remote Manage ment**を選択して、**サービスの開始**をク リックします。

Onepoint
リモート接続するクライアントでも同様 にサービスを開始しておきます。

▼PowerShell

|2| AdministratorとしてPowerShellを起 動します。

Hint｜PowerShellのショートカットキー

コマンドプロンプトを使ってAdministrator権限で PowerShellを起動するには、次のようなコマンドを 実行します。実行後、ドメインのAdministratorのパ スワードの入力が促されます。

```
runas /env /user:administrator powershell
```

▼PowerShell（Windows Server）

Tips

カレントユーザーが誰なのかはwhoami
コマンドでわかります。

3 PowerShellのプロンプトで、次に示すよ
うにコマンドを実行して、「Enable-PS
Remoting」スクリプトを実行します。

```
Enable-PSRemotiwg
```

▼PowerShell（Windows 11）

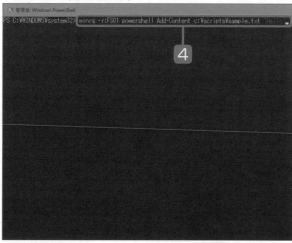

4 Windows 11/10でも、Administrator
としてPowerShellを起動し、次に示す
リモートコマンドを実行します。

Memo

このコマンドは、リモートコンピューター
（「-r:（コンピューター名）」で指定）上の
ファイル「c:¥scripts¥sample.txt」の最後に
任意の語句「Hello」を追加するものです。こ
のためには、あらかじめサーバーにsample.
txtを用意しておく必要があります。

```
winrs -r:(コンピューター名) powershell Add-Content c:¥scripts¥sample.txt "Hello"
```

▼ワードパッド（Windows Server）

5 リモート管理されたサーバー側の
sample.txtを開いて、テキストが追加
されたのを確認します。

10.1

PowerShellの基本

Section

10.2 PowerShellで行う システム管理

Level ★ ★ ★ | **Keyword** Windows PowerShell　WMI　Process　Show-Command

　PowerShellは、コマンドレベルでコンピューターを制御するツールです。ネットワークやシステムに関する操作や設定は、これまではコマンドプロンプトで行っていました。Windowsに付属しているPowerShellは、実行できるコマンドレベルの機能がコマンドプロンプトよりも豊富に用意されています。

ここがポイント！

PowerShellを使って プロセスを停止させる方法

起動しているプロセスを確認し、特定のプロセスを強制終了させるには、次のように操作します。

1　「Get-Process」を実行する

2　プロセスのリソース消費を確認する

3　「Stop-Process」を実行する

4　特定のプロセスIDを停止する

　システムの状態を知るには、管理ツールにあるタスクマネージャーやパフォーマンスモニターのようなGUIツールを使うことができます。これらの情報は、PowerShellでも見ることができます。ただし、目的の情報を取得するためには、どのコマンドレットを使えばよいかが問題です。

　コマンドレットのよいところは、コマンドレット名のルールが「動詞-名詞」となっていて、わかりやすいところです。プロセスについてのコマンドレットには、「Process」が付いていると推測できます。

　実際、そのとおりで、「Get-Process」でプロセス情報を取得できます。また、特定のプロセスを停止させるには「Stop-Process」を使います。

　システムに関するそのほかのコマンドの扱いも、おおむね同じです。

▼Stop-Process

```
247     15     2764      3596              4332    0 vSnapshotServ
404     19     8156      3164              7408    1 Wacom_Tablet
405     19     8176      6844             13696    2 Wacom_Tablet
181     10     1732      1296              6272    1 Wacom_TabletUser
181     10     1744      2496     0.17    12384    2 Wacom_TabletUser
245     14     3748      2332              1576    1 Wacom_TouchUser
241     13     4056      4380     1.97    13360    2 Wacom_TouchUser
252     12     1940      1432              6176    1 WacomHost
252     12     1904      1376             13436    2 WacomHost
215     14     4004      5272              6620    1 weather
224     15     4076      7120     3.28    12356    2 weather
171     10     1792      1980              4404    0 WeatherService
824     30    20108       408              5216    1 WindowsInternal.C
824     29    20000       264     0.56    20788    2 WindowsInternal.C
168     11     1416      1060               860    0 wininit
257     11     2448      1272               912    1 winlogon
257     11     2388      1920              3968    2 winlogon
277     18     9540      3028              1696    1 WinShot
210     13     2012      1808     0.45    17304    2 WinShot
497     35    20732       212             10784    1 WinStore.App
204     11     8344      4328              2948    0 WmiPrvSE
658     32     9368      2200               624    0 wmpnetwk
173      9     1680      1088              3540    0 WTabletServicePro
204     11     2444      1580               660    0 WUDFHost
607     27    15580         0              9236    1 YourPhone
626     27    15908       244     1.77    17400    2 YourPhone

PS C:¥> Stop-Process -Id 12356
PS C:¥>
```

任意のプロセスIDを指定して停止する

517

システムのメモリが不足しているときには、使っていないプロセスを停止します。PowerShellでは、「Get-Process」コマンドレットでプロセス情報を確認し、名前またはID番号を指定してプロセスを止めます。

Get-Processコマンドレットでプロセス情報を得る

Get-Processコマンドレットで、現在起動しているプログラムのリソースの様子を確認できます。ここでは、コマンドプロンプトを起動しておいて、そのプロセスIDをコマンドレットで確認します。

▼PowerShell

```
PS > Get-Process Enter
```

1 コンソールに左に示すように入力して、Enter キーを押します。

2 すると、現在起動しているプログラムのプロセス情報の一覧が表示されます。

▼プロセス情報の一覧

```
PS > Get-Process

Handles  NPM(K)    PM(K)     WS(K)    CPU(s)     Id  SI ProcessName
-------  ------    -----     -----    ------     --  -- -----------
    228       5     4408     12168      0.63   5180   1 ApplicationFrameHost
     69       4     4108      3718      0.02  15048   1 cmd
    261      16     4712     20544      0.98   4244   1 conhost
    282      13     1912      3060      1.28    500   0 csrss

    （省略）

      0       0        0      2552      0.00    388   0 Secure System
   1144      84   166036      4764     46.41   4228   1 ServerManager
    372      12     7012     10436     36.94    712   0 services
    698      29    14596     48392      0.70   5132   1 ShellExperienceHost
    371      15     4756     16724      1.78   4280   1 sihost
     51       2      376      1000      0.09    392   0 smss
```

Onepoint

プロセス情報のプロセスIDなどの値は、起動するたびに異なります。

Stop-Processコマンドレットでプロセスを停止する

プロセス情報を見て、使用していないのに多くのCPUパワーを使っているものを停止させます。ここでは、先に起動している「コマンドプロンプト」のプロセスを停止させます。

Get-Processコマンドレットの結果から、コマンドプロンプト (cmd) のプロセスIDは「15048」であったとします (この値は起動するたびに変化します)。

▼PowerShell

```
PS > Stop-Process -Id （停止させるプロセスID）  Enter
```

▼PowerShell

1 PowerShellを起動し、コンソールに左の画面のように入力して、Enter キーを押します。

2 コマンドプロンプトのプロセスが閉じました。

Onepoint

「-Id」パラメーターではプロセスIDを指定します。「-Name」パラメーターでプロセス名を指定することもできます。

Attention

サーバーマネージャーなど、この方法ではアクセスが拒否されることがあります。

Attention

Stop-Processコマンドレットは、プロセスを強制終了させるので、場合によってはデータを消失する恐れもあります。

Hint | プロセスを絞って表示する

次項で述べるWMIクラスは、その名前を見るとどのような情報が含まれているのか想像しやすいのですが、その数が非常に多く、探すのに手間どります。

そこで、下のリストのように「Select-String」コマンドレットをパイプでつないで「Processor」キーワードによってWMIクラスを絞ってみるとよいでしょう (結果、21個のWMIクラスが検索されました)。

```
PS > gwmi -List | select-string "processor"
¥¥DC01¥ROOT¥CIMV2:CIM_Processor
¥¥DC01¥ROOT¥CIMV2:Win32_Processor
¥¥DC01¥ROOT¥cimv2:Win32_ComputerSystemProcessor
¥¥DC01¥ROOT¥cimv2:CIM_AssociatedProcessorMemory
¥¥DC01¥ROOT¥cimv2:Win32_AssociatedProcessorMemory
（省略）
¥¥DC01¥root¥cimv2:Win32_PerfFormattedData_PerfOS_Processor
¥¥DC01¥root¥cimv2:Win32_PerfRawData_PerfOS_Processor
```

1 Server での キーワード
2 導入から運用まで
3 Active Directory の基本
4 Active Directory での管理
5 ポリシーとセキュリティ
6 ファイルサーバー
7 仮想化と仮想マシン
8 サーバーとクライアント
9 システムのメンテナンス
10 PowerShell での管理
索引 Index

10.2.2　WMIオブジェクト

　　WMI（Windows Management Instrumentation）は、MicrosoftがWindowsに実装した、システム監視情報へのアクセス方法を共通化する仕組みです。これは、様々なシステム情報を収集するシステム管理の場面で、監視対象へのインターフェイスを標準化するものです。

　　Windows Serverでは、非常に多くのWMIクラスが用意されており、PowerShellで専用のコマンドレットを使うことで、このクラスのオブジェクトから様々な監視情報を得ることが可能です。

Get-WmiObjectコマンドレットでシステム情報を得る

　　そのためのコマンドレットが**Get-WmiObject**です。どのようなWMIクラスにアクセスできるかを知るには、PowerShellのプロンプトで「Get-WmiObject -List」を実行します。また、エイリアスは「gwmi」です。

　　ここでは、OSの情報を表示します。

1　PowerShellを起動し、コンソールに次のように入力して、[Enter] キーを押します。

▼PowerShell

```
PS > Get-WmiObject -Class Win32_OperatingSystem  Enter
```

▼PowerShell

バージョン情報などが表示される。

2　Windowsのバージョンなどの情報が得られました。

```
SystemDirectory : C:\Windows\system32
Organization    :
BuildNumber     : 17763
RegisteredUser  : Windows ユーザー
SerialNumber    : 00431-20000-00000-AA661
Version         : 10.0.17763
```

PowerShellで行うシステム管理

10.2

1
Server OS
キーワード

2
導入から
運用まで

3
ActiveDirectory
の基本

4
ActiveDirectory
での管理

5
ポリシーと
セキュリティ

6
ファイル
サーバー

7
仮想化と
仮想マシン

8
サーバーと
クライアント

9
システムの
メンテナンス

10
PowerShell
での管理

BIOSの情報の取得

コンピューターのBIOS情報も取得できます。

▼PowerShell

```
PS > Get-WmiObject -Class Win32_bios  Enter
```

1 PowerShellを起動し、コンソールに左に示すように入力して、 Enter キーを押します。

▼PowerShell

2 BIOSのバージョンなどの情報が得られました。

```
SMBIOSBIOSVersion : 1.07
Manufacturer      : FUJITSU // American Megatrends Inc.
Name              : Version 1.07
SerialNumber      : MA0100792
Version           : FUJ    - 10700000
```

CPUの使用率を表示するには

Processorを含むクラスからは、CPUの情報が得られます。

1 PowerShellを起動し、コンソールに次のように入力して、 Enter キーを押します。

▼PowerShell

```
PS > Get-WmiObject -Class Win32_PerfFormattedData_PerfOS_Processor  Enter
```

▼PowerShell

2 CPUの使用率などの情報が得られました。

Onepoint

　　Show-Commandコマンドレットは、渡されたコマンドレットのパラメーターを、GUIのダイアログボックスを使って入力させることのできるコマンドです。

エクスプローラーのプロセス情報を表示する

　「Show-Command」コマンドレットにダイアログボックスを表示させるコマンドレットには、**Get-Process**コマンドレットを設定します。

▼コンソール

```
PS > Show-Command Get-Process  Enter
```

1 PowerShellのコンソールに、左に示すようにコマンドレットを入力します。

▼Get-Processのダイアログボックス

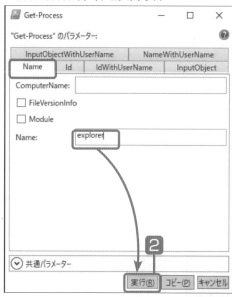

2 すると、ダイアログボックスが開きます。**Name**タブの**Name**ボックスに、タスク情報が知りたいプログラムの名前を入力して、**実行**ボタンをクリックします。

3 エクスプローラーのタスクの情報が表示されました。

▼PowerShell

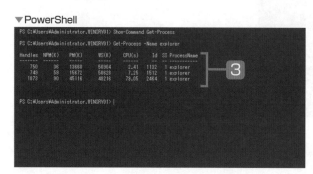

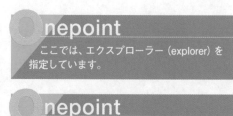

1
Serverでの
キーワード

2
導入から
運用まで

3
Active Directory
の基本

4
Active Directory
での管理

5
ポリシーと
セキュリティ

6
ファイル
サーバー

7
仮想化と
仮想マシン

8
サーバーと
クライアント

9
システムの
メンテナンス

10
PowerShell
での管理

索引
Index

10.2.4 システムのシャットダウン／再起動

システムのシャットダウンや再起動もコマンドレットで行えます。なお、これらのコマンドレットは、リモートコンピューターに対しても実行できます。

PowerShellでコンピューターを強制終了するには

コマンドプロンプトでは「shutdown」コマンドを使うところですが、PowerShellでは**Stop-Computer**コマンドレットを使います。

1 利用しているコンピューターを終了させるには、PowerShellのコンソールで、次のようにコマンドレットを実行します。

▼PowerShell

```
PS > Stop-Computer -ComputerName localhost  Enter
```

▼PowerShell

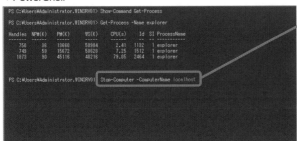

コマンドレットを実行する

nepoint
再起動させる場合は、次のようにコマンドレットを実行します。コマンドレットは1行で入力します。

```
PS > Restart-Computer
-ComputerName
localhost  Enter
```

Memo｜PowerShellの変数のスコープ

PowerShellで使用する変数には、有効範囲があります。これを**変数のスコープ**と呼びます。

変数のスコープ	ラベル	説明
グローバル	$global:変数＝値	どのスクリプトブロックからもアクセス可能。定義しないとグローバルスコープになる。
ローカル	$local:変数＝値	定義したスクリプトブロック内からアクセス可。子スクリプトブロックからもアクセス可。
プライベート	$private:変数＝値	定義したスクリプトブロック内からアクセス可。子スクリプトブロックからはアクセス不可。
スクリプト	$script:変数＝値	現スクリプト内からのみアクセス可。

PowerShellで ユーザー管理をする

| Level ★★★ | Keyword | net ADSIクラス Set-ADUser |

Windows Serverのユーザーアカウントには、「ローカルユーザーアカウント」と「Active Directory ユーザーアカウント」の2種類があります。Windows Server 2022/2019では、従来からあるローカルユーザーアカウントの管理には**net**コマンド、AD DSには**dsadd**コマンドなどが継続して使えます。PowerShell用コマンドレットを使ったアカウント管理は、それらに比べて面倒です。

ここが ポイント!

Active Directoryでユーザー アカウントを管理するコマンドレット

PowerShellでActive Directoryのオブジェクトを管理するコマンドレットには、次のようなものがあります。

1 「Get-Process」を実行する

2 プロセスのリソース消費を確認する

3 「Stop-Process」を実行する

4 特定のプロセスIDを停止する

従来からの「ds」から始まるディレクトリサービス用のコマンドは、「dsget」「dsmod」「dsrm」など、対象はパラメーターで指定するようになっていました。

これらに比べて、PowerShellのActive Directoryドメインサービス用のコマンドレットでは、コマンドレットの命名ルールに基づき、何に使うコマンドレットなのかがわかりやすくなっています。

▼パスワードの設定

コマンドレットの実行

▼ユーザー管理に利用できるコマンドレット

コマンドレット	機能
Get-ADGroup (Set-)	ADグループを取得 (設定) します。
Get-ADUser (Set-)	ADユーザーを取得 (設定) します。
Get-ADComputer (Set-)	ADコンピューターを取得(設定)します。
Get-ADOrganaization Unit (Set-)	OUを取得 (設定) します。
Set-ADAccount Password	アカウントのパスワードを設定します。
Add-ADGroupMember (Remove-)	グループにメンバーを追加 (削除) します。

1
Server での
キーワード

2
導入から
運用まで

3
Active Directory
の基本

4
Active Directory
での管理

5
ポリシーと
セキュリティ

6
ファイル
サーバー

7
仮想化と
仮想マシン

8
サーバーと
クライアント

9
システムの
メンテナンス

10
PowerShell
での管理

10.3.1　ローカルユーザーの管理

　ローカルユーザーを作成するには、一般的には「net」ユーザーコマンドを利用します。PowerShellには、このための専用のコマンドレットは用意されていません。そのため、「AD s Path」（Active Directory Service Path）を使った特殊な方法を用います。

PowerShellでローカルグループアカウントを作成する

　PowerShellでローカルユーザーアカウントを管理するには、Directory Service プロバイダ*を利用して、取得した情報をADSI*クラスに型変換し、そのメソッドを使ってグループを作成しています。

1 PowerShellのコンソールに、次のようにコマンドレットを入力して実行します。

▼コンソール

```
PS > (([ADSI]"WinNT://<コンピューター名>").create("Group"."<グループ名>")).setinfo()
```
Enter

Memo | **PowerShellの変数**

　「PowerShellでローカルユーザーアカウントを作成する」のコマンドに出てきた「$newUser=」では、変数の指定をしています。

　PowerShellの文法では、変数は「$」から始まる変数名で設定されます。このコマンドでは、「$newUser」を定義し、その中に「=」から後ろの処理で返されるオブジェクトを代入しています。

　変数を使ってローカルユーザー作成のコマンドを記述すると、次のように書くこともできます。

```
PS > $adsi = [ADSI]"WinNT://<コンピューター名>")  Enter

PS > $newUser = $adsi.create("User"."<ユーザー名>")   Enter

PS > $newUser.setPassword("<パスワード>")  Enter

PS > $newUser.SetInfo()  Enter
```

＊**Directory Service プロバイダ**　ディレクトリサービスから管理情報を取得するためのはたらきをするもの。
＊**ADSI**　Active Directory Service Interfaceの略。

PowerShellでローカルユーザーアカウントを作成する

ローカルユーザーアカウントを作成するときにも、PowerShellではADSIクラスを使います。

<table><tr><td>1</td><td>PowerShellのコンソールに、次のようにコマンドレットを入力して実行します。</td></tr></table>

▼コンソール

```
PS > $newUser=([ADSI]"WinNT://<コンピューター名>").create("User" ."<ユーザー名>")  Enter
PS > $newUser.setPassword("<パスワード>")  Enter
PS > $newUser.setInfo()  Enter
```

nepoint

グループの作成と同じように、Directory Serviceプロバイダが取得した情報をADSIオブジェクトに型変換し、それにパスワードを設定します。グループ作成時と異なるのは、作成したユーザー情報のオブジェクトを変数に代入しておき、そのメソッドにパスワードを登録しているところです。

PowerShellでユーザーをグループに所属させる

ユーザーをグループに所属させるには、ADSIクラスのインスタンスを生成し、そのAddメソッドを使ってユーザーをグループに追加します。

<table><tr><td>1</td><td>PowerShellのコンソールに、次のようにコマンドレットを入力して実行します。</td></tr></table>

▼コンソール

```
PS > ([ADSI]"WinNT://<コンピューター名>/<グループ名>").Add("WinNT://<コンピューター名>/
<ユーザー名>")  Enter
```

▼コンソール

```
PS > net localgroup <グループ名>  Enter
```

▼PowerShell

コマンドを入力する

メンバーが表示される。

nepoint

作成したユーザーと登録するグループには、Directory Serviceプロバイダを利用して接続します。オブジェクトへの追加には「Add()」を使用します。

<table><tr><td>2</td><td>グループへのユーザー登録を確認するには、左に示すコマンドを入力し、実行します。</td></tr></table>

1
Server での
キーワード

2
導入から
運用まで

3
Active Directory
の基本

4
Active Directory
での管理

5
ポリシーと
セキュリティ

6
ファイル
サーバー

7
仮想化と
仮想マシン

8
サーバーと
クライアント

9
システムの
メンテナンス

10
PowerShell
での管理

Hint 「net」コマンドでローカルユーザーを管理する

　一般には、netコマンドでユーザーやグループを管理できます。ローカルグループを管理するには**net localgroup**コマンドを使います。ドメイングループの管理には**net group**コマンドを使いますが、このコマンドはドメインコントローラー内のPowerShellまたはコマンドプロンプトで実行します。

　ローカルグループ（honbu）を作成するには、次のコマンドを入力して実行します。

```
PS > net localgroup honbu /add  Enter
```

　ローカルグループの一覧を表示するには、次のようにコマンドを入力します。作成したグループ名が表示されれば、作業は成功しています。

```
PS > net localgroup  Enter
```

　また、ユーザー（ユーザー名：「taro」、パスワード：「Az1298」）を追加するには、次のように「net user」コマンドを実行します。

```
PS > net user taro Az1289 /add  Enter
```

　このユーザー（taro）を任意のグループ（honbu）に参加させるには、次のような方法があります。

```
PS > net localgroup honbu taro
/add  Enter
```

　最後に、登録内容は次のコマンドで確認できます。

```
PS > net localgroup honbu  Enter
```

Hint ドメイングループを削除する

　ドメイングループをPowerShellで削除するには、次のコマンドを実行します。コマンド実行後、本当に削除するかどうかをたずねるメッセージが表示されます。「y」を入力すると削除が完了します。

```
PS > Remove-ADGroup -Identity "<グループ名>"  Enter
```

10.3.2 Active Directoryのユーザーと コンピューターを管理するには

Active Directoryの役割をインストールすると、自動的に**Active Directoryモジュール**がインストールされます。Active Directoryモジュールに含まれる「プロバイダ」により、ファイルシステムの階層と同じようにして、Active Directoryの階層データを移動することができます。また、同モジュールには、Active Directory管理用のコマンドレットも多数含まれています。

PowerShellでドメイングループを管理する

New-ADGroupコマンドレットは、AD DSにドメイングループを作成できます。既存のドメイングループを表示するのは**Get-ADGroup**です。

1 まず、現在登録されているドメイングループの一覧を表示しましょう。次のようにコマンドを入力して、実行させてみましょう。

Onepoint

「*」のように、ワイルドカードが使えます。この場合は、すべてのドメイングループが表示されます。

▼コンソール

```
PS > Get-ADGroup -Filter "*" [Enter]
```

▼コンソール

```
PS > Get-ADGroup -Filter "*"
DistinguishedName : CN=Administrators,CN=Builtin,DC=anchor,DC=local
GroupCategory     : Security
GroupScope        : DomainLocal
Name              : Administrators
ObjectClass       : group
ObjectGUID        : a8d9b3f2-724e-4130-a664-5a5a5b5fecdd
SamAccountName    : Administrators
SID               : S-1-5-32-544
(省略)
```

2 ドメイングループを作成するには、例えば次のように入力して実行します。

▼コンソール

```
PS > New-ADGroup -Name "HQAdmin" -GroupScope DomainLocal [Enter]
```

▼コンソール

```
PS > Get-ADGroup HQAdmin [Enter]
```

1
Server での
キーワード

2
導入から
運用まで

3
Active Directory
の基本

4
Active Directory
での管理

5
ポリシーと
セキュリティ

6
ファイル
サーバー

7
仮想化と
仮想マシン

8
サーバーと
クライアント

9
システムの
メンテナンス

10
PowerShell
での管理

▼PowerShell

```
SamAccountName   : TeamA
SID              : S-1-5-21-2902429592-535716815-415377415-1120

DistinguishedName : CN=TeamB,CN=Users,DC=nuts,DC=local
GroupCategory     : Security
GroupScope        : Global
Name              : TeamB
ObjectClass       : group
ObjectGUID        : bb4dc193-77e0-4b74-bcf2-ff95a2f18070
SamAccountName    : TeamB
SID               : S-1-5-21-2902429592-535716815-415377415-1121

DistinguishedName : CN=TeamC,CN=Users,DC=nuts,DC=local
GroupCategory     : Security
GroupScope        : Global
Name              : TeamC
ObjectClass       : group
ObjectGUID        : acc83c56-8713-48d5-9b88-d93484bd97d1
SamAccountName    : TeamC
SID               : S-1-5-21-2902429592-535716815-415377415-1122

DistinguishedName : CN=Access-Denied Assistance Users,CN=Users,DC=nuts,DC=local
GroupCategory     : Security
GroupScope        : DomainLocal
Name              : Access-Denied Assistance Users
ObjectClass       : group
ObjectGUID        : 43fd4f61-1758-49de-a57e-044c85e0d484
SamAccountName    : Access-Denied Assistance Users
SID               : S-1-5-21-2902429592-535716815-415377415-1123


PS C:\Users\Administrator.WINSRV01> New-ADGroup -Name "HQAdmin" -GroupScope DomainLocal

PS C:\Users\Administrator.WINSRV01> Get-ADGroup HQAdmin

DistinguishedName : CN=HQAdmin,CN=Users,DC=nuts,DC=local
GroupCategory     : Security
GroupScope        : DomainLocal
Name              : HQAdmin
ObjectClass       : group
ObjectGUID        : 3afc76b2-98e9-4320-a402-6939d541a4f9
SamAccountName    : HQAdmin
SID               : S-1-5-21-2902429592-535716815-415377415-1130


PS C:\Users\Administrator.WINSRV01>
```

ドメイングループが表示される

Memo | 主なユーザーオブジェクトのプロパティと ADUser パラメーター

　GUIのユーザーオブジェクトプロパティの表示と**ADUserパラメーター**との対応表です。このほかのものを知りたいときは、「Set-ADUser -?」を実行して、ヘルプを参照してください。

　なお、この表は「Set-ADUser」コマンドレットのものですが、Get-ADUser や New-ADUser でもほとんど同じです（New-ADUser コマンドレットのパラメーターには、パスワードを設定するための「-AccountPassword」があります）。

GUI プロパティの表示	ADUser パラメーター
姓	–SurName
名	–GivenName
表示名	–DisplayName
事業所	–Office
電話番号	–OfficePhone
電子メール	–EmailAddress
Webページ	–HomePage
国 / 地域	–Country

GUI プロパティの表示	ADUser パラメーター
郵便番号	–PostalCode
都道府県	–State
市区町村	–City
ユーザーログオン名	–UserPrincipalName
ユーザーログオン名（Win2000以前）	–SAMAccountName
会社名	–Company
部署	–Department
役職	–Title

PowerShellでユーザーを追加する

New-ADUserコマンドレットでドメインにユーザーを追加します。ユーザーを追加する際に、「姓」「名」「ユーザーログオン名」といったユーザーオブジェクトのプロパティをいっしょに入力することもできます。その場合は、パラメーターの後ろにプロパティ値を入力していきます。ここでは、ユーザー名だけでユーザーを登録し、あとからプロパティを設定しています。

▼コンソール

```
PS > Get-ADUser  Enter
```

▼PowerShell

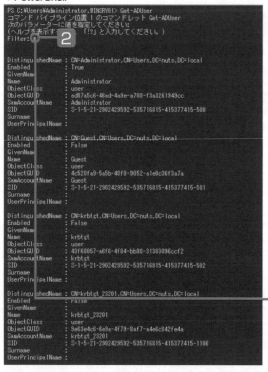

▼コンソール

```
PS > New-ADUser  Enter
```

1 まず、現在登録されているドメイングループの一覧を表示しましょう。左に示すようにコマンドを入力して、実行させてみましょう。

nepoint

一行のコマンドで実行するには、「PS > Get-ADGroup -Filter 'Name -like "*"' Enter」と入力します。

2 フィルター機能がはたらきます。「*」を入力して Enter キーを押すと、Active Directory ユーザーの一覧が表示されます。

nepoint

ドメイングループの一覧を表示させる場合にも、対話的に「Filter」の値を入力する方法が使えます。1行で入力するのに比べて、入力の手間が省けます。

```
PS C:\Users\Administrator.WINSRV01> Get-ADUser
コマンド パイプライン位置 1 のコマンドレット Ge
次のパラメーターに値を指定してください:
(ヘルプを表示するには、「!?」と入力してください
Filter: *
```

3 ユーザーを追加するには、左に示すようにコマンドレットを入力します。

1 Server での キーワード

2 成人から 運用まで

3 Active Directory の基本

4 Active Directory での管理

5 ポリシーと セキュリティ

6 ファイル サーバー

7 仮想化と 仮想マシン

8 サーバーと クライアント

9 システムの メンテナンス

10 PowerShell での管理

▼PowerShell

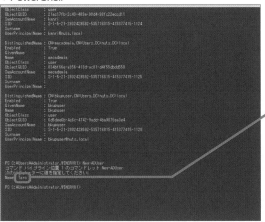

4 ユーザー名を入力するように求められるので、ユーザー名を入力して [Enter] キーを押します。

nepoint

New-ADUser コマンドレットでユーザーを追加したら、「-Enabled」パラメーターを使って、ユーザーオブジェクトを有効にしておいてください。

PowerShellでユーザーのパスワードを設定する

ユーザーのプロパティ設定は、ユーザーの登録時に同時に行うこともできます。別々に行う場合や変更する場合には、**Set-ADUser** コマンドレットを使用します。

ここでは、まず「Set-ADAccountPassword」コマンドレットでパスワードを設定します。

▼コンソール

```
PS > Set-ADAccountPassword  [Enter]
```

1 パスワードを設定するには、「Set-ADAccountPassword」コマンドレットを使って、左に示すように入力します。

nepoint

「Indentity」には、ユーザーオブジェクトの識別名、GUID、SID、SAMアカウント名のいずれかを入力します。ユーザー名だけで作成したユーザーオブジェクトでは、ユーザー名とSAMアカウントは同一です。

2 「Indentity」(ユーザー固有の値) を入力します。ここでは、ユーザー名 (SAMアカウント名) を入力して [Enter] キーを押します。

▼PowerShell

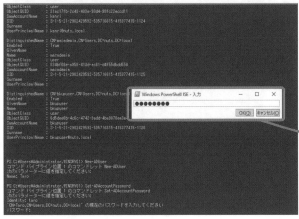

2回入力する

3 現在のパスワードの入力を求められますが、まだ設定がないので、このまま [Enter] キーを押します。

4 最後に、設定するパスワードを2回入力して、パスワードの設定は終了です。

PowerShellでユーザーのプロパティを設定する

Set-ADUser コマンドレットでプロパティを設定します。ここでは、ユーザープロパティ（会社名）を設定しています。

▼PowerShell

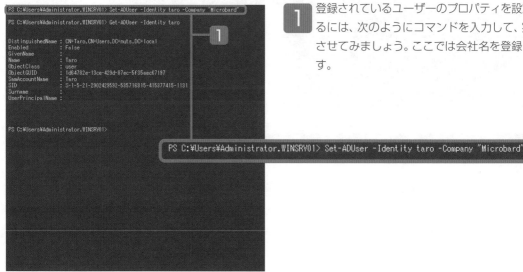

1 登録されているユーザーのプロパティを設定するには、次のようにコマンドを入力して、実行させてみましょう。ここでは会社名を登録します。

```
PS C:¥Users¥Administrator.WINSRV01> Set-ADUser -Identity taro -Company "Microbard"
```

▼コンソール

```
PS > Set-ADUser -Identity <識別名など> -company "<会社名>" Enter
```

▼プロパティ

会社名が登録されている。

2 設定したユーザーのGUIのプロパティを開いて、プロパティが登録されたのを確認します。

onepoint

PowerShellのNew-ADUserで作成したユーザーオブジェクトは、初期状態でログオンが無効になっています。これを有効にするには、下記のコマンドレットを実行します。

なお、このコマンドを実行しても、Windowsクライアントから Active Directory にログオンするときに、「セキュリティデーターベースにコンピューター名がない」旨のエラーメッセージが表示されることもあります。その場合は、クライアントコンピューターのドメインに再参加してみてください。

```
PS > Set-ADUser
-Identity <識別名など>
-Enabled $True Enter
```

10.3 PowerShellでユーザー管理をする

1
Server での
キーワード

2
導入から
運用まで

3
Active Directory
の基本

4
Active Directory
での管理

5
ポリシーと
セキュリティ

6
ファイル
サーバー

7
仮想化と
仮想マシン

8
サーバーと
クライアント

9
システムの
メンテナンス

10
PowerShell
での管理

PowerShellでユーザーをグループに参加させる

グループにユーザーを所属させるには、**Add-ADGroupMember**コマンドレットを使います。反対に、グループからユーザーを抜く場合は「Remove-ADGroupMember」です。

▼コンソール

```
PS > Add-ADGroupMember [Enter]
```

1 ユーザーをグループに所属させるには、左に示すようにコマンドレットを入力して実行します。

▼コンソール

```
Identity: <グループ名> [Enter]
```

2 「Indentity」の入力を求められるので、所属させるグループ名を入力して [Enter] キーを押します。

▼コンソール

```
Member[0]: <ユーザー名> [Enter]
```

3 登録するユーザー名を入力して [Enter] キーを押します。これを繰り返すことで、複数人を登録することができます。登録を終了するには、何も入力せずに [Enter] キーを押します。

▼プロパティ

グループにユーザー
が登録された。

4 指定したグループにユーザーが登録されたことは、GUIのプロパティダイアログボックスでも確認できます。

Onepoint | ## ユーザーをグループから外す

グループから特定のユーザーの所属を解除するには、右に示すように「Remove-ADGroupMember」コマンドレットを実行します。なお、所属解除を確定させるには、最後に表示される確認のメッセージに対して「y」を入力しなければなりません。

```
PS > Remove-ADGroupMember [Enter]
コマンドパイプライン位置1のコマンドレット
  Remove-ADGroupMember
次のパラメーターに値を指定してください:
Identity: <グループ名> [Enter]
Member[0]: <ユーザー名> [Enter]
Member[1]: [Enter]
```

PowerShellで役割や機能を構成する

Level ★★★　　　Keyword　　役割　機能

　役割・機能の追加や削除は、一般にはサーバーマネージャーからGUIツールを起動して行います。ウィザード形式になっていて、チェックボタンを選んでいくと、インストールやアンインストールができます。一般的な役割をPowerShellでインストールするには、**Install-WindowsFeature**コマンドレットが使用できます。

ここが
ポイント！

役割や機能の管理に利用するコマンドレット

役割や機能のインストールやアンインストールには、次のようなコマンドレットを使用します。

1 PowerShell を起動する

2 コマンドレットを実行する

3 スクリプトを実行する

　PowerShellで役割や機能をインストールする際は、まず「Get-WindowsFeature」コマンドレットを使って、すでに何がインストールされているのか確認します。

　役割を追加する「Install-WindowsFeature」または「Add-WindowsFeature」を実行する際に、「-IncludeAllSubFeature」パラメーターを付けることで、関連する機能もいっしょにインストールされます（このパラメーターを省略しても同じです）。

　役割をアンインストールするには、「Uninstall-WindowsFeature」または「Remove-WindowsFeature」コマンドレットを使います。

　なお、インストールやアインインストールのあとには、システムを再起動しなければならないことがあります。

コマンドレット	機能
Install-WindowsFeature	役割や機能をインストールします。
Add-WindowsFeature	役割や機能をインストールします。
Unistall-WindowsFeature	役割や機能をアンインストール（削除）します。
Remove-WindowsFeature	役割や機能をアンインストール（削除）します。
Get-WindowsFeature	インストールされている役割や機能を表示します。

1
Server での
キーワード

2
導入から
運用まで

3
Active Directory
の基本

4
Active Directory
での管理

5
ポリシーと
セキュリティ

6
ファイル
サーバー

7
仮想化と
仮想マシン

8
サーバーと
クライアント

9
システムの
メンテナンス

10
PowerShell
での管理

10.4.1 役割と機能の構成

　　PowerShellには、役割と機能関連のコマンドレットとして、追加を行う「Install-Windows Feature」、削除を行う「Uninstall-WindowsFeature」、一覧表示する「Get-WindowsFeature」などが用意されています。

PowerShellで役割と機能をインストールする

　　PowerShellで役割や機能をインストールするときには、**Install-WindowsFeature**または**Add-WindowsFeature**コマンドレットを使います。このコマンドレットに「-IncludeAllSub Feature」パラメーターを指定すると、関連する機能もすべてインストールされます。ただし、このパラメーターを省略しても同じです。

　　ここでは、プリントサーバーの機能をインストールしてみます。

▼PowerShell

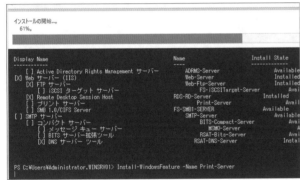

役割や機能をインストールするには、次のようにコマンドレットを入力して実行します。これでインストールが始まります。

▼コンソール

```
PS > Install-WindowsFeature -Name Web-Server Enter
```

▼PowerShell

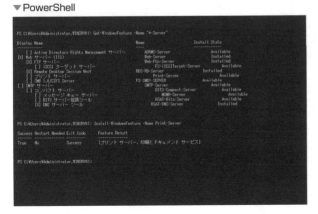

インストールが終了しました。

PowerShellで役割と機能を削除する

Onepoint

インストールされている役割や機能をPowerShellで削除するときには、**Uninstall-WindowsFeature**または**Remove-WindowsFeature**コマンドレットを使用します。

ここでは、プリントサーバーの機能をアンインストールしてみます。役割と機能の削除後に再起動を求められます。ここでは、PowerShellで再起動しています。

1 役割や機能をアンインストールするには、次のようにコマンドレットを入力して実行します。

▼コンソール

```
PS > UnInstall-WindowsFeature -Name Web-Ftp-Server [Enter]
```

▼PowerShell

2 アンインストールが開始されます。

3 アンインストールが終了しました。システムを再起動するように、とのメッセージが表示されます。PowerShellから再起動のコマンドレットを実行します。

Onepoint

役割や機能を削除すると、システムを再起動するように、とのメッセージが表示されることもあります。その場合はシステムを再起動してください。

▼PowerShell

10.4

PowerShellで役割や機能を構成する

536

10.5 PowerShellで作成したスクリプトを実行する

Level ★★★ | **Keyword** | スクリプトウィンドウ　CSVファイル

PowerShellのコマンドラインでは、基本的に1つのコマンドは1行に記述し、[Enter]キーで実行します（パイプ記号「|」で[Enter]キーを押すと複数行に分けられます）。**スクリプト**を作成すると、行数を気にせずにコマンドレットを記述できるほか、ファイルとして保存できるので、ほかへの移動も簡単です。ただし、このテキストファイルによってサーバーが処理を行うため、ダブルクリックで簡単に起動できるようにはなっていません。

ここがポイント！ スクリプトを起動するには

作成したスクリプトをPowerShell ISEで実行するには、次のように操作します。

1 スクリプトウィンドウにスクリプトを表示する

2 実行ボタンをクリックする

3 コンソールウィンドウに結果が表示される

PowerShell ISEのスクリプトウィンドウは、スクリプトを作成したり、デバッグしたりするエリアです。ここにスクリプトを記述したり、読み込んだりします。

［スクリプトを実行］ボタンをクリックすると、スクリプトが実行されます。ショートカットキーは[F5]キーです。

スクリプトが実行されると、その結果がコンソールウィンドウに表示されます。スクリプトによっては、何も表示されず、次のプロンプトに移動することもあるでしょう。赤色のメッセージが表示されると、どこかにエラーがある可能性があります。エラー箇所を修正したあとで再度実行します。

▼スクリプトの作成と実行

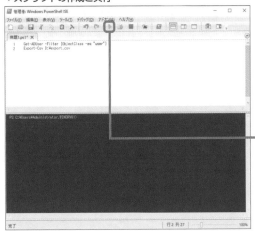

［スクリプトを実行］ボタン

10.5.1 PowerShellのスクリプト

PowerShellスクリプトは、1つ以上のコマンドレットを記述したテキストファイルです。拡張子には「.ps1」を付けます。

スクリプトは、単なるバッチファイルではありません。その証拠に、コンソールに入力したコマンドレットを1行ごとに実行するのと、同じコマンドレットを1行ごとに記述したスクリプトを実行するのとでは、結果がいつも同じとは限りません。

PowerShellのスクリプトを作成する

PowerShellでスクリプトを実行するには、プロンプトでスクリプトファイル名に絶対パスか相対パスを付けて入力します。または、スクリプトファイルをPowerShell ISEのスクリプトウィンドウに読み込んで、[スクリプトを実行] ボタンをクリックします。

また、セキュリティ上の理由から、PowerShellのスクリプト実行ポリシーを「実行可能」に変更する必要があるかもしれません。

ここでは、ユーザー情報から「名前」データを抜き出して、それをCSVファイルに書き出すスクリプトを作成してみます。

▼PowerShell ISE

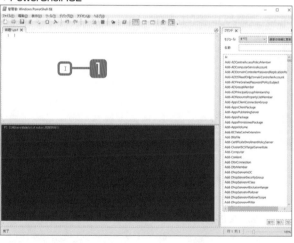

[1] PowerShell ISEのスクリプトウィンドウをクリックします。

Onepoint

コンソールウィンドウとの境をドラッグして、下に押し下げると、スクリプトウィンドウが広くなります。

1行目では、「user」オブジェクトの情報だけを呼び出しています。行の最後の「｜」(パイプ) は、そのオブジェクトを次のコマンドレットに渡す役割をしています。

2行目では、1行目から受け取った情報をファイルに書き出しています。

```
Get-ADUser -Filter {objectClass -eg "user"} |
Export-Csv D:¥export.csv
```

[2] 左に示したスクリプトを作成し、保存します。

▼PowerShell ISE

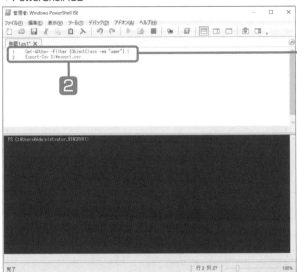

Tips　コマンドレットのヘルプ

PowerShellコマンドレットの使い方がわからないときに、ヘルプを表示するコマンドレットがあります。

```
Get-Help （ヘルプを表示したいコマンドレット）
```

ヘルプはインターネット経由でダウンロードされるため、表示されるまでに時間がかかることもあります。

また、PowerShell ISEでは、コマンドアドオンウインドウからヘルプを見ることができます。

▼Get-Help

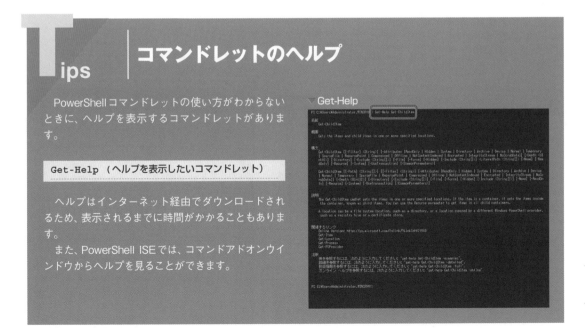

1
Server での
キーワード

2
導入から
準備まで

3
Active Directory
の基本

4
Active Directory
での管理

5
ポリシーと
セキュリティ

6
ファイル
サーバー

7
仮想化と
仮想マシン

8
サーバーと
クライアント

9
システムの
メンテナンス

10
PowerShell
での管理

ISEでスクリプトを実行する

Onepoint 　PowerShell ISEでは、スクリプトウィンドウに表示されているスクリプトを簡単に実行することができます。実行結果は下のコンソールウィンドウに表示されます。また、エラーがあったときのエラーメッセージもコンソールウィンドウに表示されます。

▼PowerShell ISE

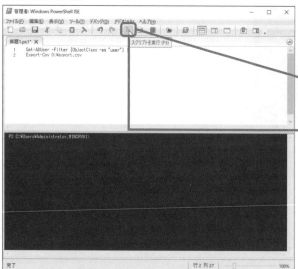

実行するスクリプトをスクリプトウィンドウに表示し、コントロールバーの**スクリプトを実行**ボタンをクリックします。

[スクリプトを実行]ボタンをクリックする

S hortCut

スクリプトの実行のショートカットキーは F5 キーです。

▼コンソールウィンドウ

コンソールウィンドウにスクリプトファイルが表示され、次のプロンプトが表示されたらスクリプトの実行完了です。

実行が完了してプロンプトが表示された

H int

PowerShell ISEからエクスポートされるCSVファイルは、例えばこのようになります。

question Windows Server システムを
スムーズに更新するには？

**評価版でテストし、
最新の情報を集めましょう**

answer

ある会社ではWindows Server 2012 R2を使用してすでに10年ほど、主にActive Directoryドメインサービスを運用しています。今度、Windows Server 2022（2019）にバージョンアップすることになりました。どうすればスムーズな移行が達成できるでしょう。このケースでは、10年も使い続けているのですから、Active Directoryドメインサービスや Windows Serverを使ったリソース共有への技術的な心配はないと思われます。管理ツールは年々扱いやすく、わかりやすくなっています。ハードウェアの性能も上がっています。

問題は、システムを切り替えたときに起こるかもしれない予測不能のトラブルです。10年前に比べて会社組織の規模も大きくなっているのなら、量的な拡大に対する懸念も考慮しなければなりません。

システム更新では、バージョンアップ後とよく似た組織体系を想定した仮のシステムによるテストが推奨されます。つまり、少なくとももう1つのサーバーマシンを用意して、そこに Windows Serverをクリーンインストールするのです。今までのシステムはそのまま稼働させます。上のケースでは、Windows Server 2022（2019）をメインにしたシステムに、現在のシステムのリソースやデータを扱わせて業務をさせてみる、というテストを行うわけです。そのためには、Windows Serverの評価版（180日間無料で使用可能）を使用します。できれば、取引のあるソフトウェアベンダーの意見やアドバイスを得たいところです。

なお、Windows Server 2022（2019）への更新後には、Windows Server 2022（2019）Insider Programに参加するとよいでしょう。これもテスト機で行うものですが、次期Windows Serverの情報を早い時点で得ることができます。これによって、次の更新時にはいち早くネットワーク環境を最適化できるようになります。

---

question 最新のWindows Serverで今までのサーバーアプリケーションは動きますか

対応表を参考にしてください

answer

下表はサーバーアプリケーションがWindows Server 2022（2019）に対応しているかどうかの簡単な対応表です。「一部の機能が対応していない」あるいは「ほとんど機能しない」といったケースもあるようですので、従来使っていたサーバーアプリケーションを使い続ける場合は、Microsoft社またはソフトウェアベンダーへ問い合わせるようにしてください。また、Windows Serverを更新するときには評価版でテストしてください。

▼ Windows Server 2022（2019）のアプリ対応

サーバーアプリケーション	Server Core		デスクトップエクスペリエンス	
	2022	2019	2022	2019
Azure DevOps Server 2019	―	○	―	○
Azure DevOps Server 2020	○	○	○	○
Exchange Server 2019	○	○	○	○
Host Integration Server 2016	―	○	―	○
Host Integration Server 2020	○	―	○	―
Office Online Server	×	×	○	○
Project Server 2016	×	×	○	○
Project Server 2019	×	×	○	○
SharePoint Server 2016	×	×	○	○
SharePoint Server 2019	×	×	○	○
Skype for Business 2019	×	×	○	○
SQL Server 2019	○	○	○	○
System Center Data Protection Manager 2019	○	×	○	○

1 Server での
キーワード

2 導入から
運用まで

3 Active Directory
の基本

4 Active Directory
での管理

5 ポリシーと
セキュリティ

6 ファイル
サーバー

7 仮想化と
仮想マシン

8 サーバーと
クライアント

9 システムの
メンテナンス

10 PowerShell
での管理

索引
Index

1 Serverでの
キーワード

2 導入から
運用まで

3 Active Directory
の基本

4 Active Directory
での管理

5 ポリシーと
セキュリティ

6 ファイル
サーバー

7 仮想化と
仮想マシン

8 サーバーと
クライアント

9 システムの
メンテナンス

10 PowerShell
での管理

索引
Index

■わ行

▎アルファベット

■A〜C

1 Serverでの
キーワード

2 導入から
運用まで

3 Active Directory
の基本

4 Active Directory
での管理

5 ポリシーと
セキュリティ

6 ファイル
サーバー

7 仮想化と
仮想マシン

8 サーバーと
クライアント

9 システムの
メンテナンス

10 PowerShell
での管理

索引
Index

1 Serverでの キーワード
2 導入から 運用まで
3 Active Directory の基本
4 Active Directory での管理
5 ポリシーと セキュリティ
6 ファイル サーバー
7 仮想化と 仮想マシン
8 サーバーと クライアント
9 システムの メンテナンス
10 PowerShell での管理

数字・記号

1 Serverでの
キーワード

2 導入から
運用まで

3 Active Directory
の基本

4 Active Directory
での管理

5 ポリシーと
セキュリティ

6 ファイル
サーバー

7 仮想化と
仮想マシン

8 サーバーと
クライアント

9 システムの
メンテナンス

10 PowerShell
での管理

索引
Index

Windows Server 2022
（ウィンドウズ　サーバー）

パーフェクトマスター

[Windows Server 2022/2019対応最新版]
（ウィンドウズ　サーバー）（たいおうさいしんばん）

発行日　2024年 4月20日	第1版第1刷

著　者　　**野田ユウキ&アンカー・プロ**
（の だ）

発行者　　斉藤　和邦

発行所　　**株式会社　秀和システム**
　　　　　〒135-0016
　　　　　東京都江東区東陽2-4-2　新宮ビル2F
　　　　　Tel 03-6264-3105（販売）Fax 03-6264-3094

印刷所　　株式会社シナノ　　　　　　　　Printed in Japan

ISBN978-4-7980-7210-4 C3055

Windowsの基本キーボード操作

キーボードにはいろいろなキーがあります。
ここでは、よく使用するキーの名前と主な役割をおぼえておきましょう。

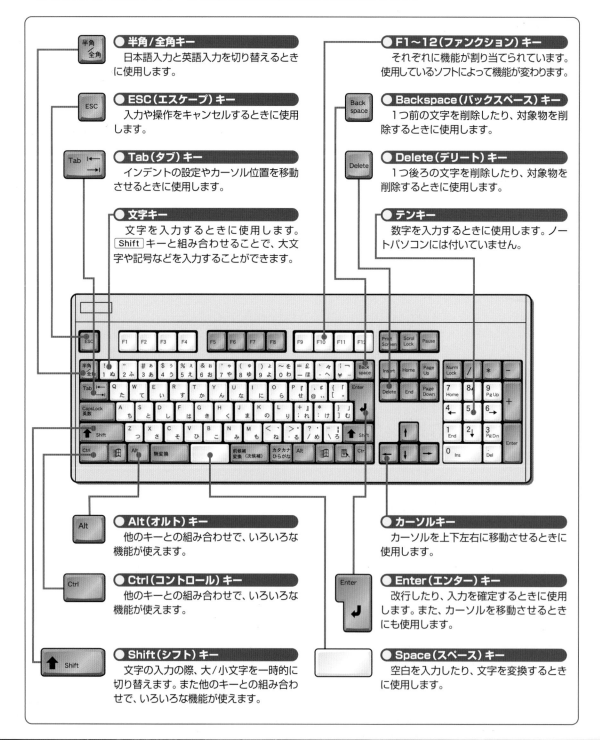

● 半角/全角キー
日本語入力と英語入力を切り替えるときに使用します。

● ESC(エスケープ)キー
入力や操作をキャンセルするときに使用します。

● Tab(タブ)キー
インデントの設定やカーソル位置を移動させるときに使用します。

● 文字キー
文字を入力するときに使用します。Shiftキーと組み合わせることで、大文字や記号などを入力することができます。

● F1～12(ファンクション)キー
それぞれに機能が割り当てられています。使用しているソフトによって機能が変わります。

● Backspace(バックスペース)キー
1つ前の文字を削除したり、対象物を削除するときに使用します。

● Delete(デリート)キー
1つ後ろの文字を削除したり、対象物を削除するときに使用します。

● テンキー
数字を入力するときに使用します。ノートパソコンには付いていません。

● Alt(オルト)キー
他のキーとの組み合わせで、いろいろな機能が使えます。

● Ctrl(コントロール)キー
他のキーとの組み合わせで、いろいろな機能が使えます。

● Shift(シフト)キー
文字の入力の際、大/小文字を一時的に切り替えます。また他のキーとの組み合わせで、いろいろな機能が使えます。

● カーソルキー
カーソルを上下左右に移動させるときに使用します。

● Enter(エンター)キー
改行したり、入力を確定するときに使用します。また、カーソルを移動させるときにも使用します。

● Space(スペース)キー
空白を入力したり、文字を変換するときに使用します。